U0361023

现代数学基础丛书 176

基于框架理论的图像融合

杨小远　石　岩　王敬凯　著

科学出版社

北　京

内 容 简 介

小波框架是小波分析的理论延伸，也是计算调和分析的重要组成部分. 本书将从框架基础理论开始，结合作者近十年在小波框架这一领域的研究工作，介绍小波框架理论的发展以及在图像处理中的最新研究成果. 主要内容包括：小波框架基础理论、对偶框架提升变换理论、二维对偶框架提升变换理论、基于小波框架提升变换的多源遥感图像融合方法、基于框架域的随机游走全色锐化方法，以及基于框架域的随机游走合成孔径雷达图像融合算法.

本书面向从事计算调和分析及图像处理领域的专家、学者及研究人员，同时也可供应用数学、图像处理等相关专业的研究生参考学习.

图书在版编目(CIP)数据

基于框架理论的图像融合/杨小远，石岩，王敬凯著. —北京：科学出版社，2019.6

(现代数学基础丛书；176)

ISBN 978-7-03-061569-5

Ⅰ. ①基… Ⅱ. ①杨… ②石… ③王… Ⅲ. ①遥感图象-图象处理 Ⅳ. ①TP751

中国版本图书馆 CIP 数据核字(2019) 第 112535 号

责任编辑：李静科 李 萍／责任校对：邹慧卿
责任印制：吴兆东／封面设计：陈 敬

科学出版社出版
北京东黄城根北街 16 号
邮政编码：100717
http://www.sciencep.com

北京凌奇印刷有限责任公司印刷
科学出版社发行 各地新华书店经销
*
2019 年 6 月第 一 版 开本：720×1000 1/16
2019 年10月第二次印刷 印张：18 插页：7
字数：348 000

定价：128.00 元

(如有印装质量问题，我社负责调换)

《现代数学基础丛书》序

对于数学研究与培养青年数学人才而言，书籍与期刊起着特殊重要的作用. 许多成就卓越的数学家在青年时代都曾钻研或参考过一些优秀书籍，从中汲取营养，获得教益.

20 世纪 70 年代后期，我国的数学研究与数学书刊的出版由于“文化大革命”的浩劫已经破坏与中断了 10 余年，而在这期间国际上数学研究却在迅猛地发展着. 1978 年以后，我国青年学子重新获得了学习、钻研与深造的机会. 当时他们的参考书籍大多还是 50 年代甚至更早期的著述. 据此，科学出版社陆续推出了多套数学丛书，其中《纯粹数学与应用数学专著》丛书与《现代数学基础丛书》更为突出，前者出版约 40 卷，后者则逾 80 卷. 它们质量甚高，影响颇大，对我国数学研究、交流与人才培养发挥了显著效用.

《现代数学基础丛书》的宗旨是面向大学数学专业的高年级学生、研究生以及青年学者，针对一些重要的数学领域与研究方向，作较系统的介绍. 既注意该领域的基础知识，又反映其新发展，力求深入浅出，简明扼要，注重创新.

近年来，数学在各门科学、高新技术、经济、管理等方面取得了更加广泛与深入的应用，还形成了一些交叉学科. 我们希望这套丛书的内容由基础数学拓展到应用数学、计算数学以及数学交叉学科的各个领域.

这套丛书得到了许多数学家长期的大力支持，编辑人员也为其付出了艰辛的劳动. 它获得了广大读者的喜爱. 我们诚挚地希望大家更加关心与支持它的发展，使它越办越好，为我国数学研究与教育水平的进一步提高做出贡献.

杨　乐

2003 年 8 月

前 言

小波分析起源于 20 世纪 80 年代中期, 是调和分析理论中的一个重要分支. 作为一种信号分析工具, 小波拥有时频局部化的特征[1], 弥补了传统 Fourier 变换缺乏时域局部信息的缺陷, 这一点对于非平稳信号的分析尤为重要. 随着近四十年的研究发展, 小波分析已形成较为完备的理论体系, 并广泛应用到信号处理、图像处理、数值计算、计算机科学、生物医学、地质勘探、气象分析等领域. 同时, 小波的巨大应用潜能也激发了学术工作者对传统小波理论进行拓展、创新与完善.

学术界公认的第一个小波系统是由 A. Haar 于 1909 年提出的 Haar 小波[2]. Haar 小波是 $L^2(\mathbb{R})$ 空间中的一组标准正交基, 由单位区间上的方形波函数通过平移与伸缩生成. Haar 小波在较窄的区间上幅值较大, 在较宽的区间上幅值较小, 这种结构符合时频分析的理想条件, 特别适合分析具有突变特征的非平稳信号. 尽管 Haar 小波蕴藏着小波思想的雏形, 但小波理论的正式建立要归功于 J. Morlet 与 A. Grossmann 的共同工作, 见 [3—6]. 事实上, J. Morlet 首先提出了 "小波" 这一名称. 随后, Y. Meyer 构造出了第二个正交小波[7,8]. 而在此之前仅有 Haar 小波是正交的. S. Mallat 与 Y. Meyer 合作建立了多分辨分析的概念[9,10], 为推动小波理论的发展起到了至关重要的作用. 特别是, S. Mallat 将小波变换与离散滤波器组联系起来, 建立了快速小波变换 (即 Mallat 算法), 从而使小波被更多工程技术人员所熟知, 成为一种广泛使用的时频分析工具. 关于小波的理论知识、技术实现以及应用等内容可参考 [11—15].

小波框架是正交/双正交小波理论的一种延伸. 框架的概念最初来自 R. J. Duffin 与 A. C. Schaeffer 在非调和 Fourier 级数方面的研究工作. 在 [16] 中, R. J. Duffin 和 A. C. Schaeffer 将框架作为替代 Hilbert 空间中标准正交基或 Riesz 基的展开工具. 概括地讲, 对于 $L^2(\mathbb{R})$ 空间中的一组函数 $\{f_n\}_{n\in\mathbb{Z}}$, 设空间中的任意函数 $f \in L^2(\mathbb{R})$ 可以表示为

$$f = \sum_{n\in\mathbb{Z}} c_n f_n.$$

若系数 $\{c_n\}$ 是唯一的, 则 $\{f_n\}$ 构成 $L^2(\mathbb{R})$ 空间中的一组基; 若系数 $\{c_n\}$ 不唯一, 即 $\{f_n\}$ 是线性相关的, 便产生了框架的概念. 框架表示的优势主要包括以下几点.

首先, 框架具有冗余性. 如果适当舍弃一些系数, 信号仍旧可以实现完全重构, 这是正交基或 Riesz 基所不具备的. 其次, 框架的构造条件宽松, 具有较大的灵活性, 易于构造一些具有指定性质 (例如, 紧支撑、对称性、正则性、高阶消失矩等) 的小波函数. 最后, 框架系数的不唯一性为选择最佳逼近提供了可能. 在实际应用中, 一个自然的期望是用尽量少的系数表示尽可能多的信息, 即稀疏表示 (sparse representation).

稀疏表示是非线性逼近中的核心问题之一. 传统的正交/双正交小波变换能够为一维分段光滑信号提供最优逼近[17]. 然而对于高维信号, 例如二维图像、小波变换并不能提供良好的稀疏表示. 这是因为传统的二维可分离小波由一维小波的张量积构成, 其只能够捕捉点的奇异性, 却不能有效表示边缘及轮廓. 因此, 如何弥补传统可分离小波变换的缺陷, 寻找更有效的高维信号表示工具就成了小波分析与图像处理中的热门话题. 理想的表示 (变换) 应具有以下几点特征[18]:

(1) 多分辨性: 表示应能够对图像 (信号) 由粗到细渐进地逼近;

(2) 局部性: 表示的基函数应具有时频局部性;

(3) 方向性: 基函数应具有多方向性;

(4) 各向异性: 基函数的支撑应具有可变形状, 能够根据图像的轮廓自适应匹配.

传统的基于多分辨分析的小波构造方法通过寻找 $L^2(\mathbb{R})$ 中的尺度函数, 并加以平移和伸缩操作实现. 而提升模式[19-22] 则为小波的构造提供了新的途径. 提升模式由 W. Sweldens 等于 20 世纪 90 年代后期提出. 与传统构造方法不同的是, 提升方法完全在时域上进行, 不需要 Fourier 变换, 因此适用于不具备平移与伸缩定义的空间, 例如曲面或有界区域. W. Sweldens 将提升构造出来的小波称为 "第二代小波"[22]. 提升模式能够实现快速小波变换, 计算复杂度低, 特别是随着滤波器长度的增加, 理论上计算开销只有 Mallat 算法的一半[19]. 同时, 提升具有原位 (in-place) 计算的特点, 不需要额外的存储空间. 此外, 提升模式具备完全重构性质, 亦能够实现整数变换. 众多优点使得提升成了实现小波变换的主流方法, 例如, JPEG2000 标准中的变换部分即采用了 5/3 和 9/7 双正交小波基的提升变换[23].

本书详细介绍作者近十年在框架变换这一研究领域的研究成果[24-42]. 第 1 章介绍框架基础理论, 包括一些典型框架, 如 Gabor 框架、小波框架以及复紧框架. 第 2 章介绍对偶框架提升变换理论, 包括对偶框架提升分解定理及具有任意阶消失矩的小波构造方法. 第 3 章介绍二维对偶框架提升变换理论, 包括各向同性对偶框架提升变换和各向异性对偶框架提升变换. 作为应用部分, 第 4 章讨论基于框架提升变换的图像去噪算法, 第 5 章讨论基于框架提升变换的多源遥感图像融合算法, 第 6 章讨论基于框架域的随机游走全色锐化方法, 第 7 章讨论基于框架域的随机游走合成孔径雷达图像融合算法.

本书得到国家自然科学基金 (61671002, 61501029, 61421001)、北京航空航天大学出版基金以及北京理工大学明精计划课程建设专项 (“信号处理理论与技术” 核心贯通课) 资助, 在此一并表示感谢!

由于作者水平有限, 书中难免有不妥之处, 恳请读者批评指正.

杨小远

2019 年 1 月 29 日

本书常用符号

符号	说明
$a \in A$	a 是集合 A 的元素
$A \subset B$	集合 A 是集合 B 的子集
$A \cup B$	集合 A, B 的并集
$A \cap B$	集合 A, B 的交集
A^{c}	集合 A 的补集
$A - B$ 或 $A \setminus B$	集合 A, B 的差集, 即 $A \cap B^{\mathrm{c}}$
$A \times B$	集合 A, B 的笛卡儿积, 即 $\{(a, b) \mid a \in A, b \in B\}$
$\mathbb{N}$	自然数集
$\mathbb{Z}$	整数集 (环)
$\mathbb{Z}^{+}$	正整数集
$\mathbb{Q}$	有理数集
$\mathbb{R}$	实数集 (域)
$\mathbb{C}$	复数集 (域)
$\mathbb{R}^{d}$	d 维实向量空间, $\mathbb{R}^{1} = \mathbb{R}$
$\mathbb{C}^{d}$	d 维复向量空间, $\mathbb{C}^{1} = \mathbb{C}$
$\mathbb{Z}^{d}$	d 维整数点格 (lattice)
$\mathbb{R}^{m \times n}$	实数域上 $m \times n$ 矩阵组成的集合
$\mathbf{A}^{\mathrm{T}}$	矩阵 $\mathbf{A}$ 的转置
$\mathrm{tr}(\mathbf{A})$	矩阵 $\mathbf{A}$ 的迹
$\det(\mathbf{A})$	矩阵 $\mathbf{A}$ 的行列式
$\mathcal{H}$	Hilbert 空间
$L^{p}(I)$	L^{p} 空间, 即 $f \in L^{p}(I) \Leftrightarrow \int_{I} \lvert f(x) \rvert^{p} dx < +\infty$, 其中 I 为有限区间或 $\mathbb{R}^{d}$
$\ell^{p}(\mathcal{I})$	ℓ^{p} 空间, 即 $\{c_i\}_{i \in \mathcal{I}} \in \ell^{2}(\mathcal{I}) \Leftrightarrow \sum_{i \in \mathcal{I}} \lvert c_i \rvert^{p} < +\infty$, 其中 $\mathcal{I}$ 为索引集
$\langle \cdot, \cdot \rangle$	标准内积
$\lVert \cdot \rVert$	Hilbert 空间中的范数, $\lVert x \rVert = \sqrt{\langle x, x \rangle}$
$\mathrm{Im}F$	算子 $F: H_1 \to H_2$ 的象空间, 即 $\mathrm{Im}F = \{g \in H_2 \mid \exists f \in H_1, Ff = g\}$
$\mathrm{Null}F$	算子 $F: H_1 \to H_2$ 的核空间, 即 $\mathrm{Null}F = \{f \in H_1 \mid Ff = 0\}$
$C^{m}(I)$	I 上 m 次连续可微函数集合, 其中 I 为有限区间或 $\mathbb{R}$
$C^{\infty}(I)$	$C^{\infty}(I) = \bigcap_{m=0}^{\infty} C^{m}(I)$

本书常用符号

目　录

第 1 章　框架基础理论

1.1　预 备 知 识

在介绍框架理论之前, 首先回顾调和分析理论中的一些基本知识.

1.1.1　Banach 空间与 Hilbert 空间

定义 1.1.1 (线性空间)　已知数域 $\mathbb{F}$(实数域或复数域) 上的集合 V, 定义加法运算 $+: V \times V \to V$ 及数乘运算 $\cdot: \mathbb{F} \times V \to V$, 称 V 为线性 (向量) 空间, 如果满足以下公理:

(1) $x + y = y + x, \forall x, y \in V$;

(2) $(x + y) + z = x + (y + z), \forall x, y, z \in V$;

(3) 存在零元 $0 \in V$, 使得 $x + 0 = x, \forall x \in V$;

(4) 存在负元 $-x \in V$, 使得 $x + (-x) = 0, \forall x \in V$;

(5) $a(x + y) = ax + ay, \forall x, y \in V, a \in \mathbb{F}$;

(6) $(a + b)x = ax + bx, \forall x \in V, a, b \in \mathbb{F}$;

(7) $(ab)x = a(bx), \forall x \in V, a, b \in \mathbb{F}$;

(8) $1x = x, \forall x \in V$.

定义 1.1.2 (赋范空间)　设 V 是数域 $\mathbb{F}$(实数域或复数域) 上的线性空间, 定义范数 $\|\cdot\|: V \to \mathbb{R}$, 满足以下条件:

(1) $\|x\| \geqslant 0$; $\|x\| = 0$ 当且仅当 $x = 0$.

(2) $\|ax\| = |a|\|x\|, \forall x \in V, a \in \mathbb{F}$.

(3) $\|x + y\| \leqslant \|x\| + \|y\|, \forall x, y \in V$.

定义了范数的线性空间称为赋范空间, 记为 $(V, \|\cdot\|)$.

在赋范空间 V 中可以描述元素间的距离, 即 $d(x, y) = \|x - y\|$. 进一步, 可以定义收敛的概念, 即对于 $\{x_n\}_{n\in\mathbb{N}} \subset V$,

$$\lim_{n\to\infty} x_n = x \Leftrightarrow \lim_{n\to\infty} \|x_n - x\| = 0.$$

为保证极限 $x \in V$, 需引入完备性的概念.

定义 1.1.3　设 V 是数域 $\mathbb{F}$ (实数域或复数域) 上的赋范线性空间, 称序列 $\{x_n\} \subset V$ 为 Cauchy 列, 如果对任意 $\varepsilon > 0$, 存在 $M > 0$, 当 $m, n > M$ 时, $\|x_n - x_m\| < \varepsilon$. 如果任意 Cauchy 列都收敛于 V 中的元素, 则称 V 具有完备性 (completeness). 完备的赋范线性空间称为 Banach 空间.

例 1.1.1　设 $c = \{c_n\}$ 为实数序列或复数序列, 定义 p-范数

$$\|c\|_p = \left(\sum_n |c_n|^p\right)^{1/p}, \quad p \geqslant 1,$$

则 $\ell^p = \{c \mid \|c\|_p < \infty\}$ 为 Banach 空间.

例 1.1.2　设 f 为 $\mathbb{R}$ 上的可测函数 (见定义 1.1.15), 定义 p-范数

$$\|f\|_p = \left(\int_{\mathbb{R}} |f(x)|^p \mathrm{d}x\right)^{1/p}, \quad p \geqslant 1,$$

则 $L^p(\mathbb{R}) = \{f \mid \|f\|_p < \infty\}$ 为 Banach 空间.

Banach 空间定义了元素 (向量) 间的距离, 进一步可以考虑元素 (向量) 间的角度, 由此引出内积空间.

定义 1.1.4 (内积空间)　设 V 是数域 $\mathbb{F}$ (实数域或复数域) 上的线性空间, 若存在映射 $\langle \cdot, \cdot \rangle : V \times V \to F$, 使得对任意 $x, y, z \in V, a \in \mathbb{F}$, 满足以下条件:

(1) $\langle x, y \rangle \geqslant 0; \langle x, x \rangle = 0$ 当且仅当 $x = 0$.

(2) $\langle x, y \rangle = \overline{\langle y, x \rangle}$.

(3) $\langle ax, y \rangle = a\langle x, y \rangle$.

(4) $\langle x + y, z \rangle = \langle x, z \rangle + \langle y, z \rangle$,

则称 $\langle \cdot, \cdot \rangle$ 是 V 上的内积. 定义了内积的线性空间称为内积空间.

容易验证, $\|x\| = \sqrt{\langle x, x \rangle}$ 满足范数定义的条件, 因此内积空间也是赋范空间.

定义 1.1.5　设 H 为内积空间, 对于任意 $x \in H$, 定义 x 的范数为

$$\|x\| = \sqrt{\langle x, x \rangle}.$$

例 1.1.3　已知 Banach 空间 $\ell^p(\mathbb{Z})$, 对 $f_n, g_n \in \ell^p(\mathbb{Z})$, 定义内积

$$\langle f, g \rangle = \sum_{n \in \mathbb{Z}} f_n \overline{g}_n,$$

则

$$\|f\| = \sqrt{\langle f, f \rangle} = \left(\sum_{n \in \mathbb{Z}} |f_n|^2\right)^{1/2},$$

即 ℓ^2 中的 2-范数.

例 1.1.4 已知 Banach 空间 $L^p(\mathbb{R})$, 对 $f,g\in L^p(\mathbb{R})$, 定义内积

$$\langle f,g\rangle=\int_{\mathbb{R}}f(x)\overline{g(x)}\mathrm{d}x,$$

则

$$\|f\|=\sqrt{\langle f,f\rangle}=\left(\int_{\mathbb{R}}|f(x)|^2\mathrm{d}x\right)^{1/2},$$

即 $L^2(\mathbb{R})$ 中的 2-范数.

在内积空间中, 可以度量两个元素 (向量) 的角度, 因此引出正交的概念.

定义 1.1.6 设 H 为内积空间, 称 $x,y\in H$ 正交, 如果

$$\langle x,y\rangle=0.$$

若 V 是 H 的非空子集, 则 V 的正交补为

$$V^{\perp}=\{x\in H\mid\langle x,y\rangle=0,\forall y\in V\}.$$

定理 1.1.1 (Schwarz 不等式) 设 H 为内积空间, 对于任意 $x,y\in H$, 有

$$|\langle x,y\rangle|\leqslant\|x\|\cdot\|y\|. \tag{1.1.1}$$

定义 1.1.7 完备的内积空间称为 Hilbert 空间.

1.1.2 有界线性算子

在泛函分析理论中, 有界线性算子是一类重要的算子. 称算子 $T:X\to Y$ 是线性的, 如果

$$T(\alpha x_1+\beta x_2)=\alpha Tx_1+\beta Tx_2,\quad\forall x_1,x_2\in X,\quad\alpha,\beta\in\mathbb{C}.$$

下文如无特别声明, 均假设算子为线性算子.

定义 1.1.8 已知赋范空间 $(X,\|\cdot\|_X)$, $(Y,\|\cdot\|_Y)$, 称算子 $T:X\to Y$ 是有界的, 如果存在 $M\geqslant 0$, 使得

$$\|Tx\|_Y\leqslant M\|x\|_X.$$

定义有界算子 T 的范数为

$$\|T\|=\inf\{M\mid\|Tx\|_Y\leqslant M\|x\|_X\}.$$

定义 1.1.9 设 X 为 Banach 空间, X 上的恒同算子记为 I, 即对任意的 $f\in X$, 有

$$If=f.$$

定义 1.1.10　设 $T: X \to Y$ 是 Banach 空间上的有界线性算子, 若存在算子 $B: Y \to X$ 使得 $BT = I: X \to X$, 则称 B 是 T 的左逆. 相反, 若 $TB = I: Y \to Y$, 则称 B 为 T 的右逆.

定义 1.1.11　设 $T: X \to X$ 是 Banach 空间上的有界线性算子, 若存在算子 $T^{-1}: X \to X$ 满足

$$TT^{-1} = T^{-1}T = I,$$

则称 T^{-1} 是 T 的逆算子. 如果 T^{-1} 存在且为有界线性算子, 则称 T 为正则 (regular) 算子; 否则称 T 为奇异 (singular) 算子.

定义 1.1.12　设 $T: X \to X$ 是 Banach 空间上的有界线性算子, λ 为一复数, 如果 $T - \lambda I$ 正则, 则称 λ 为 T 的正则点, 所有正则点的集合称为正则集, 记为 $\rho(T)$. 非正则点称为谱点, 所有谱点的集合称为 T 的谱, 记为 $\sigma(T)$.

注意到若 λ 为 T 的特征值, 即存在 $x \neq 0 \in X$, 使得 $Tx = \lambda x$, 则 $T - \lambda I$ 为奇异算子, 因此 $\lambda \in \sigma(T)$. 这说明 T 的特征值一定是谱点, 但反之不一定成立. 事实上, T 的谱不仅包含了特征值 (点谱), 还包含了连续谱.

定义 1.1.13　设 $\mathcal{H}_1, \mathcal{H}_2$ 是 Hilbert 空间, $T: \mathcal{H}_1 \to \mathcal{H}_2$ 是一个有界线性算子, 若算子 $T^*: \mathcal{H}_2 \to \mathcal{H}_1$ 满足

$$\langle Tx, y \rangle = \langle x, T^*y \rangle, \quad \forall x \in \mathcal{H}_1, \quad y \in \mathcal{H}_2, \tag{1.1.2}$$

则称 T^* 为 T 的伴随 (adjoint) 算子. 如果 $T^* = T$, 则称 T 为自伴 (self-adjoint) 算子.

1.1.3　可测函数

定义 1.1.14　设 $E \subset \mathbb{R}^n$, I_i 是 $\mathbb{R}^n$ 中覆盖 E 的任一列开长方体, 即 $E \subset \bigcup_{i=1}^{\infty} I_i$, 记 $u = \sum_{i=1}^{\infty} |I_i|$, 显然所有这样的 u 构成一个有下界的数集, 则它的下确界称为 E 的外测度, 记为 m^*E, 即

$$m^*E = \inf \left\{ u \middle| u = \sum_{i=1}^{\infty} |I_i|, E \subset \bigcup_{i=1}^{\infty} I_i \right\}.$$

进一步, 如果对任意 $T \subset \mathbb{R}^n$ 总有

$$m^*T = m^*(T \cap E) + m^*(T \cap E^c),$$

则称 E 为可测集, 其中 E^c 为 E 在 $\mathbb{R}^n$ 中的余集, $E^c = \mathbb{R}^n - E$.

定义 1.1.15 假设 $E \subset \mathbb{R}^n$ 是可测集, $f(x)$ 是 E 上的函数, 如果对任意常数 a, 集合

$$E(f(x) > a) = \{x \mid x \in E, f(x) > a\}$$

都是可测集, 则称 f 是 E 上的可测函数, 也称 f 在 E 上可测.

定义 1.1.16 假设 $E \subset \mathbb{R}^n$ 是可测集, $f(x)$ 是 E 上的可测函数, 且存在零集 $E_0 \subset E$, 使得 $f(x)$ 在 $E \backslash E_0$ 上有界, 则称 $f(x)$ 为 E 上的本质有界函数, 也称 f 在 E 上本质有界.

1.1.4 Fourier 变换

定义 1.1.17 ($L^1(\mathbb{R})$ 上的 Fourier 变换) 已知 $f \in L^1(\mathbb{R})$, 定义 f 的 Fourier 变换为

$$\widehat{f}(\omega) = \int_{-\infty}^{+\infty} f(x) \mathrm{e}^{-j\omega x} \mathrm{d}x, \tag{1.1.3}$$

若 $\widehat{f} \in L^1(\mathbb{R})$, 则逆 Fourier 变换存在, 即

$$f(x) = \frac{1}{2\pi} \int_{-\infty}^{+\infty} \widehat{f}(\omega) \mathrm{e}^{j\omega x} \mathrm{d}\omega. \tag{1.1.4}$$

注 1.1.1 (I) $j = \sqrt{-1}$, 有些情况也用 $i = \sqrt{-1}$.

(II) $f \in L^1(\mathbb{R})$ 保证了积分式 (1.1.3) 收敛, 即

$$\left| \int_{-\infty}^{+\infty} f(x) \mathrm{e}^{-j\omega x} \mathrm{d}x \right| \leqslant \int_{-\infty}^{+\infty} \left| f(x) \mathrm{e}^{-j\omega x} \right| \mathrm{d}x = \int_{-\infty}^{+\infty} |f(x)| \, \mathrm{d}x < \infty.$$

(III) 在实际中有些函数 $f \in L^2(\mathbb{R})$, 但 $f \notin L^1(\mathbb{R})$, 如 $f(x) = \sin(\pi x)/\pi x$. 可以通过极限方式定义 $L^2(\mathbb{R})$ 上的 Fourier 变换, 见定理 1.1.2.

定理 1.1.2 ($L^2(\mathbb{R})$ 上的 Fourier 变换) 已知 $f \in L^2(\mathbb{R})$, 则存在 $\widehat{f} \in L^2(\mathbb{R})$, 使得

$$\lim_{\tau \to 0^+} \int_{-\infty}^{+\infty} f(x) \mathrm{e}^{-\tau^2 \omega^2 / 4\pi} \mathrm{e}^{-j\omega x} \mathrm{d}x = \widehat{f}(\omega) \tag{1.1.5}$$

且

$$\lim_{\tau \to 0^+} \int_{-\infty}^{+\infty} \widehat{f}(\omega) \mathrm{e}^{-\tau^2 \omega^2 / 4\pi} \mathrm{e}^{j\omega x} \mathrm{d}\omega = f(x). \tag{1.1.6}$$

定理 1.1.3 (Plancherel 定理) 若 $f \in L^1(\mathbb{R}) \cap L^2(\mathbb{R})$, 则 $\widehat{f} \in L^2(\mathbb{R})$, 且

$$\int_{-\infty}^{+\infty} |f(x)|^2 \mathrm{d}x = \frac{1}{2\pi} \int_{-\infty}^{+\infty} |\widehat{f}(\omega)|^2 \mathrm{d}\omega. \tag{1.1.7}$$

式 (1.1.7) 说明 Fourier 变换在 $L^2(\mathbb{R})$ 上是等距映射. Plancherel 定理在工程中应用广泛, 它说明了信号在时域和频域的能量保持性. 更一般地, 有如下定理.

定理 1.1.4 (Parseval 等式)　若 $f, g \in L^1(\mathbb{R}) \cap L^2(\mathbb{R})$, 则

$$\int_{-\infty}^{+\infty} f(x)\overline{g(x)}\mathrm{d}x = \frac{1}{2\pi}\int_{-\infty}^{+\infty} \widehat{f}(\omega)\overline{\widehat{g}(\omega)}\mathrm{d}\omega. \tag{1.1.8}$$

1.2　框架的概念

框架的概念最初来自 R. J. Duffin 与 A. C. Schaeffer 在非调和 Fourier 级数方面的研究工作. 在文献 [16] 中, R. J. Duffin 和 A. C. Schaeffer 将框架作为替代 Hilbert 空间中标准正交基的展开工具. 具体来讲, 设平方可积空间中的任意函数 $f \in L^2(\mathbb{R})$ 可以表示为

$$f = \sum_{n \in \mathcal{I}} c_n f_n, \tag{1.2.1}$$

其中 $\{f_n\}_{n \in \mathcal{I}}$ 为空间中的一组函数, $\mathcal{I}$ 为索引集, $\{c_n\}$ 为表示系数. 这里假定索引集是可数的, 常用的选择包括整数集 $\mathbb{Z}$ 或自然数集 $\mathbb{N}$.

从信号处理的角度讲, 我们希望利用式 (1.2.1) 将一个信号 f 分解为一组较为简单的信号 $\{f_n\}$ 的线性组合, 使得其易于处理. 一个典型的例子为 Fourier 级数, 即任意以 T 为周期的周期信号可以表示为

$$f(x) = \sum_{n \in \mathbb{Z}} c_n \mathrm{e}^{jn\frac{2\pi}{T}x},$$

其中

$$c_n = \frac{1}{T}\int_0^T f(x)\mathrm{e}^{jn\frac{2\pi}{T}x}\mathrm{d}x, \quad n = 0, \pm 1, \pm 2, \cdots.$$

一个自然的问题是 $\{f_n\}$ 应具有何种性质使得表示是有效的且易于处理? 首先, $\{f_n\}$ 应具有完备性, 即任意 $f \in L^2(\mathbb{R})$ 可以表示为式 (1.2.1) 的形式. 其次, 我们希望表示系数 c_n 是容易计算的. 举例来说, 若 $\{f_n\}$ 为 $L^2(\mathbb{R})$ 中的标准正交基 (orthonormal basis), 即

$$\langle f_n, f_m \rangle = \int_{\mathbb{R}} f_n(x)\overline{f_m(x)}\mathrm{d}x = \delta[n-m] = \begin{cases} 1, & m = n, \\ 0, & m \neq n, \end{cases} \tag{1.2.2}$$

则任意 $f \in L^2(\mathbb{R})$ 可以表示为式 (1.2.1) 的形式, 其中系数 $c_n = \langle f, f_n \rangle$ 且唯一. 此外, 若对于 $\{f_n\}$ 的任意排序 $\sigma(n)$, $\sum_{\sigma(n)} c_n f_n$ 收敛于 f, 则称 $\{f_n\}$ 为一组无条件

基 (unconditional basis). 显然, 上述 Fourier 级数中的三角函数系 $\left\{\frac{1}{\sqrt{T}}\mathrm{e}^{jn\frac{2\pi}{T}x}\right\}_{n\in\mathbb{Z}}$ 为 $L^2([0,T])$ 上一组完备、标准正交、无条件基. 事实上, 可以证明当 $\{f_n\}$ 为一组标准正交基或 Riesz 基 (见定义 1.2.2) 时满足无条件收敛.

框架可视为空间中一组广义的 "基函数", 其仍满足无条件收敛, 但相比于正交基或 Riesz 基, 框架的表示系数 c_n 不唯一. 系数的非唯一性有以下几方面优势. 首先, 表示的冗余性. 如果适当舍弃一些系数, 信号仍旧可以实现完全重构, 这是正交基或 Riesz 基所不具备的. 其次, 相对于基的构造条件, 框架的构造条件较为宽松, 易于构造一些具有指定性质的函数族. 最后, 框架系数的不唯一性为选择最佳逼近提供了可能, 即寻找

$$f_M = \sum_{n\in\mathcal{M}} c_n f_n,$$

其中 $\mathcal{M}$ 为有限元素构成的集合, 使得误差 $\|f_M - f\|^2$ 尽可能小. 在实际应用中, 一个自然的想法是用尽量少的系数表示尽可能多的信息, 即稀疏表示 (sparse representation).

下面给出框架的数学定义.

定义 1.2.1 已知 Hilbert 空间 $\mathcal{H}$, 记 $\langle\cdot,\cdot\rangle$ 为 $\mathcal{H}$ 中的标准内积, $\|\cdot\| = \langle\cdot,\cdot\rangle^{\frac{1}{2}}$. 称可数集合 $\{f_i\}_{i\in\mathcal{I}} \subset \mathcal{H}$ 为框架 (frame), 如果存在常数 $A, B > 0$ 使得

$$A\|f\|^2 \leqslant \sum_{i\in\mathcal{I}} |\langle f, f_i\rangle|^2 \leqslant B\|f\|^2, \quad \forall f \in \mathcal{H}, \tag{1.2.3}$$

称 A, B 为框架界. 若 $A = B$, 则称 $\{f_i\}_{i\in\mathcal{I}}$ 为紧框架 (tight frame).

进一步, 若要求框架 $\{f_i\}_{i\in\mathcal{I}}$ 线性无关, 则得到 Riesz 基.

定义 1.2.2 若 $\{f_i\}_{i\in\mathcal{I}} \subset \mathcal{H}$ 为框架, 且线性无关, 即

$$\sum_{i\in\mathcal{I}} a_i f_i = 0 \tag{1.2.4}$$

蕴含对所有 $i \in \mathcal{I}$, $a_i = 0$. 称 $\{f_i\}_{i\in\mathcal{I}}$ 为 Riesz 基.

框架并不要求集合 $\{f_i\}_{i\in\mathcal{I}}$ 中的元素线性无关, 因此框架的表示系数不唯一. 事实上, 假设信号 f 可以表示为

$$f = \sum_{i\in\mathcal{I}} c_i f_i.$$

又由线性相关性, 存在 $\{a_i\}$ 使得

$$\sum_{i\in\mathcal{I}} a_i f_i = 0,$$

其中至少一个 a_i 非零. 于是

$$f = \sum_{i\in\mathcal{I}} (c_i + a_i) f_i.$$

可见 $\{a_i + c_i\}$ 也是信号的表示系数.

注意到框架定义中要求 $A, B > 0$. 若 $A = 0$, 或者说只要求不等式 (1.2.3) 右半边成立, 则得到 Bessel 序列.

定义 1.2.3　称 $\{f_i\}_{i\in\mathcal{I}} \subset \mathcal{H}$ 为 Bessel 序列, 如果存在 $B > 0$ 使得

$$\sum_{i\in\mathcal{I}} |\langle f, f_i\rangle|^2 \leqslant B\|f\|^2, \quad \forall f \in \mathcal{H}. \tag{1.2.5}$$

下面通过算子理论论述框架中的一些重要结论. 定义如下算子:

$$F^* : \mathcal{H} \to \ell^2(\mathcal{I}), \quad f \mapsto (\langle f, f_i\rangle)_{i\in\mathcal{I}},$$
$$F : \ell^2(\mathcal{I}) \to \mathcal{H}, \quad (c_i)_{i\in\mathcal{I}} \mapsto \sum_{i\in\mathcal{I}} c_i f_i,$$

称 F^* 为分析 (analysis) 算子, F 为综合 (synthesis) 算子.

若 $\{f_i\}_{i\in\mathcal{I}}$ 为框架, 由不等式 (1.2.3) 知, $\|F^*f\|^2 \leqslant B\|f\|^2$, 因此 F^* 是有界算子. 事实上, 只需要求 $\{f_i\}_{i\in\mathcal{I}}$ 为 Bessel 序列即可, 于是有如下定理.

定理 1.2.1　F^* 是有界算子当且仅当 $\{f_i\}_{i\in\mathcal{I}}$ 是 Bessel 序列.

事实上, 注意到

$$\langle Fc, f\rangle = \left\langle \sum_{i\in\mathcal{I}} c_i f_i, f \right\rangle = \sum_{i\in\mathcal{I}} c_i \langle f_i, f\rangle = \sum_{i\in\mathcal{I}} c_i \overline{\langle f, f_i\rangle} = \langle c, F^* f\rangle.$$

因此 F 是 F^* 的伴随算子. $\|F\| = \|F^*\|$, 故 F 也是有界算子.

定义框架算子 (frame operator):

$$S = FF^* : \mathcal{H} \to \mathcal{H},$$

则

$$Sf = \sum_{i\in\mathcal{I}} \langle f, f_i\rangle f_i, \quad f \in \mathcal{H}. \tag{1.2.6}$$

结合式 (1.2.3), 有

$$A\|f\|^2 \leqslant \langle Sf, f\rangle \leqslant B\|f\|^2, \quad \forall f \in \mathcal{H}. \tag{1.2.7}$$

因此, $\{f_i\}_{i\in\mathcal{I}}$ 是框架当且仅当 $AI \leqslant S \leqslant BI$, 其中 I 是恒同算子. 这等价于 A, B 分别为 S 谱的下确界和上确界. 对于有限维空间, A, B 分别代表 S 的最小和最大特征值. 定理 1.2.2 给出了框架的充要条件.

定理 1.2.2 $\{f_i\}_{i\in\mathcal{I}}\subset\mathcal{H}$ 为框架的充要条件是

$$A\|c\|^2\leqslant\left\|\sum_{i\in\mathcal{I}}c_if_i\right\|^2\leqslant B\|c\|^2,\quad\forall c\in\mathrm{Im}F^*.\tag{1.2.8}$$

证明 因为 $Fc=\sum_{i\in\mathcal{I}}c_if_i$, 所以

$$\left\|\sum_{i\in\mathcal{I}}c_if_i\right\|^2=\langle F^*Fc,c\rangle,\quad\forall c\in\mathrm{Im}F^*.$$

因此要证明式 (1.2.8) 成立, 即证 F^*F 谱的下确界和上确界分别为 A 和 B. 根据式 (1.2.7), $\{f_i\}_{i\in\mathcal{I}}$ 是框架当且仅当 FF^* 谱的下、上确界分别为 A 和 B. 下面证明 FF^* 与 F^*F 的谱具有相同的上、下确界.

对于有限维空间, FF^* 谱的上、下确界即为 FF^* 的最大和最小特征值, 易知 FF^* 与 F^*F 具有相同的特征值, 因此两者的上、下确界相等. 事实上, 设 λ 为 FF^* 的特征值, 对应的特征向量为 g, 则

$$FF^*g=\lambda g,$$

于是有

$$F^*F(F^*g)=\lambda F^*g,$$

且 $F^*g\neq 0$, 这是因为由框架定义 $\|F^*g\|^2\geqslant A\|g\|^2>0$. 由此可见 λ 也是 F^*F 的特征值, 对应的特征向量为 $F^*g\in\mathrm{Im}F^*$.

对于 Hilbert 空间或无限维空间, 可以通过有限维空间逼近的方式, 令维度趋向于无穷大, 此时最大和最小特征值的极限为谱的上、下确界. 因此结论依然成立. □

定理 1.2.2 表明框架提供了一种稳定的 (stable) 信号表示. 系数的计算可由对偶框架 (dual frame) 获得, 具体将在下节阐述.

定理 1.2.3 描述了框架界与冗余度之间的关系.

定理 1.2.3 已知 N 维有限空间中的框架 $\{f_i\}$, 其含有 P 个单位元素, 即 $\|f_i\|=1,i=1,\cdots,P$, 定义框架的冗余度为 P/N, 则有

$$A\leqslant\frac{P}{N}\leqslant B,$$

若 $\{f_i\}$ 为紧框架, 则 $A=B=P/N$.

证明 根据式 (1.2.7), 易知 $S=FF^*$ 的特征值介于 A,B 之间, 因此

$$AN\leqslant\mathrm{tr}(FF^*)\leqslant BN,$$

由于 $\mathrm{tr}(FF^*) = \mathrm{tr}(F^*F)$, 因此

$$AN \leqslant \mathrm{tr}(F^*F) \leqslant BN, \tag{1.2.9}$$

注意到算子 F^*F 构成 Gram 矩阵, 即

$$(F^*Fc)_m = \sum_n c_n \langle f_n, f_m \rangle, \quad \forall c \in \mathrm{Im}F^*,$$

因此 $\mathrm{tr}(F^*F) = \sum_{n=1}^{P} |\langle f_n, f_n \rangle|^2 = P$, 代入式 (1.2.9) 有

$$AN \leqslant P \leqslant BN. \qquad \square$$

如果 $\{f_i\}$ 为标准 Riesz 基, 即 $\{f_i\}$ 具有单位长度且线性无关, 则根据定理 1.2.3, $A \leqslant 1 \leqslant B$. 进一步, 当 $A = B = 1$ 时, $\{f_i\}$ 为标准正交基.

下面给出一例子.

例 1.2.1 已知 $\{\boldsymbol{e}_1 = (1, 0)^{\mathrm{T}}, \boldsymbol{e}_2 = (0, 1)^{\mathrm{T}}\}$ 为二维平面 $\mathbb{R}^2$ 的标准正交基, 令

$$\boldsymbol{v}_1 = \boldsymbol{e}_1, \quad \boldsymbol{v}_2 = -\frac{1}{2}\boldsymbol{e}_1 + \frac{\sqrt{3}}{2}\boldsymbol{e}_2, \quad \boldsymbol{v}_3 = -\frac{1}{2}\boldsymbol{e}_1 - \frac{\sqrt{3}}{2}\boldsymbol{e}_2,$$

即三个夹角为 $2\pi/3$ 的单位向量. 则容易验证

$$\sum_{i=1}^{3} |\langle \boldsymbol{v}, \boldsymbol{v}_i \rangle|^2 = \frac{3}{2}\|\boldsymbol{v}\|^2, \quad \forall \boldsymbol{v} \in \mathbb{R}^2.$$

因此 $\{\boldsymbol{v}_1, \boldsymbol{v}_2, \boldsymbol{v}_3\}$ 为 $\mathbb{R}^2$ 中一紧框架, 冗余度 $A = B = 3/2$.

1.3 对偶框架

首先给出对偶框架的定义.

定义 1.3.1 已知 Hilbert 空间中的一个框架 $\{f_i\}_{i\in\mathcal{I}} \subset \mathcal{H}$, 如果存在另一个框架 $\{\tilde{f}_i\}_{i\in\mathcal{I}} \subset \mathcal{H}$, 满足

$$f = \sum_{i\in\mathcal{I}} \langle f, \tilde{f}_i \rangle f_i = \sum_{i\in\mathcal{I}} \langle f, f_i \rangle \tilde{f}_i, \quad \forall f \in \mathcal{H}, \tag{1.3.1}$$

则称 $\{\tilde{f}_i\}_{i\in\mathcal{I}}$ 为 $\{f_i\}_{i\in\mathcal{I}}$ 的对偶框架 (dual frame), $\{f_i\}_{i\in\mathcal{I}}$ 为原框架 (primal frame). 由于式 (1.3.1) 中表示的对称性, 亦称 $\left\{f_i, \tilde{f}_i\right\}_{i\in\mathcal{I}}$ 为一对双框架 (bi-frame), 或统称对偶框架.

对偶框架可以通过框架算子 $S = FF^*$ 来构造. 在介绍构造定理之前, 先来介绍几个关于框架算子的主要结论.

定理 1.3.1 已知 $\{f_i\}_{i\in\mathcal{I}}$ 为框架而非 Riesz 基, 相应地分析算子为 F^*, 则 F^* 有无穷多个左逆.

证明 首先, F^* 是单射. 事实上, 根据式 (1.2.3) 知 $F^*f=0$, 这意味着 $f=0$, 因此 F^* 可逆. 即存在算子 $G:\mathrm{Im}F^*\to\mathcal{H}$, 使得 $GF^*f=f$, $\forall f\in\mathcal{H}$. 注意到 $\mathrm{Im}F^*\subset\ell^2(\mathcal{I})$, 可将 G 扩展为 $\overline{G}:\ell^2(\mathcal{I})\to\mathcal{H}$, 同时满足

$$\overline{G}F^*f=f,\quad \forall f\in\mathcal{H}. \tag{1.3.2}$$

事实上, 只需令 $\mathrm{Im}F^*$ 上 $\overline{G}=G$, 而在 $\mathrm{Im}F^*$ 的补空间 (若非空) 上算子可任意定义.

下面证明 $\mathrm{Im}F^*$ 的补空间非空. 由于 $\mathrm{Null}F=(\mathrm{Im}F^*)^\perp$, 即 $\mathrm{Null}F$ 是 $\mathrm{Im}F^*$ 在 $\ell^2(\mathcal{I})$ 中的正交补空间, 又由于 $\{f_i\}_{i\in\mathcal{I}}$ 为框架而非 Riesz 基, 所以存在非零元 $a\in\mathrm{Null}F=(\mathrm{Im}F^*)^\perp$, 即 $(\mathrm{Im}F^*)^\perp$ 非空, 因此存在无穷多个 $\overline{G}$ 满足式 (1.3.2). □

定义 1.3.2 称 F^+ 为线性算子 F 的伪逆 (pseudo inverse), 如果满足

$$F^+Ff=f,\quad \forall f\in\mathcal{H},\quad \text{且 } F^+c=0,\quad \forall c\in(\mathrm{Im}F^*)^\perp.$$

定理 1.3.2 表明框架算子 S 是可逆的, 并给出了 F^* 伪逆的计算方式.

定理 1.3.2 框架算子 $S=FF^*$ 是自伴的、可逆的, 且

$$F^+F^*f=f,\quad \forall f\in\mathcal{H},$$

其中 $F^+=S^{-1}F$.

证明 $S=FF^*$ 是自伴算子, 因为 $S^*=S$. 重新考虑式 (1.2.7), 即

$$A\|f\|^2\leqslant\langle FF^*f,f\rangle\leqslant B\|f\|^2,\quad \forall f\in\mathcal{H},$$

这说明 S 单射, 即 $Sf=0$ 当且仅当 $f=0$. 因此 S 可逆.

令 $F^+=(FF^*)^{-1}F$, 则

$$F^+F^*f=(FF^*)^{-1}FF^*f=f,\quad \forall f\in\mathcal{H}.$$

因此 F^+ 为 F 的左逆.

又 $\mathrm{Null}F=(\mathrm{Im}F^*)^\perp$, 因此对任意 $c\in(\mathrm{Im}F^*)^\perp$, $Fc=0$, 于是

$$F^+c=(FF^*)^{-1}Fc=0,\quad \forall c\in(\mathrm{Im}F^*)^\perp,$$

因此 F^+ 为 F 的伪逆. □

利用框架算子 S 可以构造对偶框架, 有如下定理.

定理 1.3.3 已知框架 $\{f_i\}_{i\in\mathcal{I}}$ 及框架算子 S, 存在对偶框架 $\{\tilde{f}_i = S^{-1}f_i\}_{i\in\mathcal{I}}$ 满足

$$f = \sum_{i\in\mathcal{I}} \langle f, \tilde{f}_i\rangle f_i = \sum_{i\in\mathcal{I}} \langle f, f_i\rangle \tilde{f}_i, \quad \forall f \in \mathcal{H}, \tag{1.3.3}$$

称 $\{S^{-1}f_i\}_{i\in\mathcal{I}}$ 为 $\{f_i\}_{i\in\mathcal{I}}$ 的标准对偶框架 (canonical dual frame).

证明定理 1.3.3 需要用到如下引理, 证明过程可参阅 [13].

引理 1.3.1 若 L 为自伴算子, 且存在 $A, B > 0$ 使得

$$A\|f\|^2 \leqslant \langle Lf, f\rangle \leqslant B\|f\|^2, \quad \forall f \in \mathcal{H},$$

则 L 可逆, 且

$$B^{-1}\|f\|^2 \leqslant \langle L^{-1}f, f\rangle \leqslant A^{-1}\|f\|^2, \quad \forall f \in \mathcal{H}.$$

下面证明定理 1.3.3.

证明 定义对偶分析算子:

$$\widetilde{F}^*: \mathcal{H} \to \ell^2(\mathcal{I}), \quad f \mapsto (\langle f, \tilde{f}_i\rangle)_{i\in\mathcal{I}}.$$

易知 $\widetilde{F}^* = F^*S^{-1} = F^*(FF^*)^{-1}$. 事实上, 由于 S 是自伴算子,

$$(\widetilde{F}^*f)_i = \langle f, S^{-1}f_i\rangle = \langle S^{-1}f, f_i\rangle = (F^*S^{-1}f)_i,$$

因此 $F\widetilde{F}^* = FF^*(FF^*)^{-1} = I$, 于是有

$$f = \sum_{i\in\mathcal{I}} \langle f, \tilde{f}_i\rangle f_i, \quad \forall f \in \mathcal{H}.$$

另一方面, 对偶综合算子 $\widetilde{F}$ 为 $\widetilde{F}^*$ 的伴随算子, 且 $\widetilde{F}F^* = (FF^*)^{-1}FF^* = I$, 因此

$$f = \sum_{i\in\mathcal{I}} \langle f, f_i\rangle \tilde{f}_i, \quad \forall f \in \mathcal{H}.$$

综合以上两式, 式 (1.3.3) 成立.

下面证明 $\{\tilde{f}_i\}$ 是框架. 由 $\{f_i\}$ 是框架, 存在 $A, B > 0$, 使得

$$A\|f\|^2 \leqslant \langle Sf, f\rangle \leqslant B\|f\|^2, \quad \forall f \in \mathcal{H}.$$

由于 S 是自伴算子, 由引理 1.3.1,

$$B^{-1}\|f\|^2 \leqslant \langle S^{-1}f, f\rangle \leqslant A^{-1}\|f\|^2, \quad \forall f \in \mathcal{H},$$

又

$$\|\widetilde{F}^*f\|^2 = \langle \widetilde{F}^*f, \widetilde{F}^*f\rangle = \langle F^*S^{-1}f, F^*S^{-1}f\rangle = \langle S^{-1}f, f\rangle,$$

结合上面不等式, 可见 $\{\tilde{f}_i = S^{-1}f_i\}_{i\in\mathcal{I}}$ 是框架, 框架上、下界分别为 A^{-1} 和 B^{-1}. □

定理 1.3.3 给出了基于框架与对偶框架的两种表示方法, 原框架 $\{f_n\}$ 的表示系数为 $\langle f, S^{-1}f_i\rangle$; 对偶框架 $\{\tilde{f}_n\}$ 的表示系数为 $\langle f, f_i\rangle$. 一般情况下, 框架的表示系数不唯一. 但可以证明, 标准对偶框架拥有 ℓ^2-范数最小的 f 表示系数[16], 即

$$\sum_{i\in\mathcal{I}}|\langle f, S^{-1}f_i\rangle|^2 \leqslant \sum_{i\in\mathcal{I}}|c_i|^2, \quad \forall f = \sum_{i\in\mathcal{I}} c_i f_i, \quad c_i \in \ell^2(\mathcal{I}).$$

若框架为紧框架, 则有如下推论.

推论 1.3.1 若 $\{f_i\}_{i\in\mathcal{I}}$ 为紧框架, 则标准对偶框架为 $\{\tilde{f}_i = A^{-1}f_i\}_{i\in\mathcal{I}}$, 且

$$f = \frac{1}{A}\sum_{i\in\mathcal{I}}\langle f, f_i\rangle f_i, \quad \forall f \in \mathcal{H}. \tag{1.3.4}$$

证明 当 $\{f_i\}_{i\in\mathcal{I}}$ 为紧框架, $\langle Sf, f\rangle = A\|f\|^2$, 因此 $S = AI$, 故 $S^{-1} = A^{-1}I$, $\{\tilde{f}_i = A^{-1}f_i\}_{i\in\mathcal{I}}$, 代入式 (1.3.3) 得

$$f = \frac{1}{A}\sum_{i\in\mathcal{I}}\langle f, f_i\rangle f_i, \quad \forall f \in \mathcal{H}.$$ □

当框架为 Riesz 基时, 其与对偶框架构成一对双正交基 (biorthogonal bases). 事实上, 若 $\{f_i\}_{i\in\mathcal{I}}$ 为 Riesz 基, 则 $\{f_i\}_{i\in\mathcal{I}}$ 线性无关且 $\mathrm{Im}F^* = \ell^2(\mathcal{I})$, 因此对偶框架 $\{\tilde{f}_i\}_{i\in\mathcal{I}}$ 也是线性无关的. 根据框架表示,

$$f_n = \sum_{i\in\mathcal{I}}\langle f_n, \tilde{f}_i\rangle f_i$$

线性无关意味着

$$\langle f_n, \tilde{f}_i\rangle = \delta[n-i],$$

因此 $\left\{f_i, \tilde{f}_i\right\}_{i\in\mathcal{I}}$ 是双正交基.

以上由算子理论介绍了框架的一些重要结论, 然而除例 1.2.1 并没有涉及更多的框架实例. 读者可能会好奇: 哪些函数集可以作为框架? 以及如何构造框架? 这一问题将在后面章节详细讨论. 事实上, 早期的框架研究可追溯到 I. Daubechies, A. Grossmann 与 Y. Meyer 等的工作. 在 [43] 中, 作者讨论了两类 Hilbert 空间中的框架构造方法, 一类是 Weyl-Heisenberg 群; 另一类是仿射群 $ax+b$. Weyl-Heisenberg 群是定义在 $\mathbb{T}\times\mathbb{R}\times\mathbb{R}$ 上的集合, 其元素具有如下形式:

$$[W(z,p,q)f](x) = z\mathrm{e}^{-ipq/2}\mathrm{e}^{ipx}f(x-q), \quad f \in L^2(\mathbb{R}),$$

而仿射群 $ax+b$ 中元素形式与连续小波相似, 即

$$[U(a,b)f](x) = |a|^{-1/2} f((x-b)/a), \quad f \in L^2(\mathbb{R}).$$

作者证明, 利用这两类群可构造紧框架, 且方法本质上是一样的.

在 [1] 中, I. Daubechies 给出了 Gabor 框架与小波框架的时频局部化分析, 并给出了紧小波框架的具体形式. 作者指出, 相比于 Gabor 框架, 小波变换更适合语音与视觉信号的分析, 因为其处理频率的方式是对数的而非线性的. 小波框架的快速发展得益于 A. Ron, Z. Shen, I. Daubechies 等的研究工作. 特别是在 [44, 45] 中, 作者提出了构造紧小波框架和对偶小波框架的准则, 即酉扩展原理 (unitary extension principle, UEP) 和混合扩展原理 (mixed extension principle, MEP), 从而为小波框架的构造提供了一般化的方法. 在接下来的章节, 我们将详细介绍几类重要框架, 包括 Gabor 框架、小波框架、复紧框架等.

1.4　移不变框架

在介绍 Gabor 框架之前, 首先来看一类简单的框架, 即移不变 (translation-invariant) 框架. 令 $\{\phi_n\}_{n\in\mathcal{I}}$ 为 $L^2(\mathbb{R})$ 空间中一组函数, 定义平移算子

$$T_u : T_u g(x) = g(x-u), \quad u \in \mathbb{R}.$$

记 $\mathcal{D} = \{T_u\phi_n\}_{n\in\mathcal{I},u\in\mathbb{R}}$, 称 $\mathcal{D}$ 为字典 (dictionary). 对任意 $f \in L^2(\mathbb{R})$, 其在 D 中的分解系数为

$$\Phi^* f(u,n) = \langle f, T_u\phi_n\rangle, \quad (u,n) \in \mathbb{R}\times\mathcal{I}.$$

注意到 $\langle T_u f, \phi_n\rangle = \langle f, T_{-u}\phi_n\rangle$, 因此 $\mathcal{D}$ 具有平移不变性. 此外注意到 $\mathbb{R}\times\mathcal{I}$ 不可数, 因此严格来说, $\mathcal{D}$ 并不能构成框架. 但是若考虑系数能量

$$\|\Phi^* f\|^2 = \sum_{n\in\mathcal{I}} \int_{\mathbb{R}} |\Phi^* f(u,n)|^2 \mathrm{d}u = \sum_{n\in\mathcal{I}} \|\Phi^* f(\cdot,n)\|^2,$$

并假设存在 $A, B > 0$, 使得

$$A\|f\|^2 \leqslant \|\Phi^* f\|^2 \leqslant B\|f\|^2, \quad \forall f \in L^2(\mathbb{R}), \tag{1.4.1}$$

则此时框架的相关结论依然适用于 $\mathcal{D}$. 因此把满足式 (1.4.1) 的函数集 $\mathcal{D}$ 仍称为框架. 定理 1.4.1 给出了框架在 Fourier 变换域的等价条件.

定理 1.4.1　*式 (1.4.1) 成立的充要条件是, 存在 $A, B > 0$ 使得*

$$A \leqslant \sum_{n\in\mathcal{I}} |\widehat{\phi}_n(\omega)|^2 \leqslant B \tag{1.4.2}$$

对几乎所有 $\omega \in \mathbb{R}$ 成立.

证明 将 $\Phi^* f$ 写为卷积的形式,

$$\Phi^* f(u,n) = \langle f, T_u\phi_n\rangle = \int_{\mathbb{R}} f(x)\phi_n^*(x-u)\mathrm{d}x = (f * \bar{\phi}_n)(u),$$

其中 $\bar{\phi}_n(x) = \phi_n^*(-x)$.

注意到

$$\begin{aligned}\Phi\Phi^* f(x) &= \sum_{n\in\mathcal{I}} \int_{\mathbb{R}} \langle f, T_u\phi_n\rangle T_u\phi_n \mathrm{d}u \\ &= \sum_{n\in\mathcal{I}} \int_{\mathbb{R}} (f * \bar{\phi}_n)(u)\phi_n(x-u)\mathrm{d}u \\ &= \sum_{n\in\mathcal{I}} f * \bar{\phi}_n * \phi_n(x) = f * \sum_{n\in\mathcal{I}} \left(\bar{\phi}_n * \phi_n\right)(x).\end{aligned}$$

因此在频域上,

$$\widehat{\Phi\Phi^* f}(\omega) = \widehat{f}(\omega)\sum_{n\in\mathcal{I}} |\widehat{\phi}_n(\omega)|^2.$$

显然, 若 $A \leqslant \sum_{n\in\mathcal{I}} |\widehat{\phi}_n(\omega)|^2 \leqslant B$, 则

$$A\|\widehat{f}\|^2 \leqslant \langle \widehat{\Phi\Phi^* f}, \widehat{f}\,\rangle \leqslant B\|\widehat{f}\|^2, \quad \forall \widehat{f} \in L^2(\mathbb{R}).$$

利用 Parseval 等式, $\langle f, g\rangle = \dfrac{1}{2\pi}\langle \widehat{f}, \widehat{g}\rangle$, 于是有

$$A\|f\|^2 \leqslant \langle \Phi\Phi^* f, f\rangle \leqslant B\|f\|^2, \quad \forall f \in L^2(\mathbb{R}).$$

反之, 若上式成立, 则 $A \leqslant \sum_{n\in\mathcal{I}} |\widehat{\phi}_n(\omega)|^2 \leqslant B$. 因此式 (1.4.1) 与 (1.4.2) 等价. □

根据框架定义, 当 $A = B = 1$ 时, 框架为标准正交基, 因此字典 $\{T_u\phi_n\}_{n\in\mathcal{I}, u\in\mathbb{R}}$ 为标准正交基的充要条件为

$$\sum_{n\in\mathcal{I}} |\widehat{\phi}_n(\omega)|^2 = 1, \tag{1.4.3}$$

对几乎所有 $\omega \in \mathbb{R}$ 成立. 特别地, 若考虑由一个函数 ϕ 生成的字典 $\mathcal{D} = \{T_u\phi\}_{u\in\mathbb{R}}$, 则条件化为 $|\widehat{\phi}(\omega)| = 1$. 这意味着 $\phi(x) = \delta(x - x_0)$. 显然, $\Phi\Phi^* f(x) = f * \delta * \delta(x) = f(x)$. 因此, $\{\delta(x-u)\}_{u\in\mathbb{R}}$ 可视为 $L^2(\mathbb{R})$ 上的 "基函数". 当然严格来讲, "基" 或框架应是可数集. 稍后会看到, Gabor 框架与小波框架均需要对平移参数 u 进行离散化. 这里首先考虑一个简单的例子, 即由一个函数 ϕ 以单位 1 平移生成的字典 $\{T_n\phi\}_{n\in\mathbb{Z}}$, 有如下定理.

定理 1.4.2 $\{T_n\phi\}_{n\in\mathbb{Z}}$ 为标准正交基的充要条件是

$$\sum_{n\in\mathbb{Z}} |\widehat{\phi}(\omega + 2\pi n)|^2 = 1, \tag{1.4.4}$$

对几乎所有 $\omega \in [-\pi, \pi]$ 成立.

证明　因为 $\widehat{T_k\phi}(\omega)=\widehat{\phi}(\omega)\mathrm{e}^{-j\omega k}$, 由 Parseval 定理,

$$\begin{aligned}\langle T_k\phi,T_m\phi\rangle&=\frac{1}{2\pi}\langle\widehat{T_k\phi},\widehat{T_m\phi}\rangle=\frac{1}{2\pi}\int_{\mathbb{R}}\widehat{\phi}(\omega)\mathrm{e}^{-j\omega k}\widehat{\phi}^*(\omega)\mathrm{e}^{j\omega m}\mathrm{d}\omega\\&=\frac{1}{2\pi}\int_{\mathbb{R}}|\widehat{\phi}(\omega)|^2\mathrm{e}^{j\omega(m-k)}\mathrm{d}\omega\\&=\frac{1}{2\pi}\sum_n\int_{n2\pi}^{(n+1)2\pi}|\widehat{\phi}(\omega)|^2\mathrm{e}^{j\omega(m-k)}\mathrm{d}\omega\\&=\frac{1}{2\pi}\sum_n\int_0^{2\pi}|\widehat{\phi}(\omega+2\pi n)|^2\mathrm{e}^{j\omega(m-k)}\mathrm{d}\omega\\&=\frac{1}{2\pi}\int_0^{2\pi}\sum_n|\widehat{\phi}(\omega+2\pi n)|^2\mathrm{e}^{j\omega(m-k)}\mathrm{d}\omega.\end{aligned}$$

若 $\{T_k\phi\}$ 为标准正交基, 则

$$\langle T_k\phi,T_m\phi\rangle=\frac{1}{2\pi}\int_0^{2\pi}\sum_n|\widehat{\phi}(\omega+2\pi n)|^2\mathrm{e}^{j\omega(m-k)}\mathrm{d}\omega=\delta[k-m].$$

根据 Fourier 级数的唯一性,

$$\sum_n|\widehat{\phi}(\omega+2\pi n)|^2=1$$

在 $[-\pi,\pi]$ 上几乎处处成立. 反之若上式成立, 则可推得 $\langle T_k\phi,T_m\phi\rangle=\delta[k-m]$, 因此 $\{T_k\phi\}$ 为标准正交基. □

在上面讨论的基础上, 可以得到如下定理.

定理 1.4.3　$\{T_n\phi\}_{n\in\mathbb{Z}}$ 为 Riesz 基的充要条件是存在 $A,B>0$, 使得对任意 $\omega\in[-\pi,\pi]$,

$$A\leqslant\sum_{n\in\mathbb{Z}}|\widehat{\phi}(\omega+2\pi n)|^2\leqslant B.\tag{1.4.5}$$

1.5　Gabor 框 架

由 1.2 节知, 三角函数系 $\left\{\frac{1}{\sqrt{T}}\mathrm{e}^{jn\frac{2\pi}{T}x}\right\}_{n\in\mathbb{Z}}$ 为 $L^2([0,T])$ 上的标准正交基. 为方便起见, 设 $T=1$, 则 $\{\mathrm{e}^{j2\pi nx}\}_{n\in\mathbb{Z}}$ 为 $L^2([0,1])$ 上的标准正交基. 考虑将实数轴 $\mathbb{R}$ 分割成长度为 1 且互不相交的区间, 如 $[m,m+1],m\in\mathbb{Z}$, 显然

$$\mathbb{R}=\bigcup_{m\in\mathbb{Z}}[m,m+1].$$

将 $\{\mathrm{e}^{j2\pi nx}\}_{n\in\mathbb{Z}}$ 以单位 1 进行平移, 则很容易得到 $L^2(\mathbb{R})$ 上的标准正交基:

$$\left\{\mathrm{e}^{j2\pi n(x-m)}\chi_{[0,1]}(x-m)\right\}_{n,m\in\mathbb{Z}}=\left\{\mathrm{e}^{j2\pi nx}\chi_{[0,1]}(x-m)\right\}_{n,m\in\mathbb{Z}},$$

其中 $\chi_I(x)=\begin{cases}1, & x\in I,\\ 0, & x\notin I.\end{cases}$

上述思想可推广至更一般情况, 即 Gabor 框架.

定义 1.5.1 已知函数 $g\in L^2(\mathbb{R})$ 通过时频平移生成的函数集合

$$\left\{g_{m,n}(x)=\mathrm{e}^{jnbx}g(x-ma)\right\}_{m,n\in\mathbb{Z}},$$

其中 $a,b>0$. 若 $\{g_{m,n}(x)\}_{m,n\in\mathbb{Z}}$ 为 $L^2(\mathbb{R})$ 中的框架, 则称为 Gabor 框架.

事实上, $\{g_{m,n}(x)\}$ 构成 Weyl-Heisenberg 群. 因此 Gabor 框架亦称 Weyl-Heisenberg 框架[43].

Gabor 框架也可从加窗 Fourier 变换的角度引入. 加窗 Fourier 变换定义为

$$\mathcal{S}f(u,\omega)=\langle f,g_{u,\omega}\rangle,$$

其中变换的核函数为 $g_{u,\omega}(x)=\mathrm{e}^{j\omega x}g(x-u)$, g 为窗函数, 通常选取一实、偶函数, 且 $\|g\|^2=1$. 根据定义 1.5.1, $g_{m,n}(x)$ 可视为 $g_{u,\omega}(x)$ 的时频离散化结果, 其中 a,b 分别代表时间和频率上的采样间隔, 此时变换系数为

$$\mathcal{S}f(m,n)=\langle f,g_{u,\omega}\rangle|_{u=ma,\omega=nb}=\langle f,g_{m,n}\rangle.$$

根据加窗 Fourier 变换的性质, 核函数的时宽与频宽只取决于窗函数 g, 而与时频位置 (u,ω) 无关. 为了实现信号重建, 需要保证离散化网格覆盖整个时频平面. 事实上, Gabor 框架提供了信号在时频平面上完备、稳定的表示. 因此 Gabor 框架可以视为离散加窗 Fourier 变换.

由于紧框架的对偶框架与原框架一致, 因此在实际应用中较为容易数值计算. 定理 1.5.1 给出了 Gabor 框架为紧框架的充分条件.

定理 1.5.1[43] 令 g 为窗函数, 支撑区间为 $[-\pi/b,\pi/b]$. 若

$$\frac{2\pi}{b}\sum_m|g(x-ma)|^2=A>0, \tag{1.5.1}$$

则 $\left\{g_{m,n}(x)=\mathrm{e}^{jnbx}g(x-ma)\right\}_{m,n\in\mathbb{Z}}$ 为 $L^2(\mathbb{R})$ 中的紧框架, 框架界为 A.

证明 $g(x)$ 的支撑区间为 $[-\pi/b,\pi/b]$, 那么 $f(x)g(x-ma)$ 的支撑区间为 $[-\pi/b+ma,\pi/b+ma]$. 由于 $\{\mathrm{e}^{jnbx}\}_{n\in\mathbb{Z}}$ 为该支撑区间上的正交基, 故由 Parseval 定理,

$$\begin{aligned}\int_{-\pi/b+ma}^{\pi/b+ma}|f(x)g(x-ma)|^2dx&=\frac{b}{2\pi}\sum_n|\langle f(x)g(x-ma),\mathrm{e}^{jnbx}\rangle|^2\\&=\frac{b}{2\pi}\sum_n|\langle f(x),\mathrm{e}^{jnbx}g(x-ma)\rangle|^2.\end{aligned}$$

上式第二个等式利用到了 g 是实函数.

对所有 m 累计求和, 得

$$\int_{-\infty}^{\infty}|f(x)|^2\sum_m|g(x-ma)|^2\mathrm{d}x=\frac{b}{2\pi}\sum_{m,n}|\langle f,g_{m,n}\rangle|^2.$$

因此当式 (1.5.1) 成立, 有

$$A\int_{-\infty}^{\infty}|f(x)|^2\mathrm{d}x=A\|f\|^2=\sum_{m,n}|\langle f,g_{m,n}\rangle|^2,$$

故 $\{g_{m,n}\}_{m,n\in\mathbb{Z}}$ 为紧框架. □

注意到 g 的支撑区间长度为 $2\pi/b$, 因此 $\{g_{m,n}\}_{m,n\in\mathbb{Z}}$ 为紧框架蕴含了 $a\leqslant 2\pi/b$. 这是必然的, 因为时间轴上的离散间隔 a 应小于窗函数的支撑区间, 这样才能保证 $\{g_{m,n}\}_{m,n\in\mathbb{Z}}$ 覆盖整个时间轴. 该关系可以推广至一般框架, 有如下定理.

定理 1.5.2[11] $\{g_{m,n}(x)=\mathrm{e}^{jnbx}g(x-ma)\}_{m,n\in\mathbb{Z}}$ *为框架的必要条件是*

$$\frac{2\pi}{ab}\geqslant 1, \tag{1.5.2}$$

此外, 框架界 A,B 必然满足

$$A\leqslant\frac{2\pi}{ab}\leqslant B, \tag{1.5.3}$$

同时

$$A\leqslant\frac{2\pi}{b}\sum_m|g(x-ma)|^2\leqslant B, \tag{1.5.4}$$

$$A\leqslant\frac{1}{a}\sum_n|\widehat{g}(\omega-nb)|^2\leqslant B. \tag{1.5.5}$$

该定理的证明可参考文献 [11].

比值 $2\pi/ab$ 刻画了核函数 $g_{m,n}$ 在时频平面上的密度, 根据不确定原理, 时宽与频宽不可能同时无限地小, 因此 $ab>2\pi$. g 满足式 (1.5.4) 与 (1.5.5), 则分别表示 g 能够完全覆盖时间轴和频率轴. 根据框架定义, 当 $A=B=1$ 时, 框架为标准正交基, 此时若保证式 (1.5.3) 成立, 仅有的可能为 $ab=2\pi$. 这意味着时频离散化是严格采样的.

有关 Gabor 框架的充分条件及窗函数的设计可参阅文献 [11,13].

1.6 小波框架

1.6.1 小波框架的概念

小波框架是由一个或多个小波函数的伸缩与平移生成的函数集合. 小波 $\psi\in$

$L^2(\mathbb{R})$ 是具有零均值的函数, 即

$$\int_{\mathbb{R}} \psi(x)\mathrm{d}x = 0. \tag{1.6.1}$$

稍后会看到, 式 (1.6.1) 意味着 ψ 至少有一阶消失矩.

定义伸缩算子:

$$D_s : D_s g(x) = \sqrt{s} g(sx), \quad s \in \mathbb{R}^+,$$

其中系数 $\sqrt{s}$ 是为了保持能量守恒, 即 $\|Df_s\| = \|f\|$.

记

$$\psi_{u,s}(x) = T_u D_s \psi(x) = \frac{1}{\sqrt{s}} \psi\left(\frac{x-u}{s}\right), \quad u \in \mathbb{R}, \quad s \in \mathbb{R}^+.$$

令 $s = 2^j, j \in \mathbb{Z}$, 则得到移不变字典:

$$\mathcal{D} = \left\{ \psi_{u,2^j}(x) = \frac{1}{\sqrt{2^j}} \psi\left(\frac{x-u}{2^j}\right) \right\}_{u \in \mathbb{R}, j \in \mathbb{Z}},$$

任意 $f \in L^2(\mathbb{R})$ 在 $\mathcal{D}$ 中的分解系数为

$$W^* f(u, 2^j) = \langle f, \psi_{u,2^j} \rangle = \int_{\mathbb{R}} f(x) \frac{1}{\sqrt{2^j}} \psi^* \left(\frac{x-u}{2^j}\right) \mathrm{d}x,$$

称 $W^* f(u, 2^j)$ 为二进 (dyadic) 小波变换.

因为 $\frac{1}{\sqrt{2^j}} \psi\left(\frac{x}{2^j}\right) \overset{\mathcal{F}}{\leftrightarrow} \sqrt{2^j} \widehat{\psi}(2^j \omega)$, 根据定理 1.4.1, 若

$$A \leqslant \sum_{j \in \mathbb{Z}} \sqrt{2^j} |\widehat{\psi}(2^j \omega)|^2 \leqslant B, \tag{1.6.2}$$

则

$$A\|f\|^2 \leqslant \sum_{j \in \mathbb{Z}} \|W^* f(\cdot, 2^j)\|^2 \leqslant B\|f\|^2, \quad \forall f \in L^2(\mathbb{R}). \tag{1.6.3}$$

$\mathcal{D}$ 构成移不变框架. 换言之, 如果所有伸缩二进小波覆盖整个频率轴, 则二进小波变换提供了完备和稳定的表示:

下面讨论基于多分辨分析的小波框架, 并考虑 $L^2(\mathbb{R}^d)$ 中的情形. 将平移及伸展算子扩展至 $L^2(\mathbb{R}^d)$:

$$T_{\boldsymbol{u}} : T_{\boldsymbol{u}} g(\boldsymbol{x}) = g(\boldsymbol{x} - \boldsymbol{u}), \quad \boldsymbol{u} \in \mathbb{R}^d, \text{ 以及 } D_{\mathbf{M}} : D_{\mathbf{M}} g(\boldsymbol{x}) = \sqrt{|\det \mathbf{M}|} g(\mathbf{M}\boldsymbol{x}),$$

其中 $\mathbf{M}$ 为 $d \times d$ 伸展矩阵, $\mathbf{M}$ 中元素为整数且 $|\det \mathbf{M}| > 1$. 在一维情况下, $\mathbf{M} = |\det \mathbf{M}|$.

下面给出多分辨分析 (multiresolution analysis, MRA) 的概念.

定义 1.6.1　称 $\varphi \in L^2(\mathbb{R}^d)$ 生成一个多分辨分析 $\{V_j\}_{j\in\mathbb{Z}}$, 如果满足以下条件:

(1) $V_0 = \overline{\mathrm{span}}\{T_n\varphi\}_{n\in\mathbb{Z}}$;

(2) $f(\boldsymbol{x}) \in V_j$ 当且仅当 $f(\mathbf{M}^{-j}\boldsymbol{x}) \in V_0$, $\forall\, j \in \mathbb{Z}$;

(3) $V_j \subset V_{j+1}$, $\forall\, j \in \mathbb{Z}$;

(4) $\bigcap_{j\in\mathbb{Z}} V_j = \{0\}$;

(5) $\overline{\bigcup_{j\in\mathbb{Z}} V_j} = L^2(\mathbb{R}^d)$.

根据多分辨分析的定义, $\varphi \in V_0 \subset V_1$, 因此存在序列 $\{h^0_{\boldsymbol{k}}\}_{\boldsymbol{k}\in\mathbb{Z}^d}$ 满足

$$\varphi(\boldsymbol{x}) = |\det \mathbf{M}| \sum_{\boldsymbol{k}\in\mathbb{Z}^d} h^0_{\boldsymbol{k}}\varphi(\mathbf{M}\boldsymbol{x} - \boldsymbol{k}), \tag{1.6.4}$$

称 φ 为尺度函数 (scaling function) 或加细函数 (refinable function), 式 (1.6.4) 称为尺度方程或细化方程.

设有限个小波函数构成的集合 $\Psi = \{\psi_i | i = 1, \cdots, r\} \subset L^2(\mathbb{R}^d)$, 定义小波系统

$$\mathcal{S}(\Psi) = \left\{\psi_{i,j,k} = |\det \mathbf{M}|^{j/2}\psi_i(\mathbf{M}^j\boldsymbol{x} - \boldsymbol{k}) | i = 1, \cdots, r, j \in \mathbb{Z}, \boldsymbol{k} \in \mathbb{Z}^d\right\},$$

若 $\mathcal{S}(\Psi)$ 构成框架, 则称为小波框架 (wavelet frame), $\mathcal{S}(\Psi)$ 中的元素称为框架小波 (framelet). 特别地, 本书关注基于 MRA 的小波框架.

定义 1.6.2　已知 $\varphi \in L^2(\mathbb{R}^d)$ 生成一个多分辨分析 $\{V_j\}_{j\in\mathbb{Z}}$, 称 $\mathcal{S}(\Psi)$ 是基于多分辨分析的小波框架, 如果 $\mathcal{S}(\Psi)$ 构成框架且 $\Psi \subset V_1$. 并称 φ 为父框架小波 (father framelet), $\psi_i \in \Psi$ 为母框架小波 (mother framelet).

类似地, 可以定义基于多分辨分析的对偶小波框架.

定义 1.6.3　已知 $L^2(\mathbb{R}^d)$ 中的小波系统 $\mathcal{S}(\Psi) = \{\psi_{i,j,k}\}$ 与 $\mathcal{S}(\widetilde{\Psi}) = \left\{\widetilde{\psi}_{i,j,k}\right\}$ 构成对偶框架. 若存在 $\varphi, \widetilde{\varphi}$ 分别生成多分辨分析 $\{V_j\}_{j\in\mathbb{Z}}$ 与 $\{\widetilde{V}_j\}_{j\in\mathbb{Z}}$, 且 $\Psi \subset V_1$, $\widetilde{\Psi} \subset \widetilde{V}_1$, 则称 $\left(\mathcal{S}(\Psi), \mathcal{S}(\widetilde{\Psi})\right)$ 是基于多分辨分析的对偶小波框架 (wavelet bi-frame), 称其中的元素为对偶框架小波 (bi-framelet).

若 $\mathcal{S}(\Psi)$ 是基于多分辨分析的小波框架, 则存在序列 $\{h^i_{\boldsymbol{k}}\}_{\boldsymbol{k}\in\mathbb{Z}^d}$, 满足

$$\psi_i(x) = |\det \mathbf{M}| \sum_{\boldsymbol{k}\in\mathbb{Z}^d} h^i_k\varphi(\mathbf{M}\boldsymbol{x} - \boldsymbol{k}), \quad i = 1, \cdots, r, \tag{1.6.5}$$

称式 (1.6.5) 为小波方程.

定义 $f \in L^1(\mathbb{R}^d) \cap L^2(\mathbb{R}^d)$ 的 Fourier 变换及逆 Fourier 变换:

$$\mathcal{F}(f) := \widehat{f}(\boldsymbol{\omega}) = \int_{\mathbb{R}^d} f(\boldsymbol{x})\mathrm{e}^{-j\boldsymbol{\omega}^{\mathrm{T}}\boldsymbol{x}}\mathrm{d}\boldsymbol{x},$$

$$\mathcal{F}^{-1}(\widehat{f}) := \frac{1}{(2\pi)^d}\int_{\mathbb{R}^d} \hat{f}(\boldsymbol{\omega})\mathrm{e}^{j\boldsymbol{\omega}^{\mathrm{T}}\boldsymbol{x}}\mathrm{d}\boldsymbol{\omega},$$

则尺度方程 (1.6.4) 与小波方程 (1.6.5) 在频域可表示为

$$\widehat{\varphi}(\boldsymbol{\omega}) = \widehat{h}_0(\mathbf{M}^{-\mathrm{T}}\boldsymbol{\omega})\widehat{\varphi}(\mathbf{M}^{-\mathrm{T}}\boldsymbol{\omega}) := \mu_0\widehat{\varphi}(\mathbf{M}^{-\mathrm{T}}\boldsymbol{\omega}), \tag{1.6.6}$$

$$\widehat{\psi}_i(\boldsymbol{\omega}) = \widehat{h}_i(\mathbf{M}^{-\mathrm{T}}\boldsymbol{\omega})\widehat{\varphi}(\mathbf{M}^{-\mathrm{T}}\boldsymbol{\omega}) := \mu_i\widehat{\varphi}(\mathbf{M}^{-\mathrm{T}}\boldsymbol{\omega}), \quad i = 1, \cdots, r, \tag{1.6.7}$$

其中 $\mu_i(\boldsymbol{\omega}) := \widehat{h}_i(\boldsymbol{\omega}) = \sum_{\boldsymbol{k}\in\mathbb{Z}^d} h_{\boldsymbol{k}}^i \mathrm{e}^{-j\boldsymbol{\omega}^{\mathrm{T}}\boldsymbol{k}}$ 称为滤波器 (filter) 或面具 (mask)①.

对于对偶框架, 亦有类似于式 (1.6.4) 及 (1.6.5) 的尺度方程与小波方程, 以及类似于式 (1.6.6) 及 (1.6.7) 的频域表示, 不再赘述.

1.6.2 小波框架构造定理

小波框架的构造源于 A. Ron, Z. Shen, I. Daubechies, B. Han 等的研究工作[44–46]. 其中, A. Ron 与 Z. Shen 将移不变系统应用到 Gabor 框架和小波框架, 提出了构造紧小波框架和对偶小波框架的准则, 即酉扩展原理[44] 和混合扩展原理[45]. 概况来讲, UEP 与 MEP 的重要思想是通过小波函数的面具来研究小波函数的性质, 如对称性、消失矩, 并实现小波框架的构造. 下面介绍几类框架构造定理, 相关证明读者可参考 [44–46].

假设基于多分辨分析的框架均满足以下条件.

假设 1.6.1[46] 假设基于 MRA 的小波框架均满足

(i) 每个面具 μ_i 可测且本质有界;

(ii) 尺度函数 φ 满足 $\lim\limits_{\boldsymbol{\omega}\to 0}\widehat{\varphi}(\boldsymbol{\omega}) = 1$;

(iii) $[\widehat{\varphi}, \widehat{\varphi}] := \sum_{\boldsymbol{k}\in\mathbb{Z}^d} |\widehat{\varphi}(\cdot + 2\pi\boldsymbol{k})|^2$ 本质有界.

定理 1.6.1[44] 已知 $\mathcal{S}(\Psi)$ 为基于 MRA 的小波系统, 相应的面具为 $\mu = (\mu_0, \cdots, \mu_r)$. 假设 μ 是有界的, $\widehat{\varphi}$ 在原点连续且 $\widehat{\varphi}(0) = 1$. 定义基本函数 Θ 如下:

$$\Theta(\boldsymbol{\omega}) = \sum_{j=0}^{\infty} |\mu_+((\mathbf{M}^{\mathrm{T}})^j\boldsymbol{\omega})|^2 \prod_{m=0}^{j-1} |\mu_0((\mathbf{M}^{\mathrm{T}})^m\boldsymbol{\omega})|^2, \tag{1.6.8}$$

其中

$$\mu_+ = (\mu_1, \cdots, \mu_r), \quad |\mu_+(\boldsymbol{\omega})|^2 = \sum_{i=1}^{r} |\mu_i(\boldsymbol{\omega})|^2,$$

则以下命题等价:

(1) $\mathcal{S}(\Psi)$ 是紧框架.

(2) 对几乎所有 $\boldsymbol{\omega} \in \sigma(V_0)$, Θ 满足

(i) $\lim\limits_{j\to-\infty} \Theta((\mathbf{M}^{\mathrm{T}})^j\boldsymbol{\omega}) = 1$;

①在小波框架快速算法中, $h_{\boldsymbol{k}}^i$ 用于和信号进行卷积计算, 因此 $\widehat{h}_i$ 通常称作滤波器. 稍后会看到, 引入记号 μ 是为了方便描述框架构造定理.

(ii) 若 $\boldsymbol{v} \in \mathbb{Z}^d/(\mathbf{M}^{\mathrm{T}}\mathbb{Z}^d)$①，且 $\boldsymbol{\omega}+\boldsymbol{v} \in \sigma(V_0)$, 则

$$\langle \mu(\boldsymbol{\omega}), \mu(\boldsymbol{\omega}+\boldsymbol{v})\rangle_{\Theta(\mathbf{M}^{\mathrm{T}}\boldsymbol{\omega})} = 0, \tag{1.6.9}$$

其中 $\langle\cdot,\cdot\rangle_w$ 为加权半内积, 即

$$\langle \boldsymbol{u}, \boldsymbol{v}\rangle_w = w u_0 \bar{v}_0 + \sum_{i=1}^{r} u_i \bar{v}_i, \quad \boldsymbol{u}, \boldsymbol{v} \in \mathbb{C}^{r+1}, \quad w \geqslant 0,$$

$\sigma(V_0)$ 为空间 V_0 的谱, 即

$$\sigma(V_0) = \left\{\boldsymbol{\omega} \in [-\pi, \pi]^d | \widehat{\varphi}(\boldsymbol{\omega}+2\pi\boldsymbol{k}) \neq 0, \boldsymbol{k} \in \mathbb{Z}^d\right\}.$$

定理 1.6.1 说明, 为构造紧小波框架, 需要寻找 μ 与 Θ 同时满足式 (1.6.8) 与 (1.6.9). 对于实际构造来讲这并不容易. 然而, 存在一种简单的情形即 $\Theta = 1$. 有如下定理.

定理 1.6.2 (酉扩展原理[44,46])　已知 $\mathcal{S}(\Psi)$ 为基于 MRA 的小波系统, 相应的面具为 $\mu = (\mu_0, \cdots, \mu_r)$ 且有界. 若对几乎所有 $\boldsymbol{\omega} \in \sigma(V_0)$, 以及所有 $\boldsymbol{v} \in \mathbb{Z}^d/(\mathbf{M}^{\mathrm{T}}\mathbb{Z}^d)$, 有下式成立:

$$\sum_{i=0}^{r} \mu_i(\boldsymbol{\omega})\bar{\mu}_i(\boldsymbol{\omega}+\boldsymbol{v}) = \begin{cases} 1, & \boldsymbol{v} = 0, \\ 0, & \text{其他}, \end{cases} \tag{1.6.10}$$

则 $\mathcal{S}(\Psi)$ 是紧框架, 且 Θ 在 $\sigma(V_0)$ 中几乎处处为 1.

UEP 条件非常简单, 然而亦具有局限性, 例如利用样条函数构造的小波框架仅具有 1 阶消失矩[46], 且框架的逼近阶不超过 2. 为克服 UEP 的弊端, 可以将 UEP 的条件放宽, 有如下定理.

定理 1.6.3 (间接扩展原理 (oblique extension principle)[46])　已知 $\mathcal{S}(\Psi)$ 为基于 MRA 的小波系统, 相应的面具为 $\mu = (\mu_0, \cdots, \mu_r)$ 且有界. 若存在以 2π 为周期的函数 Θ 满足

(i) Θ 非负, 本质有界, 在原点连续且 $\Theta(0) = 1$.

(ii) 若 $\boldsymbol{\omega} \in \sigma(V_0)$, 且 $\boldsymbol{v} \in \mathbb{Z}^d/(\mathbf{M}^{\mathrm{T}}\mathbb{Z}^d)$ 使得 $\boldsymbol{\omega}+\boldsymbol{v} \in \sigma(V_0)$, 则

$$\langle \mu(\boldsymbol{\omega}), \mu(\boldsymbol{\omega}+\boldsymbol{v})\rangle_{\Theta(\mathbf{M}^{\mathrm{T}}\boldsymbol{\omega})} = \begin{cases} \Theta(\boldsymbol{\omega}), & \boldsymbol{v} = 0, \\ 0, & \text{其他}, \end{cases} \tag{1.6.11}$$

则 $\mathcal{S}(\Psi)$ 是紧框架.

---

① $\mathbb{Z}^d/\mathbf{M}\mathbb{Z}^d$ 为商群, 即陪集的集合, 其中陪集具有如下形式:

$$\boldsymbol{t} + \mathbf{M}\mathbb{Z}^d = \{\boldsymbol{t} + \mathbf{M}\boldsymbol{k} \mid \boldsymbol{t}, \boldsymbol{k} \in \mathbb{Z}^d\} := \bar{\boldsymbol{t}}$$

事实上, 利用 OEP 构造的紧小波框架也可由 UEP 得到, 反之亦然. 关键在于通过适当的选取, 将原 MRA 的生成元 φ 替换为新的生成元 φ', 同时保持 MRA 不变. 然而, OEP 与 UEP 并非完全等价. 例如, 选择 μ 为三角多项式, 通过 OEP 可构造出局部紧小波框架; 若采用 UEP 构造相同的小波系统, 则尺度函数的面具非三角多项式, 且无法预知尺度函数是否具有紧支撑集[46].

相对于紧框架的构造, 对偶框架的构造更为宽松, 易于构造具有指定性质的小波函数. 对于对偶小波框架有如下定理.

定理 1.6.4[44] 已知 $\mathcal{S}(\Psi),\mathcal{S}(\widetilde{\Psi})$ 均为基于 MRA 的小波系统且为 Bessel 系统, 相应的面具为 $\mu=(\mu_0,\cdots,\mu_r)$ 和 $\widetilde{\mu}=(\widetilde{\mu}_0,\cdots,\widetilde{\mu}_r)$ 且有界. 同时假设 $\widehat{\varphi},\widehat{\widetilde{\varphi}}$ 在原点连续且 $\widehat{\varphi}(0)=1,\widehat{\widetilde{\varphi}}(0)=1$. 定义混合基本函数 $\Theta_{\mathbf{M}}$:

$$\Theta_{\mathbf{M}}(\boldsymbol{\omega}):=\sum_{j=0}^{\infty}\mu_+((\mathbf{M}^{\mathrm{T}})^j\boldsymbol{\omega})\overline{\widetilde{\mu}}_+((\mathbf{M}^{\mathrm{T}})^j\boldsymbol{\omega})\prod_{m=0}^{j-1}\mu_0((\mathbf{M}^{\mathrm{T}})^m\boldsymbol{\omega})\overline{\widetilde{\mu}}_0((\mathbf{M}^{\mathrm{T}})^m\boldsymbol{\omega}),$$

其中 $\mu_+\overline{\widetilde{\mu}}_+:=\sum_{i=1}^{r}\mu_i\overline{\widetilde{\mu}}_i$. 则以下命题等价:

(1) $\left(\mathcal{S}(\Psi),\mathcal{S}(\widetilde{\Psi})\right)$ 是对偶小波框架.

(2) 对几乎所有 $\boldsymbol{\omega}\in\sigma(V_0)\cap\sigma(\widetilde{V}_0)$, $\Theta_{\mathbf{M}}$ 满足

(i) $\lim\limits_{j\to-\infty}\Theta_{\mathbf{M}}((\mathbf{M}^{\mathrm{T}})^j\boldsymbol{\omega})=1$

(ii) 若 $\boldsymbol{v}\in\mathbb{Z}^d/(\mathbf{M}^{\mathrm{T}}\mathbb{Z}^d)$, 且 $\boldsymbol{\omega}+\boldsymbol{v}\in\sigma(V_0)\cap\sigma(\widetilde{V}_0)$, 则

$$\langle\mu(\boldsymbol{\omega}),\widetilde{\mu}(\boldsymbol{\omega}+\boldsymbol{v})\rangle_{\Theta_{\mathbf{M}}(\mathbf{M}^{\mathrm{T}}\boldsymbol{\omega})}=0.$$

由此可见, 定理 1.6.1 为定理 1.6.4 的特殊形式. 类似于 OEP, 对于对偶小波框架有如下定理.

定理 1.6.5 (混合间接扩展原理 (mixed oblique extension principle)[46]) 已知 $\mathcal{S}(\Psi)$, $\mathcal{S}(\widetilde{\Psi})$ 均为基于 MRA 的小波系统且为 Bessel 系统, 相应的面具为 $\mu=(\mu_0,\cdots,\mu_r)$ 和 $\widetilde{\mu}=(\widetilde{\mu}_0,\cdots,\widetilde{\mu}_r)$ 且有界. 若存在以 2π 为周期的函数 Θ 满足

(i) Θ 非负, 本质有界, 在原点连续且 $\Theta(0)=1$;

(ii) 若 $\boldsymbol{\omega}\in\sigma(V_0)\cap\sigma(\widetilde{V}_0)$, 且 $\boldsymbol{v}\in\mathbb{Z}^d/(\mathbf{M}^{\mathrm{T}}\mathbb{Z}^d)$ 使得 $\boldsymbol{\omega}+\boldsymbol{v}\in\sigma(V_0)\cap\sigma(\widetilde{V}_0)$, 则

$$\langle\mu(\boldsymbol{\omega}),\widetilde{\mu}(\boldsymbol{\omega}+\boldsymbol{v})\rangle_{\Theta(\mathbf{M}^{\mathrm{T}}\boldsymbol{\omega})}=\begin{cases}\Theta(\boldsymbol{\omega}), & \boldsymbol{v}=0,\\ 0, & \text{其他},\end{cases}\tag{1.6.12}$$

则 $\left(\mathcal{S}(\Psi),\mathcal{S}(\widetilde{\Psi})\right)$ 是对偶小波框架.

定理 1.6.6 (混合扩展原理[45]) 已知 $\mathcal{S}(\Psi)$, $\mathcal{S}(\widetilde{\Psi})$ 均为基于 MRA 的小波系统且为 Bessel 系统, 相应的面具为 $\mu=(\mu_0,\cdots,\mu_r)$ 和 $\widetilde{\mu}=(\widetilde{\mu}_0,\cdots,\widetilde{\mu}_r)$ 且有界. 若对

几乎所有 $\boldsymbol{\omega} \in \sigma(V_0) \cap \sigma(\widetilde{V}_0)$, 以及所有 $\boldsymbol{v} \in \mathbb{Z}^d/(\mathbf{M}^{\mathrm{T}}\mathbb{Z}^d)$ 使得 $\boldsymbol{\omega}+\boldsymbol{v} \in \sigma(V_0) \cap \sigma(\widetilde{V}_0)$, 有下式成立:

$$\sum_{i=0}^{r} \mu_i(\boldsymbol{\omega}) \overline{\widetilde{\mu}}_i(\boldsymbol{\omega}+\boldsymbol{v}) = \begin{cases} 1, & \boldsymbol{v}=0, \\ 0, & \text{其他}, \end{cases} \tag{1.6.13}$$

则 $\left(\mathcal{S}(\Psi), \mathcal{S}(\widetilde{\Psi})\right)$ 是对偶小波框架.

1.6.3　小波框架的逼近性质

本节讨论小波框架的逼近性质, 其中涉及三个概念: MRA 的逼近阶、小波框架的消失矩及小波框架的逼近阶. 消失矩是小波函数的重要特征之一. 下面给出小波消失矩的概念.

定义 1.6.4　称小波 $\psi \in L^2(\mathbb{R}^d)$ 具有 N 阶消失矩, 如果

$$\int_{\mathbb{R}^d} \boldsymbol{x}^{\boldsymbol{n}} \psi(\boldsymbol{x}) \mathrm{d}\boldsymbol{x} = 0, \quad |\boldsymbol{n}| < N. \tag{1.6.14}$$

消失矩的判决有以下一些等价条件.

定理 1.6.7　设 ψ 为基于 MRA 的框架小波, 其对应的小波方程系数为 $\{h_{\boldsymbol{k}}\}$, 面具为 μ. 若 ψ 具有 N 阶消失矩, 则以下条件等价:

(i) $\displaystyle\int_{\mathbb{R}^d} \boldsymbol{x}^{\boldsymbol{n}} \psi(\boldsymbol{x}) \mathrm{d}\boldsymbol{x} = 0,\ |\boldsymbol{n}| < N$;

(ii) $\displaystyle\left.\frac{\mathrm{d}^{\boldsymbol{n}}}{\mathrm{d}\boldsymbol{\omega}^{\boldsymbol{n}}} \widehat{\psi}(\boldsymbol{\omega})\right|_{\boldsymbol{\omega}=0} = 0,\ |\boldsymbol{n}| < N$;

(iii) $\displaystyle\left.\frac{\mathrm{d}^{\boldsymbol{n}}}{\mathrm{d}\boldsymbol{\omega}^{\boldsymbol{n}}} \mu(\boldsymbol{\omega})\right|_{\boldsymbol{\omega}=0} = 0,\ |\boldsymbol{n}| < N$;

(iv) $\displaystyle\sum_{\boldsymbol{k}} \boldsymbol{k}^{\boldsymbol{n}} h_{\boldsymbol{k}} = 0,\ |\boldsymbol{n}| < N$.

证明　(i) 为消失矩的定义. 对任意 $|\boldsymbol{n}| < N$,

$$\left.\frac{\mathrm{d}^{\boldsymbol{n}}}{\mathrm{d}\boldsymbol{\omega}^{\boldsymbol{n}}} \widehat{\psi}(\boldsymbol{\omega})\right|_{\boldsymbol{\omega}=0} = (-j)^{\boldsymbol{n}} \int_{\mathbb{R}^d} \boldsymbol{x}^{\boldsymbol{n}} \psi(\boldsymbol{x}) \mathrm{d}\boldsymbol{x},$$

因此 (i),(ii) 等价. 又 $\widehat{\psi}(\boldsymbol{\omega}) = \mu \widehat{\varphi}(\mathbf{M}^{-\mathrm{T}}\boldsymbol{\omega})$, 且 $\widehat{\varphi}(0) \neq 0$, 由乘积关系的求导法则推得 (ii),(iii) 等价. 最后,

$$\left.\frac{\mathrm{d}^{\boldsymbol{n}}}{\mathrm{d}\boldsymbol{\omega}^{\boldsymbol{n}}} \mu(\boldsymbol{\omega})\right|_{\boldsymbol{\omega}=0} = \left.\frac{\mathrm{d}^{\boldsymbol{n}}}{\mathrm{d}\boldsymbol{\omega}^{\boldsymbol{n}}} \sum_{\boldsymbol{k}} h_{\boldsymbol{k}} \mathrm{e}^{-j\boldsymbol{\omega}^{\mathrm{T}}\boldsymbol{k}}\right|_{\boldsymbol{\omega}=0} = \left.\sum_{\boldsymbol{k}} h_{\boldsymbol{k}} \frac{\mathrm{d}^{\boldsymbol{n}}}{\mathrm{d}\boldsymbol{\omega}^{\boldsymbol{n}}} \mathrm{e}^{-j\boldsymbol{\omega}^{\mathrm{T}}\boldsymbol{k}}\right|_{\boldsymbol{\omega}=0} = (-j)^{\boldsymbol{n}} \sum_{\boldsymbol{k}} \boldsymbol{k}^{\boldsymbol{n}} h_{\boldsymbol{k}},$$

因此 (iii), (iv) 等价.

注意到对于高维情况, $\boldsymbol{x}^{\boldsymbol{n}}:=x_1^{n_1}\cdots x_d^{n_d}$, 而求导算子为

$$\frac{\mathrm{d}^{\boldsymbol{n}}}{\mathrm{d}\boldsymbol{\omega}^{\boldsymbol{n}}}:=\frac{\partial^{\boldsymbol{n}}}{\partial\omega_1^{n_1}\cdots\partial\omega_d^{n_d}}.$$

□

已知尺度函数 φ 生成一个多分辨分析 $\{V_j\}_{j\in\mathbb{Z}}$. 令 $\Psi\in V_1$, $\mathcal{S}(\Psi)$ 是基于多分辨分析的小波框架, 分别定义:

(I) MRA 的逼近阶. 称 MRA(或 φ) 具有 m 阶逼近, 如果对任意 $f\in W_2^m(\mathbb{R}^d)$, 其中 $W_2^m(\mathbb{R}^d)$ 为 Sobolev 空间①, 有

$$\operatorname{dist}(f,V_n)=\min\left\{\|f-g\|_{L^2(\mathbb{R}^d)}|g\in V_n\right\}=O(\lambda^{-nm}).$$

(II) 小波框架的消失矩. 称小波框架具有 m_0 阶消失矩, 如果对每个 $\psi_i\in\Psi$, $\widehat{\psi}_i$ 在原点具有 m_0 阶零点, 即定理 1.6.7 中的等价条件 (ii).

(III) 小波框架的逼近阶. 称小波框架具有 m_1 阶逼近, 如果对任意 $f\in W_2^{m_1}(\mathbb{R}^d)$,

$$\|f-Q_nf\|_{L^2(\mathbb{R}^d)}=O(\lambda^{-nm_1}),$$

其中 Q_n 是截断算子

$$Q_n:f\mapsto\sum_{\psi\in\Psi,\boldsymbol{k}\in\mathbb{Z}^d,j<n}\langle f,\psi_{j,k}\rangle\psi_{j,k}.$$

注 1.6.1 (1) MRA 的逼近阶不依赖于生成元. 因此, 若 φ,φ' 生成相同的 MRA, 则两者的逼近阶是一样的.

(2) 由于截断算子 Q_n 将 f 投影到 V_n, 因此小波框架的逼近阶不会超过 MRA 的逼近阶. 若小波系统 $\mathcal{S}(\Psi)$ 是标准正交的, 则两者相等. 事实上, 此时 Q_n 为正交投影算子,

$$\operatorname{dist}(f,V_n)=\|f-Q_nf\|_{L^2(\mathbb{R}^d)},\quad\forall f\in L^2(\mathbb{R}^d).$$

然而对框架来说上述结论并不成立, 因为小波框架的逼近阶由母小波函数 Ψ 决定, 而 MRA 的逼近阶只与生成元 φ 有关[46].

关于 MRA 的逼近阶与框架小波的逼近阶之间的关系有以下命题.

命题 1.6.1[46] 令 $\mathcal{S}(\Psi)$ 是基于 MRA 的紧小波框架, Θ 为相应的基本函数. 设 MRA 的逼近阶为 $m<\infty$, 在假设 1.6.1 成立的条件下, 小波框架的逼近阶等于以下各式:

(i) $\min\{m,m_1\}$, 其中 m_1 是 $1-\Theta[\widehat{\varphi},\widehat{\varphi}]$ 在原点的零点阶数;

(ii) $\min\{m,m_2\}$, 其中 m_2 是 $\Theta-\Theta(\mathbf{M}^{\mathrm{T}}\cdot)|\mu_0|^2$ 在原点的零点阶数;

(iii) $\min\{m,m_3\}$, 其中 m_3 是 $1-\Theta|\widehat{\varphi}|^2$ 在原点的零点阶数.

① Sobolev 空间: $W_2^m(\mathbb{R}^d)=\{u\in L^2(\mathbb{R}^d)\mid\widetilde{\partial}^a u\in L^2(\mathbb{R}^d),|a|\leqslant m\}$, 其中, $\widetilde{\partial}$ 表示弱导数.

由于 $\widehat{\psi}_i(\boldsymbol{\omega}) = \mu_i\widehat{\varphi}(\mathbf{M}^{-\mathrm{T}}\boldsymbol{\omega})$, 而 $\widehat{\varphi}(0) = 1$, 由乘积关系的求导法则, $\widehat{\psi}_i$ 的零点阶数完全由 μ_i 的零点阶数决定. 因此小波框架具有 m_0 阶消失矩, 当且仅当在原点附近 $|\mu_+(\boldsymbol{\omega})|^2 = O(|\boldsymbol{\omega}|^{2m_0})$. 另一方面, 若小波框架是紧框架, 则由 Θ 的定义, 即式 (1.6.8), 有

$$|\mu_+(\boldsymbol{\omega})|^2 = \Theta(\boldsymbol{\omega}) - \Theta(\mathbf{M}^{\mathrm{T}}\boldsymbol{\omega})|\mu_0(\boldsymbol{\omega})|^2,$$

因此命题 1.6.1(ii) 中的 $m_2 = 2m_0$. 于是有以下命题.

命题 1.6.2[46]　令 $\mathcal{S}(\Psi)$ 是基于 MRA 的紧小波框架, 设 MRA 的逼近阶为 $m < \infty$, 小波框架的消失矩为 m_0, 则以下命题等价:

(i) $\widehat{\varphi}$ 在 $\boldsymbol{\omega} \in 2\pi\mathbb{Z}^d \setminus 0$ 处有 m_0 阶零点;

(ii) 紧框架小波的逼近阶为 $\min\{m, 2m_0\}$.

与小波框架类似, 可定义对偶小波框架中的截断算子:

$$Q_n^d : f \mapsto \sum_{\psi\in\Psi, \boldsymbol{k}\in\mathbb{Z}^d, j<n} \langle f, \widetilde{\psi}_{j,\boldsymbol{k}}\rangle \psi_{j,\boldsymbol{k}},$$

称对偶小波框架 $\left(\mathcal{S}(\Psi), \mathcal{S}(\widetilde{\Psi})\right)$ 具有 m_1 阶逼近, 如果对任意 $f \in W_2^{m_1}(\mathbb{R}^d)$,

$$\|f - Q_n^d f\|_{L^2(\mathbb{R}^d)} = O(\lambda^{-nm_1}).$$

对偶小波框架的逼近阶有如下关系.

命题 1.6.3[46]　令 $\left(\mathcal{S}(\Psi), \mathcal{S}(\widetilde{\Psi})\right)$ 是基于 MRA 的对偶小波框架, $\varphi, \widetilde{\varphi}$ 为相应的尺度函数, 假设 φ 的逼近阶为 $m < \infty$, 则由 Q_n^d 定义的对偶小波框架的逼近阶等于以下各式:

(i) $\min\{m, m_1\}$, 其中 m_1 是 $1 - \Theta_{\mathbf{M}}[\widehat{\varphi}, \widehat{\widetilde{\varphi}}]$ 在原点的零点阶数;

(ii) $\min\{m, m_2\}$, 其中 m_2 是 $\Theta_{\mathbf{M}} - \Theta_{\mathbf{M}}(\mathbf{M}^{\mathrm{T}}\cdot)\mu_0\overline{\widetilde{\mu}}_0$ 在原点的零点阶数;

(iii) $\min\{m, m_3\}$, 其中 m_3 是 $1 - \Theta_{\mathbf{M}}\widehat{\varphi}\overline{\widehat{\widetilde{\varphi}}}$ 在原点的零点阶数.

称对偶小波框架具有 m_4 阶消失矩, 如果每一个 $\widehat{\psi}_i\overline{\widehat{\widetilde{\psi}}_i}$ 在原点具有 $2m_4$ 阶零点. 因此, 若对偶小波框架满足 MOEP 条件 (定理 1.6.5), 则

$$\mu_+(\boldsymbol{\omega})\overline{\widetilde{\mu}}_+(\boldsymbol{\omega}) = \Theta_{\mathbf{M}}(\boldsymbol{\omega}) - \Theta_{\mathbf{M}}(\mathbf{M}^{\mathrm{T}}\boldsymbol{\omega})\mu_0(\boldsymbol{\omega})\overline{\widetilde{\mu}}_0(\boldsymbol{\omega}) = O(|\boldsymbol{\omega}|^{2m_4}).$$

于是有以下命题.

命题 1.6.4[46]　令 $\left(\mathcal{S}(\Psi), \mathcal{S}(\widetilde{\Psi})\right)$ 是基于 MRA 的对偶小波框架, 设 φ 的逼近阶为 $m < \infty$, 对偶小波框架的消失矩为 m_4, 对偶小波系统 $\mathcal{S}(\widetilde{\Psi})$ 的消失矩为 m_0, 则以下命题等价:

(i) $\widehat{\varphi}$ 在 $\boldsymbol{\omega} \in 2\pi\mathbb{Z}^d \setminus 0$ 处有 m_0 阶零点.

(ii) 由 Q_n^d 定义的对偶小波框架逼近阶为 $\min\{m, 2m_4\} \leqslant m' \leqslant m$, 特别地, 若 $2m_4 \geqslant m$, 则 $m' = m$.

下面给出通过 UEP 构造小波框架的实例, 并说明小波消失矩、框架逼近阶及 MRA 逼近阶的关系. 更多实例可参阅 [46].

例 1.6.1 取 $\mu_0(\omega)=(1+\mathrm{e}^{-i\omega})^2/4$. φ 为 2 阶 B 样条函数. 令

$$\mu_1(\omega):=-\frac{1}{4}(1-\mathrm{e}^{-i\omega})^2,\quad \mu_2(\omega):=-\frac{\sqrt{2}}{4}(1-\mathrm{e}^{-2i\omega}),$$

相对应的 $\{\psi_1,\psi_2\}$ 生成一个紧框架. 该框架具有 $m_0=1$ 阶消失矩 (尽管其中一个小波具有 2 阶消失矩); MRA 下的逼近阶为 2. 框架系统下的逼近阶为 $2=\min\{m,2m_0\}$.

例 1.6.2 取 $\mu_0(\omega)=(1+\mathrm{e}^{-i\omega})^4/16$. φ 为 4 阶 B 样条函数. 令

$$\mu_1(\omega):=-\frac{1}{4}(1-\mathrm{e}^{-i\omega})^4,\qquad \mu_2(\omega):=-\frac{1}{4}(1-\mathrm{e}^{-i\omega})^3(1+\mathrm{e}^{-i\omega}),$$

$$\mu_3(\omega):=-\frac{\sqrt{6}}{16}(1-\mathrm{e}^{-i\omega})^2(1+\mathrm{e}^{-i\omega})^2,\quad \mu_4(\omega):=-\frac{1}{4}(1-\mathrm{e}^{-i\omega})(1+\mathrm{e}^{-i\omega})^3,$$

相对应的 $\{\psi_1,\psi_2,\psi_3,\psi_4\}$ 生成一个紧框架, 具有 $m_0=1$ 阶消失矩. 对 φ 有 $m=4$. MRA 下的逼近阶为 2. 框架系统的逼近阶为 $2=\min\{m,2m_0\}$.

从例 1.6.1 与例 1.6.2 中可以看出, 通过 B 样条函数构造的紧框架, 至少存在一个小波函数只有 1 阶消失矩, 同时框架逼近阶不会超过 2. 这并非偶然. 事实上, 这个结果是源自 UEP 构造条件的限制. 为了克服这个缺点, A. Ron 和 Z. Shen 进一步采取伪样条函数 (pseudo-spline) 来提高框架的逼近阶, 同时使小波函数具有非常短的支撑, 具体可参见 [44,45,47,48]. I. W. Selesnick 也提出了类似方法, 见 [49].

1.7 复紧框架

1.7.1 双树复小波

传统的实小波变换具有多分辨分析、时频局部化、快速算法等诸多优点, 但在图像处理方面却有如下几个局限: 平移改变性、有限的方向选择性等. 这些局限性在图像特征提取方面显得尤为突出. 平移改变性是指输入信号发生的平移较大地改变了小波系数的分布, 相应地, 平移不变性是指小波系数随信号的平移而平移. 二维离散实小波变换的平移改变性在于其二元下抽样, 几乎没有数据冗余. 有限的方向选择性是指二维离散实小波变换一般只能区分水平、竖直和对角方向, 其中对角无法区分 $+45^\circ$ 和 -45° 方向.

1999 年, 受 Fourier 变换的启发, N.G.Kingsbury [50] 提出了双树复小波变换 (DT-CWT), 能较好解决二维离散实小波变换的问题. 此后, I.W.Selesnick, R.G.

Baraniuk 和 N.G.Kingsbury 等对双树复小波进一步发展和完善[51,52]. 二维 DT-CWT 改进了传统二维离散小波变换, 它不仅保持了传统二维小波变换良好的时频局部化的分析能力, 而且还具有近似的平移不变性、良好的方向选择性、有限的数据冗余, 以及满足完全重构等优点. 平移不变性的产生是因为实部小波和虚部小波互为 Hilbert 变换对, 二者可以相互补偿; 同时采用上下两棵树, 可以大大减少传统离散小波变换由严格二抽样造成的走样. 二维双树复小波变换不仅可以表示更多方向的信息 (可以提供六个方向: $-75°, -45°, -15°, 15°, 45°, 75°$), 而且它的方向选择性使其能近似地满足旋转不变性. 这些性质使得双树复小波在图像去噪、增强、融合等领域有广泛的应用.

双树复小波的定义为

$$\psi_c = \psi_r(t) + j\psi_i(t), \tag{1.7.1}$$

其中, j 为虚数, $j^2 = -1$; ψ_r 和 ψ_i 分别是正交或双正交的实小波, 且形成 Hilbert 变换对, 即在频域满足

$$\widehat{\psi_i}(\omega) = \begin{cases} -j\widehat{\psi_r}(t), & t > 0, \\ j\widehat{\psi_i}(t), & t < 0. \end{cases} \tag{1.7.2}$$

正如 [51,52] 中所讨论的那样, DT-CWT 利用三组两树实值有限支撑的正交小波滤波器: $\{a^0, b^0\}$, $\{a^1, b^1\}$ 和 $\{a^2, b^2\}$, 满足

$$|\widehat{a^l}(\omega)| + |\widehat{a^l}(\omega+\pi)| = 1, \quad \widehat{b^l}(\omega) = \mathrm{e}^{-i\xi}\overline{\widehat{a^l}(\omega+\pi)}, \quad l = 0, 1, 2.$$

用于两棵树的第一级的滤波器组 $\{a^0; b^0\}$ 和 $\{a^0(\cdot - 1); b^0(\cdot - 1)\}$ 可以是任何实值有限支撑的正交小波滤波器组. 用于两棵树其他级的一对相关实值有限支撑的正交小波滤波器组 $\{a^1; b^1\}$ 和 $\{a^2; b^2\}$ 通过半移条件彼此相连 (见文献 [51,52]):

$$\widehat{a^2}(\omega) \approx \mathrm{e}^{-i\omega/2}\widehat{a^1}(\omega), \quad \omega \in [-\pi, \pi). \tag{1.7.3}$$

然后复小波系数由一棵树的小波系数作为实部, 另一棵树的小波系数作为虚部得到. 等价地, DT-CWT 中的这种复小波系数是通过采用复值高通滤波器 $b^1 + ib^2$ 和 $b^1 - ib^2$ 得到. 由于公式 (1.7.3) 的半位移条件, 不难发现高通滤波器 b^1 和 b^2 满足

$$\widehat{b^2} \approx -i\,\mathrm{sgn}(\omega)\mathrm{e}^{i\omega/2}\widehat{b^1}(\omega), \quad \omega \in [-\pi, \pi),$$

其中, $\mathrm{sgn}(\omega) = 1, \omega \geqslant 0$ 和 $\mathrm{sgn}(\omega) = -1, \omega < 0$. 因此, 复值高通滤波器 $b^1 + ib^2$ 和 $b^1 - ib^2$ 具有以下频率分离特性:

$$\widehat{b^1}(\omega) + i\widehat{b^2}(\omega) \approx 0, \quad \omega \in [-\pi, 0] \quad 和 \quad \widehat{b^1}(\omega) - i\widehat{b^2}(\omega) \approx 0, \quad \omega \in [0, \pi]. \tag{1.7.4}$$

上述频率分离特性在高维 DT-CWT 产生所需的方向方面起着关键作用[51,52].

1.7.2 张量积复紧框架

受双树复小波的启发, B. Han 首先在文献 [53] 中引入了带有方向性的张量积复紧框架. 随后 B. Han 和 Z. Zhao 在文献 [54] 中利用框架分析原理和离散仿射系统对其推广, 给出一组张量积复紧框架 TP-CTF$_n$, 其方向随着 n 的增加而增加, 具有优于双树复小波在图像去噪中的性能.

现在构造一维复紧框架滤波器组, 可以通过张量积构造具有方向性的高维复紧框架. 先给出一维复紧框架滤波器组的定义.

定义 1.7.1 称 $\{a; b^{1,p}, \cdots, b^{s,p}, b^{1,n}, \cdots, b^{s,n}\}$ 为一维复紧框架滤波器组, 如果满足以下条件:

(1) $\{a; b^{1,p}, \cdots, b^{s,p}, b^{1,n}, \cdots, b^{s,n}\}$ 是一个紧框架滤波器组, 满足以下条件:

$$|\widehat{a}(\omega)| + \sum_{l=1}^{s} |\widehat{b^{l,p}}(\omega)|^2 + \sum_{m=1}^{s} |\widehat{b^{m,n}}(\omega)|^2 = 1, \quad \omega \in [-\pi, \pi], \tag{1.7.5}$$

$$\widehat{a}(\omega)\overline{\widehat{a}(\omega+\pi)} + \sum_{l=1}^{s} \widehat{b^{l,p}}(\omega)\overline{\widehat{b^{l,p}}(\omega+\pi)} + \sum_{m=1}^{s} \widehat{b^{m,n}}(\omega)\overline{\widehat{b^{m,n}}(\omega+\pi)} = 0, \quad \omega \in [-\pi, \pi]. \tag{1.7.6}$$

(2) 低通滤波器 a 是实值的, 关于原点对称, 并且具有 $2m$ 阶关于相位零点的线性相位矩:

$$\widehat{a}(\omega) = 1 + O(|\omega|^{2m}), \quad \omega \to 0, \quad 对一些正整数m. \tag{1.7.7}$$

(3) 所有 $b^{1,p}, \cdots, b^{s,p}$ 在 $[-\pi, 0]$ 上消失, 集中于 $[0, \pi]$.

(4) $b^{l,n} = \overline{b^{1,p}}$, 即 $\widehat{b^{l,n}}(\omega) = \overline{\widehat{b^{1,p}}(-\omega)}$, $l = 1, 2, \cdots, s$.

注 1.7.1 除了条件 $\widehat{a}(0) = 1$, (2) 中的要求对于方向性不是必需的, 但在应用中是需要的. (2) 中的线性相位矩表示 $\widehat{a}(0) = 1$ 并且所有高通滤波器 $b^{l,p}, b^{l,n}$ 有至少 m 阶消失矩. 条件 $\widehat{a}(0) = 1$ 需要通过 $\widehat{\phi}(\xi) = \prod_{j=1}^{\infty} \widehat{a}(2^{-j}\omega)$ 保证加细函数 ϕ 的存在. (3) 表示频域分离特性. (4) 可以减少相关高维实值紧框架的冗余, 这些高维实值紧框架是通过分离高维张量积复紧框架的实部和虚部而获得的. 为了简单起见, 进一步增加了附加条件 (5):

$$\widehat{a}(\omega)\widehat{a}(\omega+\pi) = 0, \quad \widehat{b^{l,p}}(\xi)\widehat{b^{l,p}}(\omega+\pi) = 0, \quad \omega \in \mathbb{R}, \quad l = 1, 2, \cdots, s. \tag{1.7.8}$$

定义 1.7.2 令 $P_m(x) := (1-x)^m \sum_{j=0}^{m-1} \binom{m+j-1}{j} x^j, m \in \mathbb{N}$. 满足 $P_m(x) + P_m(1-x) = 1$. 对 $c_L < c_R$ 和两个正数 $\varepsilon_L, \varepsilon_R$ 满足 $\varepsilon_L + \varepsilon_R \leqslant c_R - c_L$, 定义一个在

$\mathbb{R}$ 上的 bump 函数 $\chi_{[c_L,c_R];\varepsilon_L,\varepsilon_R}$:

$$\chi_{[c_L,c_R];\varepsilon_L,\varepsilon_R} := \begin{cases} 0, & \xi \leqslant c_L-\varepsilon_L\text{或者}\xi \geqslant c_R+\varepsilon_R, \\ \sin\left(\dfrac{\pi}{2}P_m\left(\dfrac{c_L+\varepsilon_L-\xi}{2\varepsilon_L}\right)\right), & c_L-\varepsilon_L<\xi<c_L+\varepsilon_L, \\ 1, & c_L+\varepsilon_L\leqslant\xi\leqslant c_R-\varepsilon_R, \\ \sin\left(\dfrac{\pi}{2}P_m\left(\dfrac{\xi-c_R+\varepsilon_R}{2\varepsilon_R}\right)\right), & c_R-\varepsilon_R<\xi<c_R+\varepsilon_R. \end{cases} \tag{1.7.9}$$

利用公式 (1.7.9) 给出的 bump 函数来构造满足条件 (1)—(5) 的一维复紧框架滤波器组, 其中所有构造的滤波器具有快速衰减系数.

定义 1.7.3 令 $0<c_1<c_2<\cdots<c_s<c_{s+1}:=\pi$. 令 $\varepsilon_1,\cdots,\varepsilon_s$ 为正数满足

$$0<\varepsilon_1\leqslant\min\left(c_1,\frac{\pi}{2}-c_1\right),\quad (c_{l+1}-c_l)+\varepsilon_{l+1}+\varepsilon_l\leqslant\pi,\quad \forall l=1,2,\cdots,s. \tag{1.7.10}$$

定义一个实值对称低通滤波器 a:

$$\widehat{a}:=\chi_{[-c_1,c_1];\varepsilon_1,\varepsilon_1}; \tag{1.7.11}$$

定义 $2s$ 个复值高通滤波器 $b^{1,p},\cdots,b^{s,p},b^{1,n},\cdots,b^{s,n}$:

$$\widehat{b^p}:=\chi_{[c_l,c_{l+1}];\varepsilon_l,\varepsilon_{l+1}},\quad \widehat{b^n}:=\overline{\widehat{b^p}(-\cdot)},\quad l=1,2,\cdots,s. \tag{1.7.12}$$

由此得到一个满足条件 (1)—(5) 的一维复紧框架滤波器组:

$$\mathrm{CTF}_{2s+1}:=\{a;b^{1,p},\cdots,b^{s,p},b^{1,n},\cdots,b^{s,n}\}.$$

其所有高通滤波器具有任意阶消失矩. 在此基础上, 二维紧框架滤波器组TP-CFT_{2s+1} 可以通过张量积得到

$$\begin{aligned}\text{TP-CFT}_{2s+1}:&=\mathrm{CFT}_{2s+1}\otimes\mathrm{CFT}_{2s+1}\\ &=\{a;b^{1,p},\cdots,b^{s,p},b^{1,n},\cdots,b^{s,n}\}\otimes\{a;b^{1,p},\cdots,b^{s,p},b^{1,n},\cdots,b^{s,n}\},\end{aligned}$$

其具有一个低通滤波器 $a\otimes a$ 和 $4s(s+1)$ 个高通滤波器.

注 1.7.2 TP-CFT_{2s+1} 的每个复滤波器的实部和虚部具有相同的方向. 由于 $b^{l,n}=\overline{b^{l,p}}, l=1,2,\cdots,s$, 所以 $4s(s+1)$ 个高通滤波器具有 $2s(s+1)$ 个方向, 又其中 $0^\circ,90^\circ,\pm45^\circ$ 重复出现 $s-1$ 次, 因此二维张量积复紧框架滤波器组 TP-CFT_{2s+1} 可以提供的方向个数为

$$2s(s+1)-4(s-1)=2s(s-1)+4=\frac{1}{2}(n-1)(n-3)+4,\quad n=2s+1.$$

为进一步提升 TP-CFT_{2s+1} 的方向性, 在频域分解低通滤波器 a 为 a^p 和 a^n.

定义 1.7.4 令 $0 < c_1 < c_2 < \cdots, < c_s < c_{s+1} = \pi$, 并且令 $\varepsilon_0, \varepsilon_1, \cdots, \varepsilon_s$ 为正数满足式 (1.7.10), 此外还有如下附加条件: $0 < \varepsilon_0 < c_1 - \varepsilon_1$. 由此定义一个低通滤波器 a 和两个辅助低通滤波器 a^p, a^n:

$$\widehat{a} := \chi_{[-c_1,c_1];\varepsilon_1,\varepsilon_1}, \quad \widehat{a^p} := \chi_{[0,c_1];\varepsilon_0,\varepsilon_1}, \quad \widehat{a^n} := \widehat{a^p(-\cdot)}. \tag{1.7.13}$$

高通滤波器 $b^{1,p}, \cdots, b^{s,p}, b^{1,n}, \cdots, b^{s,n}$ 的定义与式 (1.7.12) 相同.

此时有 $\text{CTF}_{2s+2} := \{a^p, a^n; b^{1,p}, \cdots, b^{s,p}, b^{1,n}, \cdots, b^{s,n}\}$, 在此基础上得到

$$\begin{aligned}\text{TP-CFT}_{2s+2} :&= \text{CFT}_{2s+2} \otimes \text{CFT}_{2s+2} \\ &= \{a^p, a^n; b^{1,p}, \cdots, b^{s,p}, b^{1,n}, \cdots, b^{s,n}\} \\ &\quad \otimes \{a^p, a^n; b^{1,p}, \cdots, b^{s,p}, b^{1,n}, \cdots, b^{s,n}\},\end{aligned}$$

其具有四个辅助低通滤波器: $\{a^p, a^n\} \otimes \{a^p, a^n\}$, $4s(s+2)$ 个高通滤波器.

注 1.7.3 由于 $a^n = \overline{a^p}, b^{l,n} = \overline{b^{l,p}}, l = 1, 2, \cdots, s$, 所以 $4s(s+2)$ 个高通滤波器具有 $2s(s+2)$ 个方向, 又其中 $\pm 45^\circ$ 重复出现 $s-1$ 次. 因此二维张量积复紧框架滤波器组 $\text{TP} - \text{CFT}_{2s+2}$ 可以提供的方向个数为

$$2s(s+2) - 2(s-1) = 2(s-1)(s+2) + 6 = \frac{1}{2}(n-4)(n+2) + 6, \quad n = 2s+2.$$

下面给出在频域中带有两个高通滤波器的张量积复紧框架滤波器组的构造例子[53, 54].

令 $\varepsilon_1, \varepsilon_2$ 和 c 为正数, 满足 $\varepsilon_1 + \varepsilon_2 \leqslant c \leqslant \dfrac{\pi}{2} - \varepsilon_1$. 首先定义在区间 $[-\pi, \pi)$ 上的 2π 周期函数 $\widehat{a}, \widehat{b^p}$ 和 $\widehat{b^n}$:

$$\widehat{a} := \chi_{[-c_1,c_1];\varepsilon_1,\varepsilon_1}, \quad \widehat{b^p} := \chi_{[c,\pi];\varepsilon_1,\varepsilon_2}, \quad \widehat{b^n} := \overline{\widehat{b^p}(-\cdot)}, \tag{1.7.14}$$

由此得到复紧框架滤波器组 $\text{CTF}_3 := \{a; b^p, b^n\}$.

接着定义在 $\mathbb{R}$ 上的函数 ϕ, ψ^p, ψ^n 如下:

$$\widehat{\phi}(\xi) = \sum_{j=1}^{\infty} \widehat{a}(2^{-j}\xi), \quad \widehat{\psi^p}(\xi) = \widehat{b^p}(\xi/2)\widehat{\phi}(\xi/2), \quad \widehat{\psi^n}(\xi) = \widehat{b^n}(\xi/2)\widehat{\phi}(\xi/2), \quad \xi \in \mathbb{R}, \tag{1.7.15}$$

其中, $\{\phi; \psi^p, \psi^n\}$ 是 $L^2(\mathbb{R})$ 中的复紧框架, $\{a; b^p, b^n\}$ 为其对应的滤波器. 此外, ϕ 和 a 是实值的, ψ^p, ψ^n, b^p 和 b^n 是复值的, 并且满足: $\psi^n = \overline{\psi^p}$, $\widehat{b^n}(\xi) = \overline{\widehat{b^p}(-\xi)}$.

ψ^p 和 ψ^n 还应满足频域分离特性如下：

$$\widehat{\psi^p}(\xi) = 0, \xi \in (-\infty, 0] \quad 和 \quad \widehat{\psi^n}(\xi) = 0, \xi \in [0, \infty). \tag{1.7.16}$$

公式 (1.7.16) 所体现的性质是高维张量积复紧框架产生方向的关键因素.

下面给出二维张量积复紧框架 $\{\phi; \psi^p, \psi^n\} \otimes \{\phi; \psi^p, \psi^n\}$ 如下：

$$\{\phi \otimes \phi\} \cup \{\phi \otimes \psi^p, \phi \otimes \psi^n, \psi^p \otimes \phi, \psi^n \otimes \phi, \psi^p \otimes \psi^p, \psi^p \otimes \psi^n, \psi^n \otimes \psi^p, \psi^n \otimes \psi^n\}. \tag{1.7.17}$$

由公式 (1.7.16), 对 $f, g \in \{\psi^p, \psi^n\}$, 可以得到 $\widehat{f \otimes g} = \widehat{f} \otimes \widehat{g}$ 集中在远离原点的一个小矩形. 因此, $\widehat{f} \otimes \widehat{g}$ 的实部和虚部体现出良好的方向性. 对复值函数: $f : \mathbb{R}^d \to \mathbb{C}$, 定义：

$$f^{[r]}(x) = \mathrm{Re}(f(x)) \quad 和 \quad f^{[i]}(x) = \mathrm{Im}(f(x)), \quad x \in \mathbb{R}^d, \tag{1.7.18}$$

其中, $f = f^{[r]} + i f^{[i]}$, $f^{[r]}$ 和 $f^{[i]}$ 是 $\mathbb{R}^d$ 上的实值函数. 类似地, 对滤波器 $u : \mathbb{Z}^d \to \mathbb{C}$, 可以表示成 $u = u^{[r]} + i u^{[i]}$, $u^{[r]}$ 和 $u^{[i]}$ 是实系数. 由此定义：

$$\psi^{p,[r]} = \mathrm{Re}(\psi^p), \quad \psi^{p,[i]} = \mathrm{Im}(\psi^p), \quad \psi^{n,[r]} = \mathrm{Re}(\psi^n), \quad \psi^{n,[i]} = \mathrm{Im}(\psi^n). \tag{1.7.19}$$

类似定义：

$$b^{p,[r]} = \mathrm{Re}(b^p), \quad b^{p,[i]} = \mathrm{Im}(b^p), \quad b^{n,[r]} = \mathrm{Re}(b^n), \quad b^{n,[i]} = \mathrm{Im}(b^n). \tag{1.7.20}$$

显然可以发现 $\{\phi; \psi^{p,[r]}, \psi^{n,[r]}, \psi^{p,[i]}, \psi^{n,[i]}\}$ 是 $L_2(\mathbb{R})$ 上的实值紧框架, 对应有实值紧框架滤波器组 $\{a; b^{p,[r]}, b^{n,[r]}, b^{p,[i]}, b^{n,[i]}\}$. 然而, 为避免实值小波或框架的一些缺点, 不直接对实值一维紧框架应用张量积. 而是对一维复紧框架应用张量积得到二维上的复紧框架, 如公式 (1.7.17) 所示. 然后, 分离二维复紧框架的实部和虚部, 得到在 $L_2(\mathbb{R}^2)$ 中带有方向性的实值紧框架.

1.8 拓展阅读

随着小波框架理论的不断发展, 许多学者在框架构造定理的基础上进行改进, 提出了新的构造方法, 使得小波具有更好的性质. 例如对称性、紧支撑、高阶消失矩等. 基于 UEP 的具有高阶消失矩的单变量小波框架的构造方法可见 [55—59]. 在 [55] 中, C. K. Chui 等引入了消失矩恢复函数来达到提高小波函数消失矩的目的. 同时将对称性、最小支撑、平移不变性和内正交性等性质纳入小波框架构造的考虑范围, 作者将此类框架称为同级框架 (sibling frame). 在 [56] 中, 作者将上述研究成果推广至任意整数的扩展因子 $M \geqslant 2$. A. Z. Averbuch 等从滤波器组的角度出发, 提出了基于离散样条的紧框架和同级框架的构造方法[57]. 其中, 插值样条函数与 Butterworth 滤波器有关. 以上提及的框架均由两个框架小波函数构成. 而在 [58] 中, B. Han 与 Q. Mo 给出了含有三个框架小波函数的具有对称性和高阶消失矩的紧框架. 作者首先阐述了框架小波的数量对框架构造的影响. 这个问题可以简述为, 如果要构造这样一个紧小波框架, 使得每个框架小波函数具有对称性或反对称性, 同时使得框架小波函数的消失矩尽可能高, 从而接近或达到多分辨分析的逼近阶, 至少需要多少个小波函数? 答案是 $n \geqslant 2$. 这是因为当 $n = 1$ 时, 除了不连续的 Haar 小波函数, 不存在连续的小波函数能够生成具有紧支撑实值对称的紧小波框架. 而当 $n = 2$ 时, 作者给出了满足上述条件的构造方法[59]. 但是由于在构造过程中要解决非线性方程的问题, $n = 2$ 情况下的构造是非平凡的. 同时, 在这种方法中尺度函数通常具有较低的逼近阶和光滑性, 且不能任意选取. 所以, 为了解决 $n = 2$ 下的问题, 作者给出了 $n = 3$ 下的平凡解.

在对偶小波框架方面, C. K. Chui 等在 [44] 的研究基础上建立了基于类仿射框架的对偶保持定理[60]. 类仿射框架的构造旨在解决传统小波变换中不具备平移不变性的问题. I. Daubechies 和 B. Han 给出了通过任意两个尺度函数构造对偶框架的一般化方法[61]. 作者指出通过任意两个紧支撑扩展因子为 M 的尺度函数, 可以构造出 $2M$ 个紧支撑的小波函数, 从而生成 $L^2(\mathbb{R})$ 空间中的一对对偶框架. 同时, 每个小波框架的消失矩等于其对偶多分辨分析的逼近阶. 在 [62] 中, 作者指出一类标准 (canonical) 对偶框架不能通过单一函数的平移和伸缩变换生成, 即其不具备小波函数的结构. 作者构造了一个函数 ψ, 其 Fourier 变换 $\widehat{\psi}$ 无限光滑且具有紧支撑. ψ 生成 $L^2(\mathbb{R})$ 空间中的框架, 但是其经典对偶框架不能通过单一函数生成. [63] 证明了可以存在多个由一个函数生成的替代对偶框架, 从而填补了这部分理论的空白. 在 [64] 中, B. Han 给出了基于 OEP 下的多小波对偶框架的研究及快速算法.

近些年来, 许多学者开始研究高维情况下多变量小波框架的构造方法, 见 [65—70]. 在 [65] 中, M. J. Lai 和 J. Stöckler 提出了满足正交镜像滤波器 (QMF) 或次正交镜像滤波器 (sub-QMF) 条件的多元紧支撑紧小波框架. 作者首先考虑基于 UEP 的非负三角多项式的分解问题. 即, 令 $\mu(\omega)$ 为尺度函数的面具, 且满足 sub-QMF 条件,

$$\sum_{j\in\{0,\pi\}^d} |\mu(\omega+j)|^2 \leqslant 1,$$

若能够找到三角多项式 $\widetilde{\mu}_k(\omega)$, 使得

$$1-\sum_{j\in\{0,\pi\}^d} |\mu(\omega+j)|^2 = \sum_{k=1}^{N} |\widetilde{\mu}_k(2\omega)|^2 = 1,$$

则能够根据此分解构造有限个紧小波框架的生成元. 作者利用盒样条函数证实了上述分解的存在性. 并给出了具有三个或四个方向网格的二元盒样条构造实例. 在 [66] 中, M. Ehler 利用和原理 (sum rule)[71] 构造了具有光滑性和最小面具尺寸的对偶框架. 在 [67] 中, M. Ehler 和 B. Han 利用多元多项式环中的 syzygy 模结论构造了紧支撑对偶框架. 在该框架中, 原小波和对偶小波均由一个盒样条函数导出. 作者指出, 相比于其他构造方法, 该方法中框架的生成元更少. M. Skopina 给出了构造指定消失矩的多元框架小波的方法[69]. Y. Li 等给出了 $L^2(\mathbb{R}^d)$ 空间中不可分离对偶框架的构造方法[70]. 新构造的 $\mathbf{\Omega}$-框架由两个框架, 即 $\mathbf{M}$-框架和 $\mathbf{N}$-框架生成, 其中 $\mathbf{M},\mathbf{N}$ 分别为 $d_1\times d_1$ 和 $d_2\times d_2$ 的扩展矩阵, 相应的小波函数为 $(\{\psi_l\}_{l=1}^{a_1},\{\widetilde{\psi}_l\}_{l=1}^{a_1})$ 和 $(\{\psi_l^\natural\}_{l=1}^{2a_2+1},\{\widetilde{\psi}_l^\natural\}_{l=1}^{2a_2+1})$, 而 $\mathbf{\Omega}=\begin{pmatrix}\mathbf{M} & \mathbf{T}\\ \mathbf{0} & \mathbf{N}\end{pmatrix}$ 为 $d\times d$ 的扩展矩阵, 其中 $d=d_1+d_2$, $\mathbf{T}$ 为整数矩阵. M.Ehler 则详细讨论了不可分离对偶小波框架的非线性逼近性质, 见 [68].

在复紧框架方面, 文献 [54] 给出的张量积复紧框架的缺点之一是复紧框架滤波器组在时域上不具有紧支撑性, 然而紧支撑性是框架分析中一个重要性质. 针对这一问题, 文献 [72] 证明存在具有方向性的紧支撑张量积复紧框架, 并且给出构造具有方向性的紧支撑复紧框架的算法.

由于具有冗余和灵活性的优点, 各种类型的紧框架已经应用于图像、视频处理中, 并且表现出优异性能. 尽管高冗余率的紧框架可以提高应用的性能, 但是随着维度的增加, 计算成本提高, 框架系数所需的存储空间也呈指数增长, 限制了紧框架变换在实际中的应用. 因此, B. Han 等在文献 [73] 中, 给出一种具有低冗余的方向张量积复紧框架, 在图像去噪和增强中可以得到与方向张量积复紧框架[54] 相近的结果, 但其冗余率降低.

第 2 章　对偶框架提升变换

本章介绍对偶框架提升变换. 提升变换最初由 W. Sweldens 提出. 在 20 世纪 90 年代初, 小波理论已经发展得相当完善. 然而, 传统的基于平移和伸缩变换构造小波函数的方法需要 Fourier 变换作为工具, 同时具有一定的局限性, 例如, 平移与伸缩的定义无法延伸到非欧空间[19]. 因此, W. Sweldens 从滤波器组的角度出发, 提出了一种完全在时域上构造的新方法, 称为提升模式 (lifting scheme)[19-22], 并将利用提升模式构造出来的小波称为第二代小波, 以区别于基于平移和伸缩变换的第一代小波. 提升模式的优点主要有以下几个方面[19].

(1) 提升模式能够实现快速小波变换. 传统的快速小波变换算法, 即 Mallat 算法, 通过卷积和采样实现, 见图 2.0.1(a). 而提升模式中, 信号序列首先分割为子偶子列, 然后通过一对预测–更新滤波实现, 见图 2.0.1(b). 理论上, 对于足够长的滤波器, 提升模式的计算开销是传统算法的一半.

(2) 提升模式能够实现完全原位 (in-place) 计算. 分解系数覆盖原信号, 不需要额外存储空间.

(3) 提升模式能够实现完全重构. 而逆变换的实现相当简单, 仅需要交换变换中的 “+”“−” 操作.

(4) 提升模式可以构造非线性小波变换, 例如, 对于无损编码十分重要的整数小波变换[74].

(5) 提升模式可以构造自适应小波变换, 可以根据实际应用需要调整局部预测与更新滤波器, 从而使小波基具有局部自适应性, 例如, 构造球面上小波基[75].

此外, 提升理论不需要 Fourier 分析等艰深的数学知识, 因此易于工程人员掌握.

2.1 节先介绍正交/双正交小波提升变换, 其中涉及提升变换的理论基础, 包括 Laurent 多项式的欧几里得算法、多相分解等. 2.2 节介绍 n 个 Laurent 多项式的欧几里得算法, 这是对偶框架提升分解的理论基础. 2.3 节—2.5 节将依照尺度和框架小波数目的不同分别介绍三类对偶框架提升分解定理, 以及利用提升分解定理构造具有任意阶消失矩的实例.

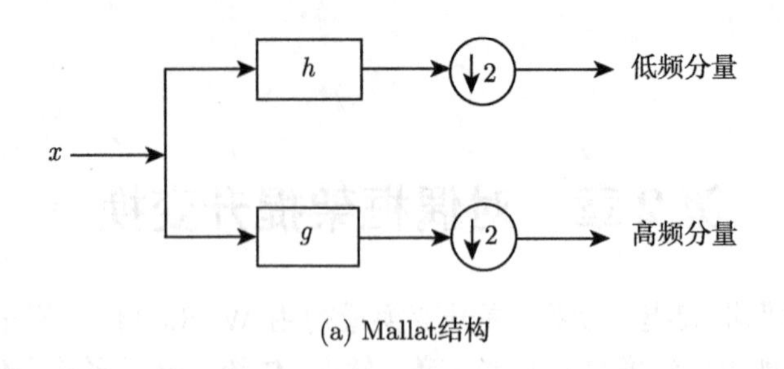

(a) Mallat结构

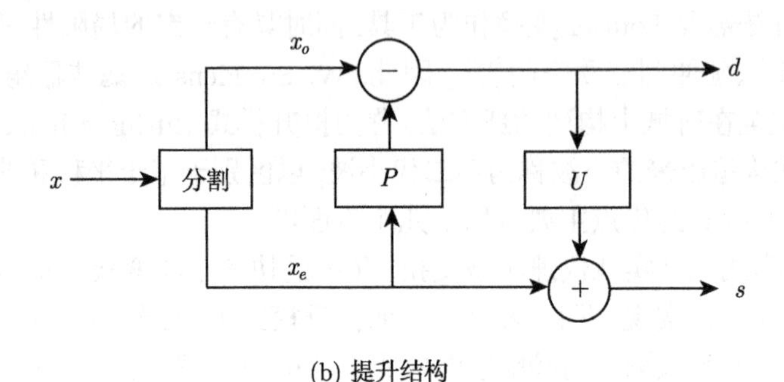

(b) 提升结构

图 2.0.1　双正交滤波器组的两种结构

2.1　正交/双正交提升变换

经典的正交/双正交提升格式源自 Sweldens 等的研究工作[19-22], 作者给出了多相位矩阵在 Laurent 多项式环中的一种梯形分解结构. 本节回顾一维情况下的正交/双正交小波提升分解定理, 为框架小波提升分解定理的研究作铺垫.

设 h 为有限脉冲响应滤波器, 将其 z 变换视为 Laurent 多项式, 即

$$h(z)=\sum_{k=k_a}^{k_b} h_k z^{-k},$$

其中, k_a, k_b 分别代表非零系数的最小指标与最大指标. 定义 Laurent 多项式的阶,

$$|h|=k_b-k_a.$$

因此, z^p 将视为 Laurent 单项式, 这有别于常规的 p 阶多项式. 同时为保证一致性, 定义 0 的阶数为 $-\infty$.

Laurent 多项式构成复数域上的交换环, 记为 $\mathscr{R}[z,z^{-1}]$, 因此加法与乘法具有明确的定义, 但除法通常不具备有效性. 然而可以定义 $\mathscr{R}[z,z^{-1}]$ 中的带余除法. 考虑两个 Laurent 多项式 $a(z)$, $b(a)\neq 0$, 且 $|a|\geqslant|b|$, 存在 Laurent 多项式 $q(z), r(z)$

满足

$$a(z) = q(z)b(z) + r(z),$$

其中 $|q| = |a| - |b|$, $|r| < |b|$. 称 $q(z)$ 为商, $r(z)$ 为余式, 记为

$$q(z) = a(z)/b(z), \quad r(z) = a(z)\%b(z).$$

其中%代表取余运算.

若 $|b| = 0$, 即 $b(z)$ 是单项式, 则 $r = 0$, 此时商是唯一的. 然而在绝大多数情况下, $\mathscr{R}[z, z^{-1}]$ 中的带余除法不具备唯一性. 这为除法计算带来了极大的灵活性. 下面试举一例.

例 2.1.1 设 $a(z) = 3z^{-1} + 2 + z, b(z) = 1 + z$, $|a| = 2$, $|b| = 1$, 则下列带余除法都是有效的:

(1) $q(z) = 1 + z^{-1}$, $r(z) = 2z^{-1}$;

(2) $q(z) = 1 + 3z^{-1}$, $r(z) = -2$;

(3) $q(z) = -1 + 3z^{-1}$, $r(z) = 2z$.

通过带余除法可以求得两个 Laurent 多项式的最大公因式. 当然, 在 $\mathscr{R}[z, z^{-1}]$ 中最大公因式不是唯一的. 事实上, 若 $g_1(z), g_2(z)$ 均为 $a(z), b(z)$ 的最大公因式, 则必存在某个单项式 cz^p 使得 $g_1(z) = cz^p g_2(z)$. 具体地, 最大公因式可由欧几里得算法获得.

定理 2.1.1 (两个 Laurent 多项式的欧几里得算法[19]) 已知两个 Laurent 多项式 $a(z)$, $b(a) \neq 0$, 且 $|a| \geqslant |b|$. 令 $a_0(z) = a(z)$, $b_0(z) = b(z)$, 按下式进行迭代计算:

$$\begin{aligned} &a_{i+1}(z) = b_i(z), \\ &b_{i+1}(z) = a_i(z)\%b_i(z), \quad i = 0, 1, \cdots. \end{aligned}$$

于是得到 $a(z), b(a)$ 的最大公因式 $a_n(z) = \gcd(a(z), b(z))$, 其中 n 为使得 $b_n(z) = 0$ 的最小整数.

根据欧几里得算法, $|b_{i+1}(z)| < |b_i(z)|$, 因此存在 m 使得 $|b_m(z)| = 0$, 从而迭代算法在第 $n = m + 1$ 步终止, 且 $n \leqslant |b(z)| + 1$. 若令 $q_{i+1}(z) = a_i(z)/b_i(z)$, 则欧几里得算法用矩阵描述为

$$\begin{pmatrix} a(z) \\ b(z) \end{pmatrix} = \prod_{i=1}^{n} \begin{pmatrix} q_i(z) & 1 \\ 1 & 0 \end{pmatrix} \begin{pmatrix} a_n(z) \\ 0 \end{pmatrix}. \tag{2.1.1}$$

如果 $a_n(z)$ 为单项式, 则 $a(z), b(z)$ 互素.

例 2.1.2 同例 2.1.1, 设 $a(z)=3z^{-1}+2+z, b(z)=1+z$, 按照欧几里得算法计算,

第 1 步: $a_1(z)=1+z,\ b_1(z)=-2,\ q_1(z)=1+3z^{-1}$;

第 2 步: $a_2(z)=-2,\ b_2(z)=0,\ q_2(z)=-(1+z)/2$.

因此,

$$\begin{pmatrix} 3z^{-1}+2+z \\ 1+z \end{pmatrix} = \prod_{i=1}^{2} \begin{pmatrix} 1+3z^{-1} & 1 \\ 1 & 0 \end{pmatrix} \begin{pmatrix} -(1+z)/2 & 1 \\ 1 & 0 \end{pmatrix} \begin{pmatrix} -2 \\ 0 \end{pmatrix}.$$

可见, $a(z), b(z)$ 互素.

下面介绍双正交小波的提升分解定理. 设 $\{h, g, \tilde{h}, \tilde{g}\}$ 为双正交小波基对应的有限脉冲响应滤波器组, 定义调制矩阵 $\mathbf{M}(z)$ 与多相位矩阵 $\mathbf{P}(z)$,

$$\mathbf{M}(z) = \begin{pmatrix} h(z) & h(-z) \\ g(z) & g(-z) \end{pmatrix}, \quad \mathbf{P}(z) = \begin{pmatrix} h_e(z) & h_o(z) \\ g_e(z) & g_o(z) \end{pmatrix},$$

其中

$$h_e(z^2) = \frac{h(z)+h(-z)}{2},$$
$$h_o(z^2) = \frac{h(z)-h(-z)}{2z^{-1}},$$

g_e, g_o 定义类似. 于是有

$$\mathbf{P}(z^2) = \frac{1}{2}\mathbf{M}(z) \begin{pmatrix} 1 & z \\ 1 & -z \end{pmatrix}.$$

类似地, 可定义对偶调制矩阵 $\widetilde{\mathbf{M}}$ 与对偶多相位矩阵 $\widetilde{\mathbf{P}}$. 因此得到滤波器组的完全重构条件[19],

$$\widetilde{\mathbf{M}}^{\mathrm{T}}(z^{-1})\mathbf{M}(z) = 2\mathbf{I} \Leftrightarrow \widetilde{\mathbf{P}}^{\mathrm{T}}(z^{-1})\mathbf{P}(z) = \mathbf{I}. \tag{2.1.2}$$

完全重构条件 (2.1.2) 蕴含着 $\det \mathbf{P}(z)$ 为单项式. 特别地, 如果 $\det \mathbf{P}(z) = 1$, 则称其对应的滤波器组 (h, g) 是互补的 (complementary)[19]. 显然, 在满足完全重构的条件下, 若 (h, g) 是互补的, 则 $(\tilde{h}, \tilde{g})$ 也是互补的. 由此产生了提升的概念.

命题 2.1.1 (提升格式[19]) 已知 (h, g) 是互补的. 若 g^{new} 具有如下形式:

$$g^{\mathrm{new}}(z) = g(z) + h(z)s(z^2),$$

其中 $s(z)$ 为任意 Laurent 多项式, 则 (h, g^{new}) 也是互补的.

命题 2.1.1 的证明是容易的. 因为 (h, g^{new}) 对应的多相位矩阵为

$$[\mathbf{P}^{\text{new}}]^{\text{T}}(z) = \mathbf{P}^{\text{T}}(z)\begin{pmatrix} 1 & s(z) \\ 0 & 1 \end{pmatrix},$$

显然, $\det \mathbf{P}^{\text{new}}(z) = \det \mathbf{P}(z) = 1$.

经过提升后的对偶多相位矩阵为

$$[\widetilde{\mathbf{P}}^{\text{new}}]^{\text{T}}(z) = \widetilde{\mathbf{P}}^{\text{T}}(z)\begin{pmatrix} 1 & 0 \\ -s(z^{-1}) & 1 \end{pmatrix}.$$

此时产生了新的 $\tilde{h}$,

$$\tilde{h}^{\text{new}}(z) = \tilde{h}(z) - \tilde{g}(z)s(z^{-2}),$$

因此得到对偶提升格式.

命题 2.1.2 (对偶提升格式[19]) 已知 (h, g) 是互补的. 若 h^{new} 具有如下形式:

$$h^{\text{new}}(z) = h(z) + g(z)t(z^2),$$

其中 $t(z)$ 为任意 Laurent 多项式, 则 (h^{new}, g) 也是互补的.

命题 2.1.1 与命题 2.1.2 提供了构造双正交滤波器组的一种思路, 即通过提升函数 $s(z)$ 或对偶提升函数 $t(z)$ 使得新滤波器满足指定的性质. 特别地, [21] 给出了从 Lazy 小波 (其对应滤波器为奇偶采样) 出发构造的一族双正交小波. 更一般地, 对于双正交小波有如下提升分解定理.

定理 2.1.2 (双正交小波提升分解定理[19]) 已知 (h, g) 是互补的. 存在 Laurent 多项式 $s_i(z), t_i(z), i = 1, \cdots, m$ 和非零常数 K, 使得

$$\mathbf{P}(z) = \prod_{i=1}^{m}\begin{pmatrix} 1 & s_i(z) \\ 0 & 1 \end{pmatrix}\begin{pmatrix} 1 & 0 \\ t_i(z) & 1 \end{pmatrix}\begin{pmatrix} K & 0 \\ 0 & 1/K \end{pmatrix}.$$

根据定理 2.1.2, 易得对偶多相位矩阵的提升分解格式,

$$\widetilde{\mathbf{P}}(z) = \prod_{i=1}^{m}\begin{pmatrix} 1 & 0 \\ -t_i(z^{-1}) & 1 \end{pmatrix}\begin{pmatrix} 1 & -s_i(z^{-1}) \\ 0 & 1 \end{pmatrix}\begin{pmatrix} 1/K & 0 \\ 0 & K \end{pmatrix}.$$

因此在正交小波基的情况下 ($\widetilde{\mathbf{P}}(z) = \mathbf{P}(z)$), 能够得到两种截然不同的提升分解格式[19].

2.2　n 个 Laurent 多项式的欧几里得算法

已知 n 个 Laurent 多项式 $a_1(z), a_2(z), \cdots, a_n(z)$, 现要求其最大公因式

$$r(z) = \gcd(a_1(z), a_2(z), \cdots, a_n(z)).$$

不失一般性, 假设计算按如下顺序进行:

$$\begin{aligned} r_1 &= \gcd(a_1(z), a_2(z)), \\ r_k &= \gcd(r_{k-1}(z), a_{k+1}(z)), \quad k = 2, \cdots, n-1, \end{aligned}$$

于是便得到了 n 个 Laurent 多项式的最大公因式 $r_{n-1}(z)$.

将上述计算过程用矩阵描述, 即

$$\begin{aligned} \begin{pmatrix} a_1(z) \\ a_2(z) \end{pmatrix} &= \prod_{i=1}^{N_1} \begin{pmatrix} q_i^1(z) & 1 \\ 1 & 0 \end{pmatrix} \begin{pmatrix} r_1(z) \\ 0 \end{pmatrix}, \\ \begin{pmatrix} r_{k-1}(z) \\ a_{k+1}(z) \end{pmatrix} &= \prod_{i=1}^{N_k} \begin{pmatrix} q_i^k(z) & 1 \\ 1 & 0 \end{pmatrix} \begin{pmatrix} r_k(z) \\ 0 \end{pmatrix}, \quad k = 2, \cdots, n-1. \end{aligned} \tag{2.2.1}$$

这里假定 $|r_{k-1}(z)| \geqslant |a_{k+1}(z)|$. 事实上, 若 $|r_{k-1}(z)| < |a_{k+1}(z)|$, 则可以通过初等变换调整两者的位置,

$$\begin{pmatrix} r_{k-1}(z) \\ a_{k+1}(z) \end{pmatrix} = \begin{pmatrix} 0 & 1 \\ 1 & 0 \end{pmatrix} \begin{pmatrix} a_{k+1}(z) \\ r_{k-1}(z) \end{pmatrix},$$

注意到

$$\begin{pmatrix} \alpha & 1 \\ 1 & 0 \end{pmatrix} = \begin{pmatrix} 1 & \alpha \\ 0 & 1 \end{pmatrix} \begin{pmatrix} 0 & 1 \\ 1 & 0 \end{pmatrix} = \begin{pmatrix} 0 & 1 \\ 1 & 0 \end{pmatrix} \begin{pmatrix} 1 & 0 \\ \alpha & 1 \end{pmatrix}.$$

因此, 若 N_k 为偶数, 则式 (2.2.1) 可写为

$$\begin{pmatrix} r_{k-1}(z) \\ a_{k+1}(z) \end{pmatrix} = \prod_{i=1}^{N_k/2} \begin{pmatrix} 1 & q_{2i-1}^k(z) \\ 0 & 1 \end{pmatrix} \begin{pmatrix} 1 & 0 \\ q_{2i}^k(z) & 1 \end{pmatrix} \begin{pmatrix} r_k(z) \\ 0 \end{pmatrix}. \tag{2.2.2}$$

事实上, 如果 N_k 为奇数, 依然可以通过初等变换矩阵 $\begin{pmatrix} 0 & 1 \\ 1 & 0 \end{pmatrix}$ 使得 $N_k' = N_k + 1$ 为偶数. 因此以下假定 $N_k, (k = 1, \cdots, n-1)$ 均为偶数.

下面介绍 n 个 Laurent 多项式的欧几里得算法. 为使书写更紧凑, 记 $\mathbf{I}$ 为 n 维单位矩阵. $\boldsymbol{e}_i$ 为 n 维单位向量, 其第 i 个分量为 1, 其他分量为 0. $\mathbf{P}_{i,j}$ 为初等矩

阵, 其作用为将矩阵的第 i 行与第 j 行互换, 即

$$\mathbf{P}_{i,j}=\begin{pmatrix}1&&&&&&\\&\ddots&&&&&\\&&0&&1&&\\&&&\ddots&&&\\&&1&&0&&\\&&&&&\ddots&\\&&&&&&1\end{pmatrix}.\begin{matrix}\longleftarrow \text{第 } i \text{ 行}\\ \longleftarrow \text{第 } j \text{ 行}\end{matrix}$$

定理 2.2.1 (n 个 Laurent 多项式的欧几里得算法) 对于任意 n 个 Laurent 多项式 $a_1(z), a_2(z), \cdots, a_n(z)$, 设其最大公因式为 $r_{n-1}(z)$. 记

$$\boldsymbol{a}(z):=(a_1(z),a_2(z),\cdots,a_n(z))^{\mathrm{T}},\quad \boldsymbol{r}(z):=(r_{n-1}(z),0,\cdots,0)^{\mathrm{T}},$$

则存在以下关系:

$$\boldsymbol{a}(z)=\prod_{k=1}^{n-1}\left(\prod_{i=1}^{N_k/2}\left[(\mathbf{I}+q_{2i-1}^k(z)\boldsymbol{e}_1\boldsymbol{e}_{k+1}^{\mathrm{T}})(\mathbf{I}+q_{2i}^k(z)\boldsymbol{e}_{k+1}\boldsymbol{e}_1^{\mathrm{T}})\right]\right)\boldsymbol{r}(z), \tag{2.2.3}$$

其中 $N_k(k=1,\cdots,n-1)$ 均为偶数.

证明 根据式 (2.2.1), n 个 Laurent 多项式与其最大公因式存在如下关系:

$$\begin{pmatrix}a_1(z)\\a_2(z)\\a_3(z)\\\vdots\\a_n(z)\end{pmatrix}=\prod_{i=1}^{N_1}\begin{pmatrix}q_i^1(z)&1&0&\cdots&0\\1&0&0&\cdots&0\\0&0&1&\cdots&0\\\vdots&\vdots&\vdots&&\vdots\\0&0&0&\cdots&1\end{pmatrix}\prod_{i=1}^{N_2}\begin{pmatrix}q_i^2(z)&0&1&\cdots&0\\0&1&0&\cdots&0\\1&0&0&\cdots&0\\\vdots&\vdots&\vdots&&\vdots\\0&0&0&\cdots&1\end{pmatrix}$$

$$\times\cdots\times\prod_{i=1}^{N_{n-1}}\begin{pmatrix}q_i^{n-1}(z)&0&0&\cdots&1\\0&1&0&\cdots&0\\0&0&1&\cdots&0\\\vdots&\vdots&\vdots&&\vdots\\1&0&0&\cdots&0\end{pmatrix}\begin{pmatrix}r_{n-1}(z)\\0\\0\\\vdots\\0\end{pmatrix}, \tag{2.2.4}$$

或等价表示为

$$\boldsymbol{a}(z)=\prod_{i=1}^{N_1}\left[q_i^1(z)\boldsymbol{e}_1\boldsymbol{e}_1^{\mathrm{T}}+\mathbf{P}_{1,2}\right]\prod_{i=1}^{N_2}\left[q_i^2(z)\boldsymbol{e}_1\boldsymbol{e}_1^{\mathrm{T}}+\mathbf{P}_{1,3}\right]$$

$$\times\cdots\times\prod_{i=1}^{N_{n-1}}\left[q_i^{n-1}(z)\boldsymbol{e}_1\boldsymbol{e}_1^{\mathrm{T}}+\mathbf{P}_{1,n}\right]\boldsymbol{r}(z). \tag{2.2.5}$$

假设 $N_k(k=1,\cdots,n-1)$ 均为偶数, 则对每个 k,

$$\prod_{i=1}^{N_k}\left[q_i^k(z)\boldsymbol{e}_1\boldsymbol{e}_1^{\mathrm{T}}+\mathbf{P}_{1,k+1}\right]=\prod_{i=1}^{N_k/2}\left[(\mathbf{I}+q_{2i-1}^k(z)\boldsymbol{e}_1\boldsymbol{e}_{k+1}^{\mathrm{T}})(\mathbf{I}+q_{2i}^k(z)\boldsymbol{e}_{k+1}\boldsymbol{e}_1^{\mathrm{T}})\right]. \quad (2.2.6)$$

因此

$$\boldsymbol{a}(z)=\prod_{k=1}^{n-1}\left(\prod_{i=1}^{N_k/2}\left[(\mathbf{I}+q_{2i-1}^k(z)\boldsymbol{e}_1\boldsymbol{e}_{k+1}^{\mathrm{T}})(\mathbf{I}+q_{2i}^k(z)\boldsymbol{e}_{k+1}\boldsymbol{e}_1^{\mathrm{T}})\right]\right)\boldsymbol{r}(z). \quad (2.2.7)$$

□

2.3 两尺度两小波对偶框架提升变换

2.3.1 两尺度两小波多相位矩阵提升分解理论

本节介绍两尺度两小波对偶框架的提升模式, 并假定滤波器均为有限脉冲响应 (FIR) 滤波器. 设滤波器 $h(z)=\sum_{k\in\mathbb{Z}}h_kz^{-k}$, 存在如下多相位分解:

$$h(z)=\sum_{k\in\mathbb{Z}}h_{2k}z^{-2k}+z^{-1}\sum_{k\in\mathbb{Z}}h_{2k+1}z^{-2k}=h_e(z^2)+z^{-1}h_o(z^2)$$

且

$$h_e(z^2)=\frac{h(z)+h(-z)}{2},\quad h_o(z^2)=\frac{h(z)-h(-z)}{2z^{-1}}.$$

设 $\left(\mathcal{S}(\Psi),\mathcal{S}(\widetilde{\Psi})\right)$ 为基于 MRA 的对偶小波系统, 其中, 原框架对应的滤波器为 h,g,f, 对偶框架对应的滤波器为 $\tilde{h},\tilde{g},\tilde{f}$.

记 h,g,f 的调制矩阵 $\mathbf{M}$ 与多相位矩阵 $\mathbf{P}$ 分别为

$$\mathbf{M}(z)=\begin{pmatrix}h(z)&h(-z)\\g(z)&g(-z)\\f(z)&f(-z)\end{pmatrix},\quad \mathbf{P}(z)=\begin{pmatrix}h_e(z)&h_o(z)\\g_e(z)&g_o(z)\\f_e(z)&f_o(z)\end{pmatrix},$$

则

$$\mathbf{M}(z)=\mathbf{P}(z^2)\begin{pmatrix}1&1\\z^{-1}&-z^{-1}\end{pmatrix}.$$

类似地, 记 $\tilde{h},\tilde{g},\tilde{f}$ 的调制矩阵与多相位矩阵分别为

$$\widetilde{\mathbf{M}}(z)=\begin{pmatrix}\tilde{h}(z)&\tilde{h}(-z)\\\tilde{g}(z)&\tilde{g}(-z)\\\tilde{f}(z)&\tilde{f}(-z)\end{pmatrix},\quad \widetilde{\mathbf{P}}(z)=\begin{pmatrix}\tilde{h}_e(z)&\tilde{h}_o(z)\\\tilde{g}_e(z)&\tilde{g}_o(z)\\\tilde{f}_e(z)&\tilde{f}_o(z)\end{pmatrix},$$

则滤波器组的完全重构条件为

$$\mathbf{M}^{\mathrm{T}}(z)\widetilde{\mathbf{M}}(z^{-1}) = 2\mathbf{I} \Leftrightarrow \mathbf{P}^{\mathrm{T}}(z)\widetilde{\mathbf{P}}(z^{-1}) = \mathbf{I}. \tag{2.3.1}$$

对于非方形多相位矩阵, 存在以下扩展原理.

引理 2.3.1 (矩阵扩展定理[76]) *将多相位矩阵 $\mathbf{P}, \widetilde{\mathbf{P}}$ 扩展成方阵*

$$\mathbf{R}(z) = \begin{pmatrix} h_e(z) & h_o(z) & h_r(z) \\ g_e(z) & g_o(z) & g_r(z) \\ f_e(z) & f_o(z) & f_r(z) \end{pmatrix}, \quad \widetilde{\mathbf{R}}(z) = \begin{pmatrix} \tilde{h}_e(z) & \tilde{h}_o(z) & \tilde{h}_r(z) \\ \tilde{g}_e(z) & \tilde{g}_o(z) & \tilde{g}_r(z) \\ \tilde{f}_e(z) & \tilde{f}_o(z) & \tilde{f}_r(z) \end{pmatrix},$$

其中

$$\tilde{h}_r(z) = g_e(z^{-1})f_o(z^{-1}) - f_e(z^{-1})g_o(z^{-1}),$$

$$\tilde{g}_r(z) = -h_e(z^{-1})f_o(z^{-1}) + f_e(z^{-1})h_o(z^{-1}),$$

$$\tilde{f}_r(z) = h_e(z^{-1})g_o(z^{-1}) - g_e(z^{-1})h_o(z^{-1}),$$

$$h_r(z) = \tilde{g}_e(z^{-1})\tilde{f}_o(z^{-1}) - \tilde{f}_e(z^{-1})\tilde{g}_o(z^{-1}),$$

$$g_r(z) = -\tilde{h}_e(z^{-1})\tilde{f}_o(z^{-1}) + \tilde{f}_e(z^{-1})\tilde{h}_o(z^{-1}),$$

$$f_r(z) = \tilde{h}_e(z^{-1})\tilde{g}_o(z^{-1}) - \tilde{g}_e(z^{-1})\tilde{h}_o(z^{-1}),$$

则

$$\mathbf{R}^{\mathrm{T}}(z)\widetilde{\mathbf{R}}(z^{-1}) = \mathbf{I} \Leftrightarrow \mathbf{P}^{\mathrm{T}}(z)\widetilde{\mathbf{P}}(z^{-1}) = \mathbf{I}. \tag{2.3.2}$$

由于 $\mathbf{R}^{\mathrm{T}}(z)\widetilde{\mathbf{R}}(z^{-1}) = \mathbf{I}$, 因此 $\det \mathbf{R}^{\mathrm{T}}(z) \cdot \det \widetilde{\mathbf{R}}(z^{-1}) = 1$. 这说明 $\det \mathbf{R}(z)$ 与 $\det \widetilde{\mathbf{R}}(z)$ 是单项式, 即 $\det \mathbf{R}(z) = Cz^l$, 其中 C 为常数. 不失一般性, 以下假定 $\det \mathbf{R}(z) = 1$.

先给出多相位矩阵的提升分解定理.

定理 2.3.1 *存在 Laurent 多项式 $u_{1,2}^i, p_{1,2}^i, i = 1, \cdots, m$, s_1, s_2 及常数 k, 使得多相位矩阵满足如下提升分解格式:*

$$\mathbf{P}(z) = \begin{pmatrix} h_e & h_o \\ g_e & g_o \\ f_e & f_o \end{pmatrix} = \prod_{i=1}^{m} \begin{pmatrix} 1 & u_1^i & u_2^i \\ 0 & 1 & 0 \\ 0 & 0 & 1 \end{pmatrix} \begin{pmatrix} 1 & 0 & 0 \\ p_1^i & 1 & 0 \\ p_2^i & 0 & 1 \end{pmatrix} \begin{pmatrix} 1 & k^2 s_1 \\ 0 & s_2 \\ 0 & 0 \end{pmatrix} \begin{pmatrix} k & 0 \\ 0 & 1/k \end{pmatrix}. \tag{2.3.3}$$

证明 因为 $\det \mathbf{R}(z) = 1$, 所以 h_e, g_e, f_e 互素. 事实上, 若 $w(z) = \gcd(h_e, g_e, f_e)$ 不是单项式, 则 $w(z)$ 亦能整除 $\det \mathbf{R}(z)$, 这与 $\mathbf{R}(z) = 1$ 矛盾. 根据欧几里得算法

(定理 2.2.1), 存在 Laurent 多项式 $q_j^{1,2}(z)$ 以及常数 k, 满足

$$\begin{pmatrix} h_e(z) \\ g_e(z) \\ f_e(z) \end{pmatrix} = \prod_{j=1}^{N_1/2} \begin{pmatrix} 1 & q_{2j-1}^1(z) & 0 \\ 0 & 1 & 0 \\ 0 & 0 & 1 \end{pmatrix} \begin{pmatrix} 1 & 0 & 0 \\ q_{2j}^1(z) & 1 & 0 \\ 0 & 0 & 1 \end{pmatrix}$$

$$\times \prod_{j=1}^{N_2/2} \begin{pmatrix} 1 & 0 & q_{2j-1}^2(z) \\ 0 & 1 & 0 \\ 0 & 0 & 1 \end{pmatrix} \begin{pmatrix} 1 & 0 & 0 \\ 0 & 1 & 0 \\ q_{2j}^2(z) & 0 & 1 \end{pmatrix} \begin{pmatrix} k \\ 0 \\ 0 \end{pmatrix}, \tag{2.3.4}$$

其中, N_1, N_2 均为偶数. 记 $m = \dfrac{N_1}{2} + \dfrac{N_2}{2}$, 并设 $1 \leqslant i \leqslant m$, 令

$$u_1^i(z) := \begin{cases} q_{2i-1}^1(z), & 1 \leqslant i \leqslant N_1/2, \\ 0, & \text{其他}; \end{cases}$$

$$p_1^i(z) := \begin{cases} q_{2i}^1(z), & 1 \leqslant i \leqslant N_1/2, \\ 0, & \text{其他}; \end{cases}$$

$$u_2^i(z) := \begin{cases} q_{2i-1-N_1}^2(z), & 1 \leqslant i - N_1/2 \leqslant N_2/2, \\ 0, & \text{其他}; \end{cases}$$

$$p_2^i(z) := \begin{cases} q_{2i-N_1}^2(z), & 1 \leqslant i - N_1/2 \leqslant N_2/2, \\ 0, & \text{其他}. \end{cases}$$

于是得到

$$\begin{pmatrix} h_e(z) \\ g_e(z) \\ f_e(z) \end{pmatrix} = \prod_{i=1}^{m} \begin{pmatrix} 1 & u_1^i(z) & u_2^i(z) \\ 0 & 1 & 0 \\ 0 & 0 & 1 \end{pmatrix} \begin{pmatrix} 1 & 0 & 0 \\ p_1^i(z) & 1 & 0 \\ p_2^i(z) & 0 & 1 \end{pmatrix} \begin{pmatrix} k \\ 0 \\ 0 \end{pmatrix} := \mathbf{Q}(z) \begin{pmatrix} k \\ 0 \\ 0 \end{pmatrix}. \tag{2.3.5}$$

设

$$\mathbf{P}^0(z) = \begin{pmatrix} h_e(z) & h_o^0(z) \\ g_e(z) & g_o^0(z) \\ f_e(z) & f_o^0(z) \end{pmatrix} = \mathbf{Q}(z) \begin{pmatrix} k & 0 \\ 0 & 1/k \\ 0 & 0 \end{pmatrix} := \mathbf{Q}(z)\mathbf{K},$$

并设

$$\mathbf{P}(z) = \mathbf{P}^0(z)\mathbf{S}(z) = \mathbf{Q}(z)\mathbf{K}\mathbf{S}(z),$$

注意到 $\mathbf{K}$ 列满秩, 因此计算 $\mathbf{K}$ 的伪逆,

$$\mathbf{K}^{\dagger}=\left(\mathbf{K}^{\mathrm{T}}\mathbf{K}\right)^{-1}\mathbf{K}^{\mathrm{T}}=\begin{pmatrix}1/k & 0 & 0\\ 0 & k & 0\end{pmatrix},$$

于是有

$$\mathbf{S}(z)=\mathbf{K}^{\dagger}\mathbf{Q}^{-1}(z)\mathbf{P}(z):=\begin{pmatrix}1/k & 0 & 0\\ 0 & k & 0\end{pmatrix}\begin{pmatrix}d_{11} & d_{12}\\ d_{21} & d_{22}\\ d_{31} & d_{32}\end{pmatrix}.$$

根据式 (2.3.5), 易知 $d_{11}=k, d_{21}=d_{31}=0$. 下面求解 d_{12}, d_{22}, d_{32}, 即求解线性方程组

$$\mathbf{Q}(z)\begin{pmatrix}d_{12}\\ d_{22}\\ d_{32}\end{pmatrix}=\begin{pmatrix}h_o\\ g_o\\ f_o\end{pmatrix}.$$

记

$$\mathbf{Q}:=\begin{pmatrix}q_{11} & q_{12} & q_{13}\\ q_{21} & q_{22} & q_{23}\\ q_{31} & q_{32} & q_{33}\end{pmatrix}.$$

由 Cramer 法则, 并注意到 $\det\mathbf{Q}(z)=1$, 因此

$$d_{12}=\begin{vmatrix}h_o & q_{12} & q_{13}\\ g_o & q_{22} & q_{23}\\ f_o & q_{32} & q_{33}\end{vmatrix},\quad d_{22}=\begin{vmatrix}q_{11} & h_o & q_{13}\\ q_{21} & g_o & q_{23}\\ q_{31} & f_o & q_{33}\end{vmatrix},\quad d_{32}=\begin{vmatrix}q_{11} & q_{12} & h_o\\ q_{21} & q_{22} & g_o\\ q_{31} & q_{32} & f_o\end{vmatrix}.$$

于是得到

$$\mathbf{S}(z)=\begin{pmatrix}1/k & 0 & 0\\ 0 & k & 0\end{pmatrix}\begin{pmatrix}d_{11} & d_{12}\\ d_{21} & d_{22}\\ d_{31} & d_{32}\end{pmatrix}=\begin{pmatrix}1 & d_{12}(z)/k\\ 0 & kd_{22}(z)\end{pmatrix}:=\begin{pmatrix}1 & s_1(z)\\ 0 & s_2(z)\end{pmatrix}.$$

因此

$$\mathbf{P}(z)=\mathbf{Q}(z)\begin{pmatrix}k & 0\\ 0 & 1/k\\ 0 & 0\end{pmatrix}\begin{pmatrix}1 & s_1(z)\\ 0 & s_2(z)\end{pmatrix}=\mathbf{Q}(z)\begin{pmatrix}1 & k^2s_1(z)\\ 0 & s_2(z)\\ 0 & 0\end{pmatrix}\begin{pmatrix}k & 0\\ 0 & 1/k\end{pmatrix}. \qquad \square$$

注意到若多相位矩阵满足完全重构条件 (2.3.2), 则 $s_2(z)$ 必是单项式. 事实上,

$$\mathbf{P}^{\mathrm{T}}(z)\widetilde{\mathbf{P}}(z^{-1})=\begin{pmatrix}1 & 0\\ s_1(z) & s_2(z)\end{pmatrix}\begin{pmatrix}k & 0 & 0\\ 0 & 1/k & 0\end{pmatrix}\mathbf{Q}^{\mathrm{T}}(z)\widetilde{\mathbf{P}}(z^{-1})=\mathbf{I},$$

这意味着

$$\begin{pmatrix} k & 0 & 0 \\ 0 & 1/k & 0 \end{pmatrix} \mathbf{Q}^{\mathrm{T}}(z)\widetilde{\mathbf{P}}(z^{-1}) = \begin{pmatrix} 1 & 0 \\ -s_1(z)/s_2(z) & 1/s_2(z) \end{pmatrix}.$$

为保证除法在 Laurent 多项式环中有定义, 因此要求 $s_2(z)$ 为单项式. 以下总假定 $s_2(z)$ 为单项式, 即 $s_2(z) = rz^n, r \in \mathbb{R}, n \in \mathbb{Z}$.

下面给出扩展多相位矩阵 $\mathbf{R}(z)$ 的提升分解定理.

定理 2.3.2 假设 $\det \mathbf{R}(z) = 1$, 存在 Laurent 多项式 $u_{1,2}^i, p_{1,2}^i, i = 1, \cdots, m$, s_1, s_2, s_3 和常数 k, r, n, 使得扩展多相位矩阵满足如下提升分解格式:

$$\mathbf{R}(z) = \begin{pmatrix} h_e & h_o & h_r \\ g_e & g_o & g_r \\ f_e & f_o & f_r \end{pmatrix} = \prod_{i=1}^{m} \begin{pmatrix} 1 & u_1^i & u_2^i \\ 0 & 1 & 0 \\ 0 & 0 & 1 \end{pmatrix} \begin{pmatrix} 1 & 0 & 0 \\ p_1^i & 1 & 0 \\ p_2^i & 0 & 1 \end{pmatrix} \begin{pmatrix} 1 & k^2 s_1 & 0 \\ 0 & rz^n & 0 \\ 0 & 0 & 1/rz^n \end{pmatrix}$$

$$\times \begin{pmatrix} 1 & 0 & ks_2 \\ 0 & 1 & s_3/k \\ 0 & 0 & 1 \end{pmatrix} \begin{pmatrix} k & 0 & 0 \\ 0 & 1/k & 0 \\ 0 & 0 & 1 \end{pmatrix}. \tag{2.3.6}$$

证明 根据定理 2.3.1, 令

$$\mathbf{R}^0(z) := \begin{pmatrix} h_e & h_o & h_r^0 \\ g_e & g_o & g_r^0 \\ f_e & f_o & f_r^0 \end{pmatrix} = \mathbf{Q}(z) \begin{pmatrix} 1 & k^2 s_1 & 0 \\ 0 & rz^n & 0 \\ 0 & 0 & 1/rz^n \end{pmatrix} \begin{pmatrix} k & 0 & 0 \\ 0 & 1/k & 0 \\ 0 & 0 & 1 \end{pmatrix},$$

其中

$$\mathbf{Q}(z) = \prod_{i=1}^{m} \begin{pmatrix} 1 & u_1^i(z) & u_2^i(z) \\ 0 & 1 & 0 \\ 0 & 0 & 1 \end{pmatrix} \begin{pmatrix} 1 & 0 & 0 \\ p_1^i(z) & 1 & 0 \\ p_2^i(z) & 0 & 1 \end{pmatrix}.$$

因为 $\det \mathbf{R}^0(z) = 1$, 所以 $\mathbf{R}^0$ 的逆等于其伴随矩阵,

$$[\mathbf{R}^0(z)]^{-1} = \begin{pmatrix} A_{h_e} & A_{g_e} & A_{f_e} \\ A_{h_o} & A_{g_o} & A_{f_o} \\ A_{h_r^0} & A_{g_r^0} & A_{f_r^0} \end{pmatrix},$$

其中 A_x 是矩阵 $\mathbf{R}^0(z)$ 的代数余子式.

设 $\mathbf{R}(z) = \mathbf{R}^0(z)\mathbf{S}(z)$, 则

$$\mathbf{S}(z) = [\mathbf{R}^0(z)]^{-1}\mathbf{R}(z) = \begin{pmatrix} A_{h_e} & A_{g_e} & A_{f_e} \\ A_{h_o} & A_{g_o} & A_{f_o} \\ A_{h_r^0} & A_{g_r^0} & A_{f_r^0} \end{pmatrix} \begin{pmatrix} h_e & h_o & h_r \\ g_e & g_o & g_r \\ f_e & f_o & f_r \end{pmatrix}$$

$$:= \begin{pmatrix} s_{11} & s_{12} & s_{13} \\ s_{21} & s_{22} & s_{23} \\ s_{31} & s_{32} & s_{33} \end{pmatrix},$$

通过计算得, $s_{11} = s_{22} = 1$, $s_{12} = s_{21} = s_{31} = s_{32} = 0$,

$$s_{13} = \begin{vmatrix} h_r & h_o & h_r^0 \\ g_r & g_o & g_r^0 \\ f_r & f_o & f_r^0 \end{vmatrix}, \quad s_{23} = \begin{vmatrix} h_e & h_r & h_r^0 \\ g_e & g_r & g_r^0 \\ f_e & f_r & f_r^0 \end{vmatrix}, \quad s_{33} = \begin{vmatrix} h_e & h_o & h_r \\ g_e & g_o & g_r \\ f_e & f_o & f_r \end{vmatrix} = \det \mathbf{R}(z) = 1,$$

记 $s_2 := s_{13}, s_3 := s_{23}$, 因此

$$\mathbf{R}(z) = \mathbf{Q}(z) \begin{pmatrix} 1 & k^2 s_1 & 0 \\ 0 & rz^n & 0 \\ 0 & 0 & 1/rz^n \end{pmatrix} \begin{pmatrix} k & 0 & 0 \\ 0 & 1/k & 0 \\ 0 & 0 & 1 \end{pmatrix} \begin{pmatrix} 1 & 0 & s_2 \\ 0 & 1 & s_3 \\ 0 & 0 & 1 \end{pmatrix}$$

$$= \mathbf{Q}(z) \begin{pmatrix} 1 & k^2 s_1 & 0 \\ 0 & rz^n & 0 \\ 0 & 0 & 1/rz^n \end{pmatrix} \begin{pmatrix} 1 & 0 & ks_2 \\ 0 & 1 & s_3/k \\ 0 & 0 & 1 \end{pmatrix} \begin{pmatrix} k & 0 & 0 \\ 0 & 1/k & 0 \\ 0 & 0 & 1 \end{pmatrix}. \qquad \square$$

2.3.2 两尺度两小波对偶框架提升算法

本节介绍两尺度两小波对偶框架的提升变换算法. 设 $\widetilde{\mathbf{R}}(z^{-1})$ 为分析滤波器组对应的多相位矩阵, 而 $\mathbf{R}^{\mathrm{T}}(z)$ 为综合滤波器组对应的多相位矩阵. 并已知 $\mathbf{R}(z)$ 具有形如式 (2.3.6) 的提升分解格式. 因此

$$\mathbf{R}^{\mathrm{T}}(z) = \begin{pmatrix} k & 0 & 0 \\ 0 & 1/k & 0 \\ 0 & 0 & 1 \end{pmatrix} \begin{pmatrix} 1 & 0 & 0 \\ 0 & 1 & 0 \\ ks_2 & s_3/k & 1 \end{pmatrix} \begin{pmatrix} 1 & 0 & 0 \\ k^2 s_1 & rz^n & 0 \\ 0 & 0 & 1/rz^n \end{pmatrix}$$

$$\times \prod_{i=m}^{1} \begin{pmatrix} 1 & p_1^i & p_2^i \\ 0 & 1 & 0 \\ 0 & 0 & 1 \end{pmatrix} \begin{pmatrix} 1 & 0 & 0 \\ u_1^i & 1 & 0 \\ u_2^i & 0 & 1 \end{pmatrix}. \tag{2.3.7}$$

根据完全重构条件 (2.3.2), $\widetilde{\mathbf{R}}(z^{-1})$ 的提升分解模式可通过计算 $\mathbf{R}^{-\mathrm{T}}(z)$ 得到,

$$\widetilde{\mathbf{R}}(z^{-1}) = \prod_{i=1}^{m} \begin{pmatrix} 1 & 0 & 0 \\ -u_1^i & 1 & 0 \\ -u_2^i & 0 & 1 \end{pmatrix} \begin{pmatrix} 1 & -p_1^i & -p_2^i \\ 0 & 1 & 0 \\ 0 & 0 & 1 \end{pmatrix} \begin{pmatrix} 1 & 0 & 0 \\ -k^2 s_1/rz^n & 1/rz^n & 0 \\ 0 & 0 & rz^n \end{pmatrix}$$
$$\times \begin{pmatrix} 1 & 0 & 0 \\ 0 & 1 & 0 \\ -ks_2 & -s_3/k & 1 \end{pmatrix} \begin{pmatrix} 1/k & 0 & 0 \\ 0 & k & 0 \\ 0 & 0 & 1 \end{pmatrix}. \tag{2.3.8}$$

根据式 (2.3.7) 与 (2.3.8), 并记

$$s_l(z) = \sum s_k^l z^{-k}, \quad l = 1, 2, 3;$$
$$u_l^i(z) = \sum u_{i,k}^l z^{-k}, \quad i = 1, \cdots, m, \quad l = 1, 2;$$
$$p_l^i(z) = \sum p_{i,k}^l z^{-k}, \quad i = 1, \cdots, m, \quad l = 1, 2.$$

于是得到对偶框架提升分解与重构算法, 见算法 2.3.1 与算法 2.3.2.

算法 2.3.1 两尺度两小波对偶框架提升分解算法

设初始信号 $c := c_l$.

分割与尺度化

$c_{1,l} = c_{2l}/k$;
$d_{1,l}^1 = kc_{2l+1}$;
$d_{1,l}^2 = 0$;

预测与更新

$c_{2,l} = c_{1,l}$;
$d_{2,l}^1 = d_{1,l}^1$;
$d_{2,l}^2 = d_{1,l}^2 - k\sum_k s_k^2 c_{1,l-k} - \sum_k s_k^3 d_{1,l-k}^1/k$;

$c_{3,l} = c_{2,l}$;
$d_{3,l}^1 = d_{2,l-n}^1/r - k^2\sum_k s_k^1 c_{2,l-n-k}/r$;
$d_{3,l}^2 = rd_{2,l+n}^2$;

for i from 1 to m,

$c_{i+3,l} = c_{i+2,l} - \sum_{j=1}^2 \sum_k p_{m-i+1,k}^j d_{i+2,l-k}^j$;
$d_{i+3,l}^1 = d_{i+2,l}^1 - \sum_k u_{m-i+1,k}^1 c_{i+3,l-k}$;
$d_{i+3,l}^2 = d_{i+2,l}^2 - \sum_k u_{m-i+1,k}^2 c_{i+3,l-k}$;

end

算法 2.3.2 两尺度两小波对偶框架提升重构算法

设重构系数 $c_0 := c_{0,l}, d_0^1 := d_{0,l}^1, d_0^2 := d_{0,l}^2$.

逆向预测与更新

for i from 1 to m,

$d_{i,l}^1 = d_{i-1,l}^1 + \sum_k u_{i,k}^1 c_{i-1,l-k}$;

$d_{i,l}^2 = d_{i-1,l}^2 + \sum_k u_{i,k}^2 c_{i-1,l-k}$;

$c_{i,l} = c_{i-1,l} + \sum_{j=1}^2 \sum_k p_{i,k}^j d_{i,l-k}^j$;

end

$c_{m+1,l} = c_{m,l}$;

$d_{m+1,l}^1 = r d_{m,l+n}^1 + k^2 \sum_k s_k^1 c_{m,l-k}$;

$d_{m+1,l}^2 = r^{-1} d_{m,l-n}^2$;

$c_{m+2,l} = c_{m+1,l}$;

$d_{m+2,l}^1 = d_{m+1,l}^1$;

$d_{m+2,l}^2 = d_{m+1,l}^1 + k \sum_k s_k^2 c_{m+1,l-k} + \sum_k s_k^3 d_{m+1,l-k}^1 / k$;

尺度化

$c_{m+3,l} = k c_{m+2,l}$;

$d_{m+3,l}^1 = d_{m+2,l}^1 / k$;

$d_{m+3,l}^2 = d_{m+2,l}^2$;

合并

$c_{2l} = c_{m+3,l}$;

$c_{2l+1} = d_{m+3,l}^1$;

$c = c_{2l} + c_{2l+1}$.

2.3.3 基于广义 Bernstein 多项式的对称两小波框架提升构造

利用 Bernstein 多项式和提升分解定理可以构造具有对称性的框架小波函数. Bernstein 多项式具有如下形式:

$$H(x) = \sum_{k=0}^{n} d(k) \binom{n}{k} x^k (1-x)^{n-k} := \sum_{k=0}^{n} d(k) B_k^n(x), \quad x \in [0,1], \tag{2.3.9}$$

其中 $B_k^n(x)$ 为 Bernstein 基函数, $d(k)$ 为 Bernstein 系数.

设 f 为区间 $[0,1]$ 上的连续函数, 定义多项式

$$B_n[f](x) = \sum_{k=0}^{n} f\left(\frac{k}{n}\right) B_k^n(x),$$

则 $B_n[f](x)$ 一致收敛于 $f(x)$[77].

定理 2.3.3 描述了 Bernstein 多项式与对称滤波器的关系.

定理 2.3.3 设 Bernstein 多项式具有式 (2.3.9) 的形式. 令 $x=\sin^2\dfrac{\omega}{2}$, 则

$$H(\omega):=H\left(\sin^2\frac{\omega}{2}\right)=\sum_m h_m \mathrm{e}^{-i\omega m}$$

是对称的, 其中

$$h_m=h_{-m}=\sum_{k=m}^{n}\sum_{j=0}^{\left[\frac{k-m}{2}\right]}(-1)^m\frac{\alpha_k}{2^{k+m+2n}}\binom{k}{m+2n}\binom{m+2n}{n},$$

$$\alpha_k=\sum_{i=0}^{k}(-1)^{k-i}d(i)\binom{n}{i}\binom{n-i}{k-i}.$$

证明

$$\begin{aligned}
H(x)&=\sum_{k=0}^{n}d(i)\binom{n}{i}x^i(1-x)^{n-i}\\
&=\sum_{i=0}^{n}d(i)\binom{n}{i}x^i\sum_{j=0}^{n-i}\binom{n-i}{j}(-1)^jx^j\\
&=\sum_{i=0}^{n}\sum_{j=0}^{n-i}(-1)^jd(i)\binom{n}{i}\binom{n-i}{j}x^{i+j}\\
&=\sum_{i=0}^{n}\sum_{k=i}^{n}(-1)^{k-i}d(i)\binom{n}{i}\binom{n-i}{k-i}x^k\\
&=\sum_{k=0}^{n}\sum_{i=0}^{k}(-1)^{k-i}d(i)\binom{n}{i}\binom{n-i}{k-i}x^k\\
&:=\sum_{k=0}^{n}\alpha_kx^k.
\end{aligned}$$

因为 $x=\sin^2\dfrac{\omega}{2}=\dfrac{1-\cos\omega}{2}$, 而 $\cos\omega=\dfrac{\mathrm{e}^{i\omega}+\mathrm{e}^{-i\omega}}{2}$, 所以

$$\begin{aligned}
H(\omega)&=\sum_{k=0}^{n}\alpha_k\left(\frac{1-\cos\omega}{2}\right)^k\\
&=\sum_{k=0}^{n}\frac{\alpha_k}{2^k}\sum_{j=0}^{k}(-1)^j\binom{k}{j}\cos^j\omega\\
&=\sum_{k=0}^{n}\frac{\alpha_k}{2^k}\sum_{j=0}^{k}(-1)^j\binom{k}{j}\left(\frac{\mathrm{e}^{i\omega}+\mathrm{e}^{-i\omega}}{2}\right)^j.
\end{aligned}\tag{2.3.10}$$

注意到等式 (2.3.10) 右端意味着 $H(\omega)=H(-\omega)$, 因此对称性得证. 下面推导脉冲响应系数. 记 $z=\mathrm{e}^{i\omega}$, 由式 (2.3.10),

$$
\begin{aligned}
H(z)&=\sum_{k=0}^{n}\frac{\alpha_k}{2^k}\sum_{j=0}^{k}(-1)^j\binom{k}{j}\left(\frac{z+z^{-1}}{2}\right)^j\\
&=\sum_{k=0}^{n}\sum_{j=0}^{k}\sum_{l=0}^{j}(-1)^j\frac{\alpha_k}{2^{k+j}}\binom{k}{j}\binom{j}{l}z^{j-2l}\\
&=\sum_{k=0}^{n}\sum_{j=0}^{k}\sum_{m=j}^{-j}(-1)^j\frac{\alpha_k}{2^{k+j}}\binom{k}{j}\binom{j}{\dfrac{j-m}{2}}z^{m}\\
&=\sum_{k=0}^{n}\sum_{j=0}^{k}\sum_{m=-j}^{j}(-1)^j\frac{\alpha_k}{2^{k+j}}\binom{k}{j}\binom{j}{\dfrac{j-m}{2}}z^{-m}.
\end{aligned}\tag{2.3.11}
$$

因为 $H(z)$ 对称, 因此只需考虑 $h_m, m\geqslant 0$.

$$
\begin{aligned}
\bar{H}(z)&=\sum_{k=0}^{n}\sum_{j=0}^{k}\sum_{m=0}^{j}(-1)^j\frac{\alpha_k}{2^{k+j}}\binom{k}{j}\left(\begin{matrix}j\\ \dfrac{j-m}{2}\end{matrix}\right)z^{-m}\\
&=\sum_{m=0}^{n}\sum_{k=m}^{n}\sum_{j=m}^{k}(-1)^j\frac{\alpha_k}{2^{k+j}}\binom{k}{j}\left(\begin{matrix}j\\ \dfrac{j-m}{2}\end{matrix}\right)z^{-m}\\
&=\sum_{m=0}^{n}\sum_{k=m}^{n}\sum_{j=0}^{\left[\frac{k-m}{2}\right]}(-1)^m\frac{\alpha_k}{2^{k+m+2n}}\binom{k}{m+2n}\binom{m+2n}{n}z^{-m}\\
&:=\sum_{m=0}^{n}h_m z^{-m}.
\end{aligned}\tag{2.3.12}
$$

□

下面介绍基于广义 Bernstein 多项式的对称滤波器构造方法. 先引入广义 Bernstein 基函数,

$$
W_k^n(x)=\frac{\Gamma(n+1+\beta)}{\Gamma(k+1)\Gamma(n-k+1+\beta)}x^k(1-x)^{n-k},\tag{2.3.13}
$$

其中 $\beta\in\mathbb{R}$, $\Gamma(u)=\displaystyle\int_0^{+\infty}\mathrm{e}^{-t}t^{u-1}\mathrm{d}t$.

定义广义 Bernstein 多项式,

$$
W(x)=\sum_{k=0}^{n}d(k)\frac{\Gamma(n+1+\beta)}{\Gamma(k+1)\Gamma(n-k+1+\beta)}x^k(1-x)^{n-k},\tag{2.3.14}
$$

其中 $d(k)$ 为广义 Bernstein 系数.

注意到当 $\beta=0$ 时, 式 (2.3.14) 即为 Bernstein 多项式. 事实上,

$$\frac{\Gamma(n+1)}{\Gamma(k+1)\Gamma(n-k+1)}=\binom{n}{k}.$$

类似地, 广义 Bernstein 多项式有如下对称定理.

定理 2.3.4　设广义 Bernstein 多项式具有式 (2.3.14) 的形式. 令 $x=\sin^2\dfrac{\omega}{2}$, 则

$$W(\omega):=W\left(\sin^2\frac{\omega}{2}\right)=\sum_m h_m \mathrm{e}^{-i\omega m}$$

是对称的, 其中

$$h_m=h_{-m}=\sum_{k=m}^{n}\sum_{j=0}^{\left[\frac{k-m}{2}\right]}(-1)^m\frac{\alpha_k}{2^{k+m+2n}}\binom{k}{m+2n}\binom{m+2n}{n},$$

$$\alpha_k=\sum_{i=0}^{k}(-1)^{k-i}d(i)\frac{\Gamma(n+1+\beta)}{\Gamma(i+1)\Gamma(n-i+1+\beta)}\binom{n-i}{k-i}.$$

证明　证明过程与定理 2.3.3 是一样的, 只需在推导 α_k 时将二项式系数 $\binom{n}{i}$ 替换为

$$\frac{\Gamma(n+1+\beta)}{\Gamma(i+1)\Gamma(n-i+1+\beta)}.$$

□

利用定理 2.3.4 构造出来的滤波器是关于原点对称的, 而在实际应用中往往需要关于非整数点的对称滤波器. 下面给出关于分数点对称的构造方法.

推论 2.3.1　设广义 Bernstein 多项式 $W(x)$ 具有式 (2.3.14) 的形式. 令 $x=\sin^2\dfrac{\omega}{2}$, 取 $\beta=0.5$, 则

$$\widetilde{W}(x)=(1-x)^{\beta}W(x)$$

亦关于原点对称. 进一步, 设 $p(z)=z^{-l/2}\widetilde{W}(x)$, 则 $p(z)$ 关于 $\dfrac{l}{2}$ 对称.

证明　因为 $x=\sin^2\dfrac{\omega}{2}$, 于是

$$(1-x)^{0.5}=\cos\frac{\omega}{2}=\frac{z^{1/2}+z^{-1/2}}{2},$$

上式关于原点对称, 因此 $\widetilde{W}(x)$ 关于原点对称. $\widetilde{W}(z)=\widetilde{W}(z^{-1})$. 而

$$p(z)=z^{-l/2}\widetilde{W}(z)=z^{-l}\cdot z^{l/2}\widetilde{W}(z^{-1})=z^{-l}p(z^{-1}).$$

因此 $p(z)$ 关于 $\frac{l}{2}$ 对称. □

通过构造对称性的预测与更新滤波器, 可以得到具有对称性的对偶小波框架, 有如下定理.

定理 2.3.5 已知扩展多相位矩阵满足形如式 (2.3.6) 的提升分解格式, 并假设 $m=1, rz^n=1$, 即

$$\mathbf{R}(z)=\begin{pmatrix}1 & u_1 & u_2\\ 0 & 1 & 0\\ 0 & 0 & 1\end{pmatrix}\begin{pmatrix}1 & 0 & 0\\ p_1 & 1 & 0\\ p_2 & 0 & 1\end{pmatrix}\begin{pmatrix}1 & k^2s_1 & 0\\ 0 & 1 & 0\\ 0 & 0 & 1\end{pmatrix}\begin{pmatrix}1 & 0 & ks_2\\ 0 & 1 & s_3/k\\ 0 & 0 & 1\end{pmatrix}\begin{pmatrix}k & 0 & 0\\ 0 & 1/k & 0\\ 0 & 0 & 1\end{pmatrix}. \tag{2.3.15}$$

若预测算子 $p_{1,2}$ 关于 $\frac{1}{2}$ 对称, 更新算子 $u_{1,2}$ 及 $s_{1,2}$ 关于 $-\frac{1}{2}$ 对称, s_3 关于原点对称, 则得到的原框架小波函数与对偶框架小波函数是对称的.

证明 根据提升分解格式 (2.3.15), 计算得到

$$\begin{aligned}
h_e(z)&=k[1+u_1p_1+u_2p_2](z),\\
h_o(z)&=\left[ks_1(1+u_1p_1+u_2p_2)+k^{-1}u_1\right](z),\\
g_e(z)&=kp_1(z),\\
g_o(z)&=\left[ks_1p_1+k^{-1}\right](z),\\
f_e(z)&=kp_2(z),\\
f_o(z)&=[ks_1p_2](z).
\end{aligned} \tag{2.3.16}$$

因为 $p_{1,2}$ 关于 $\frac{1}{2}$ 对称, $u_{1,2}$ 关于 $-\frac{1}{2}$ 对称, 因此 u_1p_1, u_2p_2 关于原点对称. 事实上, $p_i(z)=z^{-1}p_i(z^{-1})$, $u_i(z)=zu_i(z^{-1})$, 于是有

$$p_i(z)u_i(z)=p_i(z^{-1})u_i(z^{-1}),\quad i=1,2.$$

结合式 (2.3.16), 得到 $h_e(z)$ 关于原点对称, $h_o(z)$ 关于 $-\frac{1}{2}$ 对称, 即

$$h_e(z)=h_e(z^{-1}),\quad h_o(z)=zh_o(z^{-1}).$$

因此

$$\begin{aligned}
h(z)&=h_e(z^2)+z^{-1}h_o(z^2)\\
&=h_e(z^2)+z^{-1}z^2h_o(z^2)\\
&=h_e(z^2)+zh_o(z^2)=h(z^{-1}).
\end{aligned}$$

推得 $h(z)$ 关于原点对称.

同理可证 $g(z), f(z)$ 关于 1 对称.

另一方面,

$$\begin{aligned}\widetilde{\mathbf{R}}(z^{-1}) &= \mathbf{R}^{-\mathrm{T}}(z)\\ &= \begin{pmatrix}1 & 0 & 0\\ -u_1 & 1 & 0\\ -u_2 & 0 & 1\end{pmatrix}\begin{pmatrix}1 & -p_1 & -p_2\\ 0 & 1 & 0\\ 0 & 0 & 1\end{pmatrix}\begin{pmatrix}1 & 0 & 0\\ -k^2 s_1 & 1 & 0\\ 0 & 0 & 1\end{pmatrix}\\ &\quad\times\begin{pmatrix}1 & 0 & 0\\ 0 & 1 & 0\\ -ks_2 & -s_3/k & 1\end{pmatrix}\begin{pmatrix}1/k & 0 & 0\\ 0 & k & 0\\ 0 & 0 & 1\end{pmatrix}.\end{aligned} \tag{2.3.17}$$

因此得到

$$\begin{aligned}\tilde{h}_e(z) &= \left[k^{-1} + ks_1p_1 + s_2p_2\right](z^{-1}),\\ \tilde{h}_o(z) &= [-kp_1 + s_3p_2](z^{-1}),\end{aligned} \tag{2.3.18}$$

$$\begin{aligned}\tilde{g}_e(z) &= \left[-k^{-1}u_1 - ks_1(u_1p_1+1) - s_2u_1p_2\right](z^{-1}),\\ \tilde{g}_o(z) &= [k(u_1p_1+1) - s_3u_1p_2](z^{-1}),\\ \tilde{f}_e(z) &= \left[-k^{-1}u_2 - s_2(u_2p_2+1) - ks_1u_2p_1\right](z^{-1}),\\ \tilde{f}_o(z) &= [-ku_2p_1 - s_3(u_2p_2+1)](z^{-1}).\end{aligned}$$

因为 $p_{1,2}$ 关于 $\frac{1}{2}$ 对称, $s_{1,2}$ 关于 $-\frac{1}{2}$ 对称, 所以 s_1p_1, s_2p_2 关于原点对称. 根据式 (2.3.18), $\tilde{h}_e(z)$ 关于原点对称, $\tilde{h}_o(z)$ 关于 $-\frac{1}{2}$ 对称. 于是

$$\tilde{h}(z) = \tilde{h}_e(z^2) + z^{-1}\tilde{h}_o(z^2) = \tilde{h}_e(z^2) + z^{-1}z^2\tilde{h}_o(z^2) = \tilde{h}_e(z^2) + z\tilde{h}_o(z^2) = h(z^{-1}).$$

推得 $\tilde{h}(z)$ 关于原点对称.

同理可证 $\tilde{g}(z), \tilde{f}(z)$ 关于 1 对称. □

进一步, 假设 $s_1 = s_2 = s_3 = 0$, 则有如下推论.

推论 2.3.2　根据定理 2.3.5, 并假设 $s_1 = s_2 = s_3 = 0$. 于是得到一具有对称性的对偶框架,

$$\begin{aligned}h(z) &= k(1 + u_1(z^2)p_1(z^2) + u_2(z^2)p_2(z^2)) + \frac{1}{k}z^{-1}u_1(z^2),\\ g(z) &= kp_1(z^2) + \frac{1}{k}z^{-1},\\ f(z) &= kp_2(z^2)\end{aligned} \tag{2.3.19}$$

与

$$
\begin{aligned}
\tilde{h}(z) = & \ \frac{1}{k} - kz^{-1}p_1(z^{-2}), \\
\tilde{g}(z) = & \ -\frac{1}{k}u_1(z^{-2}) + kz^{-1}(1 + u_1(z^{-2})p_1(z^{-2})), \\
\tilde{f}(z) = & \ -\frac{1}{k}u_2(z^{-2}) + kz^{-1}u_2(z^{-2})p_1(z^{-2}).
\end{aligned}
\tag{2.3.20}
$$

下面给出两个构造实例.

例 2.3.1 设预测与更新算子长度均为 2, 根据推论 2.3.1 及推论 2.3.2, 令 $l=1$, 并设广义 Bernstein 系数分别为 $2\alpha, 2\beta$, 于是得到预测算子

$$
p_1(z) = \alpha(1+z^{-1}), \quad p_2(z) = \beta(1+z^{-1}).
$$

令 $l=-1$, 并设广义 Bernstein 系数分别为 $2\gamma, 2\delta$, 于是得到更新算子

$$
u_1(z) = \gamma(1+z), \quad u_2(z) = \delta(1+z).
$$

结合式 (2.3.19) 与式 (2.3.20), 计算得到

$$
\begin{aligned}
h(z) &= k(\alpha\gamma+\beta\delta)(z^2+z^{-2}) + \frac{\alpha}{k}(z+z^{-1}) + 2k(\alpha\gamma+\beta\delta), \\
g(z) &= k\alpha(1+z^{-2}) + \frac{1}{k}z^{-1}, \\
f(z) &= k\beta(1+z^{-2}), \\
\tilde{h}(z) &= \frac{1}{k} - k\alpha(z+z^{-1}), \\
\tilde{g}(z) &= k\alpha\gamma(z+z^{-3}) - \frac{\gamma}{k}(1+z^{-2}) + k(1+2\alpha\gamma)z^{-1}, \\
\tilde{f}(z) &= k\alpha\delta(z+z^{-3}) - \frac{\delta}{k}(1+z^{-2}) + 2k\alpha\delta z^{-1}.
\end{aligned}
$$

例 2.3.2 设对偶框架同式 (2.3.19), 并设预测算子 p_1, p_2 长度分别为 2 和 4, 根据推论 2.3.1, 令 $l=1$, 并设广义 Bernstein 系数分别为 $d_{p_1}=[1], d_{p_2}=[1,4/3]$, 于是得到预测算子

$$
\begin{aligned}
p_1(z) &= \frac{1}{2}(1+z^{-1}), \\
p_2(z) &= -\frac{1}{8}(z^{-2}+z) + \frac{5}{8}(1+z^{-1}).
\end{aligned}
$$

设更新算子 u_1, u_2 长度均为 4, 令 $l=-1$, 并设广义 Bernstein 系数分别为

$d_{u_1} = [1, b]$, $d_{u_2} = [1, 1/3]$, 于是得到更新算子

$$
\begin{aligned}
u_1(z) &= \left(\frac{1}{8} - \frac{3b}{16}\right)(z^2 + z^{-1}) + \left(\frac{3}{8} + \frac{3b}{16}\right)(z+1), \\
u_2(z) &= \frac{1}{16}(z^2 + z^{-1}) + \frac{7}{16}(z+1),
\end{aligned}
$$

计算得到

$$
\begin{aligned}
h(z) =& \frac{-k}{128}(z^6 + z^{-6}) + \left(\frac{3k}{64} - \frac{3kb}{32}\right)(z^4 + z^{-4}) + \left(\frac{1}{8k} - \frac{3b}{16k}\right)(z^3 + z^{-3}) \\
&+ \frac{65k}{128}(z^2 + z^{-2}) + \left(\frac{3b}{16k} + \frac{3}{8k}\right)(z + z^{-1}) + \frac{61k}{32} + \frac{3kb}{16}, \\
g(z) =& \frac{k}{2}(1 + z^{-2}) + \frac{1}{k}z^{-1}, \\
f(z) =& -\frac{1}{8}(z + z^{-2}) + \frac{5}{8}(1 + z^{-1}), \\
\tilde{h}(z) =& \frac{1}{k} - \frac{k}{2}(z + z^{-1}), \\
\tilde{g}(z) =& \left(\frac{k}{16} - \frac{3kb}{32}\right)(z^3 + z^{-5}) + \left(-\frac{1}{8k} + \frac{3b}{16k}\right)(z^2 + z^{-4}), \\
&+ \frac{k}{4}(z + z^{-3}) - \left(\frac{3}{8k} + \frac{3b}{16k}\right)(1 + z^{-2}) + \left(\frac{11k}{8} + \frac{3kb}{16}\right)z^{-1}, \\
\tilde{f}(z) =& \frac{k}{32}(z^{-5} + z^3) - \frac{1}{16k}(z^{-4} + z^2) + \frac{k}{4}(z^{-3} + z) - \frac{7}{16k}(z^{-2} + 1) + \frac{7}{16k}z^{-1}.
\end{aligned}
$$

2.3.4　具有任意阶消失矩的两小波框架提升构造

本节介绍提高框架小波消失矩的提升算法, 同时证明通过选取适当的参数可以保证框架小波的对称性.

根据多相位矩阵的提升分解定理 (定理 2.3.1 与定理 2.3.2), 提升格式包含一系列上三角矩阵与下三角矩阵的乘积. 若将多相位矩阵 $\mathbf{P}$ 左乘一个三角矩阵, 即

$$
\mathbf{P}^{\text{new}}(z) = \begin{pmatrix} 1 & 0 & 0 \\ p_1(z) & 1 & 0 \\ p_2(z) & 0 & 1 \end{pmatrix} \mathbf{P}(z),
$$

则得到一组新的框架小波函数:

$$
\begin{aligned}
h^{\text{new}}(z) &= h(z), \\
g^{\text{new}}(z) &= g(z) + h(z)p_1(z^2), \\
f^{\text{new}}(z) &= f(z) + h(z)p_2(z^2).
\end{aligned} \tag{2.3.21}
$$

相应地, 对偶框架多相位矩阵变为

$$\widetilde{\mathbf{P}}^{\text{new}}(z)=\begin{pmatrix}1 & -p_1(z^{-1}) & -p_2(z^{-1})\\ 0 & 1 & 0\\ 0 & 0 & 1\end{pmatrix}\widetilde{\mathbf{P}}(z),$$

由此产生了新的对偶框架,

$$\begin{aligned}\tilde{h}^{\text{new}}(z)&=\tilde{h}(z)-\tilde{g}(z)p_1(z^{-2})-\tilde{f}(z)p_2(z^{-2}),\\ \tilde{g}^{\text{new}}(z)&=\tilde{g}(z),\\ \tilde{f}^{\text{new}}(z)&=\tilde{f}(z).\end{aligned} \tag{2.3.22}$$

通过式 (2.3.21) 中的结构使新得到的框架小波具有更高阶消失矩. 先回顾一下框架小波消失矩的定义. 根据定义 1.6.4, 框架小波消失矩取决于其相应的面具在 $\omega=0$ 的零点阶数. 因此, 提高框架小波的消失矩转化为提高滤波器在 $z=1$ 的零点阶数. 现已知 ψ 具有 N 阶消失矩, 则 $g(z)$ 在 $z=1$ 处有 N 阶零点, 即

$$g(z)=(z-1)^N q(z),$$

其中 $q(1)\neq 0$. 设通过提升得到的新滤波器 g^{new} 具有 N' 阶消失矩, $N'\geqslant N$, 根据式 (2.3.21),

$$g^{\text{new}}(z)=g(z)+h(z)p(z^2)=(z-1)^N q(z)+h(z)p(z^2),$$

消失矩要求 $h(z)p(z^2)$ 至少含有 N 阶零点, 同时注意到 $h(z)|_{z=1}\neq 0$, 因此, 不妨设 p 具有如下形式:

$$p(z)=z^{-l}(z-1)^N T(z),$$

其中 $T(z)$ 为 Laurent 多项式.

$T(z)$ 的选取是任意的, 这里不妨考虑 $T(z)$ 为 L 阶多项式[78],

$$T(z)=\sum_{n=0}^{L} t_n(z-1)^n,$$

若 g^{new} 在 $z=1$ 处有 N' 阶零点, $N'\geqslant N$, 记

$$g^{\text{new}}(z)=(z-1)^N\left[q(z)+z^{-2l}h(z)(z+1)^N T(z)\right]:=(z-1)^N S(z),$$

则 $S(z)$ 在 $z=1$ 处有 $\Delta N=N'-N$ 阶零点, 即

$$\left.\frac{\mathrm{d}^n}{\mathrm{d}z^n}S(z)\right|_{z=1}=0,\quad n=0,1,\cdots,\Delta N-1. \tag{2.3.23}$$

然而, 当 $L < \Delta N$ 时, 式 (2.3.23) 确立的线性方程组是超定的, 而当 $L < \Delta N$ 时, 方程组是欠定的. 因此式 (2.3.23) 并非总是可解的. 本书提出一种新的思路来求解 $T(z)$. 先假定 $T(z) = t_0$, 并设 $S(z)$ 至少有一阶零点, 因此

$$S(z)|_{z=1} = \left[q(z) + t_0 z^{-2l} h(z)(z+1)^N\right]\Big|_{z=1} = 0, \tag{2.3.24}$$

注意到 $h(1) \neq 0$, 因此方程 (2.3.24) 的解存在且唯一,

$$T(z) = t_0 = -\frac{q(1)}{2^N h(1)}.$$

于是通过一步提升, g^{new} 至少具有 $N+1$ 阶消失矩.

f^{new} 可作类似讨论.

进一步, 注意到

$$\prod_{i=1}^{m}\begin{pmatrix} 1 & 0 & 0 \\ p_1^i(z) & 1 & 0 \\ p_2^i(z) & 0 & 1 \end{pmatrix} = \begin{pmatrix} 1 & 0 & 0 \\ \sum\limits_{i=1}^{m} p_1^i(z) & 1 & 0 \\ \sum\limits_{i=1}^{m} p_2^i(z) & 0 & 1 \end{pmatrix}. \tag{2.3.25}$$

这说明提高至任意阶消失矩是可能的. 因此, 设原小波消失矩为 N 阶, 目标消失矩为 N' 阶, 则可以通过至多 $\Delta N = N' - N$ 步提升解决. 事实上, ΔN 步提升得到的 $T(z)$ 恰为 $\Delta N - 1$ 阶多项式,

$$T(z) = \sum_{n=0}^{\Delta N - 1} t_n (z-1)^n. \tag{2.3.26}$$

下面讨论新滤波器的对称性问题. 首先考虑一步提升得到的滤波器具有如下形式:

$$g^{\text{new}}(z) = g(z) + h(z)p(z^2) = g(z) + t_0 z^{-2l} h(z)(z^2-1)^N.$$

假设 h, g 分别关于 l_h, l_g 对称, 且观察到 $p(z)$ 关于 $l - \dfrac{N}{2}$ 对称 (反对称). 事实上,

$$\begin{aligned} p(z) &= t_0 z^{-l}(z-1)^N = t_0 z^{N-2l} z^l (1-z^{-1})^N \\ &= \begin{cases} z^{N-2l} p(z^{-1}), & N\text{是偶数}, \\ -z^{N-2l} p(z^{-1}), & N\text{是奇数}. \end{cases} \end{aligned}$$

因此 $h(z)p(z^2)$ 关于 $l_h - N + 2l$ 对称. 如果 $l_h - N + 2l = l_g$, 即

$$l = \frac{l_g - l_h + N}{2},$$

那么 $g^{\text{new}}(z)$ 与 $g(z)$ 具有相同的对称位置.

f^{new} 可作类似讨论.

另一方面, 考虑对偶提升后 $\tilde{h}^{\text{new}}(z)$ 的对称性. 假设 $\tilde{h},\tilde{g},\tilde{f}$ 分别关于 $l_{\tilde{h}},l_{\tilde{g}},l_{\tilde{f}}$ 对称, $p_1(z),p_2(z)$ 分别关于 $l_1-\dfrac{N_1}{2},l_2-\dfrac{N_2}{2}$ 对称, 则 $\tilde{h}^{\text{new}}(z)$ 对称的充分条件是

$$l_{\tilde{h}}=l_{\tilde{g}}+N_1-2l_1=l_{\tilde{f}}+N_2-2l_2$$

或等价于

$$l_1=\frac{l_{\tilde{g}}-l_{\tilde{h}}+N_1}{2},\quad l_2=\frac{l_{\tilde{f}}-l_{\tilde{h}}+N_2}{2}.$$

因此, 若

$$l_{\tilde{g}}-l_{\tilde{h}}=l_g-l_h \quad 且 \quad l_{\tilde{f}}-l_{\tilde{h}}=l_f-l_h,$$

则 $\tilde{g}^{\text{new}},\tilde{f}^{\text{new}}$ 对称的同时 $\tilde{h}^{\text{new}}$ 也对称.

综合以上讨论, 下面给出提高消失矩同时保持对称性的提升构造定理及算法 (算法 2.3.3).

算法 2.3.3 两尺度提高消失矩的提升算法

设 $h(z),g(z)$ 分别关于 l_h,l_g 对称, $g(z)=(z-1)^Nq(z),q(1)\neq 0$.
令 $\Delta N=N'-N$, $i=0$,
while $i\leqslant \Delta N-1$ **do**
  $t=-\dfrac{q(1)}{2^Nh(1)}$;
  $l=(l_g-l_h+N)/2$;
  $p(z)=tz^{-l}(z-1)^N$;
  $g(z)\leftarrow g(z)+h(z)p(z^2)=(z-1)^{N+1}q'(z)$;
  $q(z)\leftarrow q'(z)$;
  $N\leftarrow N+1$;
  $i\leftarrow i+1$;
end while
从而新滤波器 $g^{\text{new}}(z)$ 拥有至少 N' 阶消失矩.

定理 2.3.6 已知两尺度两小波对偶框架对应的滤波器组为 $\{h,g,f,\tilde{h},\tilde{g},\tilde{f}\}$, 并假设其分别关于 $l_h,l_g,l_f,l_{\tilde{h}},l_{\tilde{g}},l_{\tilde{f}}$ 对称. g,f 的消失矩分别为 N_1,N_2, 则存在提升

函数

$$p_1(z) = (z-1)^{N_1} \sum_{n=0}^{N_1'-N_1-1} t_n^1 z^{-l_n^1}(z-1)^n, \tag{2.3.27}$$

$$p_2(z) = (z-1)^{N_2} \sum_{n=0}^{N_2'-N_2-1} t_n^2 z^{-l_n^2}(z-1)^n, \tag{2.3.28}$$

使得 g, f 的消失矩至少提高至 N_1', N_2' 阶, 其中, $l_n^{1,2}$ 的选取保持对称性,

$$l_n^1 = \frac{l_g - l_h + N_1 + n}{2}, \quad l_n^2 = \frac{l_g - l_h + N_2 + n}{2},$$

进一步, 通过对偶提升得到的 $\tilde{h}^{\text{new}}$ 对称性也不变, 如果

$$l_{\tilde{g}} - l_{\tilde{h}} = l_g - l_h \quad 且 \quad l_{\tilde{f}} - l_{\tilde{h}} = l_f - l_h.$$

下面试举一例.

例 2.3.3　以例 2.3.1 为例, 并设 $\alpha = 1, \beta = \frac{1}{2}, \gamma = \frac{1}{2}, \delta = 1$, $k = 2$, 于是得到

$$\begin{aligned}
h(z) &= 2(z^2 + z^{-2}) + \frac{1}{2}(z + z^{-1}) + 6, \\
g(z) &= 2(1 + z^{-2}) + \frac{1}{2}z^{-1}, \\
f(z) &= 1 + z^{-2}, \\
\tilde{h}(z) &= \frac{1}{2} - 2(z + z^{-1}), \\
\tilde{g}(z) &= (z + z^{-3}) - \frac{1}{4}(1 + z^{-2}) + 4z^{-1}, \\
\tilde{f}(z) &= 2(z + z^{-3}) - \frac{1}{2}(1 + z^{-2}) + 4z^{-1}.
\end{aligned}$$

首先应用算法 2.3.3 把原框架小波函数的消失矩提高到 2 阶. 注意到 $h(1) = 11, q_1(1) = g(1) = \frac{9}{2}, q_2(1) = f(1) = 2$, 因此 $t_1 = -\frac{9}{22}, t_2 = -\frac{2}{11}$, 取 $l_1 = l_2 = \frac{1}{2}$, 于是得到

$$\begin{aligned}
g^{\text{new}}(z) &= -\frac{9}{11}(z + z^{-3}) + \frac{79}{44}(1 + z^{-2}) - \frac{43}{22}z^{-1} \\
&= (z-1)\left(-\frac{9}{11} + \frac{43}{44}z^{-1} - \frac{43}{44}z^{-2} + \frac{9}{11}z^{-3}\right) \\
&= (z-1)^2\left(-\frac{9}{11}z^{-1} + \frac{7}{44}z^{-2} - \frac{9}{11}z^{-3}\right), \\
f^{\text{new}}(z) &= -\frac{4}{11}(z + z^{-3}) + \frac{10}{11}(1 + z^{-2}) - \frac{12}{11}z^{-1}
\end{aligned}$$

$$= (z-1)\left(-\frac{4}{11}+\frac{6}{11}z^{-1}-\frac{6}{11}z^{-2}+\frac{4}{11}z^{-3}\right)$$
$$= (z-1)^2\left(-\frac{4}{11}z^{-1}+\frac{2}{11}z^{-2}-\frac{4}{11}z^{-3}\right).$$

经过提升, 新的对偶滤波器为

$$\tilde{h}^{\text{new}}(z) = \tilde{h}(z) - \tilde{g}(z)p_1(z^{-2}) - \tilde{f}(z)p_2(z^{-2})$$
$$= \frac{17}{22}(z^2+z^{-2}) - \frac{193}{88}(z+z^{-1}) + \frac{63}{22}.$$

下一步, 应用对偶提升将对偶框架小波函数的消失矩提高到 2 阶. 注意到 $\tilde{h}^{\text{new}}(1) = \frac{1}{44}, \tilde{q}_1(1) = \tilde{g}_1(1) = \frac{11}{2}, \tilde{q}_2(z) = \tilde{f}_1(1) = 5$, 因此 $\tilde{t}_1 = -242, \tilde{t}_2 = -308$, 取 $\tilde{l}_1 = \tilde{l}_2 = \frac{1}{2}$, 于是得到

$$\tilde{g}^{\text{new}}(z) = -186(z+z^{-3}) + \frac{1061}{2}(1+z^{-2}) - 689z^{-1}$$
$$= (z-1)\left(-186+\frac{689}{2}z^{-1}-\frac{689}{2}z^{-2}+186z^{-3}\right)$$
$$= (z-1)^2\left(-186z^{-1}+\frac{1061}{2}z^{-2}-186z^{-3}\right),$$
$$\tilde{f}^{\text{new}}(z) = -236(z+z^{-3}) + 675(1+z^{-2}) - 878z^{-1}$$
$$= (z-1)(-236z+439z^{-1}-439z^{-2}+236)$$
$$= (z-1)^2(-236z^{-1}+203z^{-2}-236z^{-3}).$$

由此得到一个具有 2 阶消失矩的对偶小波框架.

2.4　两尺度多小波对偶框架提升变换

2.4.1　两尺度多小波多相位矩阵提升分解理论

本节介绍两尺度多小波对偶框架的提升模式. 作为两小波框架的推广形式, 多小波框架在提升结构上与两小波框架具有相似性. 设 $\left(\mathcal{S}(\Psi), \mathcal{S}(\widetilde{\Psi})\right)$ 为基于 MRA 的对偶框架小波系统, 原框架对应的滤波器为 $h^0, \cdots, h^n$, 对偶框架对应的滤波器为 $\tilde{h}^0, \cdots, \tilde{h}^n$.

设多相位矩阵 $\mathbf{P}(z)$ 具有如下形式:

$$\mathbf{P}(z) = \begin{pmatrix} h_e^0(z) & h_o^0(z) \\ h_e^1(z) & h_o^1(z) \\ \vdots & \vdots \\ h_e^n(z) & h_o^n(z) \end{pmatrix},$$

其中 $h_e^i(z)=\sum_k h_{2k}z^{-k}, h_o^i(z)=\sum_k h_{2k+1}z^{-k}$.

对于多相位矩阵 $\mathbf{P}(z)$, 存在如下提升分解定理.

定理 2.4.1 存在 Laurent 多项式 $u_j^i, p_j^i, i=1,\cdots,m, j=1,\cdots,n, s_1, s_2=rz^n$ 及常数 k, 使得多相位矩阵满足如下提升分解格式:

$$\mathbf{P}(z)=\begin{pmatrix} h_e^0(z) & h_o^0(z) \\ \vdots & \vdots \\ h_e^n(z) & h_o^n(z) \end{pmatrix}$$

$$=\prod_{i=1}^{m}\left[\left(\mathbf{I}+\sum_{j=1}^{n}u_j^i(z)\boldsymbol{e}_1\boldsymbol{e}_{j+1}^{\mathrm{T}}\right)\left(\mathbf{I}+\sum_{j=1}^{n}p_j^i(z)\boldsymbol{e}_{j+1}\boldsymbol{e}_1^{\mathrm{T}}\right)\right]\mathbf{R}(z)\mathbf{K}, \quad (2.4.1)$$

其中

$$\mathbf{R}(z)=\begin{pmatrix} 1 & 0 & \cdots & 0 \\ k^2 s_1 & s_2 & \cdots & 0 \end{pmatrix}^{\mathrm{T}}, \quad \mathbf{K}=\begin{pmatrix} k & 0 \\ 0 & 1/k \end{pmatrix}.$$

证明 设 $h^0,\cdots,h^n$ 互素, 记 $\boldsymbol{h}(z):=(h^0(z),\cdots,h^n(z))^{\mathrm{T}}$, 根据欧几里得算法 (定理 2.2.1), 存在 Laurent 多项式 $q_i^j(z)$ 以及常数 k, 满足

$$\boldsymbol{h}(z)=\prod_{j=1}^{n}\left(\prod_{l=1}^{N_j/2}\left[(\mathbf{I}+q_{2l-1}^j(z)\boldsymbol{e}_1\boldsymbol{e}_{j+1}^{\mathrm{T}})(\mathbf{I}+q_{2l}^j(z)\boldsymbol{e}_{j+1}\boldsymbol{e}_1^{\mathrm{T}})\right]\right)\boldsymbol{k}, \quad (2.4.2)$$

其中 $\boldsymbol{k}=(k,0,\cdots,0)^{\mathrm{T}}$.

记 $\sigma_j=\sum_{s=0}^{j-1}N_s/2$, 其中 $N_0=0, m=\sigma_n$. 并设 $1\leqslant i\leqslant m$, 令

$$u_j^i(z):=\begin{cases} q_{2(i-\sigma_j)-1}^j(z), & 1\leqslant i-\sigma_j\leqslant N_j/2, \\ 0, & \text{其他}; \end{cases}$$

$$p_j^i(z):=\begin{cases} q_{2(i-\sigma_j)}^j(z), & 1\leqslant i-\sigma_j\leqslant N_j/2, \\ 0, & \text{其他}. \end{cases}$$

因此式 (2.4.2) 转化为

$$\boldsymbol{h}(z)=\prod_{i=1}^{m}\left[\left(\mathbf{I}+\sum_{j=1}^{n}u_j^i(z)\boldsymbol{e}_1\boldsymbol{e}_{j+1}^{\mathrm{T}}\right)\left(\mathbf{I}+\sum_{j=1}^{n}p_j^i(z)\boldsymbol{e}_{j+1}\boldsymbol{e}_1^{\mathrm{T}}\right)\right]\boldsymbol{k}:=\mathbf{Q}(z)\boldsymbol{k}. \quad (2.4.3)$$

设 $\mathbf{P}(z)=\mathbf{P}^0(z)\mathbf{S}(z)$, 其中

$$\mathbf{P}^0(z)=\begin{pmatrix} h_e^0(z) & \bar{h}_o^0(z) \\ h_e^1(z) & \bar{h}_o^1(z) \\ \vdots & \vdots \\ h_e^n(z) & \bar{h}_o^n(z) \end{pmatrix}=\mathbf{Q}(z)\begin{pmatrix} k & 0 \\ 0 & 1/k \\ \vdots & \vdots \\ 0 & 0 \end{pmatrix}:=\mathbf{Q}(z)\mathbf{T}.$$

因此

$$\mathbf{P}(z)=\mathbf{Q}(z)\mathbf{T}\mathbf{S}(z),$$

$\mathbf{T}$ 的伪逆为

$$\mathbf{T}^{\dagger}=\left(\mathbf{T}^{\mathrm{T}}\mathbf{T}\right)^{-1}\mathbf{T}^{\mathrm{T}}=\begin{pmatrix} 1/k & 0 & 0 & \cdots & 0 \\ 0 & k & 0 & \cdots & 0 \end{pmatrix},$$

于是有

$$\mathbf{S}(z)=\mathbf{T}^{\dagger}\,\mathbf{Q}^{-1}(z)\mathbf{P}(z)=\mathbf{T}^{\dagger}\begin{pmatrix} d_{00} & d_{01} \\ d_{10} & d_{11} \\ \vdots & \vdots \\ d_{n,0} & d_{n,1} \end{pmatrix}:=\begin{pmatrix} d_{00}/k & d_{01}/k \\ kd_{10} & kd_{11} \end{pmatrix}.$$

下面求解 d_{ij}. 利用式 (2.4.3) 得 $d_{00}=k, d_{10}=0$. 而 d_{01}, d_{11} 可由以下线性方程组得到

$$\mathbf{Q}(z)\begin{pmatrix} d_{01} \\ \vdots \\ d_{n,1} \end{pmatrix}=\begin{pmatrix} h_o^0 \\ \vdots \\ h_o^n \end{pmatrix}.$$

记

$$\mathbf{Q}:=\begin{pmatrix} q_{00} & \cdots & q_{0,n} \\ \vdots & \ddots & \vdots \\ q_{n,0} & \cdots & q_{n,n} \end{pmatrix},$$

由 Cramer 法则, 并注意到 $\det\mathbf{Q}(z)=1$, 于是有

$$d_{01}=\begin{vmatrix} h_o^0 & q_{01} & \cdots & q_{0,n} \\ h_o^1 & q_{11} & \cdots & q_{1,n} \\ \vdots & \vdots & \ddots & \vdots \\ h_o^n & q_{n,1} & \cdots & q_{n,n} \end{vmatrix},\quad d_{11}=\begin{vmatrix} q_{00} & h_o^0 & \cdots & q_{0,n} \\ q_{10} & h_o^1 & \cdots & q_{1,n} \\ \vdots & \vdots & \ddots & \vdots \\ q_{n,0} & h_o^n & \cdots & q_{n,n} \end{vmatrix}.$$

因此,

$$\mathbf{S}(z)=\begin{pmatrix}1 & d_{01}/k\\ 0 & kd_{11}\end{pmatrix}:=\begin{pmatrix}1 & s_1(z)\\ 0 & s_2(z)\end{pmatrix},$$

而

$$\mathbf{TS}(z)=\begin{pmatrix}k & ks_1(z)\\ 0 & s_2(z)/k\\ \vdots & \vdots\\ 0 & 0\end{pmatrix}=\begin{pmatrix}1 & k^2s_1(z)\\ 0 & s_2(z)\\ \vdots & \vdots\\ 0 & 0\end{pmatrix}\begin{pmatrix}k & 0\\ 0 & 1/k\end{pmatrix}:=\mathbf{R}(z)\mathbf{K}.$$

因此得到多相位矩阵的提升分解格式,

$$\mathbf{P}(z)=\mathbf{Q}(z)\mathbf{R}(z)\mathbf{K}=\prod_{i=1}^{m}\left[\left(\mathbf{I}+\sum_{j=1}^{n}u_j^i(z)\boldsymbol{e}_1\boldsymbol{e}_{j+1}^{\mathrm{T}}\right)\left(\mathbf{I}+\sum_{j=1}^{n}p_j^i(z)\boldsymbol{e}_{j+1}\boldsymbol{e}_1^{\mathrm{T}}\right)\right]\mathbf{R}(z)\mathbf{K}.$$

□

同样, 若多相位矩阵满足完全重构条件, 则 $s_2(z)$ 必是单项式. 其理由与两小波情况下的分析是一样的, 因此以下总假定 $s_2(z)=rz^n, r\in\mathbb{R}, n\in\mathbb{Z}$.

2.4.2　两尺度多小波对偶框架提升算法

根据定理 2.4.1, 有

$$\mathbf{P}^{\mathrm{T}}(z)=\mathbf{K}\mathbf{R}^{\mathrm{T}}(z)\prod_{i=m}^{1}\left[\left(\mathbf{I}+\sum_{j=1}^{n}p_j^i(z)\boldsymbol{e}_1\boldsymbol{e}_{j+1}^{\mathrm{T}}\right)\left(\mathbf{I}+\sum_{j=1}^{n}u_j^i(z)\boldsymbol{e}_{j+1}\boldsymbol{e}_1^{\mathrm{T}}\right)\right],$$

即

$$\begin{aligned}\mathbf{P}^{\mathrm{T}}(z)=&\begin{pmatrix}k & 0\\ 0 & 1/k\end{pmatrix}\begin{pmatrix}1 & 0 & \cdots & 0\\ k^2s_1 & rz^n & \cdots & 0\end{pmatrix}\\ &\times\prod_{i=m}^{1}\begin{pmatrix}1 & p_1^i & \cdots & p_n^i\\ 0 & 1 & \cdots & 0\\ \vdots & \vdots & \ddots & \vdots\\ 0 & 0 & \cdots & 1\end{pmatrix}\begin{pmatrix}1 & 0 & \cdots & 0\\ u_1^i & 1 & \cdots & 0\\ \vdots & \vdots & \ddots & \vdots\\ u_n^i & 0 & \cdots & 1\end{pmatrix}.\end{aligned}$$

根据完全重构条件 $\mathbf{P}^{\mathrm{T}}(z)\widetilde{\mathbf{P}}(z^{-1})=\mathbf{I}$, 得到

$$\widetilde{\boldsymbol{P}}(z^{-1})=\prod_{i=1}^{m}\begin{pmatrix}1 & 0 & \cdots & 0\\ -u_1^i & 1 & \cdots & 0\\ \vdots & \vdots & \ddots & \vdots\\ -u_n^i & 0 & \cdots & 1\end{pmatrix}\begin{pmatrix}1 & -p_1^i & \cdots & -p_n^i\\ 0 & 1 & \cdots & 0\\ \vdots & \vdots & \ddots & \vdots\\ 0 & 0 & \cdots & 1\end{pmatrix}$$
$$\times\begin{pmatrix}1 & 0\\ -k^2s_1/rz^n & 1/rz^n\\ \vdots & \vdots\\ 0 & 0\end{pmatrix}\begin{pmatrix}1/k & 0\\ 0 & k\end{pmatrix}.$$

于是得到提升分解与重构算法, 见算法 2.4.1 与算法 2.4.2.

算法 2.4.1　多小波对偶框架提升分解算法

设初始信号 $c:=c_l$.

分割与尺度化

$c_{0,l}=c_{2l}/k$;
$d_{0,l}^1=kc_{2l+1}$;
for j from 2 to n,
　　$d_{0,l}^j=0$;
end

预测与更新

$c_{1,l}=c_{0,l}$;
$d_{1,l}^1=-k^2r^{-1}\sum_k s_k^1c_{0,l-n-k}-r^{-1}d_{0,l-n}^1$;
for j from 2 to n,
　　$d_{1,l}^j=0$;
end

for i from 1 to m,
　　$c_{i+1,l}=c_{i,l}-\sum_{j=1}^n\sum_k p_{m-i+1,k}^jd_{i,l-k}^j$;
　　for j from 1 to n,
　　　　$d_{i+1,l}^j=d_{i,l}^j-\sum_k u_{m-i+1,k}^jc_{i+1,l-k}$;
　　end
end

算法 2.4.2　多小波对偶框架提升重构算法

设重构系数 $c_0 := c_{0,l}, d_0^j := d_{0,l}^j, j = 1, \cdots, n$.

逆向预测与更新

for i from 1 to m,

　　for j from 1 to n,

　　　　$d_{i,l}^j = d_{i-1,l}^j + \sum_k u_{i,k}^j c_{i-1,l-k}$;

　　end

　　$c_{i,l} = c_{i-1,l} - \sum_{j=1}^n \sum_k p_{i,k}^j d_{i,l-k}^j$;

end

$c_{m+1,l} = c_{m,l}$;

$d_{m+1,l}^1 = -k^2 \sum_k s_k^1 c_{m,l-n-k} - r d_{m,l+n}^1$;

尺度化与合并

$c_{2l} = k c_{m+1,l}$;

$c_{2l+1} = d_{m+1,l}^1 / k$;

$c = c_{2l} + c_{2l+1}$.

2.4.3　基于广义 Bernstein 多项式的对称多小波框架提升构造

类似于两小波的情况, 可以采用广义 Bernstein 多项式构造具有对称性的对偶框架, 有如下对称性定理.

定理 2.4.2　已知多相位矩阵满足形如式 (2.4.1) 的提升分解格式, 并假设 $m = 1, rz^n = 1$, 即

$$\mathbf{P}(z) = \left(\mathbf{I} + \sum_{j=1}^{n} u_j(z) \boldsymbol{e}_1 \boldsymbol{e}_{j+1}^{\mathrm{T}}\right) \left(\mathbf{I} + \sum_{j=1}^{n} p_j(z) \boldsymbol{e}_{j+1} \boldsymbol{e}_1^{\mathrm{T}}\right) \mathbf{R}(z)\mathbf{K}, \tag{2.4.4}$$

其中

$$\mathbf{R}(z) = \begin{pmatrix} 1 & 0 & \cdots & 0 \\ k^2 s_1 & 1 & \cdots & 0 \end{pmatrix}^{\mathrm{T}}, \quad \mathbf{K} = \begin{pmatrix} k & 0 \\ 0 & 1/k \end{pmatrix}.$$

若预测算子 p_j 关于 $\frac{1}{2}$ 对称, 更新算子 u_j 及 s_1 关于 $-\frac{1}{2}$ 对称, 则得到的原框架小波函数与对偶框架小波函数是对称的.

证明　根据提升分解格式 (2.4.4), 计算直接得到

$$
\begin{aligned}
h_e^0(z) &= k\left(1+\sum_{i=1}^{n} u_i(z)p_i(z)\right),\\
h_o^0(z) &= ks_1(z)\left(1+\sum_{i=1}^{n} u_i(z)p_i(z)\right)+k^{-1}u_1(z),\\
h_e^1(z) &= kp_1(z),\\
h_o^1(z) &= ks_1(z)p_1(z)+k^{-1},\\
h_e^i(z) &= kp_i(z),\\
h_o^i(z) &= ks_1(z)p_i(z),\quad i=2,\cdots,n
\end{aligned}
$$

以及

$$
\begin{aligned}
\tilde{h}_e^0(z) &= k^{-1}+ks_1(z^{-1})p_1(z^{-1}),\\
\tilde{h}_o^0(z) &= -kp_1(z^{-1}),\\
\tilde{h}_e^1(z) &= -k^{-1}u_1(z^{-1})-ks_1(z^{-1})\left(1+u_1(z^{-1})p_1(z^{-1})\right),\\
\tilde{h}_o^1(z) &= k\left(1+u_1(z^{-1})p_1(z^{-1})\right),\\
\tilde{h}_e^i(z) &= -k^{-1}u_i(z^{-1})-ks_1(z^{-1})u_i(z^{-1})p_1(z^{-1}),\\
\tilde{h}_o^i(z) &= ku_i(z^{-1})p_1(z^{-1}),\quad i=2,\cdots,n.
\end{aligned}
$$

因为预测算子 p_j 关于 $\frac{1}{2}$ 对称, 更新算子 u_j 及 s_1 关于 $-\frac{1}{2}$ 对称, 所以 u_jp_j 关于零点对称. 于是 $h_e^0(z)$ 关于零点对称, $h_o^0(z)$ 关于 $-\frac{1}{2}$ 对称, 因此

$$
\begin{aligned}
h^0(z) &= h_e^0(z^2)+z^{-1}h_o^0(z^2)\\
&= h_e^0(z^2)+z^{-1}z^2h_o^0(z^2)\\
&= h_e^0(z^2)+zh_o^0(z^2)\\
&= h^0(z^{-1}),
\end{aligned}
$$

推出 $h^0(z)$ 关于零点对称.

同理可证 $\tilde{h}^0(z)$ 关于零点对称, $h^j(z),\tilde{h}^j(z), j=1,\cdots,n$ 关于 1 对称. □

进一步, 假设 $s_1=0$, 则有如下推论.

推论 2.4.1 已知多相位矩阵满足形如式 (2.4.1) 的提升分解格式, 并假设 $m=1, s_1=0, rz^n=1$, 若预测算子 p_j 关于 $\frac{1}{2}$ 对称, 更新算子 u_j 关于 $-\frac{1}{2}$ 对称, 则得到如下具有对称性的对偶小波框架:

$$
\begin{aligned}
h^0(z) &= k\left(1+\sum_{i=1}^{n} u_i(z^2)p_i(z^2)\right)+\frac{1}{k}z^{-1}u_1(z^2),\\
h^1(z) &= kp_1(z^2)+\frac{1}{k}z^{-1},\\
h^i(z) &= kp_i(z^2), \quad i=2,\cdots,n,\\
\tilde{h}^0(z) &= \frac{1}{k}-kz^{-1}p_1(z^{-2}),\\
\tilde{h}^1(z) &= -\frac{1}{k}u_1(z^{-2})+kz^{-1}\left(1+u_1(z^{-2})p_1(z^{-2})\right),\\
\tilde{h}^i(z) &= -\frac{1}{k}u_i(z^{-2})+kz^{-1}u_i(z^{-2})p_1(z^{-2}), \quad i=2,\cdots,n.
\end{aligned}
$$

下面给出两个构造实例.

例 2.4.1 (三小波对偶框架) 假设更新算子 u_1, u_2, u_3 长度分别为 2,4,6, 相应的广义 Bernstein 系数为 $d_{u1}=[1]$, $d_{u2}=[1,1/3]$, $d_{u3}=[1,b,c]$; 预测算子 p_1,p_2,p_3 长度均为 4, 相应的广义 Bernstein 系数为 $d_{p1}=[1,0]$, $d_{p2}=[1,1]$, $d_{p3}=[1,2]$. 于是有

$$
\begin{aligned}
u_1(z) &= \frac{1}{2}(z+1),\\
u_2(z) &= \frac{1}{16}(z^2+z^{-1})+\frac{7}{16}(z+1),\\
u_3(z) &= \left(\frac{1}{32}-\frac{5b}{64}-\frac{105c}{512}\right)(z^3+z^{-2})+\left(\frac{5}{32}-\frac{5b}{64}-\frac{525c}{512}\right)(z^2+z^{-1})\\
&\quad+\left(\frac{5}{16}+\frac{5b}{32}+\frac{315c}{256}\right)(z+1),\\
p_1(z) &= \frac{1}{8}(z+z^{-2})+\frac{3}{8}(1+z^{-1}),\\
p_2(z) &= -\frac{1}{16}(z+z^{-2})+\frac{9}{16}(1+z^{-1}),\\
p_3(z) &= -\frac{1}{4}(z+z^{-2})+\frac{3}{4}(1+z^{-1}),
\end{aligned}
$$

其中 b, c 为任意实数.

根据推论 2.4.1, 得到原框架

$$
\begin{aligned}
h^0(z) &= \left(-\frac{k}{128}+\frac{5kb}{256}+\frac{105kc}{2048}\right)(z^8+z^{-8})+\left(-\frac{5k}{256}-\frac{5kb}{128}+\frac{105kc}{1024}\right)(z^6+z^{-6})\\
&\quad+\left(\frac{17k}{128}-\frac{5kb}{32}-\frac{315kc}{256}\right)(z^4+z^{-4})+\left(\frac{197k}{256}+\frac{5kb}{128}-\frac{105kc}{1024}\right)(z^2+z^{-2})\\
&\quad+\frac{1}{2k}(z+z^{-1})+\frac{9k}{4}+\frac{35kb}{128}+\frac{2415kc}{1024},
\end{aligned}
$$

$$h^1(z)=\frac{k}{8}(z^2+z^{-4})+\frac{3k}{8}(1+z^{-2})+\frac{1}{k}z^{-1},$$
$$h^2(z)=-\frac{k}{16}(z^2+z^{-4})+\frac{9k}{16}(1+z^{-2}),$$
$$h^3(z)=-\frac{k}{4}(z^2+z^{-4})+\frac{3k}{4}(1+z^{-2}),$$

以及对偶框架

$$\tilde{h}^0(z)=-\frac{k}{8}(z^3+z^{-3})-\frac{3k}{8}(z+z^{-1})+\frac{1}{k},$$
$$\tilde{h}^1(z)=\frac{k}{16}(z^3+z^{-5})+\frac{k}{4}(z+z^{-3})-\frac{1}{2k}(1+z^{-2})+\frac{11k}{8}z^{-1},$$
$$\begin{aligned}\tilde{h}^2(z)=&\frac{k}{128}(z^5+z^{-7})+\frac{5k}{64}(z^3+z^{-5})-\frac{1}{16k}(z^2+z^{-4})\\&+\frac{31k}{128}(z+z^{-3})-\frac{7}{16k}(1+z^{-2})+\frac{11k}{32}z^{-1},\end{aligned}$$
$$\begin{aligned}\tilde{h}^3(z)=&\left(\frac{k}{256}-\frac{5kb}{512}-\frac{105kc}{4096}\right)(z^7+z^{-9})+\left(\frac{k}{32}-\frac{5kb}{128}-\frac{105kc}{512}\right)(z^5+z^{-7})\\&+\left(-\frac{1}{32k}+\frac{105c}{512k}+\frac{5b}{64k}\right)(z^4+z^{-6})+\left(\frac{7k}{64}-\frac{5kb}{128}-\frac{315kc}{1024}\right)(z^3+z^{-5})\\&+\left(-\frac{5}{32k}+\frac{5kb}{64k}+\frac{525c}{512k}\right)(z^2+z^{-4})+\left(\frac{7k}{32}+\frac{5kb}{128}+\frac{105kc}{512}\right)(z+z^{-3})\\&+\left(\frac{5}{16k}+\frac{5b}{32k}+\frac{315c}{256k}\right)(1+z^{-2})+\left(\frac{35k}{128}+\frac{25kb}{256}+\frac{1365kc}{2048}\right)z^{-1}.\end{aligned}$$

例 2.4.2 (四小波对偶框架) 假设更新算子 u_1,u_2,u_3,u_4 长度均为 2, 相应的广义 Bernstein 系数为 $d_{u1}=[2\alpha]$, $d_{u2}=[4\beta]$, $d_{u3}=[6\gamma]$, $d_{u4}=[8\delta]$; 预测算子 p_1,p_2,p_3,p_4 长度分别为 2, 4, 6, 8, 相应的广义 Bernstein 系数为 $d_{p1}=[2]$, $d_{p2}=[8,0]$, $d_{p3}=[32,0,0]$, $d_{p4}=[128,b,c,d]$. 于是有

$$u_1(z)=\alpha(1+z),$$
$$u_2(z)=2\beta(1+z),$$
$$u_3(z)=3\gamma(1+z),$$
$$u_4(z)=4\delta(1+z),$$
$$p_1(z)=1+z^{-1},$$
$$p_2(z)=z+3+3z^{-1}+z^{-2}$$
$$p_3(z)=z^2+5z+10+10z^{-1}+5z^{-2}+z^{-3},$$
$$p_4(z)=\left(1-\frac{7b}{2}+\frac{35c}{8}-\frac{35d}{16}\right)(z^3+z^{-4})+\left(7-\frac{21b}{2}-\frac{35c}{8}+\frac{175d}{16}\right)(z^2+z^{-3})$$

$$+\left(21-\frac{7b}{2}-\frac{105c}{8}-\frac{315d}{16}\right)(z+z^{-2})+\left(35+\frac{35b}{2}+\frac{105c}{8}+\frac{175d}{16}\right)(1+z^{-1}),$$

其中 $\alpha,\beta,\gamma,\delta,b,c,d$ 为任意参数.

根据推论 2.4.1, 得到原框架

$$\begin{aligned}
h^0(z)=&k\delta\left(4-14b+\frac{35}{2}c-\frac{35}{4}d\right)(z^8+z^{-8})\\
&+k(3\gamma+32\delta-56b\delta+35d\delta)(z^6+z^{-6})\\
&+k(2\beta+18\gamma-112\delta--56b\delta-70c\delta-35d\delta)(z^4+z^{-4})\\
&+k(\alpha+8\beta+45\gamma+224\delta+56b\delta-35d\delta)(z^2+z^{-2})\\
&+\frac{\alpha}{k}(z+z^{-1})+k\left(1+2\alpha+12\beta+60\gamma+280\delta+140b\delta+105c\delta+\frac{175\delta}{2}d\right),\\
h^1(z)=&k(1+z^{-2})+\frac{1}{k}z^{-1},\\
h^2(z)=&k(z^2+3+3z^{-2}+z^{-4}),\\
h^3(z)=&k(z^4+5z^2+10+10z^{-2}+5z^{-4}+z^{-6}),\\
h^4(z)=&k\left(1-\frac{7b}{2}+\frac{35c}{8}-\frac{35d}{16}\right)(z^6+z^{-8})+\left(7-\frac{21b}{2}-\frac{35c}{8}+\frac{175d}{16}\right)(z^4+z^{-6})\\
&+\left(21-\frac{7b}{2}-\frac{105c}{8}-\frac{315d}{16}\right)(z^2+z^{-4})\\
&+\left(35+\frac{35b}{2}+\frac{105c}{8}+\frac{175d}{16}\right)(1+z^{-2}),
\end{aligned}$$

以及对偶框架

$$\begin{aligned}
\tilde{h}^0(z)&=-k(z+z^{-1})+\frac{1}{k},\\
\tilde{h}^1(z)&=k\alpha(z+z^{-3})-\frac{\alpha}{k}(1+z^{-2})+3kz^{-1},\\
\tilde{h}^2(z)&=2k\beta(z+z^{-3})-\frac{2\beta}{k}(1+z^{-2})+4kz^{-1},\\
\tilde{h}^3(z)&=3k\gamma(z+z^{-3})-\frac{3\gamma}{k}(1+z^{-2})+6kz^{-1},\\
\tilde{h}^4(z)&=4k\delta(z+z^{-3})-\frac{4\delta}{k}(1+z^{-2})+8kz^{-1}.
\end{aligned}$$

2.4.4 具有任意阶消失矩的多小波框架提升构造

先给出适用于多小波框架的提高消失矩定理.

定理 2.4.3 已知两尺度多小波对偶框架对应的滤波器组为$\{h^i, \tilde{h}^i, i=0,\cdots,n\}$, 并假设其分别关于 $l_{h^i}, l_{\tilde{h}^i}$ 对称, 其中 h^i 的消失矩分别为 $N_i, i=1,\cdots,n$, 则存在提升函数

$$p_i(z) = (z-1)^{N_i} \sum_{n=0}^{N_i'-N_i-1} t_n^i z^{-l_n^i}(z-1)^n \tag{2.4.5}$$

使得 h^i 的消失矩提高至至少 N_i' 阶, 其中, l_n^i 的选取保持对称性,

$$l_n^i = \frac{l_{h^i} - l_{h^0} + N_i + n}{2}, \quad i=1,\cdots,n.$$

进一步, 通过对偶提升得到的 $(\tilde{h}^0)^{\text{new}}$ 的对称性也不变, 如果

$$l_{\tilde{h}^i} - l_{\tilde{h}^0} = l_{h^i} - l_{h^0}, \quad \forall i=1,\cdots,n.$$

证明 证明过程与定理 2.3.6 是一致的, 只需将 $i=2$ 的情形推广至 $i=n$. □

同样, 算法 2.3.3 适用于多小波框架. 下面试举一例.

例 2.4.3 设 $k=1$, 预测和更新算子分别为

$$\begin{aligned}
u_1(z) &= u_2(z) = \frac{1}{2}(z+1),\\
u_3(z) &= \frac{1}{16}(z^2+z^{-1}) + \frac{7}{16}(z+1),\\
p_1(z) &= p_2(z) = \frac{1}{2}(1+z^{-1}),\\
p_3(z) &= \frac{1}{16}(z^{-2}+z) + \frac{7}{16}(z^{-1}+1).
\end{aligned}$$

根据推论 2.4.1, 得到对偶小波框架:

$$\begin{aligned}
h^0(z) &= \frac{153}{64} + \frac{1}{2}(z+z^{-1}) + \frac{191}{256}(z^2+z^{-2}) + \frac{7}{128}(z^4+z^{-4}) + \frac{1}{256}(z^6+z^{-6}),\\
h^1(z) &= \frac{1}{2}(1+z^{-2}) + z^{-1},\\
h^2(z) &= \frac{1}{2}(1+z^{-2}),\\
h^3(z) &= \frac{1}{16}(z^2+z^{-4}) + \frac{7}{16}(1+z^{-2}),\\
\tilde{h}^0(z) &= 2 - \frac{1}{2}(z+z^{-1}),\\
\tilde{h}^1(z) &= \frac{1}{4}(z+z^{-3}) - \frac{1}{2}(1+z^{-2}) + \frac{3}{2}z^{-1},\\
\tilde{h}^2(z) &= \frac{1}{4}(z+z^{-3}) - \frac{1}{2}(1+z^{-2}) + \frac{1}{2}z^{-1},
\end{aligned}$$

$$\tilde{h}^3(z)=\frac{1}{32}(z^3+z^{-5})-\frac{1}{16}(z^2+z^{-4})+\frac{1}{4}(z+z^{-3})-\frac{7}{16}(1+z^{-2})+\frac{7}{16}z^{-1}.$$

首先应用提升把原框架小波函数的消失矩提高到 2 阶. 注意到 $h(1)=5$, $q_1(1)=h^1(1)=2$, $q_2(1)=h^2(1)=1$, $q_3(1)=h^3(1)=1$, 因此,

$$t_1=-\frac{q_1(1)}{2^0h(1)}=-\frac{2}{5},\quad t_2=-\frac{q_2(1)}{2^0h(1)}=-\frac{1}{5},\quad t_3=-\frac{q_3(1)}{2^0h(1)}=-\frac{1}{5}.$$

取 $l_1=l_2=l_3=\dfrac{1}{2}$, 则有

$$\begin{aligned}(h^1)^{\text{new}}(z)&=\frac{7}{160}z^{-1}+\frac{3}{10}(1+z^{-2})-\frac{191}{640}(z+z^{-3})\\&\quad-\frac{7}{320}(z^3+z^{-5})-\frac{1}{640}(z^5+z^{-7})\\&=-\frac{1}{640}(z-1)\left[(z^4-z^{-7})+(z^3-z^{-6})+15(z^2-z^{-5})\right.\\&\quad\left.+15(z-z^{-4})+206(1-z^{-3})+14(z^{-1}-z^{-2})\right]\\&=-\frac{1}{640}(z-1)^2\left[(z^3+z^{-7})+2(z^2+z^{-6})+17(z+z^{-5})\right.\\&\quad\left.+32(1+z^{-4})+238(z^{-1}+z^{-3})+252z^{-2}\right],\\(h^2)^{\text{new}}(z)&=-\frac{153}{320}z^{-1}+\frac{2}{5}(1+z^{-2})-\frac{191}{1280}(z+z^{-3})\\&\quad-\frac{7}{640}(z^3+z^{-5})-\frac{1}{1280}(z^5+z^{-7})\\&=-\frac{1}{1280}(z-1)\left[(z^4-z^{-7})+(z^3-z^{-6})+15(z^2-z^{-5})\right.\\&\quad\left.+15(z-z^{-4})+206(1-z^{-3})-306(z^{-1}-z^{-2})\right]\\&=-\frac{1}{1280}(z-1)^2\left[(z^3+z^{-7})+2(z^2+z^{-6})+17(z+z^{-5})\right.\\&\quad\left.+32(1+z^{-4})+238(z^{-1}+z^{-3})-68z^{-2}\right],\\(h^3)^{\text{new}}(z)&=-\frac{153}{320}z^{-1}+\frac{27}{80}(1+z^{-2})-\frac{191}{1280}(z+z^{-3})+\frac{1}{16}(z^2+z^{-4})\\&\quad-\frac{7}{640}(z^3+z^{-5})-\frac{1}{1280}(z^5+z^{-7})\\&=-\frac{1}{1280}(z-1)\left[(z^4-z^{-7})+(z^3-z^{-6})+15(z^2-z^{-5})\right.\\&\quad\left.-65(z-z^{-4})+126(1-z^{-3})-306(z^{-1}-z^{-2})\right]\\&=-\frac{1}{1280}(z-1)^2\left[(z^3+z^{-7})+2(z^2+z^{-6})+17(z+z^{-5})\right.\\&\quad\left.-48(1+z^{-4})+78(z^{-1}+z^{-3})-228z^{-2}\right].\end{aligned}$$

经过提升, 产生了新的 $\tilde{h}^0$:

$$
\begin{aligned}
(\tilde{h}^0)^{\text{new}}(z) &= \tilde{h}^0(z) - \sum_{i=1}^{3} \tilde{h}^i(z)p_i(z^{-2}) \\
&= \frac{223}{80} - \frac{71}{80}(z+z^{-1}) + \frac{1}{5}(z^2+z^{-2}) - \frac{1}{80}(z^3+z^{-3}) + \frac{1}{160}(z^4+z^{-4}).
\end{aligned}
$$

接下来应用对偶提升将对偶框架小波的消失矩提高至 2 阶.

注意到 $(\tilde{h}^0)^{\text{new}}(1) = \frac{7}{5}$, $\tilde{q}_1(1) = \tilde{h}^1(1) = 1$. 因此 $\tilde{t}_1 = -\frac{\tilde{q}_1(1)}{2^0(\tilde{h}^0)^{\text{new}}(1)} = -\frac{5}{7}$. 取 $\tilde{l}_1 = \frac{1}{2}$, 则有

$$
\begin{aligned}
(\tilde{h}^1)^{\text{new}}(z) &= -\frac{55}{112}z^{-1} + \frac{15}{112}(1+z^{-2}) \\
&\quad + \frac{3}{28}(z+z^{-3}) + \frac{1}{112}(z^2+z^{-4}) - \frac{1}{224}(z^3+z^{-5}) \\
&= -\frac{1}{224}(z-1)[(z^2-z^{-5}) - (z-z^{-4}) - 25(1-z^{-3}) - 55(z^{-1}-z^{-2})] \\
&= -\frac{1}{224}(z-1)^2[(z+z^{-5}) + 25(z^{-1}+z^{-3}) - 80z^{-2}].
\end{aligned}
$$

此外,

$$
\begin{aligned}
(\tilde{h}^2)^{\text{new}}(z) &= \frac{1}{4}(z+z^{-3}) - \frac{1}{2}(1+z^{-2}) + \frac{1}{2}z^{-1} = \frac{1}{4}(z-1)^2(z^{-1}+z^{-3}), \\
(\tilde{h}^3)^{\text{new}}(z) &= \frac{1}{32}(z^3+z^{-5}) - \frac{1}{16}(z^2+z^{-4}) + \frac{1}{4}(z+z^{-3}) - \frac{7}{16}(1+z^{-2}) + \frac{7}{16}z^{-1} \\
&= \frac{1}{32}(z-1)(z^2 - z + 7 - 7z^{-1} + 7z^{-2} - 7z^{-3} + z^{-4} - z^{-5}) \\
&= \frac{1}{32}(z-1)^2(z + 7z^{-1} + 7z^{-3} + z^{-5}),
\end{aligned}
$$

最终得到了具有 2 阶消失矩的对偶小波框架.

2.5 M 尺度多小波对偶框架提升变换

2.5.1 M 尺度多小波多相位矩阵提升分解理论

本节介绍对偶小波框架最一般的情形, 即具有 M 尺度的多小波对偶框架, 其中 $M > 2$. 设 $\left(\mathcal{S}(\Psi), \mathcal{S}(\widetilde{\Psi})\right)$ 为基于 MRA 的框架小波系统, 原框架对应的滤波器为 $h^0, \cdots, h^n$, 对偶框架对应的滤波器为 $\tilde{h}^0, \cdots, \tilde{h}^n$. 则有如下提升分解定理.

定理 2.5.1　设多相位矩阵 $\mathbf{P}(z)$ 具有如下形式:

$$\mathbf{P}(z)=\begin{pmatrix} h_0^0(z) & h_1^0(z) & \cdots & h_{M-1}^0(z) \\ h_0^1(z) & h_1^1(z) & \cdots & h_{M-1}^1(z) \\ \vdots & \vdots & \ddots & \vdots \\ h_0^n(z) & h_1^n(z) & \cdots & h_{M-1}^n(z) \end{pmatrix},$$

其中各列元素互素, 则存在如下提升分解格式:

$$\mathbf{P}^{\mathrm{T}}(z)=\mathbf{L}(z)\mathbf{K}\mathbf{P}_M(z)\cdots\mathbf{P}_1(z),$$

其中 $\mathbf{L}(z)$ 是下三角矩阵, $\mathbf{K}$ 是行满秩的稀疏矩阵,

$$\mathbf{P}_k(z)=\begin{pmatrix} \mathbf{I}_{k-1} & \mathbf{0} \\ \mathbf{0} & \mathbf{Q}_k^{\mathrm{T}}(z) \end{pmatrix}, \quad k=1,2,\cdots,M,$$

$\mathbf{I}_k$ 是 k 维单位矩阵, $\mathbf{I}_0=\mathbf{0}$,

$$\mathbf{Q}_k(z)=\prod_{i=1}^{m_k}\left[\left(\mathbf{I}_{n-k+2}+\sum_{j=1}^{n-k+1}u_j^{k,i}(z)\boldsymbol{e}_1\boldsymbol{e}_{j+1}^{\mathrm{T}}\right)\left(\mathbf{I}_{n-k+2}+\sum_{j=1}^{n-k+1}p_j^{k,i}(z)\boldsymbol{e}_{j+1}\boldsymbol{e}_1^{\mathrm{T}}\right)\right].$$

证明　根据已知 $\mathbf{P}(z)$ 各列元素互素, 应用欧几里得算法得

$$\begin{pmatrix} h_0^0(z) \\ h_0^1(z) \\ \vdots \\ h_0^n(z) \end{pmatrix}=\mathbf{Q}_1(z)\begin{pmatrix} k_1 \\ 0 \\ \vdots \\ 0 \end{pmatrix}, \tag{2.5.1}$$

其中

$$\mathbf{Q}_1(z)=\prod_{i=1}^{m_1}\left[\left(\mathbf{I}_{n+1}+\sum_{j=1}^{n}u_j^{1,i}(z)\boldsymbol{e}_1\boldsymbol{e}_{j+1}^{\mathrm{T}}\right)\left(\mathbf{I}_{n+1}+\sum_{j=1}^{n}p_j^{1,i}(z)\boldsymbol{e}_{j+1}\boldsymbol{e}_1^{\mathrm{T}}\right)\right].$$

由于 $\det\mathbf{Q}_1(z)=1$, 因此 $\mathbf{Q}_1(z)$ 是可逆的. 令 $\mathbf{P}_1(z)=\mathbf{Q}_1^{\mathrm{T}}(z)$, 于是

$$\mathbf{P}^{\mathrm{T}}(z)=\begin{pmatrix} k_1 & 0 & \cdots & 0 \\ h_1^{0,1}(z) & h_1^{1,1}(z) & \cdots & h_1^{n,1}(z) \\ \vdots & \vdots & \ddots & \vdots \\ h_{M-1}^{0,1}(z) & h_{M-1}^{1,1}(z) & \cdots & h_{M-1}^{n,1}(z) \end{pmatrix}\mathbf{P}_1(z), \tag{2.5.2}$$

其中

$$\left[h_j^{0,1}(z),h_j^{1,1}(z),\cdots,h_j^{n,1}(z)\right]=\left[h_j^{0}(z),h_j^{1}(z),\cdots,h_j^{n}(z)\right]\mathbf{Q}_1^{-\mathrm{T}}(z),\quad j=1,\cdots,M-1.$$

下一步, 应用欧几里得算法分解 $\left[h_1^{1,1}(z),\cdots,h_1^{n,1}(z)\right]$, 得

$$\begin{pmatrix}h_1^{1,1}(z)\\h_1^{2,1}(z)\\\vdots\\h_1^{n,1}(z)\end{pmatrix}=\mathbf{Q}_2(z)\begin{pmatrix}k_2\\0\\\vdots\\0\end{pmatrix},\tag{2.5.3}$$

其中

$$\mathbf{Q}_2(z)=\prod_{i=1}^{m_2}\left[\left(\mathbf{I}_n+\sum_{j=1}^{n-1}u_j^{2,i}(z)\boldsymbol{e}_1\boldsymbol{e}_{j+1}^{\mathrm{T}}\right)\left(\mathbf{I}_n+\sum_{j=1}^{n-1}p_j^{2,i}(z)\boldsymbol{e}_{j+1}\boldsymbol{e}_1^{\mathrm{T}}\right)\right].$$

令

$$\mathbf{P}_2(z)=\begin{pmatrix}1&\mathbf{0}\\\mathbf{0}&\mathbf{Q}_2^{\mathrm{T}}(z)\end{pmatrix},$$

于是

$$\mathbf{P}^{\mathrm{T}}(z)=\begin{pmatrix}k_1&0&0&\cdots&0\\h_1^{0,1}(z)&k_2&0&\cdots&0\\h_2^{0,1}(z)&h_2^{1,2}(z)&h_2^{2,2}(z)&\cdots&h_2^{n,2}(z)\\\vdots&\vdots&\vdots&\ddots&\vdots\\h_{M-1}^{0,1}(z)&h_{M-1}^{1,2}(z)&h_{M-1}^{2,2}(z)&\cdots&h_{M-1}^{n,2}(z)\end{pmatrix}\mathbf{P}_2(z)\mathbf{P}_1(z),\tag{2.5.4}$$

其中

$$\left[h_j^{1,2}(z),\cdots,h_j^{n,2}(z)\right]=\left[h_j^{1,1}(z),\cdots,h_j^{n,1}(z)\right]\mathbf{Q}_2^{-\mathrm{T}}(z),\quad j=2,\cdots,M-1.$$

类似地, 可以应用欧几里得算法对余下 $M-2$ 行进行分解. 于是有

$$\mathbf{P}^{\mathrm{T}}(z)=\begin{pmatrix}k_1&0&0&0&0&\cdots&0\\h_1^{0,1}(z)&k_2&0&0&0&\cdots&0\\\vdots&\vdots&\ddots&\vdots&\vdots&\ddots&\vdots\\h_{M-1}^{0,1}(z)&h_{M-1}^{1,2}(z)&\cdots&k_M&0&\cdots&0\end{pmatrix}\mathbf{P}_M(z)\cdots\mathbf{P}_2(z)\mathbf{P}_1(z)$$

$$
\begin{aligned}
&= \begin{pmatrix} 1 & 0 & 0 & 0 \\ h_1^{0,1}(z)/k_1 & 1 & 0 & 0 \\ \vdots & \vdots & \ddots & \vdots \\ h_{M-1}^{0,1}(z)/k_1 & h_{M-1}^{1,2}(z)/k_2 & \cdots & 1 \end{pmatrix} \begin{pmatrix} k_1 & 0 & 0 & 0 & 0 & \cdots & 0 \\ 0 & k_2 & 0 & 0 & 0 & \cdots & 0 \\ \vdots & \vdots & \ddots & \vdots & \vdots & \ddots & \vdots \\ 0 & 0 & \cdots & k_M & 0 & \cdots & 0 \end{pmatrix} \\
&\quad \times \mathbf{P}_M(z)\cdots\mathbf{P}_2(z)\mathbf{P}_1(z) \\
&:= \mathbf{L}(z)\mathbf{K}\mathbf{P}_M(z)\cdots\mathbf{P}_1(z),
\end{aligned}
$$

其中对每个 $k, k=1,\cdots,M$,

$$
\mathbf{P}_k(z) = \begin{pmatrix} \mathbf{I}_{k-1} & \mathbf{0} \\ \mathbf{0} & \mathbf{Q}_k^{\mathrm{T}}(z) \end{pmatrix}
$$

$$
\mathbf{Q}_k(z) = \prod_{i=1}^{m_k}\left[\left(\mathbf{I}_{n-k+2} + \sum_{j=1}^{n-k+1} u_j^{k,i}(z)\boldsymbol{e}_1\boldsymbol{e}_{j+1}^{\mathrm{T}}\right)\left(\mathbf{I}_{n-k+2} + \sum_{j=1}^{n-k+1} p_j^{k,i}(z)\boldsymbol{e}_{j+1}\boldsymbol{e}_1^{\mathrm{T}}\right)\right].
$$

□

根据完全重构条件 $\mathbf{P}^{\mathrm{T}}(z)\widetilde{\mathbf{P}}(z^{-1}) = \mathbf{I}$, 容易得到对偶多相位矩阵的提升分解.

$$
\widetilde{\mathbf{P}}^{\mathrm{T}}(z) = \mathbf{L}^{-\mathrm{T}}(z^{-1})(\mathbf{K}^{\dagger})^{\mathrm{T}}\mathbf{P}_M^{-\mathrm{T}}(z^{-1})\cdots\mathbf{P}_1^{-\mathrm{T}}(z^{-1}), \tag{2.5.5}
$$

其中

$$
\mathbf{K}^{\dagger} = \begin{pmatrix} k_1^{-1} & 0 & 0 & 0 & 0 & \cdots & 0 \\ 0 & k_2^{-1} & 0 & 0 & 0 & \cdots & 0 \\ \vdots & \vdots & \ddots & \vdots & \vdots & \ddots & \vdots \\ 0 & 0 & \cdots & k_M^{-1} & 0 & \cdots & 0 \end{pmatrix}^{\mathrm{T}}.
$$

2.5.2　M 尺度多小波对偶框架参数化提升构造

由定理 2.5.1 可以看出, M 尺度多相位矩阵提升分解格式具有一般性. 反之, 通过将提升格式特殊化, 则为构造含参框架提供了可能. 本节假定 $\mathbf{P}(z)$ 具有如下分解格式:

$$
\mathbf{P}^{\mathrm{T}}(z) = \mathbf{K}\mathbf{P}_n(z)\cdots\mathbf{P}_1(z).
$$

于是有如下定理.

定理 2.5.2　*假设定理 2.5.1 中, $n=M, \mathbf{L}=\mathbf{I}_n, \mathbf{P}(z)$ 具有如下提升分解格式:*

$$
\mathbf{P}^{\mathrm{T}}(z) = \mathbf{K}\mathbf{P}_n(z)\cdots\mathbf{P}_1(z), \tag{2.5.6}
$$

其中,

$$
\mathbf{P}_k(z) = \begin{pmatrix} \mathbf{I}_{k-1} & \mathbf{0} \\ \mathbf{0} & \mathbf{Q}_k^{\mathrm{T}}(z) \end{pmatrix},
$$

$$
\mathbf{Q}_k(z) = \left(\mathbf{I}_{n-k+2} + u_k(z)\boldsymbol{e}_1\boldsymbol{e}_2^{\mathrm{T}}\right)\left(\mathbf{I}_{n-k+2} + p_k(z)\boldsymbol{e}_2\boldsymbol{e}_1^{\mathrm{T}}\right), \quad k=1,\cdots,n.
$$

于是得到对偶小波框架,

$$
\begin{aligned}
h^0(z) &= \sum_{i=1}^{n} k_i z^{-(i-1)} W_i^0(z), \\
h^l(z) &= k_l z^{-(l-1)} p_l(z^n) + \sum_{i=l+1}^{n} k_i z^{-(i-1)} W_i^l(z), \quad l = 1, \cdots, n-1, \\
h^n(z) &= k_n z^{-(n-1)} p_n(z^n), \\
\tilde{h}^0(z) &= \frac{1}{2} \sum_{i=1}^{n} k_i^{-1} z^{-(i-1)} \widetilde{W}_i^0(z), \\
\tilde{h}^l(z) &= -k_l^{-1} z^{-(l-1)} u_l(z^{-n}) + \sum_{i=l+1}^{n} k_i^{-1} z^{-(i-1)} \widetilde{W}_i^l(z), \quad l = 1, \cdots, n-1, \\
\tilde{h}^n(z) &= -k_n^{-1} z^{-(n-1)} u_n(z^{-n}),
\end{aligned}
$$

其中

$$
\begin{aligned}
W_i^l(z) &= (1 + p_i(z^n) u_i(z^n)) \prod_{j=0}^{i-1} u_j(z^n) \prod_{j=0}^{l} u_j^{-1}(z) \quad (u_0 = 1), \\
\widetilde{W}_i^l(z) &= (1 + p_l(z^{-n}) u_l(z^{-n})) \prod_{j=0}^{i-1} \left(-p_j(z^{-n})\right) \prod_{j=0}^{l} \left(-p_j^{-1}(z^{-n})\right) \quad (p_0 = 1),
\end{aligned}
$$

p_i, u_i 为预测与更新算子.

证明　根据假设,

$$
\mathbf{P}_k(z) = \begin{pmatrix} \mathbf{I}_{k-1} & \mathbf{0} \\ \mathbf{0} & \mathbf{Q}_k^{\mathrm{T}}(z) \end{pmatrix} = \begin{pmatrix} \mathbf{I}_{k-1} & \mathbf{0} & \mathbf{0} & \mathbf{0} \\ \mathbf{0} & 1 + p_k(z) u_k(z) & p_k(z) & \mathbf{0} \\ \mathbf{0} & u_k(z) & 1 & \mathbf{0} \\ \mathbf{0} & \mathbf{0} & \mathbf{0} & \mathbf{I}_{n-k} \end{pmatrix}, \quad k = 1, \cdots, n.
$$

因此, 计算得到

$$
\begin{aligned}
\prod_{k=n}^{1} \mathbf{P}_k(z) &= \mathbf{P}_n(z) \mathbf{P}_{n-1}(z) \cdots \mathbf{P}_1(z) \\
&= \begin{pmatrix}
1 + p_1 u_1 & p_1 & \cdots & 0 & 0 \\
(1 + p_2 u_2) u_1 & 1 + p_2 u_2 & \cdots & 0 & 0 \\
\vdots & \vdots & \ddots & \vdots & \vdots \\
(1 + p_n u_n) \prod_{i=1}^{n-1} u_i & (1 + p_n u_n) \prod_{i=2}^{n-1} u_i & \cdots & 1 + p_n u_n & p_n \\
\prod_{i=1}^{n} u_i & \prod_{i=2}^{n} u_i & \cdots & u_n & 1
\end{pmatrix},
\end{aligned}
$$

结合

$$\mathbf{K}=\begin{pmatrix} k_1 & 0 & 0 & 0 & 0 \\ 0 & k_2 & 0 & 0 & 0 \\ \vdots & \vdots & \ddots & \vdots & \vdots \\ 0 & 0 & \cdots & k_n & 0 \end{pmatrix},$$

得

$$\mathbf{P}^{\mathrm{T}}(z)=\begin{pmatrix} k_1(1+p_1u_1) & k_1p_1 & \cdots & 0 & 0 \\ k_2(1+p_2u_2)u_1 & k_2(1+p_2u_2) & \cdots & 0 & 0 \\ \vdots & \vdots & \ddots & \vdots & \vdots \\ k_n(1+p_nu_n)\prod_{i=1}^{n-1}u_i & k_n(1+p_nu_n)\prod_{i=2}^{n-1}u_i & \cdots & k_n(1+p_nu_n) & k_np_n \end{pmatrix}.$$

因此

$$\begin{aligned} h^0(z) &= \sum_{i=1}^{n} z^{-(i-1)}h_{i-1}^0(z^n) \\ &= \sum_{i=1}^{n} k_i z^{-(i-1)}\left[(1+p_i(z^n)u_i(z^n))\prod_{j=0}^{i-1}u_j(z^n)\right] \quad (u_0=1). \end{aligned}$$

记

$$W_i^l(z)=(1+p_i(z^n)u_i(z^n))\prod_{j=0}^{i-1}u_j(z^n)\prod_{j=0}^{l}u_j^{-1}(z) \quad (u_0=1),$$

于是得

$$\begin{aligned} h^0(z) &= \sum_{i=1}^{n} k_i z^{-(i-1)}W_i^0(z), \\ h^l(z) &= k_l z^{-(l-1)}p_l(z^n)+\sum_{i=l+1}^{n} k_i z^{-(i-1)}W_i^l(z), \quad l=1,\cdots,n-1, \\ h^n(z) &= k_n z^{-(n-1)}p_n(z^n). \end{aligned}$$

另一方面,

$$\widetilde{\mathbf{P}}^{\mathrm{T}}(z)=(\mathbf{K}^{\dagger})^{\mathrm{T}}\mathbf{P}_n^{-\mathrm{T}}(z^{-1})\cdots\mathbf{P}_1^{-\mathrm{T}}(z^{-1}),$$

其中

$$\mathbf{P}_k^{-\mathrm{T}}(z) = \begin{pmatrix} \mathbf{I}_{k-1} & \mathbf{0} \\ \mathbf{0} & \mathbf{Q}_k^{-1}(z) \end{pmatrix} = \begin{pmatrix} \mathbf{I}_{k-1} & \mathbf{0} & \mathbf{0} & \mathbf{0} \\ \mathbf{0} & 1 & -u_k(z) & \mathbf{0} \\ \mathbf{0} & -p_k(z) & 1+p_k(z)u_k(z) & \mathbf{0} \\ \mathbf{0} & \mathbf{0} & \mathbf{0} & \mathbf{I}_{n-k} \end{pmatrix}, \quad k=1,\cdots,n,$$

计算得到

$$\prod_{k=n}^{1} \mathbf{P}_k^{-\mathrm{T}}(z) = \begin{pmatrix} 1 & -u_1 & \cdots & 0 & 0 \\ -p_1 & 1+p_1u_1 & \cdots & 0 & 0 \\ \vdots & \vdots & \ddots & \vdots & \vdots \\ -\prod_{i=1}^{n-1} p_i & -(1+p_1u_1)\prod_{i=2}^{n-1} p_i & \cdots & 1+p_{n-1}u_{n-1} & -u_n \\ -\prod_{i=1}^{n} p_i & -(1+p_1u_1)\prod_{i=2}^{n} p_i & \cdots & -(1+p_{n-1}u_{n-1})p_n & 1+p_nu_n \end{pmatrix}.$$

因此

$$\widetilde{\mathbf{P}}^{\mathrm{T}}(z^{-1}) = \begin{pmatrix} 1/k_1 & -u_1/k_1 & \cdots & 0 & 0 \\ -p_1/k_2 & (1+p_1u_1)/k_2 & \cdots & 0 & 0 \\ \vdots & \vdots & \ddots & \vdots & \vdots \\ -\prod_{i=1}^{n-1} p_i/k_n & -(1+p_1u_1)\prod_{i=2}^{n-1} p_i/k_n & \cdots & (1+p_{n-1}u_{n-1})/k_n & -u_n/k_n \end{pmatrix},$$

推出

$$\tilde{h}^0(z) = \sum_{i=1}^{n} z^{-(i-1)} \tilde{h}_{i-1}^0(z^n) = \sum_{i=1}^{n} k_i^{-1} z^{-(i-1)} \prod_{j=0}^{i-1} \left(-p_j(z^{-n})\right) \quad (p_0 = 1),$$

记

$$\widetilde{W}_i^l(z) = (1+p_l(z^{-n})u_l(z^{-n})) \prod_{j=0}^{i-1} \left(-p_j(z^{-n})\right) \prod_{j=0}^{l} \left(-p_j^{-1}(z^{-n})\right) \quad (p_0 = 1),$$

于是得

$$\tilde{h}^0(z) = \frac{1}{2}\sum_{i=1}^{n} k_i^{-1} z^{-(i-1)} \widetilde{W}_i^0(z),$$

$$\tilde{h}^l(z) = -k_l^{-1} z^{-(l-1)} u_l(z^{-n}) + \sum_{i=l+1}^{n} k_i^{-1} z^{-(i-1)} \widetilde{W}_i^l(z), \quad l = 1, \cdots, n-1,$$

$$\tilde{h}^n(z) = -k_n^{-1} z^{-(n-1)} u_n(z^{-n}).$$

□

下面通过定理 2.5.2 构造一个具有 1 阶消失矩的 2 尺度对偶小波框架.

例 2.5.1　根据定理 2.5.2, 令 $M = n = 2$, 计算得到

$$\begin{aligned}
h^0(z) &= k_1[1 + p_1(z^2)u_1(z^2)] + k_2 z^{-1} u_1(z^2)[1 + p_2(z^2)u_2(z^2)],\\
h^1(z) &= k_1 p_1(z^2) + k_2 z^{-1}[1 + p_2(z^2)u_2(z^2)],\\
h^2(z) &= k_2 z^{-1} p_2(z^2),\\
\tilde{h}^0(z) &= k_1^{-1} - k_2^{-1} z^{-1} p_1(z^{-2}),\\
\tilde{h}^1(z) &= -k_1^{-1} u_1(z^{-2}) + k_2^{-1} z^{-1}[1 + p_1(z^{-2})u_1(z^{-2})],\\
\tilde{h}^2(z) &= -k_2^{-1} z^{-1} u_2(z^{-2}).
\end{aligned}$$

设预测与更新算子具有如下形式:

$$p_i(z) = k(1 + \alpha z^{\beta}), \quad u_i(z) = k(1 + \alpha z^{\beta}), \quad i = 1, 2,$$

其中 $\alpha, \beta = \pm 1$, k 为实数. 解如下方程:

$$\begin{aligned}
h^1(1) &= k_1 p_1(1) + k_2[1 + p_2(1)u_2(1)] = 0,\\
h^2(1) &= k_2 p_2(1) = 0,\\
\tilde{h}^1(1) &= -k_1^{-1} u_1(1) + k_2^{-1}[1 + p_1(1)u_1(1)] = 0,\\
\tilde{h}^2(1) &= -k_2^{-1} u_2(1) = 0,
\end{aligned}$$

得到

$$p_1(1) = -\frac{k_2}{k_1}, \quad p_2(1) = 0, \quad u_1(1) = \frac{k_1}{2k_2}, \quad u_2(1) = 0.$$

因此可设

$$\begin{aligned}
p_1(z) &= -\frac{k_2}{k_1}\frac{1 + z^{-1}}{2},\\
u_1(z) &= \frac{k_1}{k_2}\frac{1 + z}{4},\\
p_2(z) &= 1 - z,\\
u_2(z) &= 1 - z^{-1}.
\end{aligned}$$

最终得到一个具有 1 阶消失矩的对偶小波框架,

$$\begin{aligned}
h^0(z) &= k_1\left(\frac{3}{4}+\frac{1}{2}(z+z^{-1})-\frac{1}{8}(z^2+z^{-2})-\frac{1}{4}(z^3+z^{-3})\right),\\
h^1(z) &= k_2\left(3z^{-1}-\frac{1}{2}(1+z^{-2})-(z+z^{-3})\right),\\
h^2(z) &= k_2\left(z^2-z^{-2}\right),\\
\tilde{h}^0(z) &= k_1^{-1}\left(1+\frac{1}{2}(z+z^{-1})\right),\\
\tilde{h}^1(z) &= k_2^{-1}\left(\frac{3}{4}z^{-1}-\frac{1}{4}(1+z^{-2})-\frac{1}{8}(z+z^{-3})\right),\\
\tilde{h}^2(z) &= -k_2^{-1}\left(z^2-z^{-2}\right),
\end{aligned}$$

且滤波器具有对称性.

2.5.3 具有任意阶消失矩的 M 尺度多小波框架提升构造

本节给出任意尺度多小波框架的提高消失矩的提升算法. 与前两节思路类似, 若将多相位矩阵 $\mathbf{P}$ 左乘一个三角矩阵, 即

$$\mathbf{P}(z)^{\text{new}}=\begin{pmatrix}1 & 0 & \cdots & 0\\ p_1(z) & 1 & \cdots & 0\\ \vdots & \vdots & \ddots & \vdots\\ p_n(z) & 0 & \cdots & 1\end{pmatrix}\mathbf{P}(z),$$

则得到一组新的框架小波函数:

$$\begin{aligned}
&(h^0)^{\text{new}}(z)=h^0(z),\\
&(h^i)^{\text{new}}(z)=h^i(z)+h^0(z)p_i(z^M),\quad i=1,\cdots,n.
\end{aligned}\tag{2.5.7}$$

相应地, 对偶框架多相位矩阵变为

$$\widetilde{\mathbf{P}}^{\text{new}}(z)=\begin{pmatrix}1 & -p_1(z^{-1}) & \cdots & -p_n(z^{-1})\\ 0 & 1 & \cdots & 0\\ \vdots & \vdots & \ddots & \vdots\\ 0 & 0 & \cdots & 1\end{pmatrix}\widetilde{\mathbf{P}}(z),$$

由此产生了新的对偶框架小波函数,

$$
\begin{aligned}
(\tilde{h}^0)^{\text{new}}(z) &= \tilde{h}^0(z) - \sum_{i=1}^{n} \tilde{h}^i(z) p_i(z^{-M}), \\
(\tilde{h}^i)^{\text{new}}(z) &= \tilde{h}^i(z), \quad i = 1, \cdots, n.
\end{aligned}
\tag{2.5.8}
$$

可以看到, 任意尺度多小波框架的提升结构与两尺度多小波框架具有相似性, 差别在于尺度 M. 因此提高消失矩的算法可以沿袭前两节思路进行讨论.

已知 $h^1(z)$ 在 $z=1$ 处有 N 阶零点, 即

$$
h^1(z) = (z-1)^N q(z),
$$

其中 $q(1) \neq 0$. 设通过提升得到的新滤波器 $(h^1)^{\text{new}}$ 具有 N' 阶消失矩, $N' \geqslant N$, 根据 (2.5.7),

$$
(h^1)^{\text{new}}(z) = h^1(z) + h^0(z) p_1(z^M),
$$

消失矩要求 $h^0(z)p_1(z^M)$ 至少含有 N 阶零点, 同时注意到 $h^0(z)|_{z=1} \neq 0$, 因此, 设 p_1 具有如下形式:

$$
p_1(z) = t_0 z^{-l}(z-1)^N, \quad i = 1, \cdots, n, \tag{2.5.9}
$$

于是

$$
\begin{aligned}
(h^1)^{\text{new}} &= (z-1)^N q(z) + h^0(z) p_1(z^M) \\
&= (z-1)^N \left[q(z) + t_0 z^{-Ml}(z^{M-1} + z^{M-2} + \cdots + 1)^N h^0(z) \right] \\
&:= (z-1)^N S(z).
\end{aligned}
$$

若取 $t_0 = -\dfrac{q(1)}{M^N h^0(1)}$, 则 $S(1) = 1$. 因此 $(h^1)^{\text{new}}$ 至少具有 $N+1$ 阶消失矩.

进一步, $(h^1)^{\text{new}}$ 的对称性依赖于提升函数 (2.5.9) 中 l 的选取. 设 h^0, h^1 分别关于 l_{h^0}, l_{h^1} 对称, 若提升后的 $(h^1)^{\text{new}}$ 依然关于 l_{h^1} 对称, 则要求 $p_1(z^M)$ 关于 $l_{h^1} - l_{h^0}$ 对称, 即 $p_1(z)$ 关于 $\dfrac{l_{h^1} - l_{h^0}}{M}$ 对称, 因此推出

$$
l = \frac{l_{h^1} - l_{h^0}}{M} + \frac{N}{2}.
$$

综上所述, 下面给出任意尺度下提高消失矩同时保证对称性的提升构造定理.

定理 2.5.3　*已知 M 尺度多小波对偶框架对应的滤波器组为 $\{h^i, \tilde{h}^i, i = 0, \cdots, n\}$, 并假设其分别关于 $l_{h^i}, l_{\tilde{h}^i}$ 对称, 其中 h^i 的消失矩分别为 $N_i, i = 1, \cdots, n$, 则存在提升函数*

$$
p_i(z) = (z-1)^{N_i} \sum_{n=0}^{N_i' - N_i - 1} t_n^i z^{-l_n^i} (z-1)^n, \tag{2.5.10}
$$

使得 h^i 的消失矩提高至至少 N_i' 阶, 其中, l_n^i 的选取保持对称性,

$$l_n^i = \frac{l_{h^i} - l_{h^0}}{M} + \frac{N_i + n}{2},$$

进一步, 通过对偶提升得到的 $(\tilde{h}^0)^{\text{new}}$ 的对称性也不变, 如果

$$l_{\tilde{h}^i} - l_{\tilde{h}^0} = l_{h^i} - l_{h^0}, \quad 1 \leqslant \forall i \leqslant n.$$

同时, 算法 2.5.1 给出了任意尺度下提高消失矩的提升算法. 注意到当 $M = 2$ 时即为算法 2.3.3.

算法 2.5.1　M 尺度提高消失矩的提升算法

设 $h^0(z), h^1(z)$ 分别关于 l_{h^0}, l_{h^1} 对称, $h^1(z) = (z-1)^N q(z), q(1) \neq 0$.
令 $\Delta N = N' - N$, $i = 0$,
while $i \leqslant \Delta N - 1$ **do**

$t = -\dfrac{q(1)}{M^N h^0(1)}$;

$l = (l_{h^1} - l_{h^0})/M + N/2$;

$p(z) = t z^{-l} (z-1)^N$;

$h^1(z) \leftarrow h^1(z) + h^0(z) p(z^2) = (z-1)^{N+1} q'(z)$;

$q(z) \leftarrow q'(z)$;

$N \leftarrow N + 1$;

$i \leftarrow i + 1$;

end while
从而新滤波器 $(h^1)^{\text{new}}(z)$ 拥有至少 N' 阶消失矩.

下面举例说明算法 2.5.1 的应用.

例 2.5.2　考虑 B 样条函数生成的小波框架[46],

$$h^0(z) = \frac{z + 2 + z^{-1}}{4},$$

$$h^1(z) = \tilde{H}_1(z) = -\frac{z^{-1}}{4}(z-1)^2,$$

$$h^2(z) = \tilde{H}_2(z) = \frac{z^{-2} + z^{-1} + 1}{2}(z-1)^2,$$

$$h^3(z) = \tilde{H}_3(z) = \frac{1}{2}(z-1)^3,$$

并设尺度为 3, 因此多相位矩阵为

$$\mathbf{P}(z)=\begin{pmatrix} \frac{1}{\sqrt{2}} & \frac{1}{2\sqrt{2}} & \frac{z}{2\sqrt{2}} \\ \frac{1}{\sqrt{2}} & -\frac{1}{2\sqrt{2}} & -\frac{z}{2\sqrt{2}} \\ 0 & \frac{z-1}{\sqrt{2}} & \frac{1-z}{\sqrt{2}} \\ \frac{-1+z}{\sqrt{2}} & -\frac{3z}{\sqrt{2}} & \frac{3z}{\sqrt{2}} \end{pmatrix},$$

$h^1(z), h^2(z)$ 有 2 阶零点, $h^3(z)$ 有 3 阶零点. 我们的目标是把消失矩提高到 4 阶.

首先, $h^0(1)=1, q_1(1)=-\frac{1}{4}$, 因此 $t_1=-\frac{q_1(1)}{3^2h^0(1)}=\frac{1}{36}$. $h^0(z), h^1(z)$ 均关于原点对称, 因此令 $l_1=1$, 于是有

$$\begin{aligned}(h^1)^{\text{new}}(z)&=(z-1)^2\left[-\frac{z^{-1}}{4}+\frac{z^{-3}}{36}(z^2+z+1)^2\frac{z+2+z^{-1}}{4}\right]\\&=\frac{(z-1)^2}{144}z^{-1}(z^3+4z^2+8z-26+8z^{-1}+4z^{-2}+z^{-3})\\&=\frac{(z-1)^3}{144}(z+5+13z^{-1}-13z^{-2}-5z^{-3}-z^{-4})\\&=\frac{(z-1)^4}{144}(1+6z^{-1}+19z^{-2}+6z^{-3}+z^{-4}).\end{aligned}$$

类似地, h^2 关于原点对称, $q_2(z)=\frac{z^{-2}+z^{-1}+1}{2}$, 因此 $t_2=-\frac{q_2(1)}{3^2h^0(1)}=-\frac{1}{6}$, 取 $l_2=1$, 于是有

$$\begin{aligned}(h^2)^{\text{new}}(z)&=(z-1)^2\left[\frac{z^{-2}+z^{-1}+1}{2}-\frac{z^{-3}}{6}(z^2+z+1)^2\frac{z+2+z^{-1}}{4}\right]\\&=\frac{(z-1)^3}{24}z^{-1}(-z^3-4z^2+4z+2+4z^{-1}-4z^{-2}-z^{-3})\\&=\frac{(z-1)^3}{24}(-z-5-z^{-1}+z^{-2}+5z^{-3}+z^{-4})\\&=-\frac{(z-1)^4}{24}(1+6z^{-1}+7z^{-2}+6z^{-3}+z^{-4}).\end{aligned}$$

最后, h^3 关于 $-\frac{3}{2}$ 对称, $q_3(z)=\frac{1}{2}$, 因此 $t_3(z)=-\frac{q_3(1)}{3^3h^0(1)}=-\frac{1}{54}$, 取 $l_3=1$,

于是有

$$
\begin{aligned}
(h^3)^{\text{new}}(z) &= (z-1)^3\left[\frac{1}{2}-\frac{z^{-3}}{54}(z^2+z+1)^3\frac{z+2+z^{-1}}{4}\right] \\
&= -(z-1)^3(z^4+5z^3+13z^2+22z-82+22z^{-1}+13z^{-2}+5z^{-3}+z^{-4}) \\
&= -(z-1)^4(z^3+6z^2+19z+41-41z^{-1}-19z^{-2}-6z^{-2}-z^{-3}).
\end{aligned}
$$

第3章　二维对偶框架提升变换

本章介绍二维对偶框架提升变换的构造方法. 类似于小波提升变换, 二维框架提升变换可以通过沿水平与竖直方向分别作一维变换实现, 即可分离形式. 这种方式的理论依据源于二维基函数可以通过一维基函数的张量积得到. 相应地, 提升变换的采样矩阵为

$$\mathbf{M}=\begin{bmatrix}2&0\\0&2\end{bmatrix}.$$

然而这种方式没有充分考虑二维信号 (如图像) 的空间几何信息, 因此需要寻找适合二维信号表征的基函数, 而通过提升结构很容易实现这一点, 即考虑采样矩阵为不可分形式. 本章主要考虑梅花形采样阵下的框架提升变换, 即

$$\mathbf{M}=\begin{bmatrix}1&1\\1&-1\end{bmatrix}.$$

3.1 节首先回顾高维情况下小波框架与冗余滤波器组的一些基本概念与性质. 随后 3.2 节将介绍 Neville 滤波器的概念. 稍后会看到, 通过提升结构和 Neville 滤波器, 可以构造具有指定消失矩的小波框架. 3.3 节与 3.4 节将分别构造各向同性对偶框架与各向异性对偶框架.

3.1　高维冗余滤波器组

本节从工程的角度给出小波框架的相关概念及性质. 特别需要指出的是, 在工程应用中, 小波框架可视为具有冗余的离散滤波器组. 首先引入一些基本符号.

设 d 维离散信号 $x[\boldsymbol{n}]$, 其中 $\boldsymbol{n}\in\mathbb{Z}^d$. 与 1 维情况类似, x 的离散 Fourier 变换定义为

$$\widehat{X}(\boldsymbol{\omega})=\sum_{\boldsymbol{n}}x[\boldsymbol{n}]\mathrm{e}^{-i\boldsymbol{\omega}^{\mathrm{T}}\boldsymbol{n}},$$

其中 $\boldsymbol{\omega}=(\omega_1,\cdots,\omega_d)^{\mathrm{T}}\in[-\pi,\pi]^d$.

x 的 z-变换定义为

$$X(\boldsymbol{z})=\sum_{\boldsymbol{n}}x[\boldsymbol{n}]\boldsymbol{z}^{-\boldsymbol{n}},$$

其中 $\boldsymbol{z}=(z_1,\cdots,z_d)^{\mathrm{T}}=(\mathrm{e}^{i\omega_1},\cdots,\mathrm{e}^{i\omega_d})^{\mathrm{T}}=\mathrm{e}^{i\boldsymbol{\omega}}$, 且

$$\boldsymbol{z}^{\boldsymbol{n}}=\prod_{i=1}^{d} z_i^{n_i}=\mathrm{e}^{i\boldsymbol{\omega}^{\mathrm{T}}\boldsymbol{n}},$$

指数的模为

$$|\boldsymbol{n}|=\sum_{i=1}^{d} n_i.$$

设 $\mathbf{M}$ 为采样矩阵, 其元素均为整数且 $M=|\det\mathbf{M}|>1$. 若 $\mathbf{M}$ 是对角矩阵, 则称 $\mathbf{M}$ 是可分离的; 否则称 $\mathbf{M}$ 是不可分离的. $\mathbf{M}$ 将点阵 $\mathbf{L}$ 分割为 M 个子点阵, 记为

$$\mathbf{L}_l:=\mathbf{ML}+\boldsymbol{t}_l,\quad \boldsymbol{t}_l\in\mathcal{T}(\mathbf{M}),$$

其中 $\mathcal{T}(\mathbf{M})$ 为陪集, 其含有 M 个元素, $\boldsymbol{t}_l$ 为陪集中的代表元, 并总假定 $\boldsymbol{t}_0=(0,\cdots,0)^{\mathrm{T}}$, 且有

$$\bigcup_{l=0}^{M-1}(\mathbf{ML}+\boldsymbol{t}_l)=\mathbf{L}.$$

本书只考虑欧氏空间中的整数采样点阵, 因此 $\mathbf{L}=\mathbb{Z}^d$.

下面定义 $\mathbb{Z}^d$ 中的采样操作. 设输入信号序列 x、采样矩阵 $\mathbf{M}$, 在时域、频域以及 z-变换域中, 上采样和下采样可分别定义如下[79, 80].

上采样: $x[\boldsymbol{n}]\to\text{(}\uparrow\mathbf{M}\text{)}\to x_u[\boldsymbol{n}]$

$$\begin{cases}\text{时域:} & x_u[\boldsymbol{n}]=\begin{cases}x\left[\mathbf{M}^{-1}\boldsymbol{n}\right], & \mathbf{M}^{-1}\boldsymbol{n}\in\mathbb{Z}^d,\\ 0, & \text{其他;}\end{cases}\\ \text{频域:} & X_u(\boldsymbol{\omega})=X(\mathbf{M}^{\mathrm{T}}\boldsymbol{\omega});\\ z\text{-变换域:} & X_u(\boldsymbol{z})=X(\boldsymbol{z}^{\mathbf{M}}).\end{cases}\tag{3.1.1}$$

下采样: $x[\boldsymbol{n}]\to\text{(}\downarrow\mathbf{M}\text{)}\to x_d[\boldsymbol{n}]$

$$\begin{cases}\text{时域:} & x_d[\boldsymbol{n}]=x[\mathbf{M}\boldsymbol{n}];\\ \text{频域:} & X_d(\boldsymbol{\omega})=\dfrac{1}{M}\displaystyle\sum_{\boldsymbol{k}\in\mathcal{T}(\mathbf{M}^{\mathrm{T}})}X(\mathbf{M}^{-\mathrm{T}}(\boldsymbol{\omega}-2\pi\boldsymbol{k}));\\ z\text{-变换域:} & X_d(\boldsymbol{z})=\dfrac{1}{M}\displaystyle\sum_{\boldsymbol{k}\in\mathcal{T}(\mathbf{M}^{\mathrm{T}})}X(\boldsymbol{e}_{\mathbf{M}^{-1}}(2\pi\boldsymbol{k})\circ\boldsymbol{z}^{\mathbf{M}^{-1}}),\end{cases}\tag{3.1.2}$$

其中 $\boldsymbol{e}_{\mathbf{M}}(\boldsymbol{\omega})=(\mathrm{e}^{-i\boldsymbol{\omega}^{\mathrm{T}}\boldsymbol{m}_1},\cdots,\mathrm{e}^{-i\boldsymbol{\omega}^{\mathrm{T}}\boldsymbol{m}_d})^{\mathrm{T}}$, $\boldsymbol{a}\circ\boldsymbol{b}=(a_1b_1,\cdots,a_db_d)^{\mathrm{T}}$.

设 h 为有限脉冲响应 (FIR) 滤波器, 即 $\{h_{\boldsymbol{k}} \neq 0 | \boldsymbol{k} \in \mathbb{Z}^d\}$ 为有限可数集. 对于线性时不变系统, 滤波过程即为 h 与 x 的卷积:

$$(h * x)[\boldsymbol{n}] = \sum_{\boldsymbol{k}} h[\boldsymbol{n} - \boldsymbol{k}]x[\boldsymbol{k}],$$

在 z-变换域等价地表示为 $H(\boldsymbol{z})X(\boldsymbol{z})$, 其中 $H(\boldsymbol{z}), X(\boldsymbol{z})$ 分别为 h 与 x 的 z-变换.

注 3.1.1　在不产生歧义的情况下, 本书中序列指标亦用下角标表示, 即 $h[\boldsymbol{k}] = h_{\boldsymbol{k}}$. 对于一维情况采用后者标记是方便的. 特别地, 在一维情况下 h 的 z-变换亦可用小写表示, $h(z) = \sum_k h_k z^{-k}$. 因此, 本书不对大小写作任何指代, 仅通过变量记号区分函数指代的意义. 此外, 若将滤波器视为算子, 则卷积过程可简记为 $Hx := (h * x)$.

多采样率恒等式 (multirate noble identity) 描述了信号系统中滤波与采样的交换关系, 见式 (3.1.3),(3.1.4). 直观地说, 式 (3.1.3) 意味着信号 x 经过下采样再与 $H(\boldsymbol{z})$ 滤波等价于先与 $H(\boldsymbol{z}^{\mathbf{M}})$ 滤波再进行下采样. 而式 (3.1.4) 说明, 信号 x 先与 $H(\boldsymbol{z})$ 滤波再进行上采样等价于信号经过上采样后再与 $H(\boldsymbol{z}^{\mathbf{M}})$ 滤波. 下面通过 z-变换域证明这两个等价关系.

命题 3.1.1 (多采样率恒等式)

$$x[\boldsymbol{n}] \to \boxed{\downarrow \mathbf{M}} \to \boxed{H(\boldsymbol{z})} \to y[\boldsymbol{n}] \equiv x[\boldsymbol{n}] \to \boxed{H(\boldsymbol{z}^{\mathbf{M}})} \to \boxed{\downarrow \mathbf{M}} \to y[\boldsymbol{n}], \tag{3.1.3}$$

$$x[\boldsymbol{n}] \to \boxed{H(\boldsymbol{z})} \to \boxed{\uparrow \mathbf{M}} \to y[\boldsymbol{n}] \equiv x[\boldsymbol{n}] \to \boxed{\uparrow \mathbf{M}} \to \boxed{H(\boldsymbol{z}^{\mathbf{M}})} \to y[\boldsymbol{n}]. \tag{3.1.4}$$

证明　(i) 多采样率恒等式 (3.1.3) 的证明.

设 x_d 为 x 经过下采样得到的序列, 由 (3.1.2),

$$X_d(\boldsymbol{z}) = \frac{1}{M} \sum_{\boldsymbol{k} \in \mathcal{T}(\mathbf{M}^{\mathrm{T}})} X(\boldsymbol{e}_{\mathbf{M}^{-1}}(2\pi \boldsymbol{k}) \circ \boldsymbol{z}^{\mathbf{M}^{-1}}),$$

而

$$Y_1(\boldsymbol{z}) = X_d(\boldsymbol{z})H(\boldsymbol{z}) = \frac{1}{M}\left(\sum_{\boldsymbol{k} \in \mathcal{T}(\mathbf{M}^{\mathrm{T}})} X(\boldsymbol{e}_{\mathbf{M}^{-1}}(2\pi \boldsymbol{k}) \circ \boldsymbol{z}^{\mathbf{M}^{-1}}) \right) H(\boldsymbol{z}).$$

另一方面, 对 x 与 $H(\boldsymbol{z}^{\mathbf{M}})$ 的滤波结果实施下采样, 得

$$Y_2(\boldsymbol{z}) = \frac{1}{M} \sum_{\boldsymbol{k} \in \mathcal{T}(\mathbf{M}^{\mathrm{T}})} W(\boldsymbol{e}_{\mathbf{M}^{-1}}(2\pi \boldsymbol{k}) \circ \boldsymbol{z}^{\mathbf{M}^{-1}}),$$

其中 $W(\boldsymbol{z}) = X(\boldsymbol{z})H(\boldsymbol{z}^{\mathbf{M}})$. 故

$$\begin{aligned}
Y_2(\boldsymbol{z}) &= \frac{1}{M} \sum_{\boldsymbol{k} \in \mathcal{T}(\mathbf{M}^{\mathrm{T}})} X(\boldsymbol{e}_{\mathbf{M}^{-1}}(2\pi \boldsymbol{k}) \circ \boldsymbol{z}^{\mathbf{M}^{-1}}) H(\boldsymbol{e}_{\mathbf{M}^{-1}}(2\pi \mathbf{M}\boldsymbol{k}) \circ \boldsymbol{z}^{\mathbf{M}\mathbf{M}^{-1}}) \\
&= \frac{1}{M} \sum_{\boldsymbol{k} \in \mathcal{T}(\mathbf{M}^{\mathrm{T}})} X(\boldsymbol{e}_{\mathbf{M}^{-1}}(2\pi \boldsymbol{k}) \circ \boldsymbol{z}^{\mathbf{M}^{-1}}) H(\mathbf{1} \circ \boldsymbol{z}) \\
&= \frac{1}{M} \left(\sum_{\boldsymbol{k} \in \mathcal{T}(\mathbf{M}^{\mathrm{T}})} X(\boldsymbol{e}_{\mathbf{M}^{-1}}(2\pi \boldsymbol{k}) \circ \boldsymbol{z}^{\mathbf{M}^{-1}}) \right) H(\boldsymbol{z}),
\end{aligned}$$

因此, $Y_1(\boldsymbol{z}) \equiv Y_2(\boldsymbol{z})$.

(ii) 多采样率恒等式 (3.1.4) 的证明. 设 x 与 $H(\boldsymbol{z})$ 滤波后上采样结果为 y,

$$Y(\boldsymbol{z}) = X(\boldsymbol{z}^{\mathbf{M}}) H(\boldsymbol{z}^{\mathbf{M}}),$$

另一方面, 上式亦可视为 x 经过上采样再与 $H(\boldsymbol{z}^{\mathbf{M}})$ 进行滤波的结果. 因此 (3.1.4) 得证. □

下面给出多相分解的概念.

定义 3.1.1(第一型多相分解) 设有限脉冲响应滤波器 $h[\boldsymbol{n}]$, 定义 h 的第 l 个多相位成分为

$$h_l[\boldsymbol{k}] = h[\mathbf{M}\boldsymbol{k} + \boldsymbol{t}_l], \quad \boldsymbol{t}_l \in \mathcal{T}(\mathbf{M}),$$

于是 h 的 z-变换用多相位成分表示为

$$H(\boldsymbol{z}) = \sum_{l=0}^{M-1} \boldsymbol{z}^{-\boldsymbol{t}_l} H_l(\boldsymbol{z}^{\mathbf{M}}),$$

其中 $H_l(\boldsymbol{z}) = \sum_{\boldsymbol{k}} h[\mathbf{M}\boldsymbol{k} + \boldsymbol{t}_l] \boldsymbol{z}^{-\boldsymbol{k}}$.

事实上, 定义 3.1.1 给出了多相分解的一种形式, 称之为第一型多相分解. 此外还存在其他分解形式, 如定义 3.1.2.

定义 3.1.2(第二型多相分解) 设有限脉冲响应滤波器 $h[\boldsymbol{n}]$, 定义 h 的第 l 个多相位成分为

$$h_l[\boldsymbol{k}] = h[\mathbf{M}\boldsymbol{k} - \boldsymbol{t}_l], \quad \boldsymbol{t}_l \in \mathcal{T}(\mathbf{M}),$$

于是 h 的 z-变换用多相位成分表示为

$$H(\boldsymbol{z}) = \sum_{l=0}^{M-1} \boldsymbol{z}^{\boldsymbol{t}_l} H_l(\boldsymbol{z}^{\mathbf{M}}),$$

其中 $H_l(\boldsymbol{z}) = \sum_{\boldsymbol{k}} h[\mathbf{M}\boldsymbol{k} - \boldsymbol{t}_l] \boldsymbol{z}^{-\boldsymbol{k}}$.

在分析多采样率系统或滤波器组过程中, 灵活选用第一型或第二型多相分解可以简化分析的复杂程度. 特别地, 在多采样滤波器组中有如下重要结论.

命题 3.1.2　设 h, g 均为有限脉冲响应滤波器, 考虑一步完整的分解与重构过程, 即图 3.1.1(a). 则分解输出信号 c 与重构信号 y 可分别用 z-变换表示为

$$C(\boldsymbol{z}) = (\downarrow \mathbf{M})(H(\boldsymbol{z})X(\boldsymbol{z})) \Leftrightarrow C(\boldsymbol{z}) = \sum_{l=0}^{M-1} H_l(\boldsymbol{z})X_l(\boldsymbol{z}),$$

$$Y(\boldsymbol{z}) = G(\boldsymbol{z})((\uparrow \mathbf{M})C(\boldsymbol{z})) \Leftrightarrow Y(\boldsymbol{z}) = \sum_{l=0}^{M-1} \boldsymbol{z}^{-\boldsymbol{t}_l} G_l(\boldsymbol{z}^{\mathbf{M}})C(\boldsymbol{z}^{\mathbf{M}}),$$

其中 $(\uparrow \mathbf{M})(\cdot), (\downarrow \mathbf{M})(\cdot)$ 分别代表上、下采样操作. $H_l(\boldsymbol{z})$ 是 $H(\boldsymbol{z})$ 的第一型多相成分, $G_l(\boldsymbol{z})$, $X_l(\boldsymbol{z})$ 分别是 $G(\boldsymbol{z})$, $X(\boldsymbol{z})$ 的第二型多相成分.

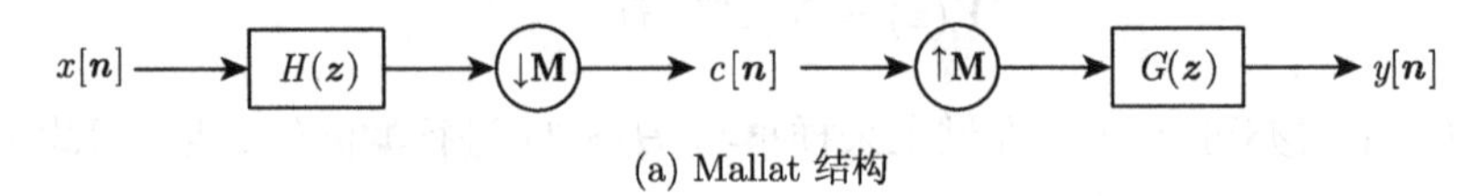

(a) Mallat 结构

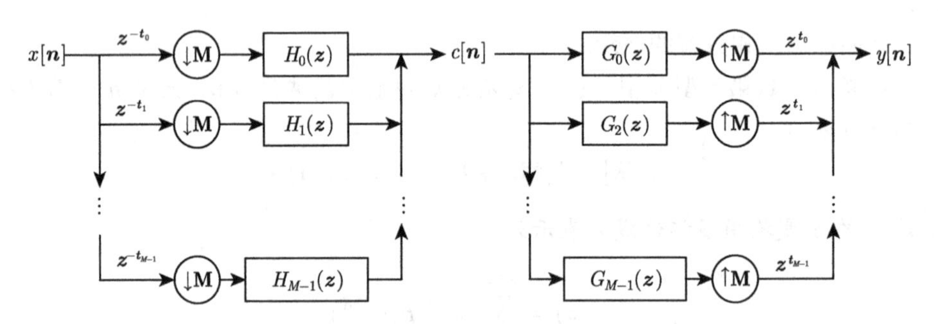

(b) 等效的多相位结构

图 3.1.1　多采样率滤波器分解与重构

证明　设分解输出系数 $c[\boldsymbol{m}]$,

$$\begin{aligned}
c[\boldsymbol{m}] &= \sum_{\boldsymbol{k}} h[\mathbf{M}\boldsymbol{m} - \boldsymbol{k}]x[\boldsymbol{k}] \\
&= \sum_{\boldsymbol{n}} \sum_{l=0}^{M-1} h[\mathbf{M}\boldsymbol{m} - (\mathbf{M}\boldsymbol{n} - \boldsymbol{t}_l)]x[\mathbf{M}\boldsymbol{n} - \boldsymbol{t}_l] \\
&= \sum_{l=0}^{M-1} \sum_{\boldsymbol{n}} h[\mathbf{M}(\boldsymbol{m} - \boldsymbol{n}) + \boldsymbol{t}_l]x[\mathbf{M}\boldsymbol{n} - \boldsymbol{t}_l] \\
&= \sum_{l=0}^{M-1} h_l[\boldsymbol{m} - \boldsymbol{n}] * x_l[\boldsymbol{n}] = \sum_{l=0}^{M-1} (h_l * x_l)[\boldsymbol{m}],
\end{aligned}$$

对上式作 z-变换, 即得

$$C(\boldsymbol{z}) = (\downarrow \mathbf{M})(H(\boldsymbol{z})X(\boldsymbol{z})) \Leftrightarrow C(\boldsymbol{z}) = \sum_{l=0}^{M-1} H_l(\boldsymbol{z})X_l(\boldsymbol{z}).$$

另一方面,

$$Y(\boldsymbol{z}) = G(\boldsymbol{z})((\uparrow \mathbf{M})C(\boldsymbol{z})) \Leftrightarrow Y(\boldsymbol{z}) = G(\boldsymbol{z})C(\boldsymbol{z}^{\mathbf{M}}) = \sum_{l=0}^{M-1} \boldsymbol{z}^{\boldsymbol{t}_l} G_l(\boldsymbol{z}^{\mathbf{M}})C(\boldsymbol{z}^{\mathbf{M}}). \quad \square$$

注意到在命题 3.1.2 中, 我们选用了不同的多相分解. 对于 $G(\boldsymbol{z})$, 理论上讲采用第一型多相分解亦可. 稍后会看到, 之所以采用第二型多相分解是为了在研究滤波器组时方便推导. 图 3.1.1 给出了多采样率滤波器分解与重构的 Mallat 结构与等效的多相位结构.

现讨论滤波器组的完全重构问题.

定义 3.1.3 [14] 设输入信号 $x[\boldsymbol{n}]$, 称滤波器组是完全重构的, 如果输出信号 $y[\boldsymbol{n}]$ 满足

$$y[\boldsymbol{n}] = cx[\boldsymbol{n} - \boldsymbol{d}], \tag{3.1.5}$$

其中 c 是与 $\boldsymbol{n}$ 无关的常数, $\boldsymbol{d}$ 是与 $\boldsymbol{n}$ 无关的常向量.

考虑对偶小波框架 $\left(\mathcal{S}(\Psi), \mathcal{S}(\widetilde{\Psi})\right)$, 设其对应的分析与综合滤波器组为

$$\left\{H^i(\boldsymbol{z}), G^i(\boldsymbol{z}),\ i = 0, \cdots, r\right\}.$$

注意到 r 不必等于 $M-1$. 事实上, 若 $r = M-1$, 称滤波器组为严格采样的 (critically sampled), 此时对应的框架小波函数构成 $L^2(\mathbb{R}^d)$ 中的双正交基. 而当 $r > M-1$ 时, 称滤波器组是冗余的 (redundant). 以下如无特别声明, 讨论的均是冗余滤波器组.

设输入信号 x, 输出信号 y, 则在 z-变换域中可表示为[80]

$$Y(\boldsymbol{z}) = \frac{1}{M}[G^0(\boldsymbol{z}), \cdots, G^r(\boldsymbol{z})]\mathbf{H}(\boldsymbol{z}) \cdot \begin{bmatrix} X[\boldsymbol{e}_{\mathbf{M}^{-1}}(2\pi \boldsymbol{k}_0) \circ \boldsymbol{z}] \\ X[\boldsymbol{e}_{\mathbf{M}^{-1}}(2\pi \boldsymbol{k}_1) \circ \boldsymbol{z}] \\ \vdots \\ X[\boldsymbol{e}_{\mathbf{M}^{-1}}(2\pi \boldsymbol{k}_{M-1}) \circ \boldsymbol{z}] \end{bmatrix},$$

其中 $\mathbf{H}_{(i,l)}(\boldsymbol{z}) = H^i[\boldsymbol{e}_{\mathbf{M}^{-1}}(2\pi \boldsymbol{k}_l) \circ \boldsymbol{z}]$, 称 $\mathbf{H}$ 为调制矩阵 (modulated matrix)[81] 或混叠成分矩阵 (aliasing-component matrix)[82].

注意到 $\boldsymbol{k}_0=(0,\cdots,0)^{\mathrm{T}}$, 因此 $X[\mathbf{e}_{\mathbf{M}^{-1}}(2\pi\boldsymbol{k}_0)\circ\boldsymbol{z}]=X(\boldsymbol{z}), H_i[\mathbf{e}_{\mathbf{M}^{-1}}(2\pi\boldsymbol{k}_0)\circ\boldsymbol{z}]=H_i(\boldsymbol{z}), i=0,\cdots,r$. 于是

$$
\begin{aligned}
Y(\boldsymbol{z})=&\frac{1}{M}\sum_{i=0}^{r}G^i(\boldsymbol{z})H^i(\boldsymbol{z})\cdot X(\boldsymbol{z})\\
&+\frac{1}{M}\sum_{l=1}^{M-1}\left(\sum_{i=0}^{r}G^i(\boldsymbol{z})H^i[\mathbf{e}_{\mathbf{M}^{-1}}(2\pi\boldsymbol{k}_l)\circ\boldsymbol{z}]\cdot X[\mathbf{e}_{\mathbf{M}^{-1}}(2\pi\boldsymbol{k}_l)\circ\boldsymbol{z}]\right).
\end{aligned}
\tag{3.1.6}
$$

因此等式 (3.1.6) 右端除第一项以外为 $X(\boldsymbol{z})$ 的混叠部分. 显然, 若

$$
[G^0(\boldsymbol{z}),\cdots,G^r(\boldsymbol{z})]\mathbf{H}(\boldsymbol{z})=[M,0,\cdots,0],
$$

则重构信号 y 与原信号 x 完全一致.

若同时定义调制矩阵 $\mathbf{G}_{(i,l)}(\boldsymbol{z})=G^i[\mathbf{e}_{\mathbf{M}^{-1}}(2\pi\boldsymbol{k}_l)\circ\boldsymbol{z}]$, 则

$$
\begin{bmatrix}
Y[\mathbf{e}_{\mathbf{M}^{-1}}(2\pi\boldsymbol{k}_0)\circ\boldsymbol{z}]\\
Y[\mathbf{e}_{\mathbf{M}^{-1}}(2\pi\boldsymbol{k}_1)\circ\boldsymbol{z}]\\
\vdots\\
Y[\mathbf{e}_{\mathbf{M}^{-1}}(2\pi\boldsymbol{k}_{M-1})\circ\boldsymbol{z}]
\end{bmatrix}
=\frac{1}{M}\mathbf{G}^{\mathrm{T}}(\boldsymbol{z})\mathbf{H}(\boldsymbol{z})
\begin{bmatrix}
X[\mathbf{e}_{\mathbf{M}^{-1}}(2\pi\boldsymbol{k}_0)\circ\boldsymbol{z}]\\
X[\mathbf{e}_{\mathbf{M}^{-1}}(2\pi\boldsymbol{k}_1)\circ\boldsymbol{z}]\\
\vdots\\
X[\mathbf{e}_{\mathbf{M}^{-1}}(2\pi\boldsymbol{k}_{M-1})\circ\boldsymbol{z}]
\end{bmatrix}.
$$

如果滤波器组满足完全重构, 则 $Y(\boldsymbol{z})=c\boldsymbol{z}^{-\boldsymbol{d}}X(\boldsymbol{z})$, 且

$$
Y[\mathbf{e}_{\mathbf{M}^{-1}}(2\pi\boldsymbol{k}_l)\circ\boldsymbol{z}]=c(\mathbf{e}_{\mathbf{M}^{-1}}(2\pi\boldsymbol{k}_l)\circ\boldsymbol{z})^{-\boldsymbol{d}}X[\mathbf{e}_{\mathbf{M}^{-1}}(2\pi\boldsymbol{k}_l)\circ\boldsymbol{z}],\quad l=1,\cdots,M-1.
$$

注意到 $(\mathbf{e}_{\mathbf{M}^{-1}}(2\pi\boldsymbol{k}_l)\circ\boldsymbol{z})^{-\boldsymbol{d}}=\boldsymbol{z}^{-\boldsymbol{d}}\cdot(\mathbf{e}_{\mathbf{M}^{-1}}(2\pi\boldsymbol{k}_l))^{-\boldsymbol{d}}$, 因此得到冗余滤波器组完全重构的充要条件.

定理 3.1.1　冗余滤波器组是完全重构的, 当且仅当调制矩阵满足

$$
\mathbf{G}^{\mathrm{T}}(z)\mathbf{H}(z)=c\boldsymbol{z}^{-\boldsymbol{d}}
\begin{bmatrix}
1 & 0 & \cdots & 0\\
0 & (\mathbf{e}_{\mathbf{M}^{-1}}(2\pi\boldsymbol{k}_1))^{-\boldsymbol{d}} & \cdots & 0\\
\vdots & \vdots & \ddots & \vdots\\
0 & 0 & \cdots & (\mathbf{e}_{\mathbf{M}^{-1}}(2\pi\boldsymbol{k}_{M-1}))^{-\boldsymbol{d}}
\end{bmatrix}.
\tag{3.1.7}
$$

下面从多相位分解的角度讨论完全重构条件. 分别定义分析滤波器组与综合滤波器组的多相位矩阵,

$$
\mathbf{H}_p(\boldsymbol{z})=[H_{i,j}(\boldsymbol{z})]_{(i,j)},\quad H^i(\boldsymbol{z})=\sum_{j=0}^{M-1}\boldsymbol{z}^{-\boldsymbol{t}_j}H_{i,j}(\boldsymbol{z}^{\mathbf{M}}),
$$

$$\mathbf{G}_p(\boldsymbol{z}) = [G_{i,j}(\boldsymbol{z})]_{(i,j)}, \quad G^i(\boldsymbol{z}) = \sum_{j=0}^{M-1} \boldsymbol{z}^{\boldsymbol{t}_j} G_{i,j}(\boldsymbol{z}^{\mathbf{M}}).$$

记

$$\begin{aligned}
[H^0, H^1, \cdots, H^r]^{\mathrm{T}} &= \mathbf{H}_p(\boldsymbol{z}^{\mathbf{M}}) \cdot [1, \boldsymbol{z}^{-\boldsymbol{t}_1}, \cdots, \boldsymbol{z}^{-\boldsymbol{t}_{M-1}}]^{\mathrm{T}}, \\
[G^0, G^1, \cdots, G^r]^{\mathrm{T}} &= \mathbf{G}_p(\boldsymbol{z}^{\mathbf{M}}) \cdot [1, \boldsymbol{z}^{\boldsymbol{t}_1}, \cdots, \boldsymbol{z}^{\boldsymbol{t}_{M-1}}]^{\mathrm{T}},
\end{aligned}$$

则重构信号用多相位表示为

$$\begin{aligned}
Y(\boldsymbol{z}) &= \sum_{i=0}^{r} G^i(\boldsymbol{z}) \sum_{j=0}^{M-1} H_{(i,j)}(\boldsymbol{z}^{\mathbf{M}}) X_j(\boldsymbol{z}^{\mathbf{M}}) \\
&= [G^0(\boldsymbol{z}), \cdots, G^r(\boldsymbol{z})] \mathbf{H}_p(\boldsymbol{z}^{\mathbf{M}}) [X_0(\boldsymbol{z}^{\mathbf{M}}), \cdots, X_{M-1}(\boldsymbol{z}^{\mathbf{M}})]^{\mathrm{T}} \\
&= [1, \boldsymbol{z}^{\boldsymbol{t}_1}, \cdots, \boldsymbol{z}^{\boldsymbol{t}_{M-1}}] \mathbf{G}_p^{\mathrm{T}}(\boldsymbol{z}^{\mathbf{M}}) \mathbf{H}_p(\boldsymbol{z}^{\mathbf{M}}) [X_0(\boldsymbol{z}^{\mathbf{M}}), \cdots, X_{M-1}(\boldsymbol{z}^{\mathbf{M}})]^{\mathrm{T}} \\
&:= \boldsymbol{p}^{\mathrm{T}} \mathbf{T}(\boldsymbol{z}^{\mathbf{M}}) \boldsymbol{x}_p.
\end{aligned}$$

因此, 若

$$\boldsymbol{p}^{\mathrm{T}} \mathbf{T}(\boldsymbol{z}^{\mathbf{M}}) = c \boldsymbol{z}^{-\boldsymbol{d}} \boldsymbol{p}^{\mathrm{T}}, \tag{3.1.8}$$

则 $Y(\boldsymbol{z}) = c\boldsymbol{z}^{-\boldsymbol{d}} \boldsymbol{p}^{\mathrm{T}} \boldsymbol{x}_p = c\boldsymbol{z}^{-\boldsymbol{d}} X(\boldsymbol{z})$, 反之亦然. 于是得到关于多相位分解的冗余滤波器组完全重构的充要条件.

定理 3.1.2 冗余滤波器组是完全重构的, 当且仅当多相位矩阵满足

$$\boldsymbol{p}^{\mathrm{T}} \mathbf{G}_p^{\mathrm{T}}(\boldsymbol{z}^{\mathbf{M}}) \mathbf{H}_p(\boldsymbol{z}^{\mathbf{M}}) = c \boldsymbol{z}^{-\boldsymbol{d}} \boldsymbol{p}^{\mathrm{T}}, \tag{3.1.9}$$

其中 $\boldsymbol{p} = [1, \boldsymbol{z}^{\boldsymbol{t}_1}, \cdots, \boldsymbol{z}^{\boldsymbol{t}_{M-1}}]^{\mathrm{T}}$.

特别地, 若 $\mathbf{T}(\boldsymbol{z})$ 是对角矩阵, 对角元素为 $c\boldsymbol{z}^{-\boldsymbol{d}}$, 则满足完全重构条件 (3.1.9), 因此得到以下推论.

推论 3.1.1 滤波器组是完全重构的, 当多相位矩阵满足

$$\mathbf{G}_p^{\mathrm{T}} \mathbf{H}_p = c \boldsymbol{z}^{-\boldsymbol{d}} \mathbf{I}, \tag{3.1.10}$$

其中 $\mathbf{I}$ 是单位矩阵.

图 3.1.2 给出了多采样率冗余滤波器组分解与重构的两种等效的结构.

通常, 在构造满足完全重构的滤波器组的同时, 还应要求滤波器具备某些性质, 例如, 紧支撑、线性相位等. 下面给出线性相位的概念.

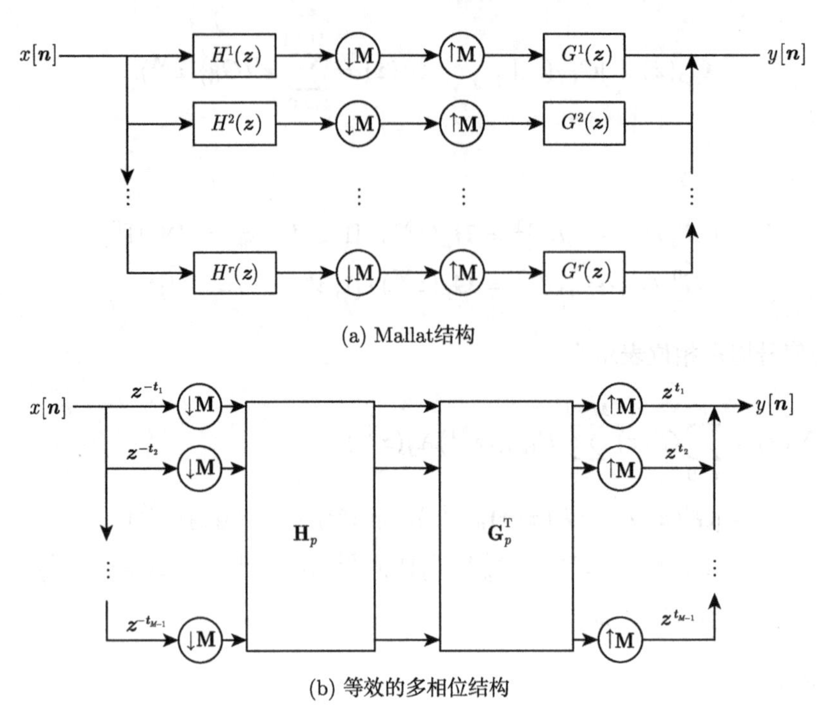

(a) Mallat结构

(b) 等效的多相位结构

图 3.1.2　多采样率冗余滤波器组

定义 3.1.4 (线性相位 FIR 滤波器)　设 h 为有限脉冲响应 (FIR) 滤波器, 即 $\{h_{\boldsymbol{k}} \neq 0 | \boldsymbol{k} \in \mathbb{Z}^d\}$ 为有限可数集. 称 h 是线性相位的, 如果其 Fourier 变换是关于 $\boldsymbol{\omega}$ 的线性函数. 或等价地, 其脉冲响应系数是中心对称 (反对称) 的.

特别地, 下面给出一维线性相位滤波器的对称性描述[76].

定义 3.1.5　称滤波器 h 是关于 l 对称 (或反对称) 的, 如果其脉冲响应系数 h_k 满足 $h_k = h_{2l-k}$ (或 $h_k = -h_{2l-k}$). 在 z 变换域等价表示为

$$H(z) = \pm z^{-2l} H(z^{-1}).$$

进一步, 若滤波器 h 是对称的, 则称其对应的框架小波函数 ψ 也是对称的, 反之亦然.

3.2　Neville 滤波器

3.2.1　尺度化 Neville 滤波器的定义及性质

Neville 滤波器源于 J. Kovačević 和 W. Sweldens 在双正交小波提升变换方面的工作[83], 以纪念数学家 E. H. Neville 提出的一维多项式插值算法[84]. 设多元多

项式 $\rho(\boldsymbol{x}), \boldsymbol{x}\in\mathbb{R}^d$, $\rho(\mathbb{Z}^d)$ 为 ρ 在 $\mathbb{Z}^d$ 上的采样序列, 即

$$\rho(\mathbb{Z}^d)=\{\rho(\boldsymbol{k})|\boldsymbol{k}\in\mathbb{Z}^d\},$$

令 Π_N 代表所有 $|\boldsymbol{n}|<N$ 的多项式序列集合. Neville 滤波器的定义如下.

定义 3.2.1[83] *如果滤波器 P 满足*

$$P\rho(\mathbb{Z}^d)=\rho(\mathbb{Z}^d+\boldsymbol{\tau}),\quad \rho\in\Pi_N, \tag{3.2.1}$$

则称 P 为 N 阶, 位移为 $\boldsymbol{\tau}$ 的 Neville 滤波器.

定义 3.2.1 说明, Neville 滤波器作用在一个多项式序列上, 会产生一个系数相同但位移发生变化的多项式序列, 位移量即为 $\boldsymbol{\tau}$. 在此引用一例[83]. 设滤波器 P 的脉冲响应为 $p_0=p_{-1}=1/2$, 则 P 为一个 2 阶, 位移 $\boldsymbol{\tau}=1/2$ 的 Neville 滤波器. 事实上, 考虑 $\mathbb{Z}$ 上的线性多项式 $\rho(k)=k+a, k\in\mathbb{Z}$, 令其与 P 作卷积运算,

$$\begin{aligned}P(z)\cdot\rho(z)&=\left(\frac{1}{2}+\frac{1}{2}z\right)\cdot\sum_k(k+a)z^{-k}\\&=\frac{1}{2}\sum_k(k+a)z^{-k}+\frac{1}{2}\sum_k(k+a)z^{-k+1}=\sum_k\left(k+a+\frac{1}{2}\right)z^{-k}.\end{aligned}$$

注意到等式右端为 $\rho(k)=k+a+1/2$ 的 z 变换, 这说明滤波后, 线性多项式 $\rho(k)=k+a$ 发生了 1/2 的偏移.

下面从脉冲响应系数 $\{p_{\boldsymbol{k}}\}$ 的角度给出 Neville 滤波器的等价条件. 首先引入多变量归一化求导算子

$$\Delta^{\boldsymbol{n}}=\frac{\partial^{|\boldsymbol{n}|}}{i^{|\boldsymbol{n}|}\partial\omega_1^{n_1}\cdots\partial\omega_d^{n_d}},$$

则

$$\Delta^{\boldsymbol{n}}\boldsymbol{z}^{\boldsymbol{k}}=\boldsymbol{k}^{\boldsymbol{n}}\boldsymbol{z}^{\boldsymbol{k}},$$

且

$$P^{(\boldsymbol{n})}(\boldsymbol{z})=\Delta^{\boldsymbol{n}}P(\boldsymbol{z})=\sum_{\boldsymbol{k}}p_{-\boldsymbol{k}}\boldsymbol{k}^{\boldsymbol{n}}\boldsymbol{z}^{\boldsymbol{k}}.$$

考虑单项式 $\boldsymbol{x}^{\boldsymbol{n}}$ (一维空间即为 x^n), 将其代入 (3.2.1) 式, 得到

$$\sum_{\boldsymbol{k}}p_{-\boldsymbol{k}}(\boldsymbol{l}+\boldsymbol{k})^{\boldsymbol{n}}=(\boldsymbol{l}+\boldsymbol{\tau})^{\boldsymbol{n}},\quad |\boldsymbol{n}|<N.$$

由于多项式空间具有平移不变性, 因此只需考虑 $\boldsymbol{l}=\boldsymbol{0}$ 的情况, 即

$$\sum_{\boldsymbol{k}} p_{-\boldsymbol{k}} \boldsymbol{k}^{\boldsymbol{n}} = \boldsymbol{\tau}^{\boldsymbol{n}}, \quad |\boldsymbol{n}| < N.$$

注意到等式左端即为 $P^{(\boldsymbol{n})}(\mathbf{1})$, 因此有如下命题.

命题 3.2.1[83] 一个滤波器 P 为 N 阶, 位移为 $\boldsymbol{\tau}$ 的 Neville 滤波器, 如果其脉冲响应满足

$$P^{(\boldsymbol{n})}(\mathbf{1}) = \sum_{\boldsymbol{k}} p_{-\boldsymbol{k}} \boldsymbol{k}^{\boldsymbol{n}} = \boldsymbol{\tau}^{\boldsymbol{n}}, \quad |\boldsymbol{n}| < N. \tag{3.2.2}$$

根据定义 3.2.1, Neville 滤波器的倍数并不是 Neville 滤波器. 因此本书将 Neville 滤波器的类型进行扩展, 定义尺度化 Neville 滤波器, 从而使得 Neville 滤波器的倍数仍然是 Neville 滤波器, 为下节讨论对偶小波框架提升构造问题带来便利.

定义 3.2.2 如果滤波器 P 满足

$$P\rho(\mathbb{Z}^d) = \lambda\rho(\mathbb{Z}^d + \boldsymbol{\tau}), \quad \rho \in \Pi_N, \tag{3.2.3}$$

其中 $\lambda \in \mathbb{R}$, 则称 P 为 N 阶, 位移为 $\boldsymbol{\tau}$, 尺度为 λ 的 Neville 滤波器, 记为 $P \backsim \mathcal{N}(\lambda, \boldsymbol{\tau}, N)$.

类似地, 尺度化 Neville 滤波器与其脉冲响应具有如下关系.

命题 3.2.2 一个滤波器 P 为 N 阶, 位移为 $\boldsymbol{\tau}$, 尺度为 λ 的 Neville 滤波器, 如果其脉冲响应满足

$$P^{(\boldsymbol{n})}(\mathbf{1}) = \sum_{\boldsymbol{k}} p_{-\boldsymbol{k}} \boldsymbol{k}^{\boldsymbol{n}} = \lambda\boldsymbol{\tau}^{\boldsymbol{n}}, \quad |\boldsymbol{n}| < N. \tag{3.2.4}$$

以下如无特别声明, Neville 滤波器均泛指尺度化 Neville 滤波器.

尺度化 Neville 滤波器具有以下性质.

定理 3.2.1 (尺度化 Neville 滤波器的性质[32])

(i) 若 $P \backsim \mathcal{N}(\lambda, \boldsymbol{\tau}, N)$, 则 $\alpha P \backsim \mathcal{N}(\alpha\lambda, \boldsymbol{\tau}, N)$, 其中 α 为一实数.

(ii) 若 $P \backsim \mathcal{N}(\lambda, \boldsymbol{\tau}, N)$, 则 $P^* \backsim \mathcal{N}(\lambda, -\boldsymbol{\tau}, N)$, 这里 $P^*(\boldsymbol{z}) = P(\boldsymbol{z}^{-1})$.

(iii) 若 $P \backsim \mathcal{N}(\lambda, \boldsymbol{\tau}, N)$, 则 $Q \backsim \mathcal{N}(\lambda, \mathbf{M}\boldsymbol{\tau}, N)$, 这里 $Q(\boldsymbol{z}) = P(\boldsymbol{z}^{\mathbf{M}})$.

(iv) 若 $P_1 \backsim \mathcal{N}(\lambda_1, \boldsymbol{\tau}_1, N_1)$, $P_2 \backsim \mathcal{N}(\lambda_2, \boldsymbol{\tau}_2, N_2)$, 则 $P_1P_2 \backsim \mathcal{N}(\lambda_1\lambda_2, \boldsymbol{\tau}_1 + \boldsymbol{\tau}_2, N)$, 其中 $N = \min\{N_1, N_2\}$, 且 $P_1P_2 = P_2P_1$.

(v) 若 $P_1 \backsim \mathcal{N}(\lambda_1, \boldsymbol{\tau}, N_1)$, $P_2 \backsim \mathcal{N}(\lambda_2, \boldsymbol{\tau}, N_2)$, 则 $P_1 + P_2 \backsim \mathcal{N}(\lambda_1 + \lambda_2, \boldsymbol{\tau}, N)$, 其中 $N = \min\{N_1, N_2\}$.

证明 (i) 根据尺度化 Neville 滤波器的定义, 结论是显然的.

(ii) 因 $\Delta \boldsymbol{z}^{-\mathbf{1}} = -\boldsymbol{z}^{-\mathbf{1}}$, 故

$$(P^*)^{(\boldsymbol{n})}(\mathbf{1}) = \Delta^{\boldsymbol{n}} P(\boldsymbol{z}^{-\mathbf{1}})|_{\boldsymbol{z}=\mathbf{1}} = (-1)^{|\boldsymbol{n}|} P^{(\boldsymbol{n})}(\mathbf{1}) = \lambda(-\boldsymbol{\tau})^{\boldsymbol{n}}, \quad |\boldsymbol{n}| < N.$$

(iii) 令 q 为 $Q(\boldsymbol{z}) = P(\boldsymbol{z}^{\mathbf{M}})$ 的脉冲响应. 现需证明

$$\sum_{\boldsymbol{k}} q_{-\boldsymbol{k}} \boldsymbol{k}^{\boldsymbol{n}} = \lambda(\mathbf{M}\boldsymbol{\tau})^{\boldsymbol{n}},$$

由于 Q 是 P 的上采样, 存在以下关系:

$$q_{\boldsymbol{k}} = \begin{cases} p(\mathbf{M}^{-1}\boldsymbol{k}), & \mathbf{M}^{-1}\boldsymbol{k} \in \mathbb{Z}^d, \\ 0, & \text{其他}. \end{cases}$$

因此只需证明

$$\sum_{\boldsymbol{k}} p_{-\boldsymbol{k}} (\mathbf{M}\boldsymbol{k})^{\boldsymbol{n}} = \lambda(\mathbf{M}\boldsymbol{\tau})^{\boldsymbol{n}}.$$

不失一般性, 令 $\lambda = 1$, $\mathbf{M} = [m_{ij}]_{1 \leqslant i,j \leqslant 2}$, $\boldsymbol{\tau} = (t_1, t_2)^{\mathrm{T}}$, 从左至右推导上式.

$$\begin{aligned}
\text{左式} &= \sum_{k_1,k_2} p_{-\boldsymbol{k}} (m_{11}k_1 + m_{12}k_2)^{n_1} (m_{21}k_1 + m_{22}k_2)^{n_2} \\
&= \sum_{k_1,k_2} p_{-\boldsymbol{k}} \left(\sum_{r=0}^{n_1} \binom{n_1}{n_1 - r} (m_{11}k_1)^{n_1-r} (m_{12}k_2)^r \right) \\
&\quad \times \left(\sum_{s=0}^{n_2} \binom{n_2}{n_2 - s} (m_{21}k_1)^{n_2-s} (m_{22}k_2)^s \right) \\
&= \sum_{k_1,k_2} p_{-\boldsymbol{k}} \left(\sum_{r,s} \binom{n_1}{n_1 - r} \binom{n_2}{n_2 - s} (m_{11}k_1)^{n_1-r} (m_{21}k_1)^{n_2-s} (m_{12}k_2)^r (m_{22}k_2)^s \right) \\
&= \sum_{k_1,k_2} p_{-\boldsymbol{k}} \left(\sum_{r,s} \binom{n_1}{n_1 - r} \binom{n_2}{n_2 - s} m_{11}^{n_1-r} m_{12}^r m_{21}^{n_2-s} m_{22}^s \, k_1^{n_1+n_2-r-s} k_2^{r+s} \right) \\
&= \sum_{k_1,k_2} p_{-\boldsymbol{k}} \left(\sum_{r,s} \beta_{r,s} k_1^{n_1+n_2-r-s} k_2^{r+s} \right) \\
&\quad \left(\text{其中} \beta_{r,s} := \binom{n_1}{n_1 - r} \binom{n_2}{n_2 - s} m_{11}^{n_1-r} m_{12}^r m_{21}^{n_2-s} m_{22}^s \right) \\
&= \sum_{r,s} \beta_{r,s} \left(\sum_{k_1,k_2} p_{-\boldsymbol{k}} k_1^{n_1+n_2-r-s} k_2^{r+s} \right) \\
&= \sum_{r,s} \beta_{r,s} t_1^{n_1+n_2-r-s} t_2^{r+s}
\end{aligned}$$

$$
\begin{aligned}
&=\left(\sum_{r=0}^{n_1}\binom{n_1}{n_1-r}(m_{11}t_1)^{n_1-r}(m_{12}t_2)^r\right)\\
&\quad\times\left(\sum_{s=0}^{n_2}\binom{n_2}{n_2-s}(m_{21}t_1)^{n_2-s}(m_{22}t_2)^s\right)\\
&=(m_{11}t_1+m_{12}t_2)^{n_1}(m_{21}t_1+m_{22}t_2)^{n_2}=\text{右式}.
\end{aligned}
$$

(iv) 因 $P_1\backsim\mathcal{N}(\lambda_1,\boldsymbol{\tau}_1,N_1), P_2\backsim\mathcal{N}(\lambda_2,\boldsymbol{\tau}_2,N_2)$, 对 $\rho\in\Pi_N$, 若 $N=\min\{N_1,N_2\}$, 则有

$$
\begin{aligned}
P_1P_2\rho(\mathbb{Z}^d)&=P_1(\lambda_2\rho(\mathbb{Z}^d+\boldsymbol{\tau}_2))=\lambda_1\lambda_2\rho(\mathbb{Z}^d+\boldsymbol{\tau}_1+\boldsymbol{\tau}_2),\\
P_2P_1\rho(\mathbb{Z}^d)&=P_2(\lambda_1\rho(\mathbb{Z}^d+\boldsymbol{\tau}_1))=\lambda_1\lambda_2\rho(\mathbb{Z}^d+\boldsymbol{\tau}_1+\boldsymbol{\tau}_2).
\end{aligned}
$$

(v) 因 $P_1\backsim\mathcal{N}(\lambda_1,\boldsymbol{\tau},N_1), P_2\backsim\mathcal{N}(\lambda_2,\boldsymbol{\tau},N_2)$, 对 $\rho\in\Pi_N$, 若 $N=\min\{N_1,N_2\}$, 则有

$$
(P_1+P_2)\rho(\mathbb{Z}^d)=\lambda_1\rho(\mathbb{Z}^d+\boldsymbol{\tau})+\lambda_2\rho(\mathbb{Z}^d+\boldsymbol{\tau})=(\lambda_1+\lambda_2)\rho(\mathbb{Z}^d+\boldsymbol{\tau}). \qquad \square
$$

3.2.2 尺度化 Neville 滤波器的构造

从式 (3.2.4) 可以看到, 构造 N 阶、位移 $\boldsymbol{\tau}$、尺度为 λ 的 Neville 滤波器归结于插值问题. 对 d 维空间, 有 $q=\binom{N+d-1}{d}$ 个形如 (3.2.4) 的方程. 相应地, 我们期望插值点也为 q 个. 对于一维情形, 这相当于求解一个 $q\times q$ 的线性方程组. 注意到系数矩阵是范德蒙德矩阵, 因此若插值点不同, 方程的解总是存在且唯一的. 这个过程亦等价于 Lagrange 插值问题, Neville 算法[84] 提供了一个快速计算插值的方法.

然而对于高维情况, 线性系统 (3.2.4) 并不总是可解的, 会出现超定 (over-determined) 和欠定 (under-determined) 问题. 也就是说, 为构造一个 N 阶 Neville 滤波器, 需要的插值点可能多于 q 个, 或者少于 q 个. 同时, 插值多项式的阶不仅取决于插值点的个数, 而且与点的分布图形有关. 因此产生了一个问题, 即, 如何确定插值点的数目以及点的分布, 使得其上的插值多项式存在且唯一? 对于这个问题, 目前学术界还没有一个系统完整的解决方案. 但是, de Boor 和 Ron 提供了一种有效解决高维多项式插值问题的途径[85]. 与先固定多项式空间的阶数不同, de Boor-Ron 算法先确定插值点的图形分布, 然后寻找一个多项式空间使得其上的多项式插值存在且唯一. 具体地, 构造 Neville 滤波器的思路是, 首先在插值中心点 $\boldsymbol{\tau}$ 的邻域内确定插值点, 然后利用 de Boor-Ron 算法计算插值问题可解的多项式空间. 空间中多项式的最高阶即为 Neville 滤波器的阶. 如果想得到更高阶的 Neville

滤波器, 则扩大邻域及插值点数目, 继续求解多项式空间, 直到达到目标阶数. 特别地, 表 3.2.1 给出梅花形采样矩阵下的 Neville 滤波器[83], 用于下节构造具有指定消失矩的对偶小波框架.

表 3.2.1 梅花形 Neville 滤波器 ($\boldsymbol{\tau}=(1/2,1/2)^{\mathrm{T}}, \lambda=1$)

N	分子系数 (按图 3.2.1 中标序分类)							分母系数
	1	2	3	4	5	6	7	
2	1							2^2
4	10	-1						2^5
6	174	-27	2	-3				2^9
8	23300	-4470	625	850	-75	9	-80	2^{16}

3.2.3 方向 Neville 滤波器

Neville 滤波器 (特别是梅花形 Neville 滤波器) 通过选取对称中心邻域内等距的点进行插值, 见图 3.2.1, 因此是各向同性的. 然而在实际问题中, 具有指定形状的 Neville 滤波器更具有吸引力. 例如, 在自适应方向提升变换中, 人们往往期望预测算子能够根据图像纹理信息自适应匹配, 从而减少预测残差. 而多方向性的滤波器结构正是实现自适应的一个前提. 因此, 一个自然的问题就是, 能否构造具有方向特征的 Neville 滤波器? 答案是肯定的. 根据前文介绍, de Boor-Ron 算法为实现这一点提供了可能, 且构造极具灵活性. 而本节将通过另一种方式, 即利用 Neville 滤波器的性质来构造具有方向特征的 Neville 滤波器. 其中主要工具是剪切变换.

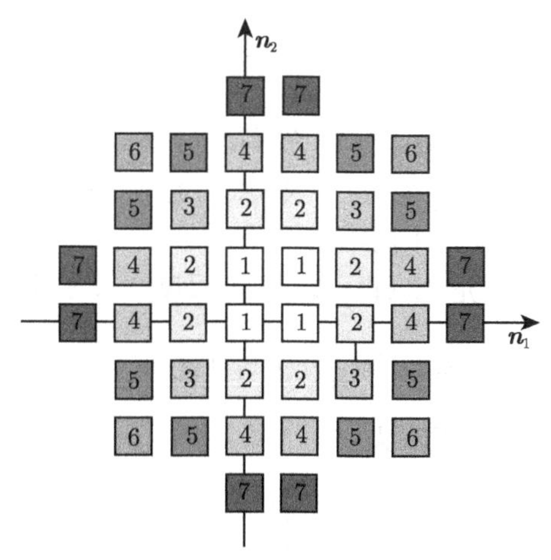

图 3.2.1 梅花形 Neville 滤波器插值点分布图形 ($\boldsymbol{\tau}=(1/2,1/2)^{\mathrm{T}}$)

剪切变换 (shear transformation), 亦称错切变换, 是一种线性变换, 其数学表达式为

$$\boldsymbol{y} = \mathbf{S}\boldsymbol{x},$$

其中 $\mathbf{S}$ 称为剪切矩阵, 其具有如下形式

$$\mathbf{S} = \mathbf{I} + \lambda \boldsymbol{e}_i \boldsymbol{e}_j^{\mathrm{T}}, \quad i \neq j,$$

其中 $\lambda \in \mathbb{R}$, $\mathbf{I}$ 为单位阵, $\boldsymbol{e}_i$ 为单位向量, 其第 i 个分量为 1.

对于二维情况, 剪切变换矩阵为上三角或下三角矩阵, 即

$$\mathbf{S}_s = \begin{bmatrix} 1 & s \\ 0 & 1 \end{bmatrix}, \quad \mathbf{T}_t = \begin{bmatrix} 1 & 0 \\ t & 1 \end{bmatrix}.$$

直观来讲, 剪切变换首先在图形上选取一条直线, 该直线上的点固定不变, 而与该直线平行的其他点则依照点到直线的距离等比例地进行平移, 见图 3.2.2. 剪切变换不改变图形的面积. 这意味着变换后的采样点数量不发生变化. 这一点也可从 $\det \mathbf{S}_s = \det \mathbf{T}_t \equiv 1$ 得到验证.

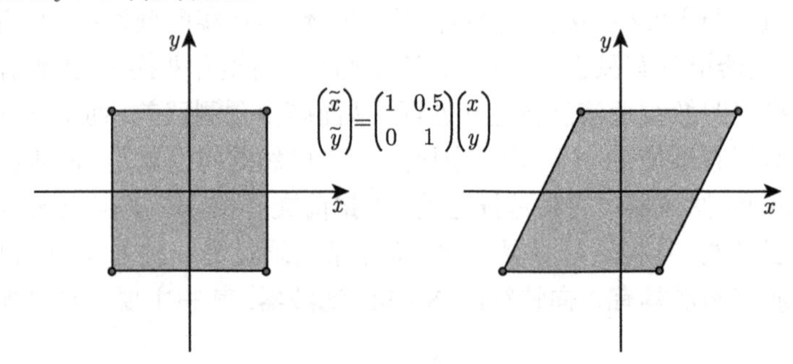

图 3.2.2　剪切变换示意图

本节引入剪切矩阵, 目的是改变传统梅花形采样点的布局, 使其具有方向特征, 能够根据图像纹理信息自适应地进行采样点的选取, 从而设计出具有各向异性的 Neville 滤波器. 这里首先举一个简单的例子.

设 P 为一个 2 阶梅花形 Neville 滤波器, 尺度 $\lambda = 1$, 即

$$P(z_1, z_2) = \frac{1}{4}(1 + z_1 + z_2 + z_1 z_2),$$

对 P 进行剪切变换, 令变换矩阵为

$$\mathbf{S}_1 = \begin{bmatrix} 1 & 1 \\ 0 & 1 \end{bmatrix},$$

于是得到一个新的滤波器

$$P_s(z_1, z_2) = P(z_1, z_1 z_2) = \frac{1}{4}(1 + z_1 + z_1 z_2 + z_1^2 z_2).$$

由定理 3.2.1(iii), P_s 依然是 Neville 滤波器, 位移 $\boldsymbol{\tau}' = \mathbf{S}_1\boldsymbol{\tau} = (1,1/2)^{\mathrm{T}}$. 从时域角度亦可看出, 新滤波器具有了方向特征, 即

$$\mathbf{P} = \frac{1}{4}\begin{bmatrix}1 & 1\\ 1 & 1\end{bmatrix} \to \mathbf{P}_s = \frac{1}{4}\begin{bmatrix}0 & 1 & 1\\ 1 & 1 & 0\end{bmatrix}.$$

更一般地, 设剪切矩阵

$$\mathbf{S}_s = \begin{bmatrix}1 & s\\ 0 & 1\end{bmatrix},$$

则任意 Neville 滤波器经过剪切变换后依然是 Neville 滤波器, 位移为 $\boldsymbol{\tau} = \left(\frac{s+1}{2}, \frac{1}{2}\right)$. 由于位移发生变化, 即插值中心点发生改变, 新滤波器与原滤波器对称中心不同. 而我们希望新滤波器保持原滤波器对称中心, 以维持提升变换预测点和更新点在原位计算中顺序, 因此需要对新滤波器进行位移处理. 注意到 $\boldsymbol{z}^{\boldsymbol{k}}, \boldsymbol{k} \in \mathbb{Z}^d$ 是一个具有无穷高阶、位移为 $\boldsymbol{k}$ 的 Neville 滤波器, 而两个 Neville 滤波器的乘积仍然是 Neville 滤波器. 因此只需通过乘以适当的 $\boldsymbol{z}^{\boldsymbol{k}}$, 便可得到含有指定位移的 Neville 滤波器.

具体地, 设 P_s 为经过剪切变换后的 Neville 滤波器, 为使其位移为 $\left(\frac{1}{2}, \frac{1}{2}\right)^{\mathrm{T}}$, 将其乘以 $z_1^{k_1} z_2^{k_2}$, 计算 k_1, k_2,

$$\begin{cases} k_1 + \dfrac{s+1}{2} = \dfrac{1}{2}, \\ k_2 + \dfrac{1}{2} = \dfrac{1}{2}, \end{cases}$$

得到 $k_1 = -\frac{s}{2}, k_2 = 0$. 因此 $z_1^{-s/2} P_s(z_1, z_2)$ 便是位移为 $(1/2, 1/2)^{\mathrm{T}}$ 的 Neville 滤波器.

类似地, 对于剪切矩阵

$$\mathbf{T}_t = \begin{bmatrix}1 & 0\\ t & 1\end{bmatrix},$$

则 $z_2^{-t/2} P_t(z_1, z_2)$ 是位移为 $(1/2, 1/2)^{\mathrm{T}}$ 的 Neville 滤波器.

必须指出的是, 由于 $k_1, k_2 \in \mathbb{Z}$, 因此上述结论成立要求 s, t 均为偶数. 当 s, t 为奇数时, $z_1^{-s/2}$ 和 $z_2^{-t/2}$ 并非有限脉冲响应滤波器. 事实上, 若将 $\boldsymbol{z}^{\boldsymbol{\tau}}$ 视为一个位移 $\boldsymbol{\tau}$ 的理想 Neville 滤波器, 用它对一个多项式序列进行滤波, 和是条件收敛的[83]. 因此对于 s, t 为奇数的情况, 需要通过其他途径来构造滤波器.

根据上述讨论得到以下定理.

定理 3.2.2　设 $P(z_1, z_2)$ 为一 N 阶, 尺度为 λ, 位移为 $\boldsymbol{\tau}$ 的 Neville 滤波器, 剪切矩阵为

$$\mathbf{S}_s = \begin{bmatrix} 1 & s \\ 0 & 1 \end{bmatrix} \quad 和 \quad \mathbf{T}_t = \begin{bmatrix} 1 & 0 \\ t & 1 \end{bmatrix},$$

其中 s,t 均为偶数, 则 P 经过剪切, 平移变换后得到的新滤波器

$$z_1^{-s/2} P(z_1, z_1^s z_2) \quad 与 \quad z_2^{-t/2} P(z_1 z_2^t, z_2)$$

依然是 N 阶, 尺度为 λ, 位移为 $\boldsymbol{\tau}$ 的 Neville 滤波器.

例 3.2.1　设 P 为一个 2 阶梅花形 Neville 滤波器, 尺度 $\lambda = 1$, 即

$$P(z_1, z_2) = \frac{1}{4}(1 + z_1 + z_2 + z_1 z_2),$$

根据定理 3.2.2, 依次令切割矩阵中的 $s = \pm 2$ 及 $t = \pm 2$, 于是得到四个带有方向特征的 2 阶 Neville 滤波器,

$$\begin{aligned}
P_1(z_1, z_2) &= \frac{1}{4}(z_1^{-1} + 1 + z_1 z_2 + z_1^2 z_2), \\
P_2(z_1, z_2) &= \frac{1}{4}(z_1^{-1} z_2 + z_1 + z_1^2 + z_2), \\
P_3(z_1, z_2) &= \frac{1}{4}(1 + z_1 z_2 + z_1 z_2^2 + z_2^{-1}), \\
P_4(z_1, z_2) &= \frac{1}{4}(z_1 z_2^{-1} + z_1 + z_2 + z_2^2),
\end{aligned}$$

或在时域表示为

$$\mathbf{P}_1 = \frac{1}{4}\begin{bmatrix} 0 & 0 & 1 & 1 \\ 1 & 1 & 0 & 0 \end{bmatrix}, \quad \mathbf{P}_2 = \frac{1}{4}\begin{bmatrix} 1 & 1 & 0 & 0 \\ 0 & 0 & 1 & 1 \end{bmatrix}, \quad \mathbf{P}_3 = \mathbf{P}_1^{\mathrm{T}}, \quad \mathbf{P}_4 = \mathbf{P}_2^{\mathrm{T}}.$$

下面讨论剪切矩阵中的上 (下) 三角元素为奇数时的情况. 依旧回顾最初的例子. 设 P 为 2 阶、尺度 $\lambda = 1$ 的梅花形 Neville 滤波器, 其经过 $s = 1$ 的剪切变换后, 得到

$$\mathbf{P}_s = \frac{1}{4}\begin{bmatrix} 0 & 1 & 1 \\ 1 & 1 & 0 \end{bmatrix}.$$

现固定插值点分布形如 $\mathbf{P}_s$, 来求解 Neville 滤波器 $\mathbf{Q}$. 即选择 $\boldsymbol{\tau} = (1/2, 1/2)$ 邻域内的四点 $\Theta = \{(0,0), (1,0), (1,1), (2,1)\}$, 通过式 (3.2.3) 及 de Boor-Ron 算法计算得到 $q_{0,0} = q_{1,1} = 1/2$, $q_{1,0} = q_{2,1} = 0$, 即

$$\mathbf{Q} = \frac{1}{2}\begin{bmatrix} 0 & 1 \\ 1 & 0 \end{bmatrix}.$$

事实上, 得到了一个沿 $y=x$ 直线方向的 2 阶 Neville 滤波器. 显然, 此滤波器关于 $\boldsymbol{\tau}$ 中心对称.

受此启发, 本书采用以下策略获得方向滤波器. 首先根据剪切矩阵确定插值点的分布. 特别地, 为了满足滤波器关于 $\boldsymbol{\tau}$ 中心对称, 限制插值点为斜率是 $\tan\theta$ 且经过 $\boldsymbol{\tau}$ 的直线上的点, 其中 θ 由剪切矩阵中的上 (下) 三角元素决定.

$$\theta=\begin{cases}\arctan 1/s, & \text{经 } \mathbf{S}_s \text{ 变换},\\ \arctan t, & \text{经 } \mathbf{T}_t \text{ 变换}.\end{cases}$$

然后利用 de Boor-Ron 算法计算插值. 当 $s=1$ 时, 由于横纵轴坐标相等, 因此结果与一维 Neville 滤波器, 即 Deslauriers-Dubuc 滤波器[86] 一致, 见表 3.2.2.

表 3.2.2 Deslauriers-Dubuc 滤波器 ($\tau=1/2, \lambda=1$)

$N\setminus k$	分子系数 (按照邻域指标序数)								分母
	−4	−3	−2	−1	0	1	2	3	
2				2	2				2
4			−1	9	9	−1			2^4
6		3	−25	150	150	−25	3		2^8
8	−5	49	−245	1225	1225	−245	49	−5	2^{11}

例 3.2.2 *分别令 $s=1,3$, 以 $\boldsymbol{\tau}=(1/2,1/2)^{\mathrm{T}}$ 为插值中心点构造 4 阶 Neville 滤波器为*

$$P_{s=1}(z_1,z_2)=\frac{1}{2^4}(-z_1^{-1}z_2^{-1}+9+9z_1z_2-z_1^2z_2^2),$$
$$P_{s=3}(z_1,z_2)=\frac{1}{2^4}(-z_1^{-4}z_2^{-1}+9z_1^{-1}+9z_1^2z_2-z_1^5z_2^2).$$

更一般地, 设 s 为任意奇数, 有

$$P_s(z_1,z_2)=\frac{1}{2^4}\left(-z_1^{\frac{1-3s}{2}}z_2^{-1}+9z_1^{\frac{1-s}{2}}+9z_1^{\frac{1+s}{2}}z_2-z_1^{\frac{1+3s}{2}}z_2^2\right).$$

3.3 各向同性对偶框架提升变换

本节将利用尺度化 Neville 滤波器构造据具有指定消失矩的对偶小波框架. 首先回顾消失矩的概念. 设 ψ 为一框架小波函数, 若

$$\int_{\boldsymbol{x}\in\mathbb{R}^d}\boldsymbol{x}^{\boldsymbol{p}}\psi(\boldsymbol{x})\,\mathrm{d}\boldsymbol{x}=0,\quad |\boldsymbol{p}|<N,$$

则称 ψ 具有 N 阶消失矩.

消失矩存在多种等价定义 (见定义 1.6.4). 为说明消失矩与 Neville 滤波器的内在联系, 下面引入 [83] 中的定义.

定义 3.3.1 [83]　设 ψ 为一框架小波函数, g 为与之相关的有限脉冲响应滤波器, 定义算子 $\mathcal{G} := (\downarrow \mathbf{M})g$, 则 ψ 具有 N 阶消失矩, 如果

$$\mathcal{G}\rho = 0, \quad \rho \in \Pi_N. \tag{3.3.1}$$

定义 3.3.1 直观说明了消失矩在滤波过程中起到的作用, 即具有 N 阶消失矩的框架小波函数会将 N 阶以下的多项式 "抹杀", 这部分信号将保留在低通子带中. 根据滤波与多相位的关系 (命题 3.1.2), 式 (3.3.1) 又可以表示成

$$\mathcal{G}\rho = \sum_{i=0}^{M-1} g_i \rho(\mathbf{M}\mathbb{Z}^d + \boldsymbol{t}_i) = 0, \quad \rho \in \Pi_N. \tag{3.3.2}$$

设对偶小波框架 $\left(\mathcal{S}(\Psi), \mathcal{S}(\widetilde{\Psi})\right)$ 生成一滤波器组, 其分解与重构多相位矩阵分别为 $\widetilde{\mathbf{H}}_p(\boldsymbol{z}^{-1})$ 与 $\mathbf{H}_p(\boldsymbol{z})$. 以下讨论总假设多相位矩阵满足完全重构条件, 即

$$\mathbf{H}_p^*(\boldsymbol{z})\widetilde{\mathbf{H}}_p(\boldsymbol{z}) = \mathbf{I}.$$

3.3.1　一种典型的框架提升分解结构

本节主要考虑具有一个尺度函数和两个小波函数的对偶框架, 并限定在梅花形采样矩阵下讨论. 因此多相位矩阵 $\widetilde{\mathbf{H}}_p$, $\mathbf{H}_p$ 均为 3×2 矩阵. 设多相位矩阵 $\widetilde{\mathbf{H}}_p$ 具有一步提升分解格式. 一种典型的结构为

$$\widetilde{\mathbf{H}}_p = \begin{bmatrix} \widetilde{H}_{0,0} & \widetilde{H}_{0,1} \\ \widetilde{H}_{1,0} & \widetilde{H}_{1,1} \\ \widetilde{H}_{2,0} & \widetilde{H}_{2,1} \end{bmatrix} = \mathbf{\Lambda} \cdot \mathbf{A}, \tag{3.3.3}$$

其中

$$\mathbf{\Lambda} = \begin{bmatrix} 1 & U_1 & U_2 \\ 0 & 1 & 0 \\ 0 & 0 & 1 \end{bmatrix} \begin{bmatrix} 1 & 0 & 0 \\ -P_1 & 1 & 0 \\ -P_2 & 0 & 1 \end{bmatrix} = \begin{bmatrix} 1 - \sum\limits_{i=1}^{2} U_i P_i & U_1 & U_2 \\ -P_1 & 1 & 0 \\ -P_2 & 0 & 1 \end{bmatrix}, \tag{3.3.4}$$

而 $\mathbf{A} = [a_{ij}]_{1 \leqslant i \leqslant 3, 1 \leqslant j \leqslant 2}$ 为一实矩阵.

为得到重构多相位矩阵 $\mathbf{H}_p$ 的提升分解格式并满足完全重构, 则需要计算 $\widetilde{\mathbf{H}}_p$ 的伪逆, 即

$$\mathbf{H}_p = (\widetilde{\mathbf{H}}_p^*)^\dagger = [\widetilde{\mathbf{H}}_p^*]^{\mathrm{T}} \cdot \left(\widetilde{\mathbf{H}}_p^*[\widetilde{\mathbf{H}}_p^*]^{\mathrm{T}}\right)^{-1}. \tag{3.3.5}$$

结合式 (3.3.3) 与 (3.3.5), 容易得出

$$\mathbf{H}_p=\begin{bmatrix}H_{0,0} & H_{0,1}\\ H_{1,0} & H_{1,1}\\ H_{2,0} & H_{2,1}\end{bmatrix}=(\mathbf{\Lambda}^*)^{-1}\cdot(\mathbf{A}^*)^{\dagger}, \tag{3.3.6}$$

其中

$$(\mathbf{\Lambda}^*)^{-1}=\begin{bmatrix}1 & 0 & 0\\ -U_1^* & 1 & 0\\ -U_2^* & 0 & 1\end{bmatrix}\begin{bmatrix}1 & P_1^* & P_2^*\\ 0 & 1 & 0\\ 0 & 0 & 1\end{bmatrix}=\begin{bmatrix}1 & P_1^* & P_2^*\\ -U_1^* & 1-U_1^*P_1^* & -U_1^*P_2^*\\ -U_2^* & -U_2^*P_1^* & 1-U_2^*P_2^*\end{bmatrix},$$

而

$$(\mathbf{A}^*)^{\dagger}=\mathbf{A}\cdot\left(\mathbf{A}^{\mathrm{T}}\mathbf{A}\right)^{-1}=\frac{1}{\alpha\beta-\gamma^2}\mathbf{A}\begin{bmatrix}\beta & -\gamma\\ -\gamma & \alpha\end{bmatrix},$$

其中 $\alpha=\sum_{i=1}^3 a_{i1}^2,\beta=\sum_{i=1}^3 a_{i2}^2,\gamma=\sum_{i=1}^3 a_{i1}a_{i2}$. 注意到由于 $\mathbf{A}$ 是实矩阵, 因此 $\mathbf{A}^*=\mathbf{A}^{\mathrm{T}}$.

特别地, 考虑 $\mathbf{A}$ 具有如下形式:

$$\mathbf{A}=\begin{bmatrix}a & 0\\ 0 & b\\ 0 & c\end{bmatrix}, \tag{3.3.7}$$

则

$$(\mathbf{A}^*)^{\dagger}=\begin{bmatrix}1/a & 0\\ 0 & b/(b^2+c^2)\\ 0 & c/(b^2+c^2)\end{bmatrix}:=\begin{bmatrix}r & 0\\ 0 & s\\ 0 & t\end{bmatrix}.$$

$\mathbf{A}$ 将输入信号 x 的偶序列 x_e 扩至 a 倍, 并将奇序列 x_o 分别扩至 b,c 倍, 从而形成三通道信号组 $x_{0,1,2}$. 在提升变换中, 用 x_0 来预测 $x_{1,2}$, 并用 $1,2$ 通道的残值误差 $d_{1,2}$ 来更新 x_0. 该过程可描述为

$$\begin{pmatrix}x_e\\ x_o\end{pmatrix}\xrightarrow{\mathbf{A}}\begin{pmatrix}x_0\\ x_1\\ x_2\end{pmatrix}\xrightarrow{\text{预测}}\begin{pmatrix}x_0\\ x_1-P_1(x_0)\\ x_2-P_2(x_0)\end{pmatrix}:=\begin{pmatrix}x_0\\ d_1\\ d_2\end{pmatrix}\xrightarrow{\text{更新}}\begin{pmatrix}x_0+U_1(d_1)+U_2(d_2)\\ d_1\\ d_2\end{pmatrix}.$$

以下讨论具有形如 (3.3.7) 式的提升分解格式. 结合 (3.3.3), 得

$$\widetilde{\mathbf{H}}_p=\begin{bmatrix}\widetilde{H}_{0,0} & \widetilde{H}_{0,1}\\ \widetilde{H}_{1,0} & \widetilde{H}_{1,1}\\ \widetilde{H}_{2,0} & \widetilde{H}_{2,1}\end{bmatrix}=\begin{bmatrix}a\left(1-\sum_{i=1}^{2}U_iP_i\right) & bU_1+cU_2\\ -aP_1 & b\\ -aP_2 & c\end{bmatrix}.$$

根据消失矩条件 (3.3.1), 有

$$\widetilde{\mathcal{H}}_1\rho(\mathbb{Z}^2) = -aP_1\rho(\mathbf{M}\mathbb{Z}^2) + b\rho(\mathbf{M}\mathbb{Z}^2 + \boldsymbol{t}) = 0, \quad \rho \in \Pi_{\widetilde{N}_1}.$$

由于多项式空间 $\Pi_{\widetilde{N}_1}$ 具有平移不变性, 因此上式等价于

$$P_1\rho(\mathbb{Z}^2) = \frac{b}{a}\rho(\mathbb{Z}^2 + \mathbf{M}^{-1}\boldsymbol{t}) = 0, \quad \rho \in \Pi_{\widetilde{N}_1}.$$

这说明, P_1 是一个 $\widetilde{N}_1$ 阶、位移 $\boldsymbol{\tau} = \mathbf{M}^{-1}\boldsymbol{t}$、尺度 $\lambda = \dfrac{b}{a}$ 的 Neville 滤波器.

同理可得, P_2 是一个 $\widetilde{N}_2$ 阶、位移 $\boldsymbol{\tau} = \mathbf{M}^{-1}\boldsymbol{t}$、尺度 $\lambda = \dfrac{c}{a}$ 的 Neville 滤波器. 因此

$$P_1 \backsim \mathcal{N}\left(\frac{b}{a}, \mathbf{M}^{-1}\boldsymbol{t}, \widetilde{N}_1\right), \quad P_2 \backsim \mathcal{N}\left(\frac{c}{a}, \mathbf{M}^{-1}\boldsymbol{t}, \widetilde{N}_2\right).$$

另一方面, 由 (3.3.6) 得

$$\mathbf{H}_p = \begin{bmatrix} H_{0,0} & H_{0,1} \\ H_{1,0} & H_{1,1} \\ H_{2,0} & H_{2,1} \end{bmatrix} = \begin{bmatrix} r & sP_1^* + tP_2^* \\ -rU_1^* & s - U_1^*(sP_1^* + tP_2^*) \\ -rU_2^* & t - U_2^*(sP_1^* + tP_2^*) \end{bmatrix}.$$

首先讨论 U_1. 根据消失矩条件 (3.3.1), 有

$$\mathcal{H}_1\rho(\mathbb{Z}^d) = -rU_1^*\rho(\mathbf{M}\mathbb{Z}^2) + s\rho(\mathbf{M}\mathbb{Z}^2 + \boldsymbol{t}) - U_1^*(sP_1^* + tP_2^*)\rho(\mathbf{M}\mathbb{Z}^2 + \boldsymbol{t}) = 0, \quad \rho \in \Pi_{N_1}.$$

当 $P_1 \backsim \mathcal{N}\left(\dfrac{b}{a}, \boldsymbol{\tau}, \widetilde{N}_1\right)$, $P_2 \backsim \mathcal{N}\left(\dfrac{c}{a}, \boldsymbol{\tau}, \widetilde{N}_2\right)$, 且 $N_1 \leqslant \min\{\widetilde{N}_1, \widetilde{N}_2\}$ 时, 能够推出

$$(ar + bs + ct)U_1^*\rho(\mathbf{M}\mathbb{Z}^2) = as\rho(\mathbf{M}\mathbb{Z}^2 + \boldsymbol{t}), \quad \rho \in \Pi_{N_1}.$$

注意到 $ar + bs + ct = 2$, 因此

$$2U_1^*\rho(\mathbf{M}\mathbb{Z}^2) = as\rho(\mathbf{M}\mathbb{Z}^2 + \boldsymbol{t}), \quad \rho \in \Pi_{N_1},$$

上式等价于

$$U_1\rho(\mathbb{Z}^2) = \frac{as}{2}\rho(\mathbb{Z}^2 - \mathbf{M}^{-1}\boldsymbol{t}), \quad \rho \in \Pi_{N_1}.$$

因此, U_1 是一个 N_1 阶、位移 $\boldsymbol{\tau} = -\mathbf{M}^{-1}\boldsymbol{t}$、尺度 $\lambda = \dfrac{as}{2}$ 的 Neville 滤波器, $N_1 \leqslant \min\{\widetilde{N}_1, \widetilde{N}_2\}$.

同理可得, U_2 是一个 N_2 阶、位移 $\boldsymbol{\tau} = -\mathbf{M}^{-1}\boldsymbol{t}$、尺度 $\lambda = \dfrac{at}{2}$ 的 Neville 滤波器, $N_2 \leqslant \min\{\widetilde{N}_1, \widetilde{N}_2\}$.

综上讨论, 本书得到具有指定消失矩的对偶小波框架提升构造定理.

定理 3.3.1 (具有指定消失矩的对偶小波框架提升构造定理[32]) 已知 $(\mathcal{S}(\Psi), \mathcal{S}(\widetilde{\Psi}))$ 为基于 MRA 的对偶小波框架, 与其对应的对偶多相位矩阵 $\widetilde{\mathbf{H}}_p$ 具有如下提升分解格式:

$$\widetilde{\mathbf{H}}_p = \begin{bmatrix} \widetilde{H}_{0,0} & \widetilde{H}_{0,1} \\ \widetilde{H}_{1,0} & \widetilde{H}_{1,1} \\ \widetilde{H}_{2,0} & \widetilde{H}_{2,1} \end{bmatrix} = \mathbf{\Lambda} \cdot \mathbf{A}, \tag{3.3.8}$$

其中

$$\mathbf{\Lambda} = \begin{bmatrix} 1 & U_1 & U_2 \\ 0 & 1 & 0 \\ 0 & 0 & 1 \end{bmatrix} \begin{bmatrix} 1 & 0 & 0 \\ -P_1 & 1 & 0 \\ -P_2 & 0 & 1 \end{bmatrix}, \quad \mathbf{A} = \begin{bmatrix} a & 0 \\ 0 & b \\ 0 & c \end{bmatrix},$$

则每个原框架小波 ψ_i 具有 N_i 阶消失矩, 且每个对偶框架小波 $\widetilde{\psi}_i$ 具有 $\widetilde{N}_i$ 阶消失矩, 如果提升和预测算子满足

$$P_1 \backsim \mathcal{N}\left(\frac{b}{a}, \boldsymbol{\tau}, \widetilde{N}_1\right), \quad P_2 \backsim \mathcal{N}\left(\frac{c}{a}, \boldsymbol{\tau}, \widetilde{N}_2\right),$$
$$U_1 \backsim \mathcal{N}\left(\frac{as}{2}, -\boldsymbol{\tau}, N_1\right), \quad U_2 \backsim \mathcal{N}\left(\frac{at}{2}, -\boldsymbol{\tau}, N_2\right),$$

且 $\max\{N_1, N_2\} \leqslant \min\{\widetilde{N}_1, \widetilde{N}_2\}$. 这里 $\boldsymbol{\tau} = \mathbf{M}^{-1}\boldsymbol{t}$, $s = \dfrac{b}{b^2+c^2}$, $t = \dfrac{c}{b^2+c^2}$.

下面给出一个梅花形采样矩阵下的构造实例.

例 3.3.1 设 $\mathbf{M}$ 为梅花形采样阵, 即

$$\mathbf{M} = \begin{bmatrix} 1 & 1 \\ 1 & -1 \end{bmatrix},$$

则 $\boldsymbol{t} = (1,0)^{\mathrm{T}}$, 而 $\boldsymbol{\tau} = (1/2, 1/2)^{\mathrm{T}}$.

令 $a = b = c = 1$, 并令 $\widetilde{N}_{1,2}, N_{1,2}$ 依次为 $4, 6, 2, 2$. 根据定理 3.3.1, 于是得到一个具有 $(4, 2)$ 阶消失矩的对偶小波框架. 对偶框架滤波器为

$$\widetilde{H}_0(z_1, z_2) = 1 - \sum_{j=1}^{2} U_j(z_1 z_2, z_1/z_2) P_j(z_1 z_2, z_1/z_2) - z_1^{-1} \sum_{i=1}^{2} U_i(z_1 z_2, z_1/z_2),$$
$$\widetilde{H}_i(z_1, z_2) = P_i(z_1 z_2, z_1/z_2) - z_1^{-1}, \quad i = 1, 2,$$

而原框架滤波器为

$$H_0(z_1, z_2) = 1 - \frac{1}{2} z_1^{-1} \sum_{j=1}^{2} P_j(z_1^{-1} z_2^{-1}, z_1^{-1} z_2),$$

$$
\begin{aligned}
H_i(z_1,z_2) =& -U_i(z_1^{-1}z_2^{-1}, z_1^{-1}z_2)\\
&-\frac{1}{2}z_1^{-1}\left(1-U_i(z_1^{-1}z_2^{-1}, z_1^{-1}z_2)\sum_{j=1}^{2}P_j(z_1^{-1}z_2^{-1}, z_1^{-1}z_2)\right), \quad i=1,2,
\end{aligned}
$$

其中

$$
\begin{aligned}
P_1(z_1,z_2) =& (10(1+z_1^{-1}+z_2^{-1}+z_1^{-1}z_2^{-1})-(z_1^{-2}+z_2^{-2}\\
&+z_1^{-2}z_2^{-1}+z_1^{-1}z_2^{-2}+z_1+z_2+z_1z_2^{-1}+z_1^{-1}z_2))/2^5,\\
P_2(z_1,z_2) =& (174(1+z_1^{-1}+z_2^{-1}+z_1^{-1}z_2^{-1})-27(z_1^{-2}+z_2^{-2}\\
&+z_1^{-2}z_2^{-1}+z_1^{-1}z_2^{-2}+z_1+z_2+z_1z_2^{-1}+z_1^{-1}z_2)\\
&+2(z_1^{-2}z_2^{-2}+z_1^{-2}z_2+z_1z_2+z_1z_2^{-2})+3(z_1^{-3}+z_2^{-3}\\
&+z_1^{-3}z_2^{-1}+z_1^{-1}z_2^{-3}+z_1^2+z_2^2+z_1^2z_2^{-1}+z_1^{-1}z_2^2))/2^9,\\
U_1(z_1,z_2) =& U_2(z_1,z_2) = \frac{1}{16}(1+z_1+z_2+z_1z_2).
\end{aligned}
$$

3.3.2 其他类型的框架提升分解结构

3.3.1 节讨论了一种典型的框架提升分解结构, 即式 (3.3.3), 记为类型 I. 本节将讨论另外两种框架提升分解结构, 以扩展对偶小波框架的形式.

类型 II 考虑提升分解具有如下结构.

$$
\widetilde{\mathbf{H}}_p = \begin{bmatrix} \widetilde{H}_{0,0} & \widetilde{H}_{0,1} \\ \widetilde{H}_{1,0} & \widetilde{H}_{1,1} \\ \widetilde{H}_{2,0} & \widetilde{H}_{2,1} \end{bmatrix} = \mathbf{\Delta}\begin{bmatrix} a & 0 \\ 0 & b \\ 0 & 0 \end{bmatrix}, \tag{3.3.9}
$$

其中

$$
\mathbf{\Delta} = \begin{bmatrix} 1 & U_1 & 0 \\ 0 & 1 & U_2 \\ 0 & 0 & 1 \end{bmatrix}\begin{bmatrix} 1 & 0 & 0 \\ -P_1 & 1 & 0 \\ 0 & -P_2 & 1 \end{bmatrix} = \begin{bmatrix} 1-U_1P_1 & U_1 & 0 \\ -P_1 & 1-U_2P_2 & U_2 \\ 0 & -P_2 & 1 \end{bmatrix}.
$$

根据式 (3.3.9), 提升过程可描述为

$$
\begin{bmatrix} x_e \\ x_o \end{bmatrix} \xrightarrow{\mathbf{A}} \begin{bmatrix} x_0 \\ x_1 \\ x_2 \end{bmatrix} \xrightarrow{\text{预测}} \begin{bmatrix} x_0 \\ x_1 - P_1(x_0) \\ x_2 - P_2(x_1) \end{bmatrix} := \begin{bmatrix} x_0 \\ d_1 \\ d_2 \end{bmatrix} \xrightarrow{\text{更新}} \begin{bmatrix} x_0 + U_1(d_1) \\ d_1 + U_2(d_2) \\ d_2 \end{bmatrix}.
$$

根据完全重构条件,

$$\mathbf{H}_p = \begin{bmatrix} H_{0,0} & H_{0,1} \\ H_{1,0} & H_{1,1} \\ H_{2,0} & H_{2,1} \end{bmatrix} = (\boldsymbol{\Delta}^*)^{-1} \begin{bmatrix} 1/a & 0 \\ 0 & 1/b \\ 0 & 0 \end{bmatrix}, \tag{3.3.10}$$

其中

$$\begin{aligned}[\boldsymbol{\Delta}^*]^{-1} &= \begin{bmatrix} 1 & 0 & 0 \\ -U_1^* & 1 & 0 \\ U_1^*U_2^* & -U_2^* & 1 \end{bmatrix} \begin{bmatrix} 1 & P_1^* & P_1^*P_2^* \\ 0 & 1 & P_2^* \\ 0 & 0 & 1 \end{bmatrix} \\ &= \begin{bmatrix} 1 & P_1^* & P_1^*P_2^* \\ -U_1^* & 1-U_1^*P_1^* & P_2^*(1-U_1^*P_1^*) \\ U_1^*U_2^* & -U_2^*(1-U_1^*P_1^*) & 1-U_2^*P_2^*(1-U_1^*P_1^*) \end{bmatrix}.\end{aligned}$$

因此

$$\widetilde{\mathbf{H}}_p = \boldsymbol{\Delta} \begin{bmatrix} a & 0 \\ 0 & b \\ 0 & 0 \end{bmatrix} = \begin{bmatrix} a(1-U_1P_1) & bU_1 \\ -aP_1 & b(1-U_2P_2) \\ 0 & -bP_2 \end{bmatrix},$$

$$\mathbf{H}_p = [\boldsymbol{\Delta}^*]^{-1} \begin{bmatrix} 1/a & 0 \\ 0 & 1/b \\ 0 & 0 \end{bmatrix}. = \begin{bmatrix} 1/a & P_1^*/b \\ -U_1^*/a & (1-U_1^*P_1^*)/b \\ U_1^*U_2^*/a & -U_2^*(1-U_1^*P_1^*)/b \end{bmatrix}.$$

首先讨论 $\widetilde{\mathbf{H}}_p$. 消失矩条件 (3.3.1) 意味着

$$\widetilde{\mathcal{H}}_2\rho(\mathbb{Z}^2) = bP_2\rho(\mathbf{M}\mathbb{Z}^2 + \boldsymbol{t}) = 0, \quad \rho \in \Pi_{\widetilde{N}_2}.$$

因此

$$P_2\rho(\mathbb{Z}^2) = 0, \quad \rho \in \Pi_{\widetilde{N}_2}.$$

一种构造方法是, 令 $P_2 = P_{\widetilde{N}_g} - P_{\widetilde{N}_l}$, 其中 $P_{\widetilde{N}_g} \backsim (1, \boldsymbol{\tau}, \widetilde{N}_g), P_{\widetilde{N}_l} \backsim (1, \boldsymbol{\tau}, \widetilde{N}_l)$ 且 $\min\{\widetilde{N}_g, \widetilde{N}_l\} \geqslant \widetilde{N}_2$. 事实上,

$$P_2\rho(\mathbb{Z}^d) = (P_{\widetilde{N}_g} - P_{\widetilde{N}_l})\rho(\mathbb{Z}^d) = \rho(\mathbb{Z}^d + \boldsymbol{\tau}) - \rho(\mathbb{Z}^d + \boldsymbol{\tau}) = 0, \quad \rho \in \Pi_{\widetilde{N}_2}.$$

进一步, 若 $P_2\rho(\mathbb{Z}^2) = 0$, 则由消失矩条件 (3.3.1) 易推出

$$\widetilde{\mathcal{H}}_1\rho(\mathbb{Z}^2) = -aP_1\rho(\mathbf{M}\mathbb{Z}^2) + b\rho(\mathbf{M}\mathbb{Z}^2 + \boldsymbol{t}) = 0, \quad \rho \in \Pi_{\widetilde{N}_1}.$$

因此

$$P_1\rho(\mathbb{Z}^2)=\frac{b}{a}\rho(\mathbb{Z}^2+\mathbf{M}^{-1}\boldsymbol{t}),\quad \rho\in\Pi_{\widetilde{N}_1}.$$

下面讨论 $\mathbf{H}_p$. 由消失矩条件 (3.3.1),

$$\mathcal{H}_1\rho(\mathbb{Z}^2)=-\frac{1}{a}U_1^*\rho(\mathbf{M}\mathbb{Z}^2)+\frac{1}{b}\rho(\mathbf{M}\mathbb{Z}^2+\boldsymbol{t})-\frac{1}{b}U_1^*P_1^*\rho(\mathbf{M}\mathbb{Z}^2+\boldsymbol{t})=0,\quad \rho\in\Pi_{N_1}.$$

若 $P_1\backsim\mathcal{N}\left(\frac{b}{a},\boldsymbol{\tau},\widetilde{N}_1\right)$, 且 $N_1\leqslant\widetilde{N}_1$, 则

$$-\frac{1}{a}U_1^*\rho(\mathbf{M}\mathbb{Z}^2)+\frac{1}{b}\rho(\mathbf{M}\mathbb{Z}^2+\boldsymbol{t})-\frac{1}{a}U_1^*\rho(\mathbf{M}\mathbb{Z}^2)=0,\quad \rho\in\Pi_{N_1}.$$

因此

$$U_1^*\rho(\mathbb{Z}^2)=\frac{a}{2b}\rho(\mathbb{Z}^2+\mathbf{M}^{-1}\boldsymbol{t}),\quad \rho\in\Pi_{N_1}.$$

注意到当 $\mathcal{H}_1\rho(\mathbb{Z}^2)=0$ 时,

$$\mathcal{H}_2\rho(\mathbb{Z}^2)=U_2^*\left(-\frac{1}{a}U_1^*\rho(\mathbf{M}\mathbb{Z}^2)+\frac{1}{b}\rho(\mathbf{M}\mathbb{Z}^2+\boldsymbol{t})-\frac{1}{a}U_1^*P_1^*\rho(\mathbf{M}\mathbb{Z}^2+\boldsymbol{t})\right)=0,\quad \rho\in\Pi_{N_2}.$$

因此 U_2 的构造是任意的.

将上述讨论总结成以下定理.

定理 3.3.2　已知 $\left(\mathcal{S}(\Psi),\mathcal{S}(\widetilde{\Psi})\right)$ 为基于 MRA 的对偶小波框架, 与其对应的对偶多相位矩阵 $\widetilde{\mathbf{H}}_p$ 具有如下提升分解格式:

$$\widetilde{\mathbf{H}}_p=\begin{bmatrix}\widetilde{H}_{0,0}&\widetilde{H}_{0,1}\\\widetilde{H}_{1,0}&\widetilde{H}_{1,1}\\\widetilde{H}_{2,0}&\widetilde{H}_{2,1}\end{bmatrix}=\boldsymbol{\Delta}\begin{bmatrix}a&0\\0&b\\0&0\end{bmatrix},\tag{3.3.11}$$

其中

$$\boldsymbol{\Delta}=\begin{bmatrix}1&U_1&0\\0&1&U_2\\0&0&1\end{bmatrix}\begin{bmatrix}1&0&0\\-P_1&1&0\\0&-P_2&1\end{bmatrix},$$

则每个原框架小波 ψ_i 具有 N_i 阶消失矩, 且每个对偶框架小波 $\widetilde{\psi}_i$ 具有 $\widetilde{N}_i$ 阶消失矩, 如果提升和预测算子满足

$$P_1\backsim\mathcal{N}\left(\frac{b}{a},\boldsymbol{\tau},\widetilde{N}_1\right),\quad U_1\backsim\mathcal{N}\left(\frac{a}{2b},-\boldsymbol{\tau},N_1\right),$$

$$P_2=P_{\widetilde{N}_g}-P_{\widetilde{N}_l},\quad P_{\widetilde{N}_g}\backsim(1,\boldsymbol{\tau},\widetilde{N}_g),\quad P_{\widetilde{N}_l}\backsim(1,\boldsymbol{\tau},\widetilde{N}_l),$$

且满足 $N_1\leqslant\widetilde{N}_1\leqslant\widetilde{N}_2\leqslant\min\{\widetilde{N}_g,\widetilde{N}_l\}$. 而 U_2 是任意的. 这里 $\boldsymbol{\tau}=\mathbf{M}^{-1}\boldsymbol{t}$.

类型 III 考虑提升结构具有如下形式:

$$\widetilde{\mathbf{H}}_p = \begin{bmatrix} \widetilde{H}_{0,0} & \widetilde{H}_{0,1} \\ \widetilde{H}_{1,0} & \widetilde{H}_{1,1} \\ \widetilde{H}_{2,0} & \widetilde{H}_{2,1} \end{bmatrix} = \boldsymbol{\Xi} \begin{bmatrix} a & 0 \\ 0 & b \\ 0 & 0 \end{bmatrix}, \tag{3.3.12}$$

其中

$$\boldsymbol{\Xi} = \begin{bmatrix} 1 & U_1 & U_1U_2 \\ 0 & 1 & U_2 \\ 0 & 0 & 1 \end{bmatrix} \begin{bmatrix} 1 & 0 & 0 \\ -P_1 & 1 & 0 \\ P_1P_2 & -P_2 & 1 \end{bmatrix}$$
$$= \begin{bmatrix} 1 - U_1P_1 + U_1U_2P_1P_2 & U_1 - U_1U_2P_2 & U_1U_2 \\ -P_1 + U_2P_1P_2 & 1 - U_2P_2 & U_2 \\ P_1P_2 & -P_2 & 1 \end{bmatrix}.$$

根据式 (3.3.12), 提升过程可描述为

$$\begin{bmatrix} x_e \\ x_o \end{bmatrix} \xrightarrow{\mathbf{A}} \begin{bmatrix} x_0 \\ x_1 \\ x_2 \end{bmatrix} \xrightarrow{\text{预测}} \begin{bmatrix} x_0 \\ x_1 - P_1(x_0) \\ x_2 - P_2(x_1 - P_1(x_0)) \end{bmatrix}$$
$$:= \begin{bmatrix} x_0 \\ d_1 \\ d_2 \end{bmatrix} \xrightarrow{\text{更新}} \begin{bmatrix} x_0 + U_1(d_1 + U_2(d_2)) \\ d_1 + U_2(d_2) \\ d_2 \end{bmatrix}.$$

根据完全重构条件,

$$\mathbf{H}_p = \begin{bmatrix} H_{0,0} & H_{0,1} \\ H_{1,0} & H_{1,1} \\ H_{2,0} & H_{2,1} \end{bmatrix} = (\boldsymbol{\Xi}^*)^{-1} \begin{bmatrix} 1/a & 0 \\ 0 & 1/b \\ 0 & 0 \end{bmatrix}, \tag{3.3.13}$$

其中

$$[\boldsymbol{\Xi}^*]^{-1} = \begin{bmatrix} 1 & 0 & 0 \\ -U_1^* & 1 & 0 \\ 0 & -U_2^* & 1 \end{bmatrix} \begin{bmatrix} 1 & P_1^* & 0 \\ 0 & 1 & P_2^* \\ 0 & 0 & 1 \end{bmatrix} = \begin{bmatrix} 1 & P_1^* & 0 \\ -U_1^* & 1 - U_1^*P_1^* & P_2^* \\ 0 & -U_2^* & 1 - U_2^*P_2^* \end{bmatrix}.$$

因此

$$\widetilde{\mathbf{H}}_p = \boldsymbol{\Xi} \begin{bmatrix} a & 0 \\ 0 & b \\ 0 & 0 \end{bmatrix} = \begin{bmatrix} a[1 - U_1P_1(1 - U_2P_2)] & bU_1(1 - U_2P_2) \\ -aP_1(1 - U_2P_2) & b(1 - U_2P_2) \\ aP_1P_2 & -bP_2 \end{bmatrix},$$

$$\mathbf{H}_p = [\boldsymbol{\Delta}^*]^{-1}\begin{bmatrix}1/a & 0\\ 0 & 1/b\\ 0 & 0\end{bmatrix} = \begin{bmatrix}1/a & P_1^*/b\\ -U_1^*/a & (1-U_1^*P_1^*)/b\\ 0 & -U_2^*/b\end{bmatrix}.$$

注意到 $\mathbf{H}_p$ 第 3 行, 由消失矩条件 (3.3.1), 易得

$$U_2^*\rho(\mathbb{Z}^2)=0,\quad \rho\in\Pi_{N_2}.$$

因此可令 $U_2=U_{N_g}-U_{N_l}$, 其中 $U_{N_g}\backsim(1,-\boldsymbol{\tau},\widetilde{N}_g), U_{N_l}\backsim(1,-\boldsymbol{\tau},N_l)$ 且 $\min\{N_g, N_l\}\geqslant N_2$. 在此基础上, 由 $\widetilde{\mathcal{H}}_1(\mathbb{Z}^2)=0$, 得

$$P_1\rho(\mathbb{Z}^2)=\frac{b}{a}\rho(\mathbb{Z}^2+\mathbf{M}^{-1}\boldsymbol{t}),\quad \rho\in\Pi_{\widetilde{N}_1},\quad \widetilde{N}_1\leqslant N_2, \tag{3.3.14}$$

结合 $\widetilde{\mathbf{H}}_p$ 第 3 行, 对任意 P_2, 有

$$\widetilde{\mathcal{H}}_2(\mathbb{Z}^2)=0,\quad \rho\in\Pi_{\widetilde{N}_2}.$$

而若 (3.3.14) 成立, 则

$$\begin{aligned}\mathcal{H}_1(\mathbb{Z}^2)&=-\frac{1}{a}U_1^*\rho(\mathbf{M}\mathbb{Z}^2)+\frac{1}{b}(1-U_1^*P_1^*)\rho(\mathbf{M}\mathbb{Z}^2+\boldsymbol{t})\\&=-\frac{1}{a}U_1^*\rho(\mathbf{M}\mathbb{Z}^2)+\frac{1}{b}\rho(\mathbf{M}\mathbb{Z}^2+\boldsymbol{t})-\frac{1}{a}U_1^*\rho(\mathbf{M}\mathbb{Z}^2)\\&=0\quad(\rho\in\Pi_{N_1},N_1\leqslant\widetilde{N}_1),\end{aligned}$$

因此

$$U_1^*\rho(\mathbb{Z}^2)=\frac{a}{2b}\rho(\mathbb{Z}^2+\mathbf{M}^{-1}\boldsymbol{t}),\quad \rho\in\Pi_{N_1},\quad N_1\leqslant\widetilde{N}_1.$$

将上述讨论总结成以下定理.

定理 3.3.3 已知 $\left(\mathcal{S}(\Psi),\mathcal{S}(\widetilde{\Psi})\right)$ 为基于 MRA 的对偶小波框架, 与其对应的对偶多相位矩阵 $\widetilde{\mathbf{H}}_p$ 具有如下提升分解格式:

$$\widetilde{\mathbf{H}}_p=\begin{bmatrix}\widetilde{H}_{0,0} & \widetilde{H}_{0,1}\\ \widetilde{H}_{1,0} & \widetilde{H}_{1,1}\\ \widetilde{H}_{2,0} & \widetilde{H}_{2,1}\end{bmatrix}=\boldsymbol{\Xi}\begin{bmatrix}a & 0\\ 0 & b\\ 0 & 0\end{bmatrix}, \tag{3.3.15}$$

其中

$$\boldsymbol{\Xi}=\begin{bmatrix}1 & U_1 & U_1U_2\\ 0 & 1 & U_2\\ 0 & 0 & 1\end{bmatrix}\begin{bmatrix}1 & 0 & 0\\ -P_1 & 1 & 0\\ P_1P_2 & -P_2 & 1\end{bmatrix},$$

则每个原框架小波 ψ_i 具有 N_i 阶消失矩, 且每个对偶框架小波 $\widetilde{\psi}_i$ 具有 $\widetilde{N}_i$ 阶消失矩, 如果提升和预测算子满足

$$P_1 \backsim \mathcal{N}\left(\frac{b}{a}, \boldsymbol{\tau}, \widetilde{N}_1\right), \quad U_1 \backsim \mathcal{N}\left(\frac{a}{2b}, -\boldsymbol{\tau}, N_1\right),$$

$$U_2 = U_{N_g} - U_{N_l}, \quad U_{N_g} \backsim (1, -\boldsymbol{\tau}, N_g), \quad U_{N_l} \backsim (1, -\boldsymbol{\tau}, N_l),$$

且满足 $N_1 \leqslant \widetilde{N}_1 \leqslant N_2 \leqslant \min\{N_g, N_l\}$. 而 P_2 是任意的. 这里 $\boldsymbol{\tau} = \mathbf{M}^{-1}\boldsymbol{t}$.

3.4 各向异性对偶框架提升变换

3.3 节详细讨论了梅花形采样矩阵下的对偶小波框架构造方法. 由于其预测与更新算子为单一的指定阶数的 Neville 滤波器, 因此变换是各向同性的. 本节将研究具有方向特征的对偶小波框架提升变换, 同时保持框架小波的消失矩. 根据定理 3.3.1, 构造具有指定消失矩的框架小波要求预测与更新算子均为 Neville 滤波器, 同时阶数满足一定要求. 而提升模式的灵活性为自适应选取预测和更新算子提供了可能. 因此, 若将指定阶数单一的预测与更新算子替换为一系列同阶且具有方向特征的 Neville 滤波器组, 就会得到具有指定消失矩的各向异性对偶框架提升变换.

3.4.1 基于方向 Neville 滤波器的构造方法

根据 3.2.3 节的讨论, 具有方向特征的 Neville 滤波器构造通过剪切矩阵实现, 其中要求剪切矩阵的上 (下) 三角元素为偶数. 而当上 (下) 三角元素为奇数时, 则转化为在指定斜率的直线上构造一维 Neville 滤波器. 方向仅取决于上 (下) 三角元素 s 或 t, 没有任何其他限制, 因此理论上可以将方向 (即角度) 划分成任意满足要求的区间. 本节将以 7 个方向为例来讨论各向异性提升变换的构造. 而在实际应用中, 7 个方向亦能在变换性能与计算复杂度之间达到良好的平衡.

现设需要构造一个 2 阶的方向 Neville 滤波器组. 依次令 $s = 0, \pm 1, \pm 2$ 以及 $t = 0, \pm 1, \pm 2$, 于是便得到了 7 个方向 Neville 滤波器 (其中 $s = 0, \pm 1$ 与 $t = 0, \pm 1$ 的结果是一致的). 事实上, 3.2.3 节已经给出了这 7 个滤波器, 它们分别是

$$P_0(z_1, z_2) = \frac{1}{4}(1 + z_1 + z_2 + z_1 z_2) \quad (s = t = 0),$$

$$P_1(z_1, z_2) = \frac{1}{4}(z_1^{-1} + 1 + z_1 z_2 + z_1^2 z_2) \quad (s = 2),$$

$$P_2(z_1, z_2) = \frac{1}{4}(z_1^{-1} z_2 + z_1 + z_1^2 + z_2) \quad (s = -2),$$

$$P_3(z_1, z_2) = \frac{1}{4}(1 + z_1 z_2 + z_1 z_2^2 + z_2^{-1}) \quad (t = 2),$$

$$P_4(z_1, z_2) = \frac{1}{4}(z_1 z_2^{-1} + z_1 + z_2 + z_2^2) \quad (t = -2),$$

$$P_5(z_1, z_2) = \frac{1}{2}(1 + z_1 z_2) \quad (s = t = 1),$$

$$P_6(z_1, z_2) = \frac{1}{2}(z_1 + z_2) \quad (s = t = -1).$$

注意到滤波器本身的结构并不代表变换的方向, 因为提升变换是在梅花形采样下进行的, 因此将上述 Neville 滤波器进行梅花形上采样才能得到实际的预测方向. 例如, $\mathbf{P}_0$ 经过上采样后变为

$$\mathbf{P}_0 = \frac{1}{4}\begin{bmatrix} 1 & 1 \\ 1 & 1 \end{bmatrix} \xrightarrow{\text{上采样}} \mathbf{P}_0^u = \frac{1}{4}\begin{bmatrix} 0 & 1 & 0 \\ 1 & 0 & 1 \\ 0 & 1 & 0 \end{bmatrix}.$$

又如 $\mathbf{P}_6$ 经过上采样后变为具有水平方向的一维预测算子. 以第一象限内 $[0, \pi/2]$ 为例, 更直观的预测点分布见图 3.4.1. 其余部分可通过对称性获得.

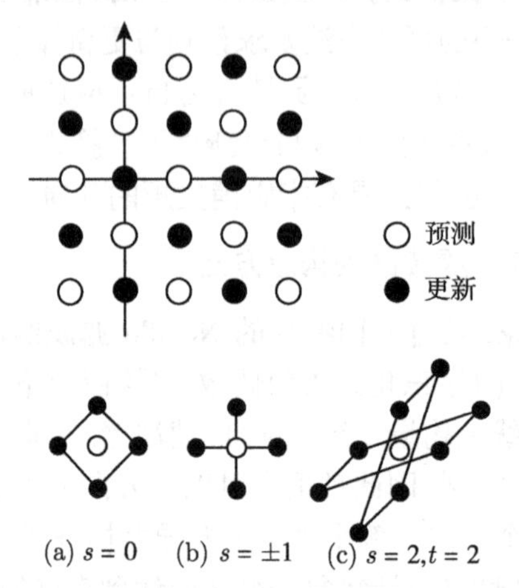

图 3.4.1　方向 Neville 滤波器预测点示意图

根据同样的方式可以构造更高阶的方向 Neville 滤波器组.

下面讨论各向异性对偶框架提升变换的流程. 首先假定分解多相位矩阵满足形如 (3.3.3) 式的提升分解结构. 考虑一步提升, 设 x_0 为更新点, $x_{1,2}$ 为预测点, 即用 x_0 来预测 $x_{1,2}$, 预测残差为

$$\boldsymbol{d}_i = x_i - \boldsymbol{P}_i(x_0), \quad i = 1, 2,$$

其中 $\boldsymbol{P}_i$ 表示由 r 个具有某指定阶的方向 Neville 滤波器组成的滤波器组,

$$\boldsymbol{P}_i = \{P_{i,j}, j = 1, \cdots, r\}.$$

将最小化残差作为自适应预测步的优化准则, 则自适应方向为

$$\theta_i = \arg\min_r |\boldsymbol{d}_i|, \quad i = 1, 2,$$

于是便得到各向异性提升预测步的高频子带 $d_{1,2}^{\theta}$. 注意到方向的选取是在子带内逐点进行的, 因此 $\theta_{1,2}$ 不必相等.

由于各向异性提升变换的预测步降低了高频小波系数间的相关性, 因此更新步采用各向同性滤波器来进行,

$$s = x_0 + \sum_{i=1}^{2} U_i(d_i^{\theta}).$$

这样处理亦避免了不同子带方向信息不匹配的弊端, 同时降低了变换的计算复杂度.

综上所述, 本书提出各向异性对偶框架提升变换算法, 见算法 3.4.1.

算法 3.4.1 各向异性对偶小波框架提升变换 (AFLT)

设初始信号 x, $\boldsymbol{P}_{1,2} = \{P_{i,j}, i = 1, 2; j = 1, \cdots, r\}$ 为指定阶的方向 Neville 滤波器组, $U_{1,2}$ 为各向同性 Neville 滤波器.

分割

将信号 x 分割成奇偶子序列 (x_e, x_o). 进而通过 $\mathbf{A}$ 组成 3 个子带 $x_{0,1,2}$:

$$(x_0, x_1, x_2)^{\mathrm{T}} = \mathbf{A}(x_e, x_o)^{\mathrm{T}}.$$

预测

$$d_i^{\theta} = \min_r \{|x_i - P_{i,j}(x_0)|, j = 1, \cdots, r\}, \ i = 1, 2.$$

更新

$$s = x_0 + \sum_{i=1}^{2} U_i(d_i^{\theta}).$$

重构算法是上述过程的逆序实现.

3.4.2 各向异性与稀疏性检验

本节通过实验来验证方向 Neville 滤波器的有效性. 首先选择一幅人工图像 zoneplate 进行方向性的验证, 该图像由灰度不同的同心圆构成, 以模拟自然图像不同方向的纹理边缘信息. 实验采用二阶和四阶方向滤波器组, 并将一步预测后的方向信息用色彩标记, 以展示预测的准确性, 见图 3.4.2.

从图 3.4.2 可以看出, 二阶方向滤波器组的方向信息呈色块分布, 且每一个区域与实际的边缘方向相一致. 而四阶方向滤波器组的方向区分度不如二阶明显, 但整体色彩分区以及过渡部分与二阶一致. 这是因为预测方向是依据残差最小化原则选取. 而消失矩代表小波表示信号的能力. n 阶消失矩能够滤去 n 阶以下光滑的函

数, 高频子带只含有 n 阶以上的函数信息或奇异点. 消失矩越高, 高频系数越稀疏, 其方向相关性就越低. 因此图 3.4.2 既说明了方向 Neville 滤波器的各向异性, 也同时说明了高阶消失矩在图像表示中的作用.

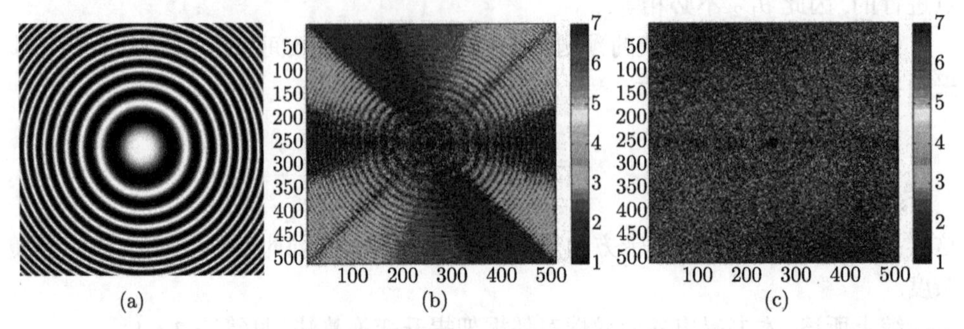

图 3.4.2　方向 Neville 滤波器预测方向结果: (a) zoneplate; (b)$N=2$; (c)$N=4$ (文后彩插)

为进一步验证各向异性提升变换的稀疏性. 下面选择自然图像 barbara 与 lena, 对其分别进行一级对偶框架各向同性提升变换与各向异性提升变换, 其中框架小波分别具有二阶和四阶消失矩. 计算预测残差的方差, 即

$$\sigma_i^2 = \sum_{w \in d_i} w^2, \quad i = 1, 2.$$

图 3.4.3 显示了预测残差的结果. 可以看到, 各向异性提升变换有效降低了预测残差, 高频子带的系数大部分集中在零附近. 而随着消失矩的增加, 预测残差亦减小, 表示更稀疏.

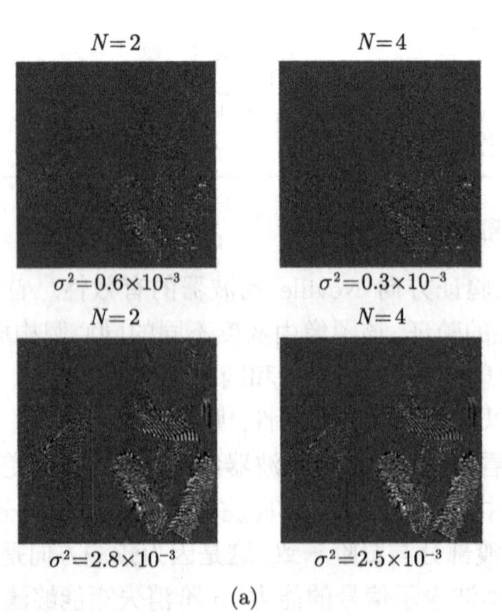

(a)

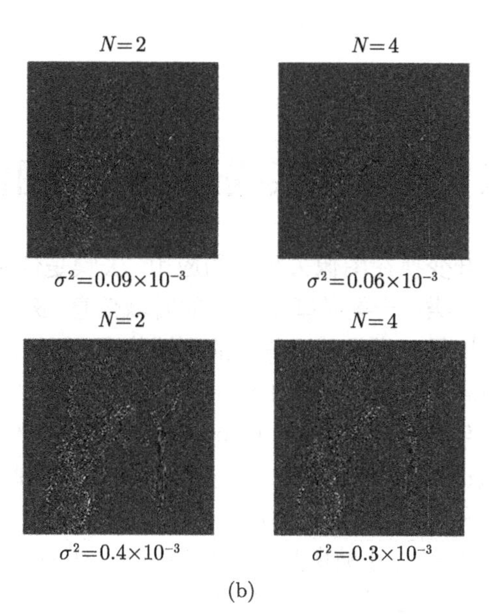

图 3.4.3 向异性提升变换 (上) 与各向同性提升变换 (下) 高频子带残差对比: (a) barbara; (b) lena (为加强显示效果, 小波系数作了量化处理)

第 4 章　基于框架提升变换的图像去噪

本章介绍框架提升变换在图像去噪中的应用. 去噪是信号处理中的经典问题. 传统的去噪方法包括两类：一类是基于信号的时域信息, 例如, 均值滤波、中值滤波、Wiener 滤波等[87]; 另一类是基于信号的频域信息, 例如, Fourier 变换. 由于噪声一般集中在信号的高频分量中, 利用 Fourier 变换剔除信号的高频分量, 保留中低频分量, 则噪声很容易被抑制. 然而, Fourier 变换不能有效区分高频分量是信号还是噪声, 这使得滤波后的信号在边缘部分会变得模糊. 因此基于 Fourier 变换的方法在保护边缘信息和抑制噪声这两方面存在着制约关系. 随着以小波变换为代表的多尺度变换的研究发展, 小波所具有的时频局部化特性为解决去噪提供了新的思路. 4.1 节首先回顾图像去噪的基本原理和经典方法; 4.2 节介绍方向框架提升变换的理论模型, 特别地, 将给出一个具体的具有平移不变性的方向框架提升变换 (TIDFT); 4.3 节介绍基于 Gabor 滤波器的方向预测模型; 4.4 节研究方向框架提升变换在图像去噪中的应用.

4.1　图像去噪基本原理

由于小波具有时频局部化信息表征的能力, 能够有效区分信号与噪声, 自 20 世纪 90 年代开始, 大量学者研究了基于小波变换的去噪算法, 其中最为著名的是 D. L. Donoho 等提出的收缩去噪法[88–90].

收缩去噪法基于这样的假设, 即小波变换系数是稀疏的. 若将变换后幅值较大的系数视为信号的重要信息, 而将幅值较小的系数视为纯噪声, 通过选取一个阈值, 过滤小的系数, 保留大的系数, 则重构信号依然可以保留重要的信号特征, 同时噪声被有效地去除. 常用的阈值函数有硬阈值函数和软阈值函数[89]:

$$\begin{aligned}&\text{硬阈值：}\quad \eta_H(x,T)=x\cdot I(|x|>T),\\&\text{软阈值：}\quad \eta_S(x,T)=(x-\operatorname{sign}(x)T)\cdot I(|x|>T),\end{aligned}$$

其中 $I(x)=1$, 当 x 为真; 否则 $I(x)=0$. 硬阈值能够保留信号的边缘特征, 但也会产生一些不连续的人工痕迹; 而软阈值保留了信号的连续性, 因此在实际应用中能够获得更好的视觉效果.

设含噪信号模型为

$$y=x+\varepsilon,$$

其中 y 为含噪信号, x 为理想 (无噪) 信号, ε 为噪声. 一般情况下考虑独立叠加高斯白噪声, 因此 $\varepsilon \sim N(0,\sigma_n^2)$. 去噪的目的是寻找理想信号的一个估计值 $\widehat{x}$, 使得均方误差 (或称之为风险函数) 最小:

$$\widehat{x} = \arg\min E[(\widehat{x}-x)^2].$$

在收缩去噪法中, $\widehat{x} = \eta(y,T)$, 因此阈值的选取尤为关键. 如果阈值选择过小, 噪声会被保留下来; 如果阈值选择过大, 会丢失重要的图像细节. 许多学者提出了各种阈值的选取方法. 对于长度为 M 的一维信号, D. L. Donoho 与 I. M. Johnstone 提出了 VisuShrink 方法[88], 其中阈值为全局阈值 $T = \sigma\sqrt{2\log M}$. 该方法假设信号 (函数) 属于 Besov 空间, 在极小化极大算法中获得了近似最优的结果. 然而, 针对二维的情形, VisuShrink 会产生过于模糊的图像, 这是因为 VisuShrink 法中阈值的大小与信号长度有关. 对于一幅图像来说, 样本量往往会达到 10^5 或更多. 显然, 过大的阈值将 "扼杀" 许多重要的小波系数, 因而重构图像丢失了许多细节. 随后, 两位学者提出的另一个著名的收缩去噪法, 称作 SureShrink[90], 它是在 Stein 无偏风险估计下得到的阈值. SureShrink 具有光滑自适应性, 能够很好地还原信号的真实特征, 特别是对于有跳跃间断点的连续函数去噪效果尤为明显.

前面介绍的两种阈值方法没有考虑小波系数的分布特征. 事实上, 若将小波系数的分布作为先验知识, 无疑会增加估计的准确性. S. G. Chang 等在假设无噪图像小波系数服从广义高斯分布 (generalized Gaussian distribution) 的前提下提出了 BayesShrink[91]. 大量数据统计得出, 高频子带小波系数的分布呈现出单一峰值, 近原点对称, 两端趋于零的特征, 因此可以用广义高斯分布来描述:

$$GG_{\sigma,\beta}(x) = C(\sigma,\beta)\exp\left\{-[\alpha(\sigma,\beta)|x|]^{\beta}\right\}, \quad \sigma>0, \quad \beta>0,$$

其中,

$$\alpha(\sigma,\beta) = \sigma^{-1}\left[\frac{\Gamma(3/\beta)}{\Gamma(1/\beta)}\right]^{1/2}, \quad C(\sigma,\beta) = \frac{\beta\alpha(\sigma,\beta)}{2\Gamma(\beta^{-1})},$$

为得到最佳估计, 阈值需使得贝叶斯风险函数最小. 定义贝叶斯风险函数

$$r(T) = E[(\widehat{x}-x)^2] = E_x E_{y|x}[(\widehat{x}-x)^2],$$

其中 $\widehat{x} = \eta_S(x,T)$, $y|x \sim N(x,\sigma_n^2)$, $x \sim GG_{\sigma,\beta}$. 从而

$$T^* = \arg\min_{T} r(T).$$

直接求解 T^* 非常困难, 因此作者首先讨论了两种特殊情况, 即高斯分布 $(\beta=2)$ 和拉普拉斯分布 $(\beta=1)$. 进而得到一般情况下的一个近似最优解

$$T = \frac{\sigma_n^2}{\sigma}.$$

BayesShrink 的阈值形式非常简洁, 且符合直观认知. 简要地说, 当 $\sigma_n/\sigma \ll 1$ 时, 信号强于噪声, 因此选择较小的阈值能够保留更多的信号信息; 而当 $\sigma_n/\sigma \gg 1$ 时, 噪声强于信号, 因此需要较大的阈值滤去噪声. 同时注意到 σ 取决于子带内的小波系数, 因此 BayesShrink 具有子带自适应性.

BayesShrink 考虑的是各级子带内的小波系数分布, 然而实际中小波系数存在很大的相关性, 例如, 同级子带内相邻小波系数的相关性 (邻域相关性), 或各级子带间小波系数的相关性 (父子相关性). 若在去噪前将这些系数的相关性作为先验知识, 则会进一步提升估计的准确度. 为此, L. Şendur 与 I. W. Selesnick 提出了双变量收缩法 (bivariate shrinkage)[92, 93]. 双变量收缩法假设父子系数满足联合分布

$$p(x_1, x_2) = \frac{3}{2\pi\sigma^2} \cdot \exp\left(-\frac{\sqrt{3}}{\sigma}\sqrt{x_1^2 + x_2^2}\right),$$

通过最大后验估计能够导出估计的闭合形式:

$$\widehat{x}_1 = \frac{\max\left\{\sqrt{y_1^2 + y_2^2} - \dfrac{\sqrt{3}\sigma_n^2}{\sigma}, 0\right\}}{\sqrt{y_1^2 + y_2^2}} \cdot y_1,$$

其中, y_1, y_2 分别为子、父系数, σ_n, σ 分别为噪声标准差和不含噪声的小波系数标准差. 注意到若父系数 $y_2 = 0$, 则转化为软阈值去噪, 此时阈值 $T = \sqrt{3}\sigma_n^2/\sigma$. 这与 BayesShrink 阈值的形式非常相似. 事实上, 两者只相差 $\sqrt{3}$ 倍, 这源于系数模型稍有差异.

在小波系数建模中另一个具有影响力的模型是高斯尺度混合 (Gaussian scale mixture) 模型[94],

$$\boldsymbol{x} = \sqrt{z}\boldsymbol{u},$$

其中 z 是一维随机变量, $\boldsymbol{u}$ 是服从多维高斯分布的向量. 事实上, 广义高斯分布即高斯尺度模型的一种特例. 高斯混合模型的重要特征之一为条件密度函数 $p(\boldsymbol{x}|z)$ 是高斯分布[94].

J. Portilla 等提出了基于高斯尺度混合模型的去噪方法——GSM-BLS[95]. 正如其名字所言, GSM-BLS 是基于贝叶斯最小二乘法 (BLS) 的估计方法. 当估计为条件均值时, 均方误差最小,

$$\widehat{\boldsymbol{x}} = E[\boldsymbol{x}|\boldsymbol{y}] = \int \boldsymbol{x}p(\boldsymbol{x}|\boldsymbol{y})\mathrm{d}\boldsymbol{x},$$

其中 $\boldsymbol{y}$ 是含噪小波系数与其邻域小波系数和父系数联合组成的随机变量,

$$\boldsymbol{y} = \boldsymbol{x} + \boldsymbol{\varepsilon} = \sqrt{z}\boldsymbol{u} + \boldsymbol{\varepsilon}.$$

在一致收敛的假设下有

$$\begin{aligned} E[\boldsymbol{x}|\boldsymbol{y}] &= \iint \boldsymbol{x} p(\boldsymbol{x}, z|\boldsymbol{y}) \mathrm{d}z \mathrm{d}\boldsymbol{x} \\ &= \iint \boldsymbol{x} p(\boldsymbol{x}|\boldsymbol{y}, z) p(z|\boldsymbol{y}) \mathrm{d}z \mathrm{d}\boldsymbol{x} \\ &= \int p(z|\boldsymbol{y}) E[\boldsymbol{x}|\boldsymbol{y}, z] \mathrm{d}z. \end{aligned}$$

因此需要计算 $p(z|\boldsymbol{y})$, $E[\boldsymbol{x}|\boldsymbol{y}, z]$ 以及积分. 详细的计算方法参见 [95].

应当指出的是, 小波系数的建模是一个开放性问题. 分布模型和估计方法是决定去噪效果和计算复杂度的两大因素. 除上述介绍的模型之外, 亦有学者提出了其他模型, 例如, 拉普拉斯分布[96] 及其变形[92, 93]、球形指数分布及椭圆轮廓指数分布[97] 等, 依据这些模型建立的去噪方法均属于贝叶斯估计框架内. 详细讨论可参考以上文献.

最近, 有学者提出了将二维图像转化为三维数组, 利用图像冗余性进行去噪的方法, 即块匹配与 3D 滤波算法——BM3D[98]. BM3D 算法包含两步估计. 第一步是基础估计. 首先将图像分块, 将相似的块构成一组, 形成三维数组, 这一过程即为块匹配. 然后利用三维变换和硬阈值法对三维数组进行去噪, 这部分称为协同滤波 (collaborative filtering). 对去噪后的三维数组实行逆变换得到图像块, 每个图像块均作为图像的估计, 由于图像块有重叠, 因此需利用加权平均得到去噪结果. 第二步是最终估计. 过程与第一步类似, 最大差别在于在协同滤波中采用的是 Wiener 滤波, 因此能够进一步提升去噪结果. BM3D 方法实行效率高, 去噪效果显著, 实验结果显示其优于传统的基于小波变换的收缩去噪法, 代表了目前图像去噪领域的最高技术水平. 关于 BM3D 的最新研究成果可参见 [99].

4.2 具有平移不变性的方向框架提升变换

4.2.1 具有平移不变性的框架提升模式

框架提升变换首先将输入信号拆分成 M 个多相位子序列, 这个过程涉及下采样, 因此变换不具备平移不变性 (translation invariance). 然而对于一些实际应用问题, 例如, 图像去噪[100–102]、特征提取[103], 具有平移不变性的变换是人们所期望的. 平移不变性的实现途径有多种. 例如, 在双正交小波变换研究方面, 文献 [101] 利用 cycle-spinning 算法[100] 保证了提升变换具有平移不变性. 文献 [103] 在提升预测步采用不包含下采样的光滑懒小波 (smooth lazy wavelet), 从而使变换具有过完备性和冗余性. 另一方面, 平移不变性可以通过在变换过程中去除采样环节来实现. 其中, 恰当处理采样与滤波的重要依据是多采样率恒等式, 见命题 3.1.1. 著名的多孔算法[104] 便是依据此原理而设计出来的. 同样地, 对于提升变换, 将预测与更新视为滤波过程, 根据多采样率恒等式, 将 l 级的预测算子 P^l 与更新算子 U^l 进行上采样, 再对上一级低频近似系数滤波, 移除采样过程, 便得到了与上一级采样点数目相同的高频小波系数与低频近似系数. 据此给出具有平移不变性的框架提升模式.

定理 4.2.1 (具有平移不变性的框架提升模式 [33])　*设小波框架分析滤波器组的多相位矩阵为 $\widetilde{\mathbf{H}}_p(z)$. 为得到具有平移不变性的提升变换, 须对每一级变换中的预测与更新算子实施上采样, 即第 l 级变换的多相位矩阵为*

$$\widetilde{\mathbf{H}}_p^l(z) = \widetilde{\mathbf{H}}_p(z^{\mathbf{M}^l}), \tag{4.2.1}$$

其中 $\mathbf{M}$ 为采样矩阵. 相应地, 对综合滤波器组的多相位矩阵 $\mathbf{H}_p(z)$ 要求同 (4.2.1).

证明　根据多采样率恒等式 (命题 3.1.1) 与冗余滤波器组的多相位结构 (图 3.1.2(b)) 可直接得证. □

图 4.2.1 展示了一维具有平移不变性的框架提升变换结构.

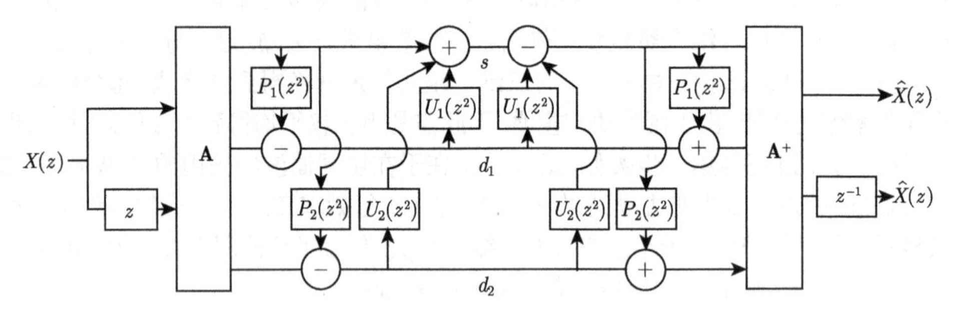

图 4.2.1　具有平移不变性的框架提升模式 (尺度 $M=2$, 框架小波数目 $n=2$)

4.2.2　二维可分离方向框架提升变换

本节考虑二维可分离的对偶框架提升变换, 其中采样矩阵为

$$\mathbf{M} = \begin{pmatrix} 2 & 0 \\ 0 & 2 \end{pmatrix}.$$

已知对偶小波框架 $\left\{\mathcal{S}(\Psi), \mathcal{S}(\widetilde{\Psi})\right\}$ 具有一个尺度函数和 $N-1$ 框架小波函数, 其对应的分析与综合滤波器组分别记为 $\{\widetilde{H}^i(z), i=0,\cdots,N-1\}$ 和 $\{H^i(z), i=0,\cdots,N-1\}$, 其中 $\widetilde{H}^0(z), H^0(z)$ 为低通滤波器, $\widetilde{H}^i(z), H^i(z), i=1,\cdots,N-1$ 为高通滤波器. 设综合滤波器组的多相位矩阵为

$$\mathbf{H}_p(z) = \begin{pmatrix} H_e^0(z) & H_o^0(z) \\ \vdots & \vdots \\ H_e^{N-1}(z) & H_o^{N-1}(z) \end{pmatrix},$$

其中 $H_e^i(z), H_o^i(z)$ 分别代表滤波器 $H^i(z)$ 的偶相位与奇相位,

$$H_e^i(z) = \sum_k h_{2k}^i z^{-k}, \quad H_o^i(z) = \sum_k h_{2k+1}^i z^{-k}, \quad i = 0, \cdots, N-1.$$

类似地, 分析滤波器组的多相位矩阵 $\widetilde{\mathbf{H}}_p(z)$ 可按同样方式定义.

根据定理 4.2.1, 多相位矩阵 $\widetilde{\mathbf{H}}_p(z)$ 具有形如 (4.2.1) 的提升分解格式. 现考虑 $m=1$ 的情形, 即一步提升分解格式:

$$\widetilde{\mathbf{H}}_p(z) = \left(\mathbf{I} + \sum_{1 \leqslant j \leqslant N-1} U_j(z) \boldsymbol{e}_1 \boldsymbol{e}_{j+1}^{\mathrm{T}}\right)\left(\mathbf{I} - \sum_{1 \leqslant i \leqslant N-1} P_i(z) \boldsymbol{e}_{i+1} \boldsymbol{e}_1^{\mathrm{T}}\right)\mathbf{A}, \qquad (4.2.2)$$

其中 $\mathbf{I}$ 为 $N \times N$ 单位矩阵, $\boldsymbol{e}_i$ 为单位向量, $\mathbf{A}$ 为一 $N \times 2$ 实矩阵.

方向提升的思想源自正交/双正交提升变换理论[105, 106]. 在传统二维可分离提升变换中, 预测与更新在图像的同一行 (或同一列) 进行, 这意味着预测与更新算子 P, U 是关于 z_2(或 z_1) 的一元函数. 然而, 自然图像通常具有大量的纹理特征, 只沿水平和竖直方向进行预测更新不能充分利用图像的边缘信息, 因此传统的二维可分离提升变换在方向选择上具有局限性. 一个自然的想法是, 若将变换参考点周围的采样点均纳入到预测与更新的考虑范围, 并根据图像的边缘方向进行匹配, 则预测与更新便具有了方向性. 此时, 更新算子 P, U 不再是一元函数, 而是关于 z_1, z_2 的二元函数. 例如, 若预测算子具有如下形式:

$$P(z_1, z_2) = \sum_k p_{-k} z_1^{-\operatorname{sign}(k-1)\tan\theta} z_2^k,$$

其中

$$\operatorname{sign}(x) = \begin{cases} 1, & x \geqslant 0, \\ -1, & x < 0, \end{cases}$$

则预测将利用斜率为 $\tan\theta$ 的直线上的采样点. 显然, 当 $\theta = 0$ 时, 便是传统的沿水平方向的一维提升变换.

由于框架提升变换同样具有预测 —— 更新结构, 因此, 借鉴上述方向提升的思想, 并结合 4.2.1 节的讨论, 本节给出具有平移不变性与方向性的框架小波提升变换理论模型.

设二维信号 $x(\boldsymbol{n}), \boldsymbol{n}=[m,n]$. 不失一般性, 假设二维可分离提升变换先沿水平方向进行, 再沿竖直方向进行. 则一维提升变换包含以下三步.

(1) 输入序列重排.

$$x_i(\boldsymbol{n})=a_{i1}x(\boldsymbol{n})+a_{i2}x(\boldsymbol{n}+\boldsymbol{t}), \quad i=0,\cdots,N-1,$$

其中 $\boldsymbol{t}=[0,1]$, $\{a_{ij}\}$ 为矩阵 $\mathbf{A}$ 中的元素.

(2) 预测.

$$d_i(\boldsymbol{n})=x_i(\boldsymbol{n})-P_i(x_0)(\boldsymbol{n}), \quad i=1,\cdots,N-1, \tag{4.2.3}$$

其中

$$P_i(x_0)[m,n]=\sum_k p^i_{-k}x_0[m-\operatorname{sign}(k-1)\tan\theta,n+k], \quad i=1,\cdots,N-1. \tag{4.2.4}$$

(3) 更新.

$$s(\boldsymbol{n})=x_0(\boldsymbol{n})+\sum_{i=1}^{N-1}U_i(d_i)(\boldsymbol{n}), \tag{4.2.5}$$

其中

$$U_i(d_i)[m,n]=\sum_j u^i_j d_i[m-\operatorname{sign}(j)\tan\theta,n+j], \quad i=1,\cdots,N-1. \tag{4.2.6}$$

4.2.3　基于残差最小化的自适应方向选取

在方向提升模型中, 方向 θ 的选取是算法实现的关键点之一. 提升方向应满足两个条件: 一是尽可能和自然图像的局部边缘信息匹配, 降低预测残差; 二是方向应具有明显的区分度, 避免过分冗余而降低算法的执行效率. 为此, 通常将方向选取范围限制在有限个预设角度集合 Θ 中. 本节采用 7 个方向进行水平方向的提升变换, 即

$$\Theta=\{\theta|\theta=0,\pm\arctan 1/2,\pm\pi/4,\pm\arctan 2\}. \tag{4.2.7}$$

对于一般的自然图像来说, 7 个方向能够在边缘方向匹配和计算复杂度之间达到良好的平衡. 图 4.2.2 给出了这 7 个方向与采样点的位置关系.

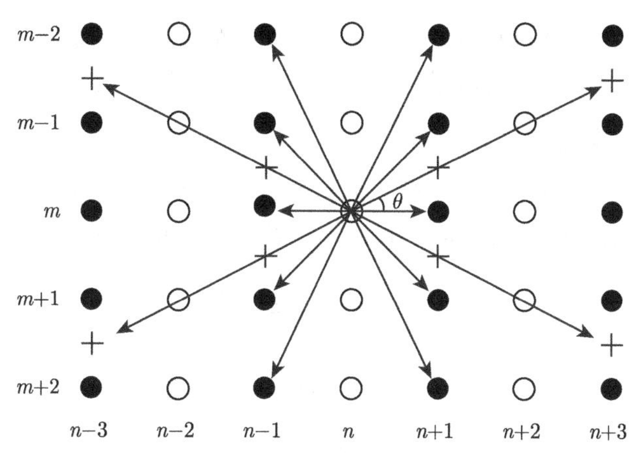

图 4.2.2 二维可分离方向提升变换的方向图示 (“•”“∘”—— 整数坐标点, “+”—— 非整数坐标点, “•”和“+”用于预测“∘”)

由于预测过程会涉及非整数采样点, 因此需要采取插值来计算非整数点的灰度值,

$$\bar{x}_0[m-\operatorname{sign}(k-1)\tan\theta, n+k] = \sum_{i,j} \alpha_{i,j} x_0[m+i, n+k+j]. \tag{4.2.8}$$

为避免增加计算复杂度, 采取整数点优先的选取原则, 即若预测方向经过整数点, 则采用与被预测位置距离最近的整数采样点进行预测; 否则, 采用平均化的方式进行插值, 得到预测点的灰度值. 具体地,

$$\begin{aligned} &\bar{x}_0[m-\operatorname{sign}(k-1)\tan\theta, n+k] \\ =& \begin{cases} x_0[m-\operatorname{sign}(k-1)\tan\theta, n+k], & \theta = 0, \pm\pi/4, \pm\arctan 2, \\ (x_0[m,n+k] + x_0[m-\operatorname{sign}(k-1), n+k])/2, & \theta = \arctan 1/2, \\ (x_0[m,n+k] + x_0[m+\operatorname{sign}(k-1), n+k])/2, & \theta = -\arctan 1/2. \end{cases} \end{aligned} \tag{4.2.9}$$

方向选取通常依据预测残差最小化原则, 逐级逐子带进行. 然而, 由于对偶框架小波提升变换每一级含有多于一个的高频子带, 各个子带的方向信息并不一致, 因此为避免方向不同造成更新后的混叠效应, 以下给出残差加权最小化的原则, 即

$$\theta = \arg\min_{\theta} \left\{ \sum_{i=1}^{N-1} \omega_i |d_i(\boldsymbol{n})| \right\}, \tag{4.2.10}$$

其中权重 ω_i, $i = 1, \cdots, N-1$ 将残差能量归一化.

应当指出的是, (4.2.10) 给出的残差最小化选取原则对不含噪声的自然图像是十分有效的. 但对于含有噪声的图像, 由于预测点的灰度值可能受到噪声的干扰,

因此残差最小化的选取结果并不能真实反映图像的纹理方向信息. 针对此问题, 本章将于 4.3 节给出一种新的适用于含噪图像的方向预测方法.

4.2.4　TIDFT 算法

本节给出一个具体的具有平移不变性的方向框架提升变换 (translation invariant directional framelet transform, TIDFT). 设分析滤波器分别为

$$\widetilde{H}^0(z) = \frac{z}{4}(1+z^{-1})^2,$$

$$\widetilde{H}^1(z) = -\frac{1}{4}(1-z^{-1})^2,$$

$$\widetilde{H}^2(z) = -\frac{\sqrt{2}}{4}(1-z^{-1}),$$

则上述滤波器组确定一个小波框架. 事实上, 与该滤波器组相对应的小波框架为紧框架, 其中尺度函数 φ 为 2 阶 B 样条函数[46], 相应的框架小波函数 ψ_1, ψ_2 分别具有 2 阶和 1 阶消失矩.

根据框架提升分解定理 (定理 4.2.1), 该小波框架的多相位矩阵具有如下分解形式:

$$\widetilde{\mathbf{H}}_p(z) = \begin{pmatrix} \widetilde{H}_e^0(z) & \widetilde{H}_o^0(z) \\ \widetilde{H}_e^1(z) & \widetilde{H}_o^1(z) \\ \widetilde{H}_e^2(z) & \widetilde{H}_o^2(z) \end{pmatrix} = \begin{pmatrix} \frac{1}{2} & \frac{1}{4}(1+z) \\ -\frac{1}{4}(1+z^{-1}) & \frac{1}{2} \\ -\frac{1}{2\sqrt{2}}(1-z^{-1}) & 0 \end{pmatrix}$$

$$= \begin{pmatrix} 1 & \frac{1}{2}(1+z) & \frac{1}{2\sqrt{2}}(1-z) \\ 0 & 1 & 0 \\ 0 & 0 & 1 \end{pmatrix} \begin{pmatrix} 1 & 0 & 0 \\ -\frac{1}{4}(1+z^{-1}) & 1 & 0 \\ -\frac{\sqrt{2}}{4}(1-z^{-1}) & 0 & 1 \end{pmatrix} \begin{pmatrix} 1 & 0 \\ 0 & \frac{1}{2} \\ 0 & 0 \end{pmatrix} \begin{pmatrix} 1 & 0 \\ 0 & 1 \end{pmatrix}. \tag{4.2.11}$$

于是可得到具有平移不变性的方向框架提升变换 (TIDFT), 见算法 4.2.1.

算法 4.2.1　具有平移不变性的方向框架提升变换 (TIDFT)[33]

设变换级数为 L, s^0 为原始输入图像.

分解

$l = 1$;

while $l \leqslant L$ **do**

$x := s^{l-1}$;

for all n **do**

predict

$$d_1^l[m,n] = \frac{1}{2}x[m,n+2^{l-1}] - \frac{1}{4}(\bar{x}[m+\tan\theta,n] + \bar{x}[m-\tan\theta,n+2^l]);$$

$$d_2^l[m,n] = -\frac{\sqrt{2}}{4}(\bar{x}[m+\tan\theta,n] - \bar{x}[m-\tan\theta,n+2^l]);$$

update

$$s^l[m,n] = x[m,n] + \frac{1}{2}(d_1^l[m+\tan\theta,n-2^l] + d_1^l[m-\tan\theta,n]) - \frac{1}{2\sqrt{2}}(d_2^l[m+\tan\theta,n-2^l] - d_2^l[m-\tan\theta,n]);$$

end for

$l = l+1$;

end while

重构

$l = L; \widehat{x} := s^0$;

while $l \geqslant 1$ **do**

for all n **do**

anti-update

$$\widehat{x}[m,n] = \widehat{x}[m,n] - \frac{1}{2}(d_1^l[m+\tan\theta,n-2^l] + d_1^l[m-\tan\theta,n]) + \frac{1}{2\sqrt{2}}(d_2^l[m+\tan\theta,n-2^l] - d_2^l[m-\tan\theta,n]);$$

anti-predict

$$\widehat{x}[m,n+2^{l-1}] = 2d_1^l[m,n] + \frac{1}{2}(\widehat{x}[m+\tan\theta,n] + \widehat{x}[m-\tan\theta,n+2^l]).$$

end for

$l = l-1$;

end while

4.3 基于 Gabor 滤波器的方向预测

4.2.3 节提到, 基于残差最小化的方向选取原则适用于不含噪声的图像. 这种方法基于一个假设, 即图像的纹理边缘具有相同或相近的灰度值. 反之, 具有相近灰度值的像素点可视为图像的边缘. 然而, 含有噪声的图像, 由于受到噪声的干扰, 灰度值往往不能准确地反映图像的真实纹理信息. 因此, 利用残差最小化原则进行方向选取会降低预测的准确度. 另一方面, 残差最小化原则建立在图像的灰度值信息上, 并未考虑边缘信息的光滑性或奇异性. 事实上, 图像边缘信息与噪声具有完全不同的正则性[107]. 因此, 为解决含噪图像的方向预测问题, 需要寻求新的途径. 本节将利用 Gabor 函数的特性, 提出基于 Gabor 滤波器的方向预测方法.

4.3.1 Gabor 函数的边缘检测性质

Gabor 函数因其具备良好的抗噪性和空间局部性, 广泛应用于图像表示、边缘检测、模式识别及特征提取等邻域[108–114]. 二维 Gabor 函数的定义如下[109]:

$$g(x,y) = h(x',y')\exp[-2\pi i(Ux+Vy)], \tag{4.3.1}$$

其中 U,V 分别为沿 x 轴和 y 轴的频率, $x' = x\cos\theta + y\sin\theta, y' = -x\sin\theta + y\cos\theta$ 且 $\theta = \arctan(V/U)$. h 为高斯函数,

$$h(x,y) = \frac{1}{2\pi\sigma_x\sigma_y}\exp\left\{-\frac{1}{2}\left[\left(\frac{x}{\sigma_x}\right)^2 + \left(\frac{y}{\sigma_y}\right)^2\right]\right\}. \tag{4.3.2}$$

注意到 Gabor 函数 (4.3.1) 含有实部和虚部, 两者相位相差 $\pi/2$, 因此下面考虑 g 的实部, 记 $F = \sqrt{U^2+V^2}$, 则

$$g_{\boldsymbol{r}}(x,y) = h(x',y')\cos(2\pi Fx'). \tag{4.3.3}$$

从 (4.3.3) 中可以分析出 Gabor 函数的一些特征. 例如, $g_{\boldsymbol{r}}$ 在原点取得最大值; 而当 $(x,y)\to(\infty,\infty)$ 时, $g_{\boldsymbol{r}}(x,y)\to 0$. F 决定了正弦波与 xy 平面的相交频率. 图 4.3.1 给出了两个不同方向的 Gabor 函数在时域中的图像. 可以看到, 在时域上, Gabor 函数多次穿越 xy 平面, 符号时而正时而负, 这种过零点 (zero-crossing) 的波形特征可以用来检测边缘, 这与梯度算子、高斯拉普拉斯算子的作用原理是相似的.

另一方面, Gabor 滤波的作用亦可以从频域的角度来说明. 定义二维 Fourier 变换为

$$\mathcal{F}[g](u,v) = \iint_{\mathbb{R}^2} g(x,y)\mathrm{e}^{-i2\pi(ux+vy)}\mathrm{d}x\mathrm{d}y,$$

则 Gabor 函数 (4.3.1) 在频域上的表示为

$$G(u,v) = \exp\left\{-2\pi^2[\sigma_x^2(u'-F)^2 + (v')^2]\right\}, \tag{4.3.4}$$

其中 $u' = u\cos\theta + v\sin\theta, v' = -u\sin\theta + v\cos\theta$.

从 (4.3.4) 可以看出, Gabor 函数的 Fourier 变换为高斯函数, 且沿 u' 轴方向为带通滤波器, 而沿 v' 轴方向为低通滤波器. 这意味着 Gabor 函数对 u' 轴方向上频

率为 F 的信号响应最大, 而对其他方向或频率的信号响应迅速衰减. 由于自然图像具有大量纹理边缘信息, 而给出边缘信息的精确描述是非常困难的, 因此, 本章将采用正弦波函数作为局部图像样式, 来模拟局部区域的边缘信息. 下面给出基于 Gabor 滤波响应的判据.

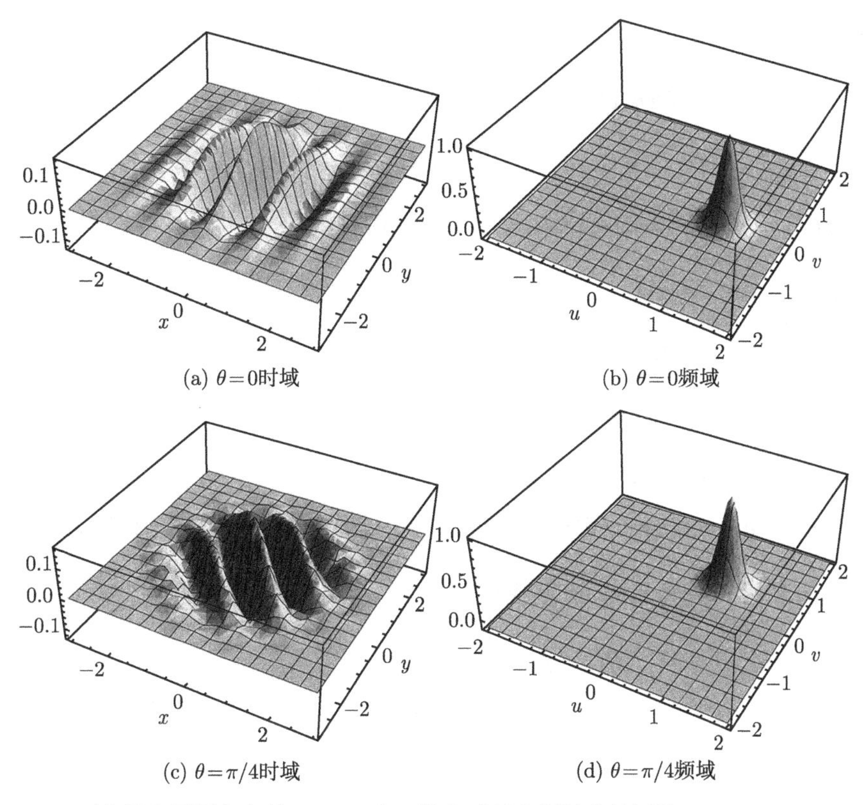

(a) $\theta=0$时域　(b) $\theta=0$频域

(c) $\theta=\pi/4$时域　(d) $\theta=\pi/4$频域

图 4.3.1　两个具有不同方向的 Gabor 实函数在时域和频域上的图像 $(\sigma_x=\sigma_y=1, F=1)$

定理 4.3.1 [33]　设图像的局部纹理样式 p 具有方向特征, 角度为 θ_p. Gabor 函数的方向为 θ. 定义 Gabor 滤波后的响应为 r, 模为 $|r|:=\sqrt{r^*r}$. 则当 Gabor 函数垂直于 θ_p 时, 即 $|\theta-\theta_p|=\dfrac{\pi}{2}$, 模取得最大值; 当 Gabor 函数平行于 θ_p 时, 即 $|\theta|=|\theta_p|$, 模取得最小值.

证明　证明分两部分. 首先考虑图像不含噪声的情况. 不失一般性, 设纹理 p 的灰度值由余弦函数生成, 并假定沿 x 轴传播, 即

$$p(x,y)=\cos(2\pi u_0 x),$$

因灰度值依坐标 x 而变化, 因此边缘方向垂直于 x 轴, 即 $|\theta_p|=\dfrac{\pi}{2}$.

p 的 Fourier 变换为

$$P(u,v)=\mathcal{F}[p(x,y)]=\frac{1}{2}[\delta(u-u_0)\delta(v)+\delta(u+u_0)\delta(v)].$$

为简化讨论, 设 Gabor 函数中 $\sigma_x=\sigma_y=1$ 且 $F=u_0$, 则 Gabor 函数的 Fourier 变换为

$$G(u,v)=\exp\left\{-2\pi^2\left[(u'-u_0)^2+(v')^2\right]\right\},$$

其中 $u'=u\cos\theta+v\sin\theta, v'=-u\sin\theta+v\cos\theta$, $\theta\in\left[-\frac{\pi}{2},\frac{\pi}{2}\right]$.

p 经 Gabor 滤波后的响应为 r, 其在 Fourier 变换域上表示为

$$\begin{aligned}R(u,v)=&P(u,v)G(u,v)\\=&\frac{1}{2}[\delta(u-u_0)\delta(v)+\delta(u+u_0)\delta(v)]\exp\left\{-2\pi^2[(u'-u_0)^2+(v')^2]\right\}\\=&\frac{1}{2}[\delta(u-u_0)\delta(v)+\delta(u+u_0)\delta(v)]\exp[-2\pi^2((u')^2+(v')^2)]\\&\times\exp[-2\pi^2(u_0^2-2u_0u')]\\=&\frac{1}{2}[\delta(u-u_0)\delta(v)+\delta(u+u_0)\delta(v)]\exp[-2\pi^2(u^2+v^2)]\exp[-2\pi^2(u_0^2-2u_0u')].\end{aligned}$$

于是, r 的表达式可从 Fourier 逆变换得到

$$\begin{aligned}r(x,y)=&\mathcal{F}^{-1}[R(u,v)]\\=&\exp(-4\pi^2u_0^2(1+\cos\theta))\left((1+\mathrm{e}^{8\pi^2u_0^2\cos\theta})\cos(2\pi u_0x)\right.\\&\left.+i(-1+\mathrm{e}^{8\pi^2u_0^2\cos\theta})\sin(2\pi u_0x)\right).\end{aligned}$$

这里 $\mathcal{F}^{-1}$ 代表 Fourier 逆变换,

$$\mathcal{F}^{-1}[G](x,y)=\iint_{\mathbb{R}^2}G(u,v)\mathrm{e}^{i2\pi(ux+vy)}\mathrm{d}u\mathrm{d}v,$$

$r(x,y)$ 含有实部和虚部, 其模为

$$|r|=\sqrt{r^*r}=\sqrt{2}\mathrm{e}^{-4\pi^2u_0^2(1+\cos\theta)}\sqrt{1+\mathrm{e}^{16\pi^2u_0^2\cos\theta}}:=|r(\theta)|,$$

为得到最大值, 对上式求导,

$$\frac{\partial|r(\theta)|}{\partial\theta}=\mathrm{e}^{-a(1+\cos\theta)}\sin\theta\,\frac{2a+(2a-b)\mathrm{e}^{b\cos\theta}}{2\sqrt{1+\mathrm{e}^{b\cos\theta}}}=0,$$

其中 $a=4\pi^2u_0^2, b=16\pi^2u_0^2$.

从而得到稳定点满足 $\sin\theta = 0$ 或 $\cos\theta = 0$, $\theta \in \left[-\frac{\pi}{2}, \frac{\pi}{2}\right]$. 容易验证

$$r(0) = \sqrt{2}\mathrm{e}^{-8\pi^2 u_0^2}\sqrt{1+\mathrm{e}^{16\pi^2 u_0^2}},$$
$$r\left(\pm\frac{\pi}{2}\right) = \sqrt{2}\mathrm{e}^{-4\pi^2 u_0^2},$$

因此 $\theta = 0$ 为最大值点, $\theta = \pm\frac{\pi}{2}$ 为最小值点, 即

$$\theta_{\max} = \underset{\theta\in[-\frac{\pi}{2},\frac{\pi}{2}]}{\arg\max}|r(\theta)| = 0,$$
$$\theta_{\min} = \underset{\theta\in[-\frac{\pi}{2},\frac{\pi}{2}]}{\arg\min}|r(\theta)| = \pm\frac{\pi}{2},$$

注意到 $\theta_p = \frac{\pi}{2}$, 因此

$$|\theta_{\max} - \theta_p| = \frac{\pi}{2}, \text{ 而 } |\theta_{\min}| = |\theta_p|.$$

其次, 考虑图像含有噪声的情况, 则

$$\widehat{p} = p + \varepsilon,$$

其中 p 为原始图像, ε 为随机噪声.

由于 ε 是随机变量, 无法获得 $\widehat{p}$ 的精确描述. 但根据 Fourier 变换的线性性质, 含噪图像的 Fourier 变换为

$$\widehat{P} = P + E,$$

而 Gabor 滤波后的响应为

$$\widehat{r} = \mathcal{F}^{-1}[\widehat{R}] = \mathcal{F}^{-1}[(P+E)\cdot G] = \mathcal{F}^{-1}[PG] + \mathcal{F}^{-1}[EG] := r + r_\varepsilon.$$

由于随机噪声 ε 不具有方向特征, 可以近似认为 $|r_\varepsilon|$ 对各个方向的贡献是相同的. 因此, 当 $|\widehat{r}|$ 在某方向上取得最值时, $|r|$ 在该方向上同样取得最值; 反之亦然. 于是, 含噪情况下的结论与不含噪声情况下的结论是一致的. □

4.3.2 离散 Gabor 滤波器的构造

构造离散 Gabor 滤波器需要对 Gabor 函数进行采样和截断. 具体地, 设离散 Gabor 滤波器具有如下形式:

$$G_k(i,j) = \begin{cases} \exp\left(-\frac{1}{2}\left(\frac{x^2}{\sigma_x^2}+\frac{y^2}{\sigma_y^2}\right)\right)\cos(2\pi F x), & (i,j)\in\mathbb{Z}^2, \\ \qquad\qquad \text{且 } -T_x \leqslant i \leqslant T_x, -T_y \leqslant j \leqslant T_y, & \\ 0, & \text{其他}, \end{cases} \tag{4.3.5}$$

其中 $x=i\cos\theta_k+j\sin\theta_k, y=-i\sin\theta_k+j\cos\theta_k$, T_x, T_y 为截断边界.

截断边界 T_x, T_y 的选取是构造离散 Gabor 滤波器的核心问题之一. 一方面, 若边界太小, 则 Gabor 支撑集较短, 不能充分利用图像的局部信息; 另一方面, 若边界太大, 则 Gabor 滤波的计算复杂度也会增大. 以下给出一种截断边界的计算方法, 能够根据 Gabor 滤波器的方向自适应确定支撑集.

滤波器支撑集的计算　首先, 截断长度应保留 Gabor 滤波器的绝大部分有效系数. 这里有效系数是指能够有效提取图像边缘信息的系数. 显然若系数接近于零, 则不满足上述要求. 注意到 Gabor 函数的衰减性主要由高斯函数决定. 考虑高斯函数 (4.3.2) 在 $[-T_x, T_x]\times[-T_y, T_y]$ 上的积分, 由对称性,

$$I(T_x, T_y)=4\int_0^{T_y}\int_0^{T_x}h(x,y)\mathrm{d}x\mathrm{d}y.$$

显然, $I(+\infty,+\infty)=1$, 而 $I(3\sigma_x, 3\sigma_y)\approx 0.9946$. 注意到 h 非负, 且当 $(|x|,|y|)\to(+\infty,+\infty)$ 时, $h\to 0$, 因此可令 $T_x=3\sigma_x$, $T_y=3\sigma_y$, 则在此范围之外的系数将趋于零, 于是可以认为 $[-T_x, T_x]\times[-T_y, T_y]$ 上保留了 Gabor 滤波器的绝大部分有效系数.

其次, 支撑集应考虑 Gabor 滤波器的方向. 注意到高斯函数的等高曲线为椭圆, 亦称包络 (envelope), 支撑集 $[-T_x, T_x]\times[-T_y, T_y]$ 应为包含且是最小包含包络的矩形区域. 设包络为

$$\frac{x^2}{a^2}+\frac{y^2}{b^2}=1\quad(a\geqslant b),$$

其中 $a=3\sigma_x$, $b=3\sigma_y$, 且经过 θ 角度的旋转,

$$\begin{pmatrix}x\\y\end{pmatrix}=\begin{pmatrix}\cos\theta & \sin\theta\\ -\sin\theta & \cos\theta\end{pmatrix}\begin{pmatrix}\bar{x}\\ \bar{y}\end{pmatrix},\quad \theta\in\left(0,\frac{\pi}{2}\right),$$

$\bar{x}O\bar{y}$ 为原始坐标系, xOy 为旋转坐标系.

为寻求包含包络的最小矩形, 即求垂直于坐标轴且与椭圆相切的直线, 见图 4.3.2. 在 xOy 坐标系中, 椭圆的显式方程为

$$y=\pm\frac{b}{a}\sqrt{a^2-x^2}.$$

由对称性, 仅考虑 $x>0$. 根据旋转角度, 切线的斜率为 $k_1=\tan(\pi-\theta)$. 切点满足方程 $y'=k_1$, 即

$$-\frac{bx}{a\sqrt{a^2-x^2}}=k_1,\quad y>0,$$

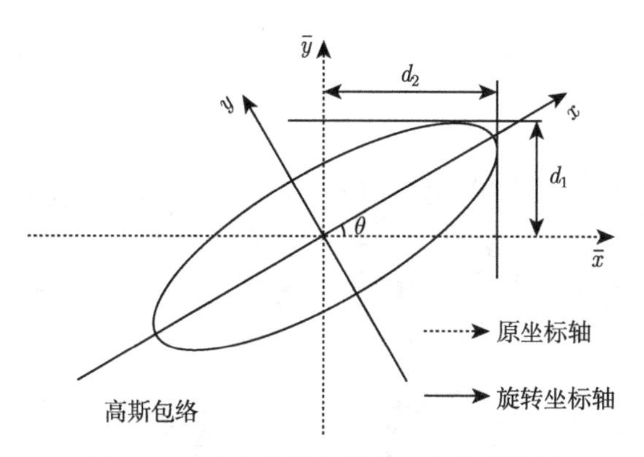

图 4.3.2 包含高斯包络的最小矩形区域

解得

$$x_1 = \frac{a^2|k_1|}{\sqrt{b^2 + a^2k_1^2}}, \quad y_1 = \frac{b^2}{\sqrt{b^2 + a^2k_1^2}}.$$

于是切线 $y - y_1 = k_1(x - x_1)$ 在 $\bar{x}O\bar{y}$ 坐标系中的截距, 即原点到切线的距离为

$$d_1 = \frac{|y_1 - k_1x_1|}{\sqrt{1 + k_1^2}},$$

通过类似计算可得 $y < 0$ 的截距

$$d_2 = \frac{|y_2 - k_2x_2|}{\sqrt{1 + k_2^2}},$$

其中 $x_2 = \dfrac{a^2|k_2|}{\sqrt{b^2 + a^2k_2^2}}$, $y_2 = -\dfrac{b^2}{\sqrt{b^2 + a^2k_2^2}}$, $k_2 = \tan\left(\dfrac{\pi}{2} - \theta\right) = k_1^{-1}$.

于是可以得到包含包络的最小矩形区域 $[-d_2, d_2] \times [-d_1, d_1]$. 注意到当 $\theta = 0$ 时, $k_1 = 0, k_2 \to +\infty$, 于是 $d_1 = |y_1| = b$, $d_2 \to a$, 这即椭圆的短轴和长轴. 进一步, 若 $a = b$, 此时包络变为圆, 根据圆的旋转不变性, $d_1 = d_2$, 这与上面的推导是一致的.

令 $T_x = \lceil d_2 \rceil$, $T_y = \lceil d_1 \rceil$, 其中 $\lceil x \rceil = \min\{n \geqslant x | n \in \mathbb{Z}\}$, 便得到了满足要求的 Gabor 滤波器支撑集.

滤波器参数的选取 频率 F 是 Gabor 滤波器的重要参数之一. 根据 4.3.1 节的讨论, F 决定了 Gabor 函数与 xy 平面的相交频率, 且与 F 相近的纹理信息具有突出的响应. 由于纹理边缘主要由高频信号组成, 同时考虑频率与支撑集的关系, 将 F 固定, 即

$$F = \lambda^{-1} = \left(\sqrt{T_x^2 + T_y^2}\right)^{-1}, \tag{4.3.6}$$

上式说明, Gabor 滤波器的波长等于支撑集的对角长度的 1/2. 图 4.3.3 展示了一组 Gabor 滤波器的平面图.

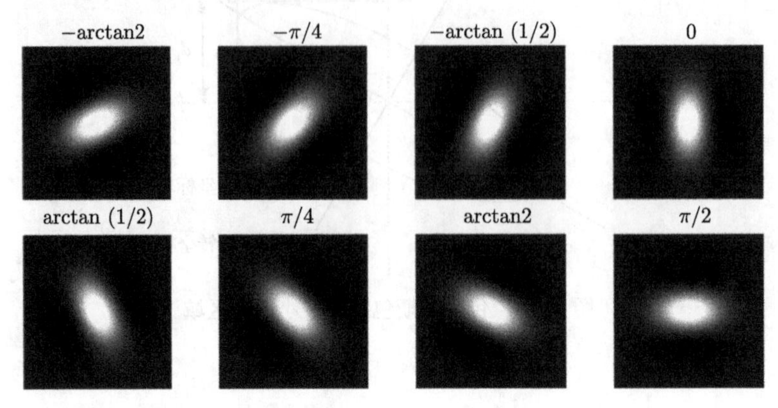

图 4.3.3 Gabor 滤波器组的平面图示 ($\Theta = \{\pm \arctan 2, \pm\pi/4, \pm \arctan(1/2), 0, \pi/2\}$, $\sigma_x = \sigma_y = 10, F = \sqrt{2}/60$. 图中浅色部分代表系数为正, 深色部分代表系数为负)

4.3.3 基于 Gabor 滤波器的自适应分块方向预测算法

设 I 为图像, $\{G_k := G(\theta_k)|\theta_k \in \Theta\}$ 为一组 Gabor 滤波器, R_k 为 Gabor 滤波后的图像, 根据定理 4.3.1, 方向选择可根据 R_k 的模最大化原则逐点进行, 即

$$\theta(i,j) = \perp \arg\max_k \left\{R_k^2(i,j)\right\}, \quad (i,j) \in \mathbb{Z}^2,$$

其中 $\perp$ 表示垂直于 θ 的角度.

然而自然图像的纹理边缘通常具有很强的局部相关性, 算法 4.3.1 给出了基于 Gabor 滤波器的自适应分块方向预测算法.

算法 4.3.1 基于 Gabor 滤波器的自适应分块方向预测算法 [33]

步骤 1 定义初始块尺寸 S_{ini} 及最小块尺寸 $S_{\min}$. 按尺寸 S_{ini} 将图像分割成 n 块, 每一块记为 B_l.

步骤 2 对每一块 B_l, 计算标准差 $\sigma(B_l)$.

步骤 3 令 $R_{l,k}$ 为 B_l 经过 Gabor 滤波后的响应. 计算

$$E_{l,k} = \sum_{(i,j)\in R_{l,k}} R_{l,k}^2(i,j).$$

步骤 4 预测方向为

$$\theta_l = \perp \arg\max_k \{E_{l,k}\}, \text{其中} \perp \text{表示垂直于} \theta \text{的角度}.$$

步骤 5 若 $\sigma(B_l) > \text{median}_l\{\sigma(B_l)\}$ 且 B_l 的尺寸不小于 $S_{\min}$, 则将 B_l 分割成尺寸减半的子块 B_l^s, 继续执行步骤 2 — 步骤 5.

4.3.4 仿真实验及鲁棒性分析

本节选取两幅自然图像 “barbara” 和 “monarch”, 并加以不同程度的高斯白噪声 $\varepsilon \sim N(0,\sigma^2)$, 利用方向预测算法 4.3.1 进行仿真实验. 同时, 将本章提出的算法与基于残差最小化原则的方法[115]——ROE, 和基于 Gabor 滤波器组的逐点预测方法[101]——GF 进行比较. 预测方向以白色短直线标记, 实验结果见图 4.3.4.

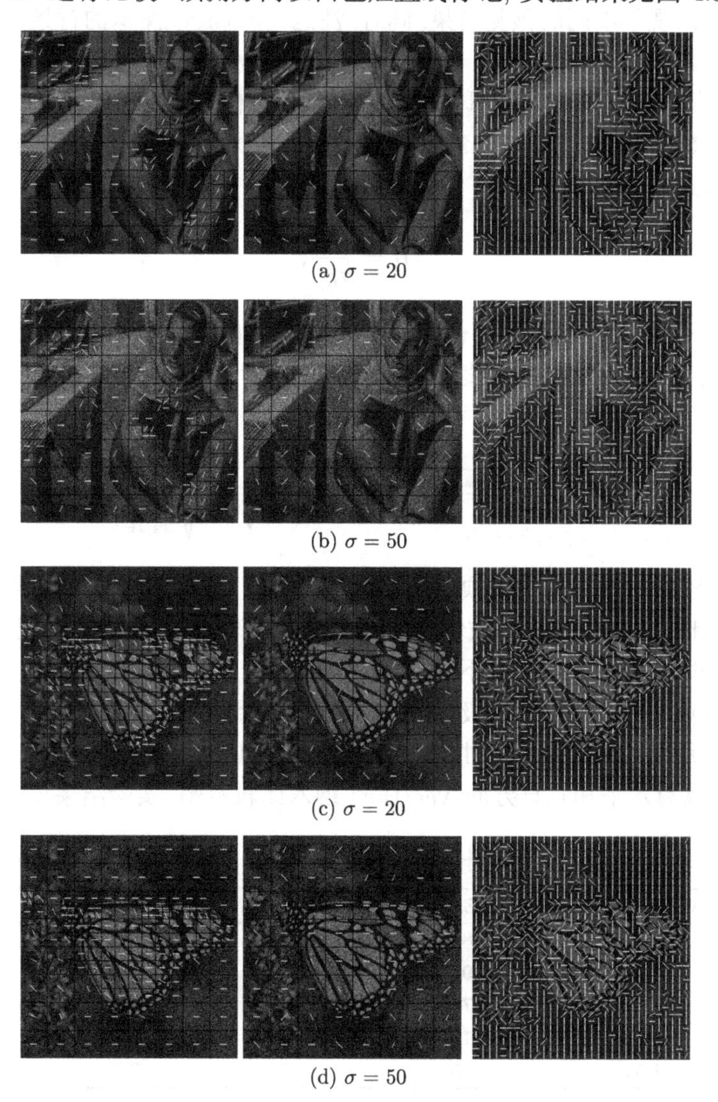

(a) $\sigma = 20$

(b) $\sigma = 50$

(c) $\sigma = 20$

(d) $\sigma = 50$

图 4.3.4 含噪图像 “barbara” 与 “monarch” 的方向预测结果比较

从左至右依次为本章提出的算法 4.3.1, ROE[115], GF[101]

从实验结果来看, 基于 Gabor 滤波器的方向预测算法有效避免了图像噪声的干扰. 在 $\sigma = 20$ 和 $\sigma = 50$ 的情况下均取得了与原图像纹理相近或一致的预测结果. 基于残差最小化原则的预测方法不能克服噪声的影响, 随着噪声的增强, 在局部区域出现了方向不匹配甚至是错误的结果. 而文献 [101] 提出的方法亦是基于 Gabor 滤波, 但由于其是逐点进行的, 忽略了纹理的局部相关性, 因此在纹理相似的局部区域出现了不同的预测结果. 同时, 注意到monarch图像的背景区域, 随着噪声的增强, GF 预测结果出现了一些误差. 这说明逐点预测的方法对噪声的抑制是有限的. 而基于自适应分块的算法则具有较强的鲁棒性.

结合 TIDFT 变换 (算法 4.2.1), 下面通过实验来检验算法 4.3.1 的鲁棒性.

定义自适应方向增益

$$R = \frac{\sigma_L}{\sigma_{L_n}},$$

其中 σ_L 为一级 TIDFT 变换后低频子带 L 中信号的标准差, σ_{L_n} 为低频子带中噪声的标准差. σ_{L_n} 可以通过中值绝对偏差 (MAD)[88] 进行估计, 而 σ_L 通过 σ_w 和 σ_{L_n} 来计算, 即

$$\sigma_L = \sqrt{\max(\sigma_w^2 - \sigma_{L_n}^2, 0)}, \quad \sigma_w = \frac{1}{\sqrt{|L|}}\sqrt{\sum_{w_{i,j}\in L} w_{i,j}^2}.$$

直观来讲, 较大的比值说明低频子带中信号强于噪声, 图像的纹理被保留下来; 反之, 较小的比值说明噪声没有被低通滤波器有效地消除, 低频子带中混入了噪声.

实验采取大量图像并加以不同程度的高斯白噪声, 利用 TIDFT 和 Gabor 自适应分块预测算法对图像进行一级分解, 然后计算得到方向增益 R. 为了体现客观性, 实验结果采用平均化处理. 同时将 ROE 方法和 GF 方法, 以及传统可分离框架小波变换 (即具有水平和垂直方向 Ver/Hor) 纳入比较范围. 实验结果见表 4.3.1.

表 4.3.1 自适应提升变换的方向增益(括号中的数目代表方向数)

σ	Ver/Hor (2)	ROE (7)	TIDFT (7)	TIDFT (9)	GF (16)
10	6.35	7.82	10.78	11.31	9.36
20	3.60	4.95	6.56	6.72	5.24
30	2.52	2.78	4.27	4.55	3.67
40	1.91	2.14	3.42	3.59	2.95
50	1.54	1.75	2.82	2.79	2.27

从表 4.3.1 可以看到, 随着噪声的增强, 方向增益随之下降, 这说明较大的噪声会影响到低频子带的系数分布. 相比于传统可分离框架小波变换, 各向异性变换展示出良好的捕捉纹理信息的能力. 因此后者的方向增益大于前者. 在方向预测算法

的比较之中, 由于 ROE 基于残差最小化, 因此在保留纹理信息的同时一部分噪声也会转移到低频子带中. 而基于 Gabor 滤波器的预测方法则同时具备了抑制噪声和保留边缘的能力. 实验结果还证实了本章给出的自适应分块预测算法要优于采用 16 个方向的逐点预测 GF 算法. 在方向数目的比较上, 注意到 9 个方向的增益在 $\sigma < 50$ 的情况下略优于 7 个方向, 但十分有限. 这说明各向异性提升变换的方向增益并不完全取决于方向数目. 因此, 7 个方向可视为在图像边缘信息的利用率和计算复杂度之间取得了良好的平衡.

4.3.5 计算复杂度分析

本节讨论 TIDFT 结合 Gabor 方向预测算法的计算复杂度.

设图像尺寸为 N. 在方向预测中, 设 Gabor 滤波器组含有 K 个滤波器, 最大尺寸为 M, 则卷积过程需要 M 个乘法运算和 $M-1$ 个加法运算. 设滤波是逐点进行的, 则方向预测需要 $NK(2M-1)$ 个运算. 在 TIDFT 中, 一步预测与更新需要 6 个加法运算和 6 个乘法运算, 外加一步插值. 因此每一采样点需要 14 个运算. 由于提升变换是可分离的且非采样的, 因此一级变换总计需要 $14 \times 4N$ 个运算. 结合方向预测, 基于 Gabor 滤波的各向异性框架小波提升变换总计需要 $N(2KM-K+56)$ 个运算. 因此算法的计算复杂度为 $O(N)$.

4.4 基于 TIDFT 的图像去噪

本节给出基于 TIDFT 的图像去噪算法. 设含有噪声的框架小波系数 $\boldsymbol{y}$ 为 d 维随机向量,

$$\boldsymbol{y} = \boldsymbol{s} + \boldsymbol{n}, \quad \boldsymbol{y}, \boldsymbol{s}, \boldsymbol{n} \in \mathbb{R}^d,$$

其中 $\boldsymbol{s}$ 为理想 (无噪) 的框架小波系数, $\boldsymbol{n}$ 为噪声的框架小波系数, 假定噪声为叠加高斯白噪声, 即

$$\boldsymbol{n} \sim N\left(0, \sigma_n^2 \mathbf{I}_d\right).$$

本节同时考虑框架小波系数的父子相关性和邻域相关性, 令 y_1, y_2 为子框架小波系数和父框架小波系数 (即下一级变换相同位置的系数), 令 y_3 为 y_1 某邻域内的系数平方和的平方根, 即 $y_3 = \operatorname{sign}(y_1) \cdot \sqrt{\sum_{y_i \in \mathcal{U}(y_1) \backslash y_1} y_i^2}$. 因此

$$\boldsymbol{y} = (y_1, y_2, y_3).$$

$\boldsymbol{s}$ 是未知的, 去噪过程即在已知 $\boldsymbol{y}$ 的情况下对 $\boldsymbol{s}$ 进行估计. 引入最大后验估计 (MAP),

$$\widehat{\boldsymbol{s}} = \arg\max_{\boldsymbol{y}} p_{\boldsymbol{s}|\boldsymbol{y}}(\boldsymbol{s}|\boldsymbol{y}). \tag{4.4.1}$$

根据贝叶斯公式,

$$\widehat{\boldsymbol{s}} = \arg\max_{\boldsymbol{y}}[p_{\boldsymbol{y}|\boldsymbol{s}}(\boldsymbol{y}|\boldsymbol{s}) \cdot p_{\boldsymbol{s}}(\boldsymbol{s})] = \arg\max_{\boldsymbol{y}}[p_{\boldsymbol{n}}(\boldsymbol{y}-\boldsymbol{s}) \cdot p_{\boldsymbol{s}}(\boldsymbol{s})], \tag{4.4.2}$$

其中 $p_{\boldsymbol{x}}(\cdot)$ 代表随机向量 $\boldsymbol{x}$ 的概率密度函数.

由最大后验估计式 (4.4.2) 知, 若对 $\boldsymbol{s}$ 进行准确的估计, 则需要知道噪声的密度函数 $p_{\boldsymbol{n}}$ 和理想框架小波系数的密度函数 $p_{\boldsymbol{s}}$. 由于噪声 $\boldsymbol{n}$ 服从 d 维正态分布, 因此

$$p_{\boldsymbol{n}}(\boldsymbol{n}) = \frac{1}{\sqrt{(2\pi)^d}\sigma^d} \exp\left(-\frac{\|\boldsymbol{n}\|^2}{2\sigma^2}\right). \tag{4.4.3}$$

而框架小波系数 $\boldsymbol{s}$ 的分布是未知的, 需要根据框架小波系数的特点进行建模. 因此, 如何确立框架小波系数的分布模型便成为贝叶斯估计理论中的核心问题之一. 一些具有代表性的模型已在 4.1 节中进行过介绍, 这里不再重复叙述. 本节考虑以下两种高维模型, 即球形指数分布模型与椭圆形指数分布模型, 并分别建立框架小波系数的最大后验估计.

4.4.1　两类指数分布模型及 MAP 估计

球形指数分布模型　从图 4.4.1(a), 4.4.1(b) 中可以看到, 框架小波系数的直方图具有单一峰值、近原点对称, 以及中间快速衰减、两端缓慢趋于零的特征. 因此本节引入球形指数分布 (spherically contoured exponential distribution, SCE)[97], 并给出框架小波系数的最大后验估计.

定理 4.4.1　*假设框架小波系数 $\boldsymbol{s}$ 服从球形指数分布* (SCE)[97],

$$p_{\boldsymbol{s}}^{\mathrm{SCE}}(\boldsymbol{s}) = \frac{\alpha}{\sigma^d} \exp\left(-\frac{\beta}{\sigma}\|\boldsymbol{s}\|\right), \quad \boldsymbol{s} \in \mathbb{R}^d, \tag{4.4.4}$$

其中 $\alpha = \dfrac{\sqrt{\pi}}{\Gamma\left(\dfrac{d+1}{2}\right)}\left(\dfrac{d+1}{4\pi}\right)^{d/2}$, $\beta = \sqrt{d+1}$, $\Gamma(t) = \displaystyle\int_0^{+\infty} x^{t-1}\mathrm{e}^{-x}\mathrm{d}x$. *则 $\boldsymbol{s}$ 的最大后验估计式为*

$$\widehat{s}_i = \max\left(\|\boldsymbol{y}\| - \beta\frac{\sigma_n^2}{\sigma}, 0\right) \cdot \frac{y_i}{\|\boldsymbol{y}\|}, \quad 1 \leqslant i \leqslant d. \tag{4.4.5}$$

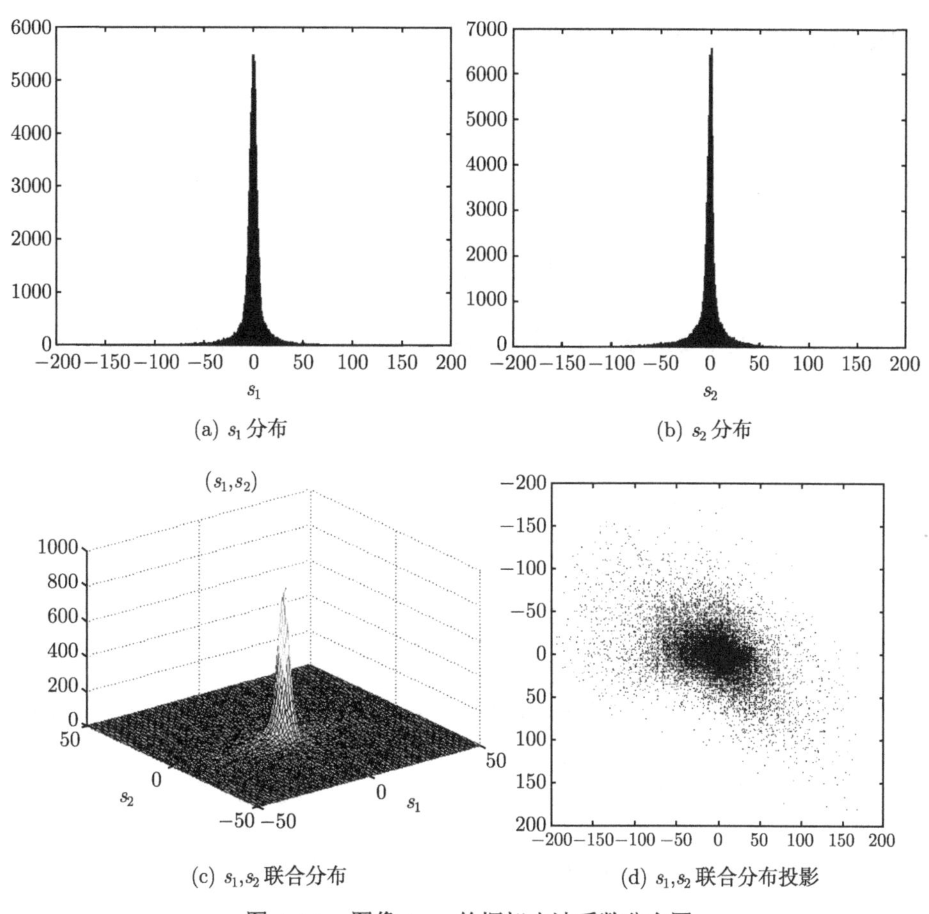

(a) s_1 分布　(b) s_2 分布

(c) s_1,s_2 联合分布　(d) s_1,s_2 联合分布投影

图 4.4.1　图像 lena 的框架小波系数分布图

证明　下面推导 $\boldsymbol{s}$ 的最大后验估计. 根据对数函数的单调递增性, (4.4.2) 等价于

$$\widehat{\boldsymbol{s}} = \arg\max_{\boldsymbol{y}}[\ln(p_{\boldsymbol{n}}(\boldsymbol{y}-\boldsymbol{s})) + \ln(p_{\boldsymbol{s}}(\boldsymbol{s}))], \tag{4.4.6}$$

结合 (4.4.3) 与 (4.4.4), 即

$$\widehat{\boldsymbol{s}} = \arg\max_{\boldsymbol{y}}\left(-\frac{\|\boldsymbol{y}-\boldsymbol{s}\|^2}{2\sigma_n^2} - \frac{\beta}{\sigma}\|\boldsymbol{s}\| + r\right), \tag{4.4.7}$$

其中 $r = \ln\left(\dfrac{\alpha}{(2\pi)^{d/2}\sigma_n^d\sigma^d}\right)$.

求 (4.4.7) 的稳定点, 即对 (4.4.7) 求关于 s_i 的导数,

$$\frac{\partial}{\partial s_i}\left(-\frac{\|\boldsymbol{y}-\boldsymbol{s}\|^2}{2\sigma_n^2} - \frac{\beta}{\sigma}\|\boldsymbol{s}\| + r\right) = 0, \tag{4.4.8}$$

注意到 $\|\boldsymbol{s}\| = (\sum_{i=1}^{d} s_i)^{1/2}$, 因此得

$$\frac{y_i - \widehat{s}_i}{\sigma_n^2} - \frac{\beta}{\sigma}\frac{\widehat{s}_i}{\|\boldsymbol{s}\|} = 0 \tag{4.4.9}$$

或等价于

$$\widehat{s}_i\left(1 + \frac{\beta\sigma_n^2}{\sigma\|\boldsymbol{s}\|}\right) = y_i, \tag{4.4.10}$$

通过 (4.4.10) 无法直接获得 $\widehat{s}_i$ 的显式表达式. 不妨先求 $\|\boldsymbol{s}\|$, 根据 (4.4.10),

$$\|\boldsymbol{s}\|\left(1 + \frac{\beta\sigma_n^2}{\sigma\|\boldsymbol{s}\|}\right) = \|\boldsymbol{y}\|, \tag{4.4.11}$$

得

$$\|\boldsymbol{s}\| = \|\boldsymbol{y}\| - \beta\frac{\sigma_n^2}{\sigma}, \tag{4.4.12}$$

注意到 $\|\boldsymbol{s}\| \geqslant 0$, 而实际计算可能出现负数, 因此要求

$$\|\boldsymbol{s}\| = \max\left(\|\boldsymbol{y}\| - \beta\frac{\sigma_n^2}{\sigma}, 0\right). \tag{4.4.13}$$

再由 (4.4.10), (4.4.11) 与 (4.4.13), 得

$$\widehat{s}_i = \max\left(\|\boldsymbol{y}\| - \beta\frac{\sigma_n^2}{\sigma}, 0\right)\cdot\frac{y_i}{\|\boldsymbol{y}\|}, \quad 1 \leqslant i \leqslant d. \tag{4.4.14}$$

□

噪声标准差 σ_n 的估计可采用 MAD 方法[88]. 然而由于框架变换不是标准正交的, 因此需引入尺度化因子 γ_h, 于是

$$\widehat{\sigma}_n = \gamma_h \cdot \frac{\text{Median}(|y(i,j)|)}{0.6745}, \quad y(i,j) \in HH_h,$$

其中 HH_h 为经过高通滤波后的对角子带, $\gamma_h = 1/||h||^2$.

框架小波系数标准差 σ 的估计可采用 [91] 提出的经验估计方法. 但实际应用中采用框架小波系数的局部信息而非全局信息更能准确表示框架小波的局部特征. 因此设局部窗口为 $\mathcal{W}(i,j)$, 局部标准差为

$$\widehat{\sigma}(i,j) = \sqrt{\max\{\sigma_y^2(i,j) - \sigma_n^2, 0\}},$$

其中 $\sigma_y^2(i,j) = \dfrac{1}{|\mathcal{W}|}\sum_{y(m,n)\in\mathcal{W}(i,j)} y^2(m,n)$.

椭圆形指数分布模型 在球形指数分布模型中，各个分量上的框架小波系数被视为独立同分布的，然而实际情况并不总是这样. 考虑父子框架小波系数 y_1, y_2，两者具有较强的相关性，且标准差不总是相等的. 图 4.4.1(c) 给出了父子框架小波系数的联合分布图形. 而从图 4.4.1(d) 容易看出，联合分布的水平投影呈椭圆形状，这说明父子框架小波系数的标准差不相等. 因此下面考虑更一般的情况，即椭圆形指数分布 (elliptical contoured exponential distribution, ECE)[97].

定理 4.4.2 假设框架小波系数 $\boldsymbol{s}$ 服从椭圆形指数分布 (ECE)[97],

$$p_{\boldsymbol{s}}^{\mathrm{ECE}}(\boldsymbol{s})=\frac{\alpha}{|\Sigma_{\boldsymbol{s}}|^{1/2}}\exp\left(-\beta\sqrt{\boldsymbol{s}^{\mathrm{T}}\Sigma_{\boldsymbol{s}}^{-1}\boldsymbol{s}}\right),\quad \boldsymbol{s}\in\mathbb{R}^d, \tag{4.4.15}$$

其中 $\Sigma_{\boldsymbol{s}}$ 为 $\boldsymbol{s}$ 的协方差矩阵，α,β 定义同 (4.4.4). 同时假设噪声 $\boldsymbol{n}$ 服从 d 维高斯分布,

$$p_{\boldsymbol{n}}^{\mathrm{G}}(\boldsymbol{n})=\frac{1}{\sqrt{(2\pi)^d|\Sigma_{\boldsymbol{n}}|}}\exp\left(-\frac{1}{2}\boldsymbol{n}^{\mathrm{T}}\Sigma_{\boldsymbol{n}}^{-1}\boldsymbol{n}\right), \tag{4.4.16}$$

则 $\boldsymbol{s}$ 的最大后验估计满足

$$\widehat{\boldsymbol{s}}=\left(\mathbf{I}+\frac{\beta}{\sqrt{\widehat{\boldsymbol{s}}^{\mathrm{T}}\Sigma_{\boldsymbol{s}}^{-1}\widehat{\boldsymbol{s}}}}\Sigma_{\boldsymbol{n}}\Sigma_{\boldsymbol{s}}^{-1}\right)^{-1}\boldsymbol{y}. \tag{4.4.17}$$

证明 与球形指数分布模型证明思路类似. 记 $\boldsymbol{s}$ 的最大后验估计为 $\widehat{\boldsymbol{s}}$,

$$\begin{aligned}\widehat{\boldsymbol{s}}&=\arg\max_{\boldsymbol{y}}[\ln(p_{\boldsymbol{n}}^{\mathrm{G}}(\boldsymbol{y}-\boldsymbol{s}))+\ln(p_{\boldsymbol{s}}^{\mathrm{ECE}}(\boldsymbol{s}))]\\&=\arg\max_{\boldsymbol{y}}\left[-\frac{1}{2}(\boldsymbol{y}-\boldsymbol{s})^{\mathrm{T}}\Sigma_{\boldsymbol{n}}^{-1}(\boldsymbol{y}-\boldsymbol{s})-\beta\sqrt{\boldsymbol{s}^{\mathrm{T}}\Sigma_{\boldsymbol{s}}^{-1}\boldsymbol{s}}+t\right],\end{aligned} \tag{4.4.18}$$

其中 $t=\ln\left(\frac{1}{\sqrt{(2\pi)^d|\Sigma_{\boldsymbol{n}}|}}\right)+\ln\left(\frac{\alpha}{|\Sigma_{\mathbf{s}}|^{1/2}}\right)$.

对 (4.4.18) 求关于 $\boldsymbol{s}$ 的导数，得

$$\Sigma_{\boldsymbol{n}}^{-1}(\boldsymbol{y}-\widehat{\boldsymbol{s}})-\frac{\beta}{\sqrt{\widehat{\boldsymbol{s}}^{\mathrm{T}}\Sigma_{\boldsymbol{s}}^{-1}\widehat{\boldsymbol{s}}}}\Sigma_{\boldsymbol{s}}^{-1}\widehat{\boldsymbol{s}}=0.$$

因此

$$\widehat{\boldsymbol{s}}=\left(\mathbf{I}+\frac{\beta}{\sqrt{\widehat{\boldsymbol{s}}^{\mathrm{T}}\Sigma_{\boldsymbol{s}}^{-1}\widehat{\boldsymbol{s}}}}\Sigma_{\boldsymbol{n}}\Sigma_{\boldsymbol{s}}^{-1}\right)^{-1}\boldsymbol{y}.\qquad\square$$

式 (4.4.17) 无法得到显示解，因此在实际应用中需要通过数值计算求解. 下面给出 ECE 模型的一种迭代估计算法，具体见算法 4.4.1.

算法 4.4.1 椭圆形指数分布的 MAP 迭代估计

步骤 1 设误差上界 ε_0. 初始化 $\boldsymbol{s}^0=\boldsymbol{y}$. 计算 $\Sigma_{\boldsymbol{y}}$.

步骤 2 利用 Monte Carlo 方法估计 $\Sigma_{\boldsymbol{n}}$. 并计算 $\Sigma_{\boldsymbol{s}}$, $\Sigma_{\boldsymbol{s}}=\Sigma_{\boldsymbol{y}}-\Sigma_{\boldsymbol{n}}$.

步骤 3 将 $\boldsymbol{s}^{k-1}$ 代入 (4.4.17), 得

$$\boldsymbol{s}^k=\left(\mathbf{I}_d+\frac{\beta}{\sqrt{(\boldsymbol{s}^{k-1})^{\mathrm{T}}\Sigma_{\boldsymbol{s}}^{-1}\boldsymbol{s}^{k-1}}}\Sigma_{\boldsymbol{n}}\Sigma_{\boldsymbol{s}}^{-1}\right)^{-1}\boldsymbol{s}^{k-1},\quad k=1,2,\cdots.$$

步骤 4 若 $\|\boldsymbol{s}^k-\boldsymbol{s}^{k-1}\|<\varepsilon_0$, 则算法停止; 否则回到步骤 3.

4.4.2 仿真实验

实验选取六幅自然图像, 分别是 “lena”, “barbara”, “monarch”, “goldhill”, “pentagon” 和 “peppers”, 见图 4.4.2. 对每幅图像分别加以不同程度的高斯白噪声, $\sigma\in\{10,20,30,40,50,75,100\}$. 去噪流程见算法 4.4.2.

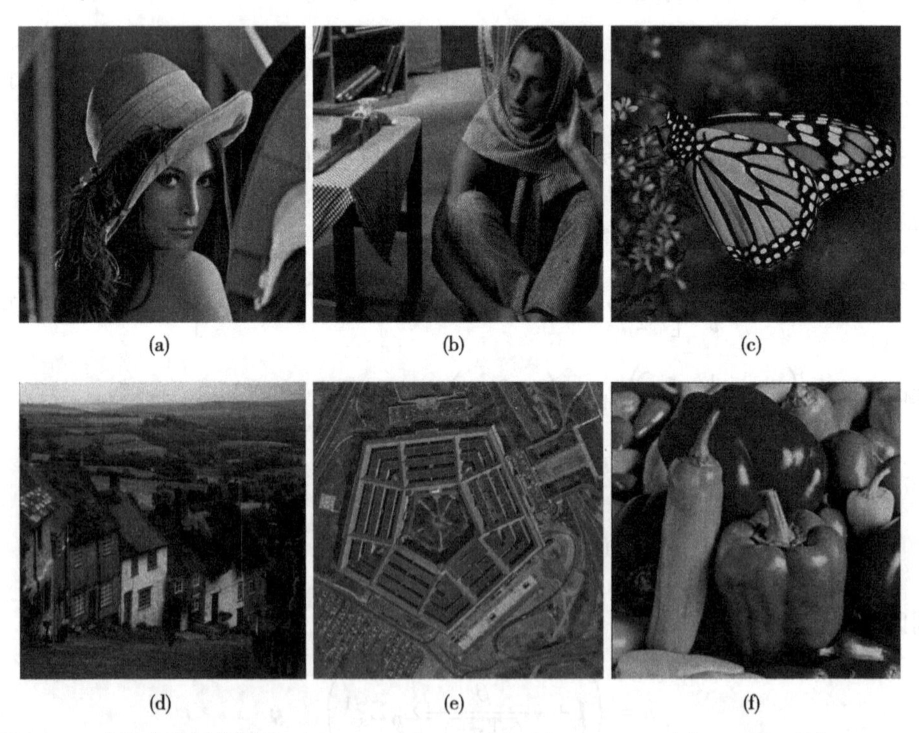

(a) (b) (c) (d) (e) (f)

图 4.4.2 去噪实验原始图像: (a) lena; (b) barbara; (c) monarch; (d) goldhill; (e) pentagon; (f) peppers

算法 4.4.2 基于 TIDFT 的去噪算法 [33]

(1) **方向预测**

对含噪图像 I 进行方向预测, 得到方向信息.

(2) **框架提升分解**

对含噪图像进行 J 级各向异性框架提升分解, 得到低频子带 L_J 和高频子带 $H_j, j=1,\cdots,8J$.

(3) **去噪**

利用 SCE 或 ECE 模型对框架小波系数进行估计, 得 $\widehat{H}_j, j=1,\cdots,8J$.

(4) **框架提升重构**

利用 L_J 和 $\widehat{H}_j, j=1,\cdots,8J$ 进行框架提升重构, 得到去噪图像.

为验证本章算法的有效性, 实验分为两组, 分别从变换和去噪算法两方面进行比较.

第一组实验选取目前流行的基于各向异性多尺度变换的去噪算法, 其中包括:

(1) TIADL[101]. 基于双正交小波自适应方向提升变换的去噪算法.

(2) NSCT[116]. 基于轮廓小波变换的去噪算法.

(3) DST[117]. 基于离散剪切小波的去噪算法.

(4) TIDFT-SCE. 本章给出的基于 TIDFT 与 SCE 模型的去噪算法.

第二组实验将本章给出的基于 TIDFT 的去噪算法与去噪领域著名的算法进行比较, 包括:

(1) BLS-GSM[95]. 基于高斯尺度混合模型的最小二乘估计算法.

(2) BM3D[98]. 三维块匹配算法.

(3) TIDFT-SCE.

(4) TIDFT-ECE. 实验结果采用峰值信噪比 (PSNR) 和结构相似性 (SSIM) 进行评价. PSNR 的定义为

$$\mathrm{PSNR}=20\lg\frac{255}{\mathrm{MSE}},$$

其中 MSE 为重构均方误差,

$$\mathrm{MSE}(\widehat{f})=E[(\widehat{f}-f)^2].$$

SSIM 的定义为[118]

$$\mathrm{SSIM}(x,y)=\frac{(2\mu_x\mu_y+c_1)(2\sigma_{xy}+c_2)}{(\mu_x^2\mu_y^2+c_1)(\sigma_x^2\sigma_y^2+c_2)},$$

其中 μ_x, μ_y 分别为 x, y 的均值, $\sigma_x, \sigma_y, \sigma_x y$ 分别为 x, y 的标准差和协方差, c_1, c_2 为稳定控制参数, 避免分母过小造成结果不稳定.

表 4.4.1 与表 4.4.2 记录了两组实验的 PSNR 数值结果. 各算法的执行时间见表 4.4.3.

表 4.4.1　基于不同变换的去噪算法结果比较

(最优结果用黑体标记, 次优结果用括号标记)

图像	第一组					
	σ	噪声	TIADL	NSCT	DST	TIDFT-SCE
lena (512×512)	10	28.13	35.09	35.34	(35.60)	**36.14**
	20	22.14	31.85	32.16	(32.40)	**32.72**
	30	18.66	30.01	30.15	(30.44)	**31.09**
	40	16.30	28.24	28.54	(28.76)	**29.67**
	50	14.54	27.44	27.65	(27.94)	**28.43**
	75	11.74	24.61	25.21	(25.38)	**25.90**
	100	10.11	22.85	(23.10)	23.08	**23.48**
barbara (512×512)	10	28.13	32.16	33.54	(33.63)	**33.64**
	20	22.14	28.89	29.45	(29.96)	**30.04**
	30	18.66	26.71	27.55	(27.83)	**27.86**
	40	16.47	24.77	26.07	**26.26**	(26.25)
	50	14.76	23.36	24.32	(24.94)	**25.00**
	75	11.92	21.38	(22.11)	**22.32**	22.07
	100	10.25	20.35	(20.43)	**20.46**	20.04
monarch (512×512)	10	28.13	33.31	(34.69)	34.41	**35.06**
	20	22.14	29.69	(31.07)	30.56	**31.55**
	30	18.71	27.75	28.14	(28.69)	**29.34**
	40	16.37	26.28	(27.54)	27.15	**27.88**
	50	14.66	24.83	(26.34)	26.02	**27.03**
	75	11.85	22.41	23.28	(23.50)	**24.09**
	100	10.20	19.98	20.99	(21.06)	**21.32**
goldhill (512×512)	10	28.13	32.46	32.80	(32.94)	**33.15**
	20	22.17	29.46	(29.91)	29.73	**30.09**
	30	18.75	27.77	(28.04)	27.87	**28.30**
	40	16.42	26.62	(26.95)	26.74	**27.08**
	50	14.68	25.49	25.80	(25.81)	**26.11**
	75	11.85	23.39	23.73	(23.77)	**24.05**
	100	10.19	21.17	21.75	**22.01**	(21.97)
pentagon (1024×1024)	10	28.13	31.89	32.69	(32.70)	**32.71**
	20	22.11	28.71	(29.22)	29.15	**29.28**
	30	18.61	27.05	27.12	(27.23)	**27.50**
	40	16.17	25.93	(26.04)	25.96	**26.43**
	50	14.36	25.09	(25.44)	25.04	**25.61**
	75	11.51	23.85	23.80	(23.87)	**23.97**
	100	9.96	22.13	22.54	**22.93**	(22.64)

续表

图像	第一组					
	σ	噪声	TIADL	NSCT	DST	TIDFT-SCE
peppers (256×256)	10	28.15	33.63	33.94	(34.21)	**34.30**
	20	22.21	29.79	30.30	(30.59)	**30.65**
	30	18.79	27.63	28.13	(28.32)	**28.61**
	40	16.41	26.03	26.23	(26.53)	**27.23**
	50	14.73	24.66	25.06	(25.27)	**26.05**
	75	11.85	22.17	22.27	(22.72)	**23.33**
	100	10.20	20.47	20.26	(20.54)	**20.90**

表 4.4.2 基于不同估计模型的去噪算法结果比较

(最优结果用黑体标记, 次优结果用括号标记)

图像	第二组				
	σ	TIDFT-SCE	TIDFT-ECE	BLS-GSM	BM3D
lena (512×512)	10	36.14	(36.20)	36.12	**36.43**
	20	32.72	32.98	(33.10)	**33.12**
	30	31.09	31.24	**31.37**	(31.26)
	40	29.67	29.80	**29.87**	(29.85)
	50	28.43	(28.71)	28.56	**29.19**
	75	25.90	(26.11)	25.34	**26.36**
	100	23.48	(23.78)	22.93	**24.17**
barbara (512×512)	10	33.64	33.81	(34.04)	**34.71**
	20	30.04	(30.37)	30.34	**31.40**
	30	27.86	(28.01)	27.69	**29.32**
	40	26.25	(26.54)	26.10	**27.80**
	50	25.00	(25.23)	24.29	**26.64**
	75	22.07	(22.55)	21.67	**23.68**
	100	20.04	(20.43)	20.03	**21.24**
monarch (512×512)	10	35.06	35.21	(35.40)	**35.75**
	20	31.55	(31.71)	31.58	**31.95**
	30	29.34	(29.77)	29.50	**29.81**
	40	27.88	**28.20**	27.71	(27.98)
	50	27.03	**27.22**	26.10	(27.16)
	75	24.09	(24.15)	22.81	**24.30**
	100	(21.32)	21.25	20.46	**22.02**
goldhill (512×512)	10	33.15	33.21	**33.58**	(33.55)
	20	30.09	(30.21)	30.19	**30.55**
	30	28.30	(28.50)	28.35	**28.88**
	40	27.08	(27.40)	27.37	**27.55**
	50	26.11	(26.45)	26.24	**26.75**
	75	(24.05)	23.96	23.78	**24.63**
	100	(21.97)	21.83	21.76	**22.67**
pentagon (1024×1024)	10	32.71	(33.94)	32.69	**33.38**
	20	29.28	(29.54)	29.35	**29.86**
	30	27.50	(27.87)	27.71	**28.11**
	40	26.43	(26.69)	26.65	**26.71**
	50	25.61	25.78	(25.82)	**26.03**
	75	23.97	(24.13)	23.92	**24.57**
	100	22.64	(22.76)	22.47	**23.49**

续表

图像	第二组				
	σ	TIDFT-SCE	TIDFT-ECE	BLS-GSM	BM3D
peppers (256×256)	10	34.30	34.37	(35.00)	**35.40**
	20	30.65	30.70	(31.13)	**31.74**
	30	28.61	(28.88)	28.83	**29.44**
	40	27.23	(27.45)	27.08	**27.67**
	50	26.05	(26.13)	25.58	**26.49**
	75	(23.33)	23.29	22.65	**23.69**
	100	(20.90)	20.78	20.24	**21.57**

表 4.4.3 不同去噪算法的计算复杂度比较 (单位: 秒)

图像尺寸	TIADL	TIDFT-SCE	DST	NSCT	TIDFT-ECE	BLS-GSM	BM3D
1024×1024	10.4	16.1	32.1	131.5	26.2	64.6	19.5
512×512	3.2	5.0	9.3	32.1	9.7	20.7	3.9
256×256	1.4	1.5	1.6	8.5	1.9	7.5	0.8

注：程序运行环境: Intel Core2 E7400 2.8GHz, 4GB RAM, Matlab R2013a

从表 4.4.1 与表 4.4.2 可以看到, 基于框架小波提升变换的 TIDFT-SCE 去噪效果要优于基于双正交小波提升变换的 TIADL, PSNR 增加大约 1dB 或更多, 这得益于框架变换的冗余性. 与另外两个各向异性框架变换 NSCT 和 DST 相比, TIDFT-SCE 的结果也更出色. 对于含有丰富纹理的图像, 例如, barbara, TIDFT-SCE 与 DST 的结果很相近, 这也证实了 TIDFT 的各向异性所起到的作用.

在第二组实验中, BM3D 展示出最佳的去噪结果. 毫无疑问, BM3D 代表了目前图像去噪领域最顶尖的技术水平. 然而, TIDFT-ECE 获得的结果, 特别是在 $\sigma \in [20, 50]$ 的情况下, 与 BM3D 非常接近. 除barbara以外, 两者的 PSNR 相差大概 0.1dB—0.4dB. 从两方面可以分析并解释 TIDFT 与 BM3D 的差距. 首先, BM3D 算法将二维图像的相似区域收集归类, 形成三维数据, 然后对三维数据进行滤波. 而 TIDFT, 包括其他基于多尺度变换的去噪方法处理的是二维数据. 三维数据相比二维数据的优势在于冗余性. 由于去噪本质上是估计问题, 因此冗余性实质上增加了估计的准确性. 其次, 本章提出的基于指数分布模型的去噪算法利用的是最大后验 (MAP) 估计, 而 BM3D 应用的是 Wiener 滤波, 即最小均方误差 (MMSE) 估计. 理论上讲, MMSE 得到均方误差最小的最优解. 然而, 对于球形指数分布 (SCE) 模型和椭圆形指数分布 (ECE) 模型, 若采用 MMSE 估计均不能得到闭合形式的解[96], 需要通过数值计算求解, 因此选择 MAP 估计.

与 BLS-GSM 相比, TIDFT-ECE 在多数情况下取得了更好的结果. 注意到 BLS-GSM 具有两点特征：一是在多尺度变换上采用的是方向可控 (steerable) 金字塔变换, 方向可控滤波器兼有平移不变性和旋转不变性[119]; 二是 BLS-GSM 采用最小二乘估计, 因此依然需要数值计算求解. 因此算法的执行速度要逊于 TIDFT, 见表 4.4.3.

在 SCE 与 ECE 两种模型的对比中, 从表 4.4.2 中可以看出, TIDFT-ECE 在多数情况下结果要优于 TIDFT-SCE. 然而当噪声较强时, 例如, $\sigma = 75, 100$, TIDFT-ECE 相对于 TIDFT-SCE 的增益有限, 甚至不如 TIDFT-SCE, 如 goldhill, peppers. 产生这种结果的原因之一是, ECE 模型假设框架小波系数的边缘分布具有不同的方差, 而实际在强噪声的干扰下, 各分量上的框架小波系数主要由噪声占据, 方差不再具备明显的差异性, 因此脱离了 ECE 模型的假设环境, 造成估计结果不如 TIDFT-SCE. 另一方面, 从表 4.4.3 可以看到, 由于 SCE 模型具有闭合形式的解, 不需要数值计算, 因此在算法的执行速度上更快. 相比于其他算法, SCE 模型在实际应用中更具优势.

在 SSIM 评价方面, 本章选取 TIADL, DST, TIDFT-ECE, BLS-GSM 和 BM3D 的结果并绘制在图表 4.4.3 中. SSIM 越大, 即折线越靠近顶端, 说明重构图像的效果越好. 从图 4.4.3 中可以看出, BM3D 的折线占据了图表的顶端, 而 TIDFT 与

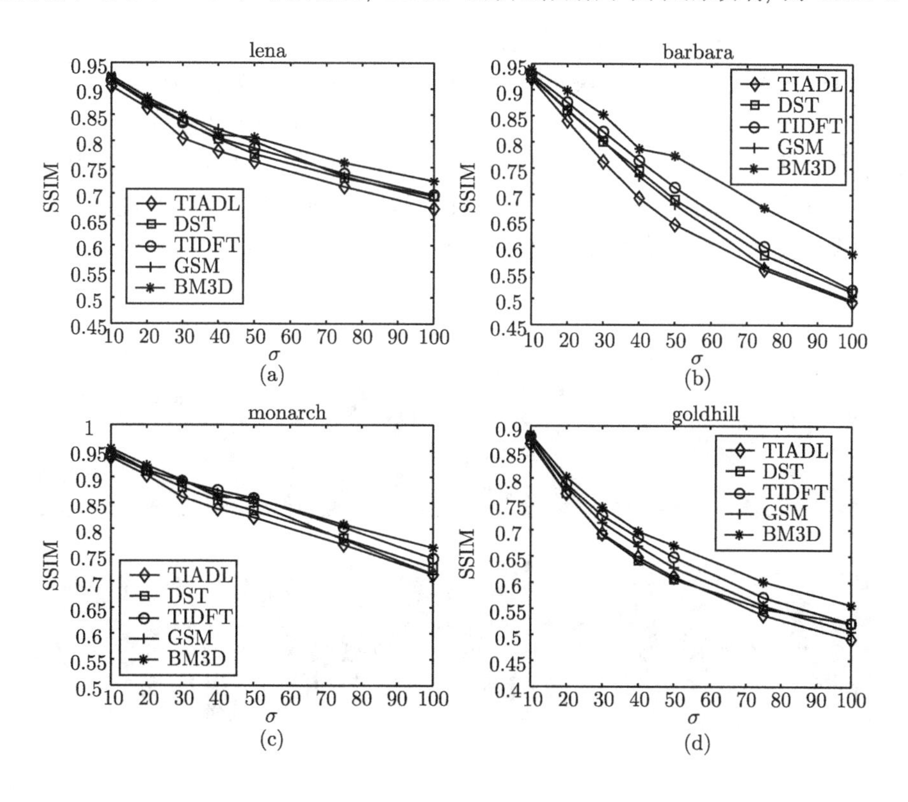

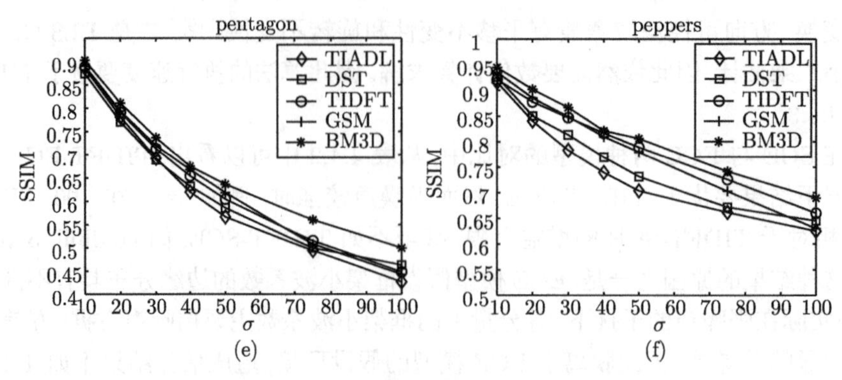

(e) (f)

图 4.4.3 不同去噪算法的 SSIM 比较

BLS-GSM 以及 DST 的折线则比较接近. 但在噪声 $\sigma \in [30, 70]$ 这段区间, 三者的区分较为明显.

图 4.4.4 展示了去噪图像的局部细节, 以便直观比较不同算法的去噪结果. 容易观察到, DST 因方向滤波器产生了一些人工痕迹. 而 BLS-GSM 倾向于模糊细小的纹理细节, 如图 4.4.4(b) 中的纹理、(d) 中建筑的窗户, 以及 (e) 中的楼顶. TIDFT-ECE 与 BM3D 的视觉效果比较接近. 但仍有一些细微区别. BM3D 在平滑区域易产生 “涂抹” 的痕迹, 这是由块匹配算法的特性造成的. 例如, 在图 4.4.4(a) 中, 在人物面颊区域 BM3D 的结果不如 TIDFT 平滑, 类似的情况出现在图 4.4.4(f) 中. 但是从积极角度看, BM3D 的去噪结果更 “纯净”, 例如, 4.4.4(c) 蝴蝶翅膀的浅色部分, (d) 建筑的屋顶. 而得益于平移不变性以及各向异性, TIDFT 能够自适应地分离图像的高频纹理信息和低频光滑信息, 因此在保留边缘的同时有效地去除了噪声.

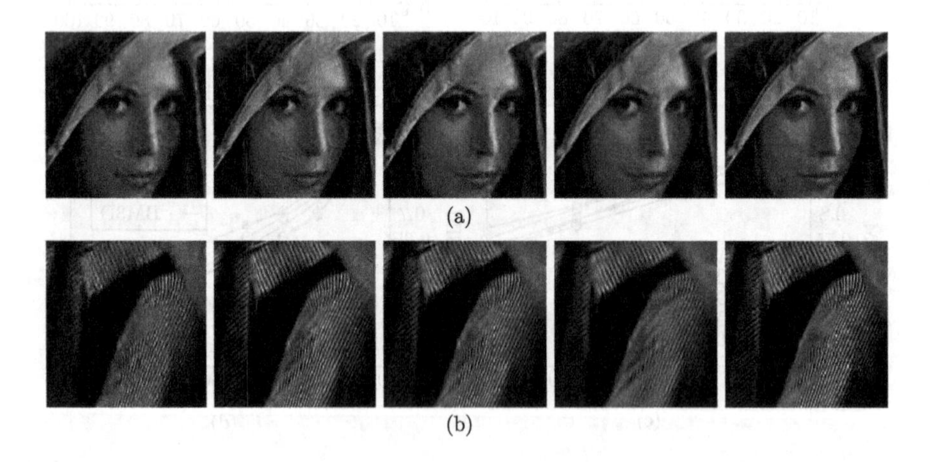
(a)

(b)

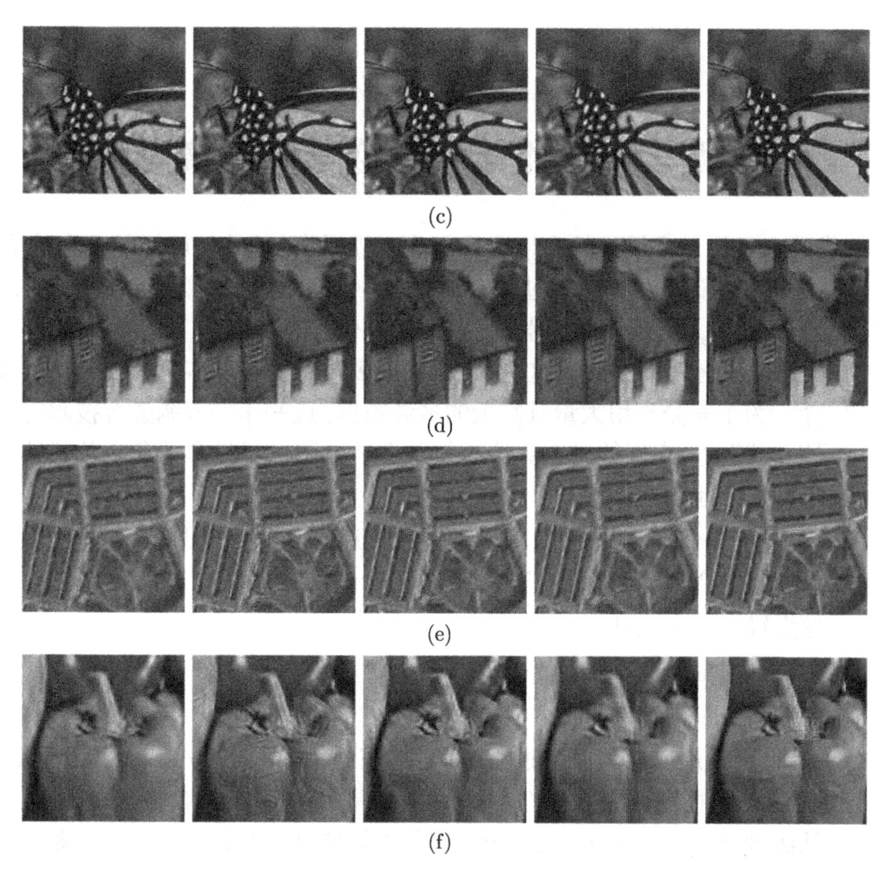

图 4.4.4 去噪结果局部细节图, $\sigma = 40$, (a)lena; (b)barbara; (c)monarch; (d)goldhill; (e)pentagon; (f)peppers. 从左至右依次是 TIADL, DST, TIDFT-ECE, BLS-GSM 与 BM3D

第5章　基于框架提升变换的图像融合

图像融合是将一个场景的多幅图像组成一幅图像, 使其能够提供更多的信息, 更适宜视觉感知或计算机处理的过程[120]. 自 21 世纪以来, 尽管图像传感器技术有了突飞猛进的发展, 但单一传感器在捕获图像时仍存在局限性, 如空间分辨率、光谱分辨率、动态范围等. 为突破这些局限, 采用多传感器获取信息不失为一种合理的解决途径. 为了充分利用大量且复杂的多源数据, 近些年来多源融合技术得到了迅速发展[121-123]. 一个好的融合算法应使融合后的图像提供多于各个传感器单独传达的信息, 形象地比喻就是 $1+1>2$.

图像融合是一个综合性过程, 可以在图像传递的多个阶段进行. 依照融合发生的阶段, 可以将融合划分为三类[121, 124]:

(1) 像素级 (pixel-level);

(2) 特征级 (feature-level);

(3) 决策级 (decision-level).

像素级融合是最底层的融合过程, 即直接在原始数据 (raw data) 上进行融合, 这一过程通常还包括图像的配准 (registration). 配准的精确度将直接影响到融合的效果. 特征级融合是中间层次的融合过程, 首先需要对配准数据进行特征提取和分析, 将融合目标组合在一起, 再利用统计方法进行评估及下一步处理. 决策级融合是最高层次的融合过程, 该过程采用独立算法处理各个图像, 以获得对应的特征和分类信息, 然后依据决策建立融合准则, 得到融合结果. 图 5.0.1 概括描述了这三种融合过程.

同时, 多源图像融合是一个内容非常宽泛的研究话题, 这是因为数据集在获取途径、成像机理、物理特性、应用需求等方面存在差异. 概括地讲, 多源遥感图像融合问题主要有以下几类:

(1) 单传感器多时相融合, 例如合成孔径雷达 (SAR) 多时相图像融合[125];

(2) 多传感器多时相融合, 例如, 可视光 + 近红外图像与 SAR 图像融合[125];

(3) 单传感器多分辨率融合, 例如, Landsat TM 全色图像 (高分辨率) 与多光谱图像 (低分辨率) 融合[126];

(4) 多传感器多分辨率融合, 例如, SPOT 全色图像与 Landsat 多光谱图像融合[127].

大量研究发现, 融合算法往往缺乏普适性, 难以找到一个适用于所有类型的融合算法. 因此在设计融合算法时需要综合图像类型、成像特点以及实际应用需要等多方面考虑. 本章将主要介绍多光谱 (multispectral) 图像与全色 (panchromatic) 图像融合, 亦称为全色锐化 (pansharpening). 5.1 节首先介绍全色锐化的问题背景与研究进展. 5.2 节将介绍基于二维框架提升变换 (NFLT/AFLT) 的全色锐化方法. 5.3 节将介绍基于形态小波提升变换的全色锐化方法.

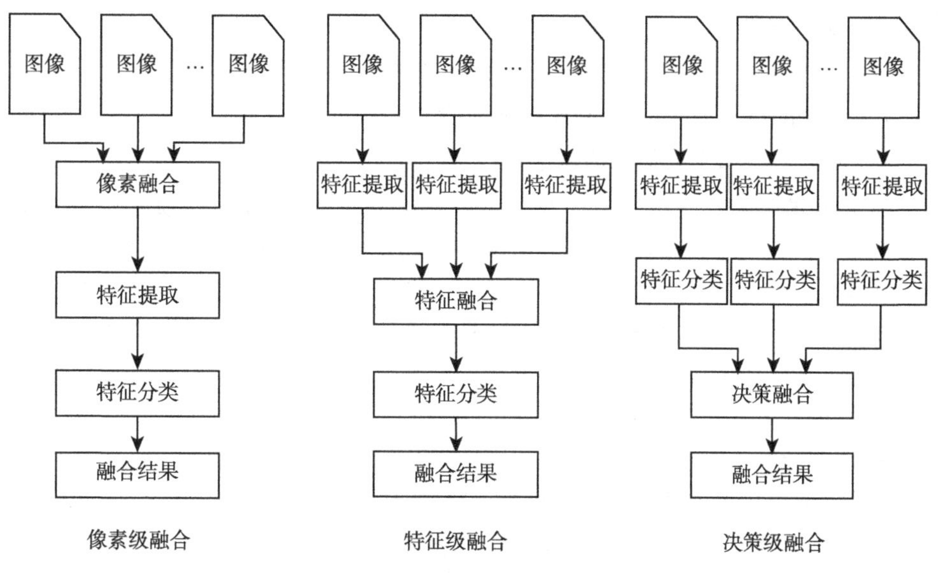

图 5.0.1 三种级别的融合过程

5.1 全色锐化概述

全色锐化[128, 129] 是多源遥感图像融合中的一项关键技术, 在卫星成像、遥感勘测、地图绘制等领域中具有重要应用价值. 该技术主要针对多光谱图像 (MS) 与全色图像 (PAN) 融合, 目的是获得高分辨率多光谱图像.

通常, 遥感图像在光谱或空间分辨率上存在局限性. 一方面, 全色图像拥有高空间分辨率, 例如, 由 GeoEye 公司运营的 IKONOS 卫星可提供 0.82m 空间分辨率的全色图像. 然而, 受限于传感器的物理特性, 全色图像普遍缺乏光谱信息. 另一方面, 多光谱图像具有丰富的光谱信息, 大部分卫星图像传感器可以覆盖可见光 (visible) 至近红外 (near infra-red) 波段 (450—920nm), 但空间分辨率普遍较低. 例如, 美国国家航空航天局 (NASA) 运行的地球观测 1 号卫星 (EO-1) 提供了具有 220 个波段的高光谱成像仪, 可覆盖 400—2500nm 的波段, 其光谱分辨率达到了 10nm, 然而空间分辨率仅有 30m. 因此, 多光谱与全色图像融合的目的就是在增加图像空间分辨率的同时尽可能地保留光谱信息不受损失, 从而提供一个既具有高光谱分辨率又具有高空间分辨率的综合结果.

衡量全色锐化结果 "好" 与 "坏" 通常需要从主观与客观方面综合地进行评定. 这里采用 L. Wald 等提出的一般性准则[130] 进行介绍. 记高分辨率全色图像为 $\mathbf{P}$, 低分辨率多光谱图像为 $\mathbf{MS}$, 融合后具有高分辨率的多光谱图像为 $\widehat{\mathbf{MS}}$, 理想的高分辨率多光谱图像为 $\overline{\mathbf{MS}}$, 则融合结果应满足下列三项要求:

(1) 若 $\widehat{\mathbf{MS}}$ 减至与 $\mathbf{MS}$ 相同的分辨率, 则 $\widehat{\mathbf{MS}}$ 应与 $\mathbf{MS}$ 尽可能一致;

(2) $\widehat{\mathbf{MS}}$ 的每一波段应与 $\overline{\mathbf{MS}}$ 相应波段 (若存在) 尽可能一致;

(3) $\widehat{\mathbf{MS}}$ 的整体光谱信息应与 $\overline{\mathbf{MS}}$(若存在) 尽可能一致.

上述要求中的第一项称为一致性 (consistency) 准则, 而后两项可归为综合性 (synthesis) 准则. 通常, 理想的高分辨率多光谱图像是不存在的. 因此采用综合性准则衡量时, 可将 $\mathbf{P}$ 与 $\mathbf{MS}$ 分辨率减至原来的 $1/r$ 倍, 得到低分辨率版本的全色图像 $\mathbf{P}_L$ 和多光谱图像 $\mathbf{MS}_L$, 其中 r 是 $\mathbf{P}$ 与 $\mathbf{MS}$ 分辨率的比值. 再对 $\mathbf{P}_L$ 与 $\mathbf{MS}_L$ 进行融合, 这样会得到与 $\mathbf{MS}$ 分辨率相同的融合图像, 从而以 $\mathbf{MS}$ 作为理想的高分辨率多光谱图像进行衡量.

从 20 世纪 90 年代起, 经过近三十年的研究发展, 学术界涌现出大量全色锐化算法, 其大致可分为两类. 第一类称为成分替代法 (component substitution), 第二类称为多分辨分析 (MRA) 方法. 成分替代法的核心思想是利用某种特定的变换将多光谱图像分解成多个分量的数据组, 再利用全色图像替代其中表征空间信息的分量, 最后通过逆变换获得高空间分辨率的图像. 其优点是算法相对简单, 计算开销小; 然而缺点是没有充分考虑遥感图像的空间几何信息, 如边缘、纹理等. 此外, 由于多光谱波段与全色波段的频率响应并不一致, 将全色波段整体替换会产生较大的光谱误差. 自 20 世纪 90 年代起, 随着以拉普拉斯金字塔变换、小波变换等为代表的多尺度变换的快速发展, 基于多分辨分析 (MRA) 的全色锐化方法逐渐引起关注. 这类方法的核心思想是利用多尺度变换提取全色图像的细节信息, 再根据相应的融合规则加入到多光谱图像中, 在有效提高空间分辨率的同时避免了较大的光谱失真. 在 IEEE 地球科学与遥感学会举办的全色锐化算法竞赛中[128, 129], 以多孔小波变换和广义拉普拉斯金字塔变换为代表的 MRA 全色锐化方法都取得了出色的成绩. 下面分别介绍这两类方法中的代表性算法.

5.1.1　成分替代法

成分替代法的模型为

$$\widehat{\mathbf{MS}}_k = \widetilde{\mathbf{MS}}_k + g_k(\mathbf{P} - \mathbf{I}), \quad k = 1, \cdots, N, \tag{5.1.1}$$

其中 $\mathbf{P}$ 为高分辨率全色图像, $\widetilde{\mathbf{MS}}$ 为原始多光谱图像 $\mathbf{MS}$ 重采样至全色图像大小,

$$\mathbf{I} = \sum_{i=1}^{N} \beta_i \widetilde{\mathbf{MS}}_i, \tag{5.1.2}$$

β_i 为加权系数, g_k 为增益系数.

由此可见, 成分替代法的核心是通过各波段多光谱图像的线性组合产生 $\mathbf{I}$. 在变换工具的选择上, 一个首要原则是变换应具有去相关性. 目前广泛采用的变换有 RGB-IHS 色彩空间变换[121,131]、主成分分析 (PCA)[127]、Gram-Schmidt 正交化[132]等. 下面介绍几种典型的成分替代法.

5.1.1.1 IHS 替代法[121,131]

亮度–色度–饱和度 (intensity-hue-saturation, IHS) 是一种描述彩色图像的模型, 其能够有效分离彩色图像的空间信息 (I) 与色度信息 (H) 和饱和度信息 (S). 由真彩色图像 (RGB) 转换到 IHS 图像的数学描述如下[133]:

$$\begin{bmatrix} \mathbf{I} \\ \mathbf{v}_1 \\ \mathbf{v}_2 \end{bmatrix} = \begin{bmatrix} \dfrac{1}{3} & \dfrac{1}{3} & \dfrac{1}{3} \\ \dfrac{-\sqrt{2}}{6} & \dfrac{-\sqrt{2}}{6} & \dfrac{2\sqrt{2}}{6} \\ \dfrac{1}{\sqrt{2}} & \dfrac{-1}{\sqrt{2}} & 0 \end{bmatrix} \begin{bmatrix} \mathbf{R} \\ \mathbf{G} \\ \mathbf{B} \end{bmatrix},$$

$\mathbf{H} = \tan^{-1}(\mathbf{v}_2/\mathbf{v}_1), \mathbf{S} = \sqrt{\mathbf{v}_1^2 + \mathbf{v}_2^2}$. $\mathbf{I}, \mathbf{H}, \mathbf{S}$ 分别代表灰度、色度和饱和度.

其逆变换为

$$\begin{bmatrix} \mathbf{R} \\ \mathbf{G} \\ \mathbf{B} \end{bmatrix} = \begin{bmatrix} 1 & \dfrac{-1}{\sqrt{2}} & \dfrac{1}{\sqrt{2}} \\ 1 & \dfrac{-1}{\sqrt{2}} & \dfrac{-1}{\sqrt{2}} \\ 1 & \sqrt{2} & 0 \end{bmatrix} \begin{bmatrix} \mathbf{I} \\ \mathbf{v}_1 \\ \mathbf{v}_2 \end{bmatrix}.$$

IHS 替代法基本的融合过程如下:

(1) 配准. 将低分辨率的多光谱图像 $\mathbf{MS}$ 进行插值, 使其具有与全色图像一样的尺寸.

(2) 将重采样后的多光谱图像进行 RGB-IHS 转换, 获得 $\mathbf{I}, \mathbf{H}, \mathbf{S}$ 三个通道的数据.

(3) 用全色图像 $\mathbf{P}$ 替代通道 $\mathbf{I}$. 为降低光谱误差, 通常在替代前需要对全色图像进行灰度值匹配, 使得匹配后的全色图像具有与通道 $\mathbf{I}$ 一样的均值和方差.

(4) 利用新获得的 $\mathbf{P}, \mathbf{H}, \mathbf{S}$ 进行 RGB-IHS 逆变换, 得到具有高空间分辨率的多光谱图像.

IHS 替代法的优点是计算复杂度低, 算法的执行速度快, 但由于灰度通道完全被全色波段替代, 因此会产生较大光谱误差. 此外, 由于 IHS 模型只能应用于三通道多光谱图像, 所以限制了其应用. 但是可以利用 IHS 变换的线性性质将三波段推广至任意 N 波段. 事实上, 注意到将全色图像 $\mathbf{P}$ 替代通道 $\mathbf{I}$, 增加的信息为 $\mathbf{D} = \mathbf{P} - \mathbf{I}$, 而

$$
\begin{aligned}
\widehat{\mathbf{MS}} = \begin{bmatrix} \mathbf{R}' \\ \mathbf{G}' \\ \mathbf{B}' \end{bmatrix} &= \begin{bmatrix} 1 & \frac{-1}{\sqrt{2}} & \frac{1}{\sqrt{2}} \\ 1 & \frac{-1}{\sqrt{2}} & \frac{-1}{\sqrt{2}} \\ 1 & \sqrt{2} & 0 \end{bmatrix} \begin{bmatrix} \mathbf{P} \\ \mathbf{v}_1 \\ \mathbf{v}_2 \end{bmatrix} = \begin{bmatrix} 1 & \frac{-1}{\sqrt{2}} & \frac{1}{\sqrt{2}} \\ 1 & \frac{-1}{\sqrt{2}} & \frac{-1}{\sqrt{2}} \\ 1 & \sqrt{2} & 0 \end{bmatrix} \begin{bmatrix} \mathbf{I} + \mathbf{D} \\ \mathbf{v}_1 \\ \mathbf{v}_2 \end{bmatrix} \\
&= \begin{bmatrix} 1 & \frac{-1}{\sqrt{2}} & \frac{1}{\sqrt{2}} \\ 1 & \frac{-1}{\sqrt{2}} & \frac{-1}{\sqrt{2}} \\ 1 & \sqrt{2} & 0 \end{bmatrix} \begin{bmatrix} \mathbf{I} \\ \mathbf{v}_1 \\ \mathbf{v}_2 \end{bmatrix} + \begin{bmatrix} 1 & \frac{-1}{\sqrt{2}} & \frac{1}{\sqrt{2}} \\ 1 & \frac{-1}{\sqrt{2}} & \frac{-1}{\sqrt{2}} \\ 1 & \sqrt{2} & 0 \end{bmatrix} \begin{bmatrix} \mathbf{D} \\ 0 \\ 0 \end{bmatrix} = \begin{bmatrix} \mathbf{R} + \mathbf{D} \\ \mathbf{G} + \mathbf{D} \\ \mathbf{B} + \mathbf{D} \end{bmatrix}.
\end{aligned}
$$

因此, 将 $\mathbf{P}$ 替代 $\mathbf{I}$ (即将 $\mathbf{D}$ 加入到 $\mathbf{I}$) 等价于将 $\mathbf{D}$ 加入到每个通道 $\mathbf{R}, \mathbf{G}, \mathbf{B}$. 根据上述等价原则, 可以直接在每个通道进行融合操作, 从而克服 IHS 变换只限于三通道的约束.

另外注意到 IHS 模型中的线性组合权重为 $\beta_k = 1/N$, 其中 N 为波段数目. 而实际中, 各波段的频率响应不同, 在整个光谱中的所占比例也不同. 如果知道合适的比例, 将提高 $\mathbf{I}$ 与 $\mathbf{P}$ 的相关程度, 降低光谱误差. 因此有学者提出根据各波段的频率响来计算权重, 并令 $g_k = \left(\sum_{i=1}^{N} \beta_i\right)^{-1}$, 这就是广义 IHS 方法 (GIHS)[129].

5.1.1.2 主成分分析法[127]

主成分分析是一种有效去除多维数据相关性的线性变换, 主成分分析融合策略是假设多光谱图像经过 PCA 变换后去除了各个波段间的相关性, 第一个主成分涵盖了各个波段普遍具有的信息, 因此可代表图像的空间信息, 将其用全色图像替代, 就能够得到具有高空间分辨率的多光谱图像.

主成分分析法将 N 个波段的多光谱图像重新排列为一个二维矩阵, 其中第 k 列代表第 k 波段的多光谱图像. 为表示方便, 以下记为

$$
\mathbf{X} = (\boldsymbol{x}_1, \cdots, \boldsymbol{x}_N) \in \mathbb{R}^{n \times N},
$$

其中 n 代表总像素点数. 并假设各列均值为零 (若非零, 则各列减去均值). 此时, 任意两列的 (样本) 协方差为

$$\mathrm{cov}(\boldsymbol{x}_i, \boldsymbol{x}_j) = \frac{1}{n-1}\boldsymbol{x}_i^{\mathrm{T}}\boldsymbol{x}_j,$$

协方差矩阵为

$$\mathbf{C_X} = \frac{1}{n-1}\mathbf{X}^{\mathrm{T}}\mathbf{X} \propto \mathbf{X}^{\mathrm{T}}\mathbf{X}.$$

通常, $\mathbf{X}$ 中的任意两列向量是相关的. PCA 的目的是找到一组新的向量 $\mathbf{Y} = (\boldsymbol{y}, \cdots, \boldsymbol{y}_N)$, 即主成分, 使得各主成分间无相关性, 且主成分的方差由 1 到 N 依次减小. 这可以通过对 $\mathbf{X}$ 进行奇异值分解或对 $\mathbf{X}^{\mathrm{T}}\mathbf{X}$ 进行特征值分解完成.

$$\mathbf{Y} = \mathbf{XV},$$

其中 $\mathbf{V}$ 为正交阵.

经过变换之后, 第一个主成分 $\boldsymbol{y}_1$ 方差最大, 意味着 $\mathbf{X}$ 投影到该方向的信息最多, 因此可以代表各波段多光谱图像普遍包含的信息, 即亮度信息. 将 $\boldsymbol{y}_1$ 替换为向量化后的全色图像 $\boldsymbol{P}$, 再作逆变换, 于是得到高分辨率的多光谱图像,

$$\widehat{\mathbf{X}} = \mathbf{Y}'\mathbf{V}^{\mathrm{T}},$$

其中 $\mathbf{Y}' = (\boldsymbol{P}, \boldsymbol{y}_2, \cdots, \boldsymbol{y}_N)$.

事实上, 根据奇异值分解, $\boldsymbol{y}_1 = \mathbf{X}\boldsymbol{v}_1$, 其中 $\boldsymbol{v}_1$ 为 $\mathbf{V}$ 中第一个列向量. 注意到

$$\mathbf{Y}' = (\boldsymbol{y}_1, \boldsymbol{y}_2, \cdots, \boldsymbol{y}_N) + (\boldsymbol{P} - \boldsymbol{y}_1, 0, \cdots, 0) = \mathbf{Y} + (\boldsymbol{D}, 0, \cdots, 0),$$

因此

$$\widehat{\mathbf{X}} = \mathbf{YV}^{\mathrm{T}} + (\boldsymbol{D}, 0, \cdots, 0)\mathbf{V}^{\mathrm{T}} = \mathbf{X} + \boldsymbol{D}\boldsymbol{v}_1^{\mathrm{T}}.$$

这说明加权系数 β 与注入增益 g 均为 $\boldsymbol{v}_1$.

主成分分析法算法简洁高效, 然而由于主成分分析是基于信源的统计信息 (因其涉及计算各个波段间的相关系数), 因此分析结果对信源的选择比较敏感. 遥感图像通常具有很强的局部相关性, 因此区域选择的不同亦会对融合结果产生较大的影响.

5.1.1.3 Gram-Schmidt 正交化方法[132]

Gram-Schmidt 正交化方法 (GS) 由 C. Laben 与 B. Brower 设计发明并由伊士曼柯达公司获得了美国专利[132], 现已集成在 ENVI/IDL 等遥感图像处理软件中, 作为商业产品使用. Gram-Schmidt 的融合策略是：首先通过计算多光谱图像各个

波段的加权平均值创建低分辨率全色波段; 然后将每一个波段视为一个多维向量, 利用 Gram-Schmidt 正交化算法, 去除这些波段的相关性; 其中模拟低分辨率全色波段作为第一个向量, 随后会被高分辨率全色图像取代; 最后进行逆变换得到具有高空间分辨率的多光谱图像.

设 $\mathbf{V}=(\boldsymbol{v}_1,\boldsymbol{v}_2,\cdots,\boldsymbol{v}_{N+1})$ 为 $n\times N+1$ 维矩阵, 其中每一列代表不同波段的数据源, 通常选择第一列为多光谱亮度信息, 其余各列为相应各波段图像. 定义投影算子

$$P_{\boldsymbol{u}}(\boldsymbol{v})=\frac{\langle\boldsymbol{u},\boldsymbol{v}\rangle}{\langle\boldsymbol{u},\boldsymbol{u}\rangle}\boldsymbol{u}:=c_{ij}\boldsymbol{u}.$$

Gram-Schmidt 正交化过程为

$$\begin{aligned}
\boldsymbol{u}_1&=\boldsymbol{v}_1,\\
\boldsymbol{u}_2&=\boldsymbol{v}_2-P_{\boldsymbol{u}_1}(\boldsymbol{v}_2),\\
\boldsymbol{u}_3&=\boldsymbol{v}_3-P_{\boldsymbol{u}_1}(\boldsymbol{v}_3)-P_{\boldsymbol{u}_2}(\boldsymbol{v}_3),\\
&\vdots\\
\boldsymbol{u}_k&=\boldsymbol{v}_k-\sum_{j=1}^{k-1}P_{\boldsymbol{u}_j}(\boldsymbol{v}_k).
\end{aligned}$$

从而得到一组正交向量 (即矩阵各列) $\mathbf{U}=(\boldsymbol{u}_1,\boldsymbol{u}_2,\cdots,\boldsymbol{u}_{N+1})$, 且

$$\mathbf{V}=\mathbf{UC},$$

$\mathbf{C}$ 为一上三角阵, 上三角元素即投影系数 c_{ij}.

将全色图像 $\boldsymbol{P}$ 替换 $\mathbf{U}$ 的第一个元素 $\boldsymbol{u}_1$(事实上, $\boldsymbol{u}_1=\boldsymbol{v}_1=\boldsymbol{I}$), 得

$$\mathbf{U}'=(\boldsymbol{P},\boldsymbol{u}_2,\cdots,\boldsymbol{u}_{N+1}),$$

再作逆变换得

$$\widehat{\mathbf{V}}=\mathbf{U}'\mathbf{C}=(\widehat{\boldsymbol{v}}_1,\widehat{\boldsymbol{v}}_2,\cdots,\widehat{\boldsymbol{v}}_{N+1}),$$

即得到高分辨率的多光谱图像.

事实上, 由于 $\boldsymbol{P}=\boldsymbol{I}+\boldsymbol{D}$,

$$\mathbf{U}'=\mathbf{U}+(\boldsymbol{D},0,\cdots,0),$$

$$\widehat{\mathbf{V}}=\mathbf{U}'\mathbf{C}=\mathbf{UC}+(\boldsymbol{D},0,\cdots,0)\mathbf{C}=\mathbf{V}+(\boldsymbol{D},c_{12}\boldsymbol{D},\cdots,c_{1,N}\boldsymbol{D}).$$

因此相当于第 k 个波段加入的细节为 $c_{1,k}\boldsymbol{D}$, 而 $c_{1,k}$ 为正交化过程中的投影系数,

$$c_{1,k}=\frac{\langle\boldsymbol{u}_1,\boldsymbol{v}_k\rangle}{\langle\boldsymbol{u}_1,\boldsymbol{u}_1\rangle}=\frac{\langle\widetilde{\boldsymbol{MS}}_k,\boldsymbol{I}\rangle}{\langle\boldsymbol{I},\boldsymbol{I}\rangle}:=g_k.$$

若假设 $\widetilde{\boldsymbol{MS}}_k$ 都是零均值, 则 g_k 还可以表示为

$$g_k = \frac{\operatorname{cov}(\widetilde{\boldsymbol{MS}}_k, \boldsymbol{I})}{\operatorname{var}(\boldsymbol{I})}.$$

5.1.1.4 BDSD[134]

以上介绍的方法均需指定参数 β_k. 当然, 如果事先不知道参数 β_k, 也可以通过拟合问题解决. 考虑

$$\widehat{\mathbf{MS}}_k = \widetilde{\mathbf{MS}}_k + g_k \left(\mathbf{P} - \sum_{i=1}^{N} \beta_i \widetilde{\mathbf{MS}}_i \right) = \widetilde{\mathbf{MS}}_k + \sum_{i=0}^{N} \gamma_{k,i} \widetilde{\mathbf{MS}}_i,$$

其中 $\widetilde{\mathbf{MS}}_0 = \mathbf{P}$, 且

$$\gamma_{k,i} = \begin{cases} g_k, & i = 0, \\ -g_k \beta_i, & \text{其他}. \end{cases}$$

可以通过最小二乘求得上述系数, 即

$$\min_{\gamma} \|\mathbf{H}\gamma - (\overline{\boldsymbol{MS}}_k - \widetilde{\boldsymbol{MS}}_k)\|_2^2 \Rightarrow \widehat{\gamma} = (\mathbf{H}^{\mathrm{T}}\mathbf{H})^{-1}\mathbf{H}^{\mathrm{T}}(\overline{\boldsymbol{MS}}_k - \widetilde{\boldsymbol{MS}}_k),$$

其中 $\mathbf{H} = [\boldsymbol{P}, \widetilde{\boldsymbol{MS}}_1, \cdots, \widetilde{\boldsymbol{MS}}_N]^{\mathrm{T}}$, 每个元素均为列向量.

然而, 实际中通常不知道参考图像 $\overline{\mathbf{MS}}$, 可通过退化模型来求解 γ, 即将 $\widetilde{\mathbf{MS}}$ 视为参考图像, 其低分辨率版本 $\widetilde{\mathbf{MS}}^{\mathrm{LP}}$ 视为已知图像, 相应地 $\mathbf{H}_d$ 也是经过退化的矩阵, 得到最优解为

$$\widehat{\gamma} = (\mathbf{H}_d^{\mathrm{T}}\mathbf{H}_d)^{-1}\mathbf{H}_d^{\mathrm{T}}(\widetilde{\boldsymbol{MS}}_k - \widetilde{\boldsymbol{MS}}_k^{\mathrm{LP}}),$$

这种方法被称为依波段空间细节法 (band-dependent spatial detail, BDSD).

成分替代法简单易行, 但无论是 IHS, PCA 或 GS 都没有考虑遥感图像的几何特征, 即空间分辨信息. 此外, 尽管一些学者针对光谱信息的特征提出了自适应的优化模型, 如 BDSD 或其他方法[133, 135–141], 但光谱误差较大的弊端仍未完全克服. 近些年来, 随着以拉普拉斯金字塔变换、小波变换等为代表的多尺度变换广泛应用于图像处理领域, 许多学者研究了基于 MRA 的图像融合方法. 下一节将详细阐述.

5.1.2 基于 MRA 的融合方法

基于 MRA 的融合模型为

$$\widehat{\mathbf{MS}}_k = \widetilde{\mathbf{MS}}_k + g_k(\mathbf{P} - \mathbf{P}_L), \tag{5.1.3}$$

其中 $\mathbf{P}_L$ 是 $\mathbf{P}$ 的低分辨率版本.

与成分替代法模型 (5.1.1), (5.1.2) 对比, 容易发现基于 MRA 的融合方法与前者最大的区别在于细节提取方式的不同. 成分替代法通过对多光谱图像实施线性变换得到亮度信息 I, 以表征低分辨率的全色图像; 而基于 MRA 的方法通常采用低通滤波或多尺度变换得到低分辨率的全色图像. 最简单的方式是通过一个低通滤波器 h_{LP} 滤波得到, 即

$$\mathbf{P}_L = \mathbf{P} * h_{\mathrm{LP}}.$$

若已知传感器的调制传递函数 (MTF), 则可通过 Gauss 滤波器来模拟系统的 MTF, 或者可以选择 box 等其他滤波器. 这类方法统称为 HPF 方法[129].

此外, $\mathbf{P}_L$ 亦可由多尺度变换获得. 典型的多尺度变换包括拉普拉斯金字塔分解[142]、离散小波变换[143,144], 以及具有平移不变性的非采样小波变换[145]. 由于小波变换具有时频局部化的特征, 能够分离图像的低频与高频信息, 因此成为多光谱与全色图像融合的一种有效变换工具. 此外, 也有学者提出了基于各向异性多尺度变换的融合方法, 例如曲波[146,147]、轮廓小波[149-151]、方向小波[151]、对偶树复小波[152] 等. 综合而言, 基于 MRA 的融合策略是将全色图像进行多尺度分解, 得到高频细节. 然后采用相应的融合策略分别将细节注入低分辨率多光谱图像中, 从而提升多光谱图像的分辨率. 这个过程称为通过注入模型增强空间分辨率 (法语: amélioration de la résolution spatiale par injection de structures, ARSIS)[144,153]. 下面介绍几种典型的 MRA 方法.

5.1.2.1 GLP-CBD[128,142,154]

广义拉普拉斯金字塔结合上下文决策法 (generalized Laplacian pyramid with context-based decision, GLP-CBD) 利用广义拉普拉斯金字塔变换对图像进行分解. 拉普拉斯金字塔 (LP) 是一种典型的多尺度变换, 其利用一个特定的低通滤波器对图像进行滤波, 通过不断下采样得到不同分辨率的低频图像, 再通过相邻层级的低频图像差得到不同分辨率的细节图像. 其分解过程可描述为

$$\begin{aligned} c_j &= \downarrow r(c_{j-1} * h), \\ d_j &= c_{j-1} - g(\uparrow r(c_j)), \quad j = 1, 2, \cdots, \end{aligned}$$

其中 c_0 为初始对象, c_j 是 c_{j-1} 经低通滤波后的低分辨率版本, d_j 是 c_j 与 c_{j-1} 之间的差, 代表图像细节. $\downarrow r, \uparrow r$ 分别为 r 倍抽取与内插, h, g 分别为低通滤波器与内插滤波器.

LP 重构表达式为

$$c_{j-1} = d_j + g(\uparrow r(c_j)).$$

由于 LP 变换中涉及采样会造成信息的丢失, 因此有学者提出非采样版本的 LP 变换, 即广义拉普拉斯金字塔变换[142].

在融合规则中, GLP-CBD 采用基于上下文决策 (context-based decision) 的融合模型. CBD 模型考虑 $\widetilde{\mathbf{MS}}_k$ 与 $\mathbf{P}_L$ 之间的局部相关性, 早期的 CBD 模型采用阈值方法, 记 $\widetilde{\mathbf{MS}}_k$ 与 $\mathbf{P}_L$ 之间的局部相关系数为

$$\rho_k = \mathrm{LCC}(\widetilde{\mathbf{MS}}_k, \mathbf{P}_L).$$

而全局相关系数为 $\bar{\rho}_k$. 融合规则为当 $\rho_k \geqslant \theta_k$ 时, 将细节加入 $\widetilde{\mathbf{MS}}_k$; 否则不加入, 即

$$g_k = \begin{cases} \min\left\{\dfrac{\sigma_{\widetilde{\mathbf{MS}}_k}}{\sigma_{\mathbf{P}_L}}, c\right\}, & \rho_k \geqslant \theta_k, \\ 0, & \text{其他}, \end{cases}$$

其中 c 为避免数值计算不稳定而设的常数, 通常依据经验选取 $2 \leqslant c \leqslant 3$, 阈值通常选为 $\theta_k = 1 - \bar{\rho}_k$.

由于早期的 CBD 模型过于复杂, 计算效率不高, 后来有学者提出不带阈值的所谓增强型 CBD 模型 (ECB)[154],

$$g_k = \min\left\{\frac{\rho_k}{\bar{\rho}_k} \cdot \frac{\sigma_{\widetilde{\mathbf{MS}}_k}}{\sigma_{\mathbf{P}_L}}, c\right\},$$

注意到全局相关系数 $\bar{\rho}_k$ 为常数, 且

$$\rho_k \cdot \frac{\sigma_{\widetilde{\mathbf{MS}}_k}}{\sigma_{\mathbf{P}_L}} = \frac{\mathrm{cov}(\widetilde{\mathbf{MS}}_k, \mathbf{P}_L)}{\sigma_{\widetilde{\mathbf{MS}}_k}\sigma_{\mathbf{P}_L}} \cdot \frac{\sigma_{\widetilde{\mathbf{MS}}_k}}{\sigma_{\mathbf{P}_L}} = \frac{\mathrm{cov}(\widetilde{\mathbf{MS}}_k, \mathbf{P}_L)}{\mathrm{var}(\mathbf{P}_L)},$$

因此, CBD 模型还可进一步简化为[128]

$$g_k = \frac{\mathrm{cov}(\widetilde{\mathbf{MS}}_k, \mathbf{P}_L)}{\mathrm{var}(\mathbf{P}_L)}, \tag{5.1.4}$$

其中 $\mathrm{cov}(\widetilde{\mathbf{MS}}_k, \mathbf{P}_L)$ 与 $\mathrm{var}(\mathbf{P}_L)$ 可逐点计算. 可以看到, CBD 模型与 GS 方法中的增益系数非常相似.

5.1.2.2 ATWT[155]

多孔小波变换法 (à trous wavelet transform, ATWT) 采用多孔小波变换对图像进行分解, 其分解表达式为

$$\begin{aligned} c_j &= c_{j-1} * h_{j-1}, \\ d_j &= c_{j-1} - c_j, \quad j = 1, 2, \cdots, \end{aligned}$$

其中 c_0 为初始图像, h_0 为初始低通滤波器, h_j 为 h_{j-1} 的内插版本, 即 $h_j = \uparrow 2(h_{j-1}), j \geqslant 1$.

多孔小波变换的重构表达式为

$$c_0 = c_J + \sum_{j=1}^{J} d_j.$$

根据分解与重构公式易知分析滤波器组为 $\{h, g = \delta - h\}$, 综合滤波器组为 $\{\tilde{h} = \tilde{g} = \delta\}$. 由此可见, 多孔小波变换只取决于 h. 由于多孔小波变换不涉及抽取与内插, 因此不必考虑混叠等问题, 增加了滤波器设计的灵活性. 一种常用的滤波器为

$$h = \frac{1}{16}[1\ 4\ 6\ 4\ 1],$$

其对应的尺度函数为三次 B 样条. 该滤波器也称为 Starck-Murtagh 滤波器, 相应的小波变换称为 Starlet[156].

ATWT 在融合策略上比较灵活. 最简单的方式是直接将提取的细节加入到多光谱图像中, 即

$$g_k = 1,$$

当然, ATWT 也可采用 CBD 融合模型[142]. 此外, 有学者根据遥感图像数据源的类型与特性提出了其他一些模型[129,144]. 事实上, 无论 GLP 还是 ATWT 都属于 MRA 的范畴, 因此在融合策略的制定上有共通之处. 下面再介绍一类代表性融合模型.

5.1.2.3 SDM[145]

光谱失真最小化法 (spectral distortion minimizing, SDM) 源自乘性融合模型

$$\widehat{\mathbf{MS}}_k = \alpha_k \widetilde{\mathbf{MS}}_k, \tag{5.1.5}$$

其中 α_k 可以是标量, 也可以是矩阵. 特别地, 若令 $\alpha_k = \mathbf{P}/\mathbf{P}_L$, 则

$$\widehat{\mathbf{MS}}_k = \alpha_k \widetilde{\mathbf{MS}}_k = \widetilde{\mathbf{MS}}_k + (\alpha_k - 1)\widetilde{\mathbf{MS}}_k = \widetilde{\mathbf{MS}}_k + \frac{\widetilde{\mathbf{MS}}_k}{\mathbf{P}_L}(\mathbf{P} - \mathbf{P}_L),$$

此时, $\mathbf{g}_k = \widetilde{\mathbf{MS}}_k/\mathbf{P}_L$. 这说明在特定约束下, 乘性模型 (5.1.5) 与加性模型 (5.1.3) 可以相互转化.

将 N 通道多光谱图像每个像素点的取值视为 N 维列向量,

$$\boldsymbol{v} := \boldsymbol{v}(i,j) = [\mathbf{MS}_1(i,j), \mathbf{MS}_2(i,j), \cdots, \mathbf{MS}_N(i,j)]^{\mathrm{T}},$$

记 $\widehat{\boldsymbol{v}}=[\widehat{\mathbf{MS}}_1,\cdots,\widehat{\mathbf{MS}}_N]^{\mathrm{T}}, \tilde{\boldsymbol{v}}=[\widetilde{\mathbf{MS}}_1,\cdots,\widetilde{\mathbf{MS}}_N]^{\mathrm{T}}$.

定义光谱角度映射 (spectral angle mapper):

$$\mathrm{SAM}(\boldsymbol{v}_1,\boldsymbol{v}_2)=\arccos\frac{\langle\boldsymbol{v}_1,\boldsymbol{v}_2\rangle}{\|\boldsymbol{v}_1\|\|\boldsymbol{v}_2\|}.$$

根据乘性模型, 融合前后的像素值只相差一个系数 α_k, 因此 $\widehat{\boldsymbol{v}}//\tilde{\boldsymbol{v}}$. 特别当系数非负时,

$$\mathrm{SAM}(\widehat{\boldsymbol{v}},\tilde{\boldsymbol{v}})=0,$$

因此乘性模型可实现 SAM 最小化. 然而 SAM 指标仅能反映融合前后光谱向量在角度上的变化, 不能反映幅度上的变化, 因此 SDM 方法具有局限性.

5.1.2.4 AWL 与 AWLP[157, 158]

最后介绍一类融合方法综合了 MRA 与成分替代法的各自特点, 通常可归为混合 (hybrid) 方法, 其中具有代表性的为加性小波亮度法 (additive wavelet on luminance, AWL). AWL 结合了 IHS 模型, 并采用了具有平移不变性的多孔小波变换. AWL 的融合过程如下:

(1) 图像配准, 使多光谱图像 **MS** 与全色图像 **P** 具有相同尺寸.

(2) RGB-IHS 转换, 得到多光谱图像 $\mathbf{I},\mathbf{H},\mathbf{S}$ 三个通道.

(3) 对全色图像进行小波变换, 得到逐级小波系数与低频近似:

$$\mathbf{P}=\mathbf{P}_N+\sum_{k=1}^{N}\mathbf{W}_k.$$

(4) 利用多光谱图像的 **I** 通道与全色图像的小波系数进行重构:

$$\mathbf{I}'=\mathbf{I}+\sum_{k=1}^{N}\mathbf{W}_k.$$

(5) 利用新获得的 $\mathbf{I}',\mathbf{H},\mathbf{S}$ 进行 RGB-IHS 逆变换, 得到具有高空间分辨率的多光谱图像 $\mathbf{MS}'$.

由此可见, AWL 是将全色图像与多光谱图像中的 **I** 通道进行融合, 而 $\mathbf{H},\mathbf{S}$ 通道较好地保留了光谱信息, 从而降低了光谱失真. 此外, 根据 5.1.1 节分析, 在 IHS 模型中将细节加入到 **I** 通道亦等价于将其加入到每个通道. 因此 IHS 模型可推广至任意 N 波段的多光谱图像. 进一步, 若考虑各个波段在整个光谱中的占比不同, 可定义按比例加入模型:

$$\mathbf{g}_k=\frac{\widetilde{\mathbf{MS}}_k}{\mathbf{I}}=\frac{\widetilde{\mathbf{MS}}_k}{\dfrac{1}{N}\displaystyle\sum_{k=1}^{N}\widetilde{\mathbf{MS}}_k},$$

上述模型称为加性小波亮度比例法 (additive wavelet on luminance proportional, AWLP)[158].

AWLP 将全色图像的高频小波系数加入到多光谱图像的 **I** 通道, 因此在不引起较大光谱误差的同时提高了图像的空间分辨率. 然而, AWLP 方法中, 高频信息完全由多尺度变换决定. 因此变换的选择尤为重要. 若变换的高频信息不能完全填补多光谱图像缺失的信息, 抑或造成中低频信息的混叠, 都会对融合效果产生不利影响. 为此, 许多学者通过建立调制传递函数 (modulation transfer function) 这个概念来设计满足要求的低通滤波器[154, 159, 160], 使得低频与高频信息能够正确地分离, 降低空域上的混叠. 另一方面, AWLP 没有考虑遥感图像的边缘特征, 亦没有考虑多光谱图像与全色图像间的统计信息. 因此, 如何将高分辨率的高频信息注入多光谱的低频子带中便成了基于 MRA 融合算法的核心问题. 一些学者提出了基于遥感图像局部纹理和统计特征的自适应融合准则, 以实现提高空间分辨率的同时降低光谱误差, 具有代表性的模型包括 CBD[142], SDM[145] 及 CDWL[161] 等. CBD 和 SDM 模型前文已介绍, 下面再简要介绍一下 CDWL 融合模型.

上下文驱动小波融合亮度法 (context-driven wavelet fusion on luminance, CDWL) 是基于 AWL 的方法. 在融合规则的制定上, CDWL 考虑了图像的局部纹理特征. 定义 Mahalanobis 距离

$$d = \frac{|w-\mu|}{\sigma},$$

其中 μ, σ 分别表示局部窗口内小波系数的均值和标准差.

设 f, g 为两幅图像, $\mathbf{W}_{fk}, \mathbf{W}_{gk}$ 分别为两幅图像变换后尺度为 k 的小波系数. 融合系数采用如下准则选取:

$$\tilde{\mathbf{W}}_k(i,j) = \begin{cases} \mathbf{W}_{fk}(i,j), & \mathbf{D}_{fk}(i,j) > \mathbf{D}_{gk}(i,j), \\ \mathbf{W}_{gk}(i,j), & \mathbf{D}_{fk}(i,j) \leqslant \mathbf{D}_{gk}(i,j). \end{cases}$$

5.1.3 全色锐化客观评价指标

由于多源遥感图像受成像系统、时间、空间、天气等多重因素的影响, 因此融合结果的评估兼具主观性与客观性. 对于全色锐化问题, 主要通过光谱误差和空间分辨率两方面来评价融合效果. 下面介绍一些目前学术界普遍采用的评价指标.

有参考图像评价指标 根据 Wald 综合性准则[130], 在参考图像已知的情况下, 主要衡量融合前后多光谱图像的相关性, 其中包含以下几个评价指标.

(1) RASE 是指相对平均光谱误差 (relative average spectral error), 其定义如下[153]:

$$\mathrm{RASE} = \frac{100}{\mu}\sqrt{\frac{1}{N}\sum_{i=1}^{N}\mathrm{RMSE}^2(\overline{\mathbf{MS}}_i, \widehat{\mathbf{MS}}_i)},$$

其中 μ 代表参考图像所有波段的均值, N 代表波段数目. RMSE 为融合图像与参考图像的均方根误差:

$$\mathrm{RMSE}(\overline{\mathbf{MS}}_i, \widehat{\mathbf{MS}}_i) = \sqrt{\frac{1}{N_1 N_2} \sum_{n_1=1}^{N_1} \sum_{n_2=1}^{N_2} (\overline{\mathbf{MS}}_i(n_1, n_2) - \widehat{\mathbf{MS}}_i(n_1, n_2))^2},$$

RASE 越小说明融合图像越接近参考图像, 因此光谱误差越小.

(2) ERGAS 是指相对全局无维光谱误差 (法语: erreur relative globale adimensionnelle de synthèse), 其定义如下[162]:

$$\mathrm{ERGAS} = \frac{100}{r} \sqrt{\frac{1}{N} \sum_{i=1}^{N} \frac{\mathrm{RMSE}^2(\overline{\mathbf{MS}}_i, \widehat{\mathbf{MS}}_i)}{\mu_i^2}},$$

其中 r 是全色图像与多光谱图像的分辨率之比, μ_i 是参考图像 B 第 i 个波段的均值, N 代表波段数目. 与 RASE 类似, ERGAS 越小表明光谱误差越小, 但 ERGAS 排除了图像尺寸及分辨率对融合结果的影响, 可以视为归一化的 RASE.

(3) SAM 即光谱角度映射 (spectral angle mapper), 定义如下:

$$\mathrm{SAM}(\boldsymbol{v}, \widehat{\boldsymbol{v}}) = \arccos\left(\frac{\langle \boldsymbol{v}, \widehat{\boldsymbol{v}} \rangle}{\|\boldsymbol{v}\|_2 \cdot \|\widehat{\boldsymbol{v}}\|_2}\right),$$

SAM 等于零意味着两个向量不存在角度偏差, 即平行; 但幅值误差是可能存在的. 实验中通常将融合图像与参考图像的每个像素点视为具有 N 个分量的向量, 逐点计算 SAM, 然后再取均值作为全图的综合评价结果.

(4) 全局图像质量指标 (universal image quality index, UIQI)[163], 亦称为 Q 指标, 是一种衡量图像结构相似性的评价指标, 其定义如下:

$$Q(\mathbf{I}, \mathbf{J}) = \frac{\sigma_{\mathbf{IJ}}}{\sigma_{\mathbf{I}} \sigma_{\mathbf{J}}} \frac{2\overline{\mathbf{I}}\overline{\mathbf{J}}}{(\overline{\mathbf{I}})^2 + (\overline{\mathbf{J}})^2} \frac{2\sigma_{\mathbf{I}} \sigma_{\mathbf{J}}}{(\sigma_{\mathbf{I}}^2 + \sigma_{\mathbf{J}}^2)}, \tag{5.1.6}$$

其中 $\bar{\mathbf{I}}, \bar{\mathbf{J}}$ 分别为图像 $\mathbf{I}, \mathbf{J}$ 的均值, $\sigma_{\mathbf{I}}, \sigma_{\mathbf{I}}$ 为相应图像的标准差, $\sigma_{\mathbf{IJ}}$ 是 $\mathbf{I}$ 和 $\mathbf{J}$ 的协方差. Q 指标由三部分组成, 分别是结构相关性、亮度相关性及对比度相关性.

(5) $Q4$ 是指标 Q 指标的一种推广形式, 针对含有 4 个波段的多光谱图像而设计.

$$Q4 = \frac{4|\sigma_{\mathbf{z}_1 \mathbf{z}_2}| \cdot \|\bar{\mathbf{z}}_1\| \cdot \|\bar{\mathbf{z}}_2\|}{(\sigma_{\mathbf{z}_1}^2 + \sigma_{\mathbf{z}_2}^2)(\|\bar{\mathbf{z}}_1\|^2 + \|\bar{\mathbf{z}}_2\|^2)},$$

其中 $\mathbf{z}_{1,2}$ 为四元数 (quaternion), $\mathbf{z}_i = a_i + \boldsymbol{i} b_i + \boldsymbol{j} c_i + \boldsymbol{k} d_i$, $\bar{\mathbf{z}}_i = E[\mathbf{z}_i]$, $\sigma_{\mathbf{z}_i \mathbf{z}_j} = E[(\mathbf{z}_i - \bar{\mathbf{z}}_i)(\mathbf{z}_j - \bar{\mathbf{z}}_j)^*]$, $\|\bar{\mathbf{z}}_i\| = \sqrt{\mathbf{z}_i \mathbf{z}_i^*}, i = 1, 2$.

$Q4$ 衡量融合图像与参考图像间的相关性, 其最大值等于 1, 当且仅当融合图像与参考图像完全一致. $Q2^n$ [164] 是 $Q4$ 的更一般形式, 适合评估波段数超过四个的图像 (例如, $Q8$ 用来评估 8 波段图像集), 其理想值也是 1.

(6) SCC 是指空间相关系数 (spatial correlation coefficient)[158], 用来衡量融合图像的空间分辨率. 首先利用拉普拉斯算子 (式 (5.1.7)) 提取出融合图像灰度通道 $\mathbf{I}$ 与全色图像的高频信息, 然后计算两者的相关系数. SCC 越大表明融合图像的空间信息越接近全色图像, 空间分辨率的提升越明显.

$$\mathbf{M}_{\text{lap}} = \begin{bmatrix} -1 & -1 & -1 \\ -1 & 8 & -1 \\ -1 & -1 & -1 \end{bmatrix}. \tag{5.1.7}$$

无参考图像评价指标　QNR(quality no reference) 是一种无参考质量评价指标[165], 其定义如下:

$$\text{QNR} = (1 - D_\lambda)^\alpha (1 - D_s)^\beta, \tag{5.1.8}$$

QNR 由两个值 D_λ 和 D_s 组成, 通过参数 α 和 β 加权得到, 其中, D_λ 和 D_s 分别衡量光谱失真和空间失真. QNR 的值越大, 表明融合的效果越好. 最大的理论值为 1, 此时 D_λ 和 D_s 同时取为 0. 通常 α 和 β 设置为 1.

光谱失真 D_λ 定义如下:

$$D_\lambda = \sqrt[p]{\frac{1}{N(N-1)} \sum_{i=1}^{N} \sum_{j=1, j\neq i}^{N} \left| d_{i,j}(\mathbf{MS}, \widehat{\mathbf{MS}}) \right|^p}, \tag{5.1.9}$$

其中 $d_{i,j}(\mathbf{MS}, \widehat{\mathbf{MS}}) = Q(\mathbf{MS}_i, \mathbf{MS}_j) - Q(\widehat{\mathbf{MS}}_i - \widehat{\mathbf{MS}}_j)$.

全色锐化的目的是产生与原始 **MS** 图像相同光谱特征的融合图像. 因此在融合过程中应保持 **MS** 图像波段之间的关系. d 用来评估融合前后的差异; 参数 p 通常设置为 1.

空间失真 D_s 定义如下:

$$D_s = \sqrt[q]{\frac{1}{N} \sum_{i=1}^{N} \left| Q(\widehat{\mathbf{MS}}_i, \mathbf{P}) - Q(\mathbf{MS}_i, \mathbf{P}_L) \right|^q}, \tag{5.1.10}$$

其中 $\mathbf{P}_L$ 是与低分辨的多光谱图像具有相同尺度的低分辨全色图像; 参数 q 通常设置为 1[165].

5.2　基于二维框架提升变换的全色锐化方法

5.1 节介绍了全色锐化的基本概念、问题模型和当前一些主流算法. 本节将介绍基于二维框架提升变换的全色锐化方法, 该方法隶属于 MRA 一类. 特别地, 本节将分别采用 3.3 节提出的二维不可分各向同性框架提升变换 (nonseparable framelet lifting transform, NFLT) 与 3.4 节提出的二维各向异性框架提升变换 (anisotropic framelet lifting transform, AFLT) 作为多尺度变换工具, 并提出一种基于协方差交叉 (covariance intersection) 的融合算法[32].

5.2.1 协方差交叉融合算法

在基于 MRA 的融合方法之中, 高频系数的融合规则会直接影响到最终的融合效果. 一方面全色图像的高频系数会增加融合后的空间分辨率, 而另一方面也会引入光谱误差. 因此如何权衡这两方面是全色锐化的关键问题之一. 5.1 节介绍了目前比较流行的高频系数注入模型, 包括 CBD[142], SDM[145], CDWL[161] 等. 然而这些融合模型均没有考虑信源的统计信息. 事实上, 真实的信息可能会受到多方面的影响, 例如, 卫星传感器产生的光学模糊、运动模糊、成像断层以及噪点等. 观测到的数据与真实数据之间存在差异, 可以描述为

$$\boldsymbol{x} = \mathbf{H}\boldsymbol{x}^* + \boldsymbol{n},$$

其中 $\boldsymbol{x}$ 为观察值, $\boldsymbol{x}^*$ 为真实数据, $\mathbf{H}$ 为退化矩阵, $\boldsymbol{n}$ 为噪点.

本节将融合过程视为随机变量的估计问题. 为讨论方便, 不区分随机变量 (向量) 与其观察值, 统一用小写字母 x 表示随机变量, 而用粗体 $\boldsymbol{x}$ 表示随机向量. 现设 $\boldsymbol{x}_1, \boldsymbol{x}_2, \cdots, \boldsymbol{x}_N$ 为 N 个随机向量, 用来估计 $\boldsymbol{x}_0$, 记估计误差为

$$\tilde{\boldsymbol{x}}_i = \boldsymbol{x}_i - \bar{\boldsymbol{x}}, \quad i = 1, \cdots, N,$$

其中 $\bar{\boldsymbol{x}} = E[\boldsymbol{x}_0]$. 并假设 $E[\tilde{\boldsymbol{x}}_i] = 0$, 即估计是无偏的, 且 $\widetilde{\mathbf{P}}_{ij} = E[\tilde{\boldsymbol{x}}_i \tilde{\boldsymbol{x}}_j^{\mathrm{T}}]$.

通常 $\widetilde{\mathbf{P}}_{ii}$ 的真实值是难以获知的, 而可以建立一致估计,

$$\mathbf{P}_{ii} \geqslant \widetilde{\mathbf{P}}_{ii}, \quad i = 1, \cdots, N,$$

这里 $\mathbf{A} \geqslant \mathbf{B}$ 表示矩阵 $\mathbf{A} - \mathbf{B}$ 是半正定的.

另一方面, 两个误差间的互相关性 $\widetilde{\mathbf{P}}_{ij}$ 亦是未知的. 若 $\widetilde{\mathbf{P}}_{ij} = \mathbf{0}$, 则 Kalman 滤波[166] 给出了一种线性组合

$$\widehat{\boldsymbol{x}}_0 = \sum_{i=1}^{N} \mathbf{K}_i \boldsymbol{x}_i,$$

其中 $\mathbf{K}_i = \mathbf{P}_{ii}^{-1} \left(\sum_{i=1}^{N} \mathbf{P}_{ii}^{-1} \right)$, 且估计是一致的,

$$\mathbf{P}_{00} = \sum_{i=1}^{N} \mathbf{K}_i \mathbf{P}_{ii} \mathbf{K}_i^{\mathrm{T}} = \left(\sum_{i=1}^{N} \mathbf{P}_{ii}^{-1} \right)^{-1}.$$

然而绝大多数情况下 $\widetilde{\mathbf{P}}_{ij} \neq \mathbf{0}$. 针对这种情况, 协方差交叉算法 (CI)[167] 给出了协方差矩阵的一种凸组合, 从而保证估计是一致的. 其形式如下:

$$\mathbf{P}_{00}^{-1} = \sum_{i=1}^{N} \omega_i \mathbf{P}_{ii}^{-1}, \tag{5.2.1}$$

$$\widehat{\boldsymbol{x}}_0 = \mathbf{P}_{00} \sum_{i=1}^{N} \omega_i \mathbf{P}_{ii}^{-1} \boldsymbol{x}_i, \tag{5.2.2}$$

其中 $0 < \omega_i < 1$ 且 $\sum_{i=1}^{n} \omega_i = 1$.

权重系数 ω_i 的选择保证 $\mathbf{P}_{00}$ 的迹最小, 即

$$\begin{aligned} &\min_{\omega_i} \operatorname{tr}(\mathbf{P}_{00}) = \min_{\omega_i} \operatorname{tr}\left(\left(\sum_{i=1}^{N} \omega_i \mathbf{P}_{ii}^{-1}\right)^{-1}\right), \\ &\text{使得} \sum_{i=1}^{N} \omega_i = 1. \end{aligned} \tag{5.2.3}$$

上述优化问题没有闭合形式的解, 因此需要应用迭代求近似解. 本节采用 [168] 提出的方法, 该方法提供了一种闭合形式, 可作为问题 (5.2.3) 的次优解:

$$\omega_i = \frac{\operatorname{tr}(\mathbf{P}_{ii})^{-1}}{\sum_{i=1}^{N} \operatorname{tr}(\mathbf{P}_{ii})^{-1}}. \tag{5.2.4}$$

本实验将利用 CI 逐级对框架小波系数进行融合. 设 $d_{1,2}$ 分别代表 PAN′ 和 I 的框架小波系数, 并将其视为随机变量, 因此 $\operatorname{tr}(\mathbf{P}_i) = \sigma_i$. 根据 (5.2.4), 权重系数为

$$\omega_i = \left(\sigma_i^2 \sum_{i=1}^{2} \frac{1}{\sigma_i^2}\right)^{-1}. \tag{5.2.5}$$

因此融合系数为

$$d_F = \frac{\omega_1 \sigma_1^{-2}}{\omega_1 \sigma_1^{-2} + \omega_2 \sigma_2^{-2}} d_1 + \frac{\omega_2 \sigma_2^{-2}}{\omega_1 \sigma_1^{-2} + \omega_2 \sigma_2^{-2}} d_2, \tag{5.2.6}$$

结合 (5.2.5), 化简得

$$d_F = \frac{\sigma_2^4}{\sigma_1^4 + \sigma_2^4} d_1 + \frac{\sigma_1^4}{\sigma_1^4 + \sigma_2^4} d_2. \tag{5.2.7}$$

5.2.2 基于框架提升变换的全色锐化流程

设多光谱图像 **MS**、全色图像 **P**、基于框架提升变换的融合流程为[32]:

(1) 图像配准. 利用多项式插值算法将多光谱图像 **MS** 扩大至 $\widetilde{\mathbf{MS}}$, 使其具有与全色图像 **P** 相同的尺寸.

(2) 将 $\widetilde{\mathbf{MS}}$ 转换至 IHS 空间; 通常, 由于 **MS** 包含四个波段 (**R**, **G**, **B**, **NIR**), 可采用以下扩展变换:

$$\begin{bmatrix} \mathbf{I} \\ \mathbf{v}_1 \\ \mathbf{v}_2 \\ \mathbf{v}_3 \end{bmatrix} = \begin{bmatrix} \frac{1}{4} & \frac{1}{4} & \frac{1}{4} & \frac{1}{4} \\ \frac{-\sqrt{2}}{6} & \frac{-\sqrt{2}}{6} & \frac{2\sqrt{2}}{6} & 0 \\ \frac{1}{\sqrt{2}} & \frac{-1}{\sqrt{2}} & 0 & 0 \\ \frac{-1}{3} & \frac{-1}{3} & \frac{-1}{3} & 1 \end{bmatrix} \begin{bmatrix} \mathbf{R} \\ \mathbf{G} \\ \mathbf{B} \\ \mathbf{NIR} \end{bmatrix} := \mathbf{T} \begin{bmatrix} \mathbf{R} \\ \mathbf{G} \\ \mathbf{B} \\ \mathbf{NIR} \end{bmatrix}, \tag{5.2.8}$$

其中 $\mathbf{R}, \mathbf{G}, \mathbf{B}, \mathbf{NIR}$ 分别代表红、绿、蓝和近红外波段, 且 $\mathbf{H} = \tan^{-1}(\mathbf{v}_2/\mathbf{v}_1)$, $\mathbf{S} = \sqrt{\mathbf{v}_1^2 + \mathbf{v}_2^2}$.

(3) 对 **P** 进行直方图匹配, 使其具有与 I 相同的均值和标准差, 即

$$\mathbf{P}' = \frac{\sigma_{\mathbf{I}}}{\sigma_{\mathbf{P}}}(\mathbf{P} - \mu_{\mathbf{P}}) + \mu_{\mathbf{I}},$$

其中 σ, μ 分别代表标准差和均值.

(4) 利用框架提升变换 (NFLT/AFLT) 对 $\mathbf{P}'$ 和 **I** 进行分解, 分别得到低频子带 $A_{\mathbf{P}'}, A_{\mathbf{I}}$ 和高频子带 $D_{\mathbf{P}'}, D_{\mathbf{I}}$.

(5) 根据融合准则对小波系数进行融合. 为最大限度地保留光谱信息, 低频融合系数则采用 $A_{\mathbf{I}}$, 即 $A_F = A_{\mathbf{I}}$; 而高频融合系数根据协方差交叉算法 (式 (5.2.7)) 逐级进行融合.

(6) 利用 $A_{\mathbf{F}}$ 与 $D_{\mathbf{F}}$ 进行逆框架提升变换 (NFLT/AFLT) 变换, 得到具有高分辨率的重构图像 $\mathbf{I}'$.

(7) 应用 IHS 逆变换 (5.2.9) 得到具有高分辨率的多光谱图像 $\widehat{\mathbf{MS}}$.

$$\widehat{\mathbf{MS}} = \begin{bmatrix} \mathbf{R}' \\ \mathbf{G}' \\ \mathbf{B}' \\ \mathbf{NIR}' \end{bmatrix} = \mathbf{T}^{-1} \begin{bmatrix} \mathbf{I}' \\ \mathbf{v}_1 \\ \mathbf{v}_2 \\ \mathbf{v}_3 \end{bmatrix} = \begin{bmatrix} 1 & \frac{-1}{\sqrt{2}} & \frac{1}{\sqrt{2}} & \frac{-1}{4} \\ 1 & \frac{-1}{\sqrt{2}} & \frac{-1}{\sqrt{2}} & \frac{-1}{4} \\ 1 & \sqrt{2} & 0 & \frac{-1}{4} \\ 1 & 0 & 0 & \frac{3}{4} \end{bmatrix} \begin{bmatrix} \mathbf{I}' \\ \mathbf{v}_1 \\ \mathbf{v}_2 \\ \mathbf{v}_3 \end{bmatrix}. \tag{5.2.9}$$

图 5.2.1 给出了基于各向同性框架提升变换 (NFLT) 与协方差交叉算法 (CI) 的融合流程.

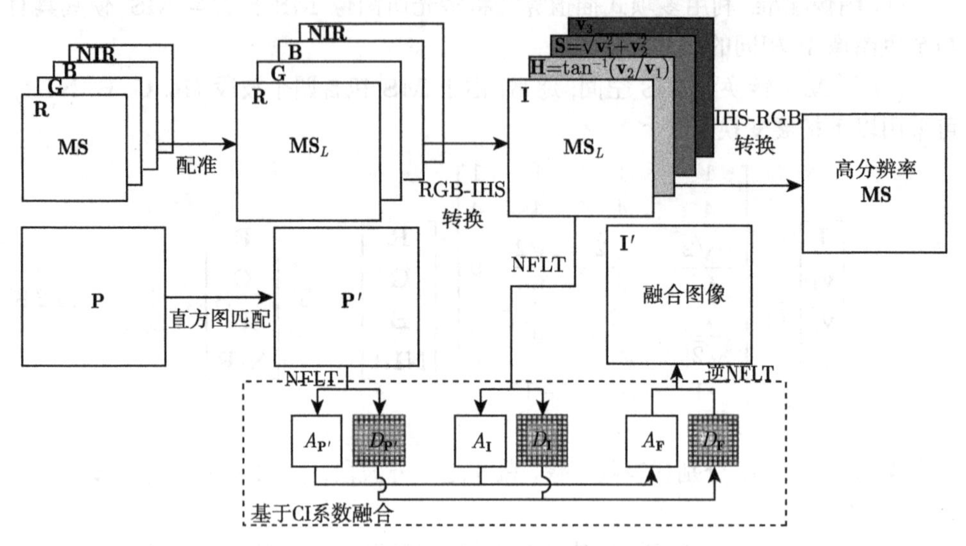

图 5.2.1　NFLT-CI 全色锐化算法流程

5.2.3　NFLT-CI 全色锐化实验

5.2.3.1　实验数据

实验采用目前流行的空间遥感图像: SPOT 6, QuickBird 以及 Landsat 7 ETM+. 详细数据参数见表 5.2.1.

表 5.2.1　遥感图像原始数据信息

图像类型	获取时间	地点	波段数目	分辨率 (PAN/MS)
SPOT 6	2012.12	Barcelona	4	1.5m/6m
QuickBird	2002.2	Cairo	4	0.7m/2.8m
Landsat 7 ETM+	2003.1	Wenzhou	8	15m/30m

5.2.3.2　实验结果及比较

实验一　本节首先讨论框架小波消失矩和 NFLT 变换级数对融合结果的影响. 依据定理 3.3.1, 令对偶框架小波的消失矩 $(\widetilde{N}_1, \widetilde{N}_2)$ 分别为 $(2,4), (4,6), (6,8)$, 令原框架小波的消失矩为 $N_1 = N_2 = 2$, 于是得到三组具有不同消失矩的对偶框架, 记为 NFLT 2/4, NFLT 4/6, NFLT 6/8. 为避免高频系数注入模型的干扰, 实验采用与 AWL[157] 相同的融合策略, 即对全色图像统一实施 L 级分解变换, 其中 L

为全色图像分辨率与多光谱图像分辨率的比值, 然后直接将高频系数加入到多光谱图像的灰度通道中, 以最大程度区分不同消失矩对融合结果的影响. 实验结果见表 5.2.2.

表 5.2.2 不同消失矩的 NFLT 融合结果

数据类型	N_1/N_2	ERGAS	$Q4$	SAM (°)	SCC
SPOT 6	2/4	3.6222	0.9682	0.9745	0.9656
	4/6	3.6936	0.9681	0.9852	0.9706
	6/8	3.8311	0.9663	0.9904	0.9720
QuickBird	2/4	1.9221	0.9892	0.2770	0.9722
	4/6	1.8923	0.9897	0.2783	0.9792
	6/8	1.9520	0.9891	0.2787	0.9815
Landsat 7 ETM+	2/4	3.2073	0.9924	1.4201	0.8079
	4/6	2.4226	0.9956	1.4217	0.8427
	6/8	2.3103	0.9960	1.4223	0.8563

从表 5.2.2 可以看出, 随着消失矩的增加, SCC 越来越大, 这说明高阶消失矩能够有效提升空间分辨率. 另一方面, 消失矩对光谱信息的作用却不尽相同. 对于 SAM, 较高的消失矩会产生较大的误差角度. 对于 ERGAS 和 $Q4$, NFLT 4/6 对 SPOT 6 和 Quickbird 图像的表现最佳, 而 NFLT 6/8 对 Landsat 7 ETM+ 数据的效果最好. 综合光谱和空间分辨率两方面的结果, 以下实验将选取 NFLT 4/6 作为变换内核来进行融合.

另一方面, 在基于 MRA 的融合算法中, 多尺度变换的分解级数亦是影响融合效果的因素之一. 若变换级数过少, 则不能有效利用全色图像的高分辨率信息; 反之若变换级数过多, 则会出现纹理边缘过分突出, 光谱误差增大的结果. 下面将通过实验来讨论变换级数对融合结果的影响. 具体地, 实验采用 NFLT 4/6 变换, 并设分解级数为 2—6 级, 综合考虑光谱和空间分辨率的实验结果以及图像参数来确立最优变换级数. 注意到本节中的框架小波变换采用梅花形采样矩阵, $|\det \mathbf{M}| = 2$, 这意味着若变换涉及下采样, 则每一级提升变换后的数据采样点减半. 为与传统可分离框架小波变换 (即 $|\det \mathbf{M}| = 4$) 的数据维度尽量保持一致, 本节规定将一级梅花形采样提升和一级矩形采样提升视为一级 NFLT 变换, 因此一个 L 级 NFLT 分解变换将得到 $2r \times L$ 个高频子带, 其中 r 为框架小波数目.

从表 5.2.3 可以看出, 随着变换级数的增加, 空间分辨率有所增长 (除 $L = 6$), 而光谱误差也在增长, 这与直观印象是相符合的. 因为随着高频信息不断加入到多光谱图像中, 一方面融合图像的空域信息得到了提升; 另一方面光谱误差也随之增大. 当且仅当不添加任何空域信息时, 光谱误差为零, 但显然这是不符合实际需求的. 因此融合的准则就是在权衡光谱与空间分辨信息两者之间找到一个平衡点. 结合本实验中的数据和结果来看, 对于 SPOT 6 和 QuickBird 图像, 当 $L=4$ 时在光谱和空间分辨率上均取得较好的结果, 这恰是全色图像与多光谱图像空间分辨率的比值; 对于 Landsat 图像, 当 $L=3$ 时结果较好, 而 Landsat 全色图像与多光谱图像空间分辨率的比值为 2. 这说明变换级数与图像分辨率的大小是有关系的. 因此本节确立的变换级数为 $L=\mathrm{res}(\mathbf{P})/\mathrm{res}(\mathbf{MS})$; 若 $L\leqslant 2$, 则 $L=L+1$.

表 5.2.3　不同变换级数的 NFLT 融合结果

数据类型	L	ERGAS	$Q4$	SAM (°)	SCC
SPOT 6 PAN:1.5m MS:6m	2	0.7893	0.9985	0.9581	0.7506
	3	1.7357	0.9928	0.9694	0.9392
	4	3.6936	0.9681	0.9852	0.9706
	5	5.4381	0.9412	1.0725	0.9677
	6	6.8602	0.9270	1.7587	0.9567
QuickBird PAN:0.7m MS:2.8m	2	0.4501	0.9994	0.2758	0.8599
	3	0.9319	0.9975	0.2765	0.9559
	4	1.8923	0.9897	0.2783	0.9792
	5	2.8592	0.9777	0.2922	0.9821
	6	3.9043	0.9621	0.5760	0.9800
Landsat 7 ETM+ PAN:30m MS:15m	2	2.4223	0.9956	1.4217	0.8427
	3	4.6166	0.9841	1.4617	0.9120
	4	7.4616	0.9628	1.7796	0.9297
	5	10.2657	0.9400	2.6155	0.9302
	6	12.8353	0.9215	3.9617	0.9260

实验二　为客观评估 NFLT-CI 融合算法, 本实验选择 5.1.3 节介绍的 4 项评价指标, 分别是: ERGAS, SAM, Q4 与 SCC, 其中前三项衡量光谱误差, 最后一项衡量空间分辨率提升. 同时, 实验选取 7 种当前主流的全色锐化算法, 包括成分替代法与基于 MRA 的方法. 它们分别是

(1) 自适应 IHS 替代法[137].

(2) 主成分分析法 (PCA)[127].

(3) Gram-Schmidt 正交化法[132].

(4) AWLP[158].

(5) 基于广义拉普拉斯金字塔分解的 GLP-CBD 融合模型[142].

(6) 基于多孔算法的 SDM 融合模型[145].

(7) 基于多孔算法的 CDWL 融合模型[161].

此外为了说明 CI 算法有效性, 实验还包括不采用 CI 的 NFLT 融合算法, 以及采用 CBD 融合模型的 NFLT-CBD 算法. 实验结果见表 5.2.4.

表 5.2.4 NFLT-CI 与其他全色锐化算法的融合结果比较(方括号中的值为理论最优值)

图像类型 (分辨率及尺寸)	融合算法	ERGAS [0]	SAM(°) [0]	Q_4 [1]	SCC [1]
SPOT 6 (PAN:1.5m 2048 × 2048, MS:6m 512 × 512)	AIHS	7.8053	0.9792	0.8484	0.9768
	PCA	7.9939	2.1914	0.8398	0.9736
	GS	8.0487	2.4235	0.8412	0.9691
	AWLP	5.5349	1.0626	0.9415	0.9657
	GLP-CBD	5.4282	1.0411	0.9431	0.9630
	ATWT-SDM	5.9843	0.9941	0.9313	0.9330
	CDWL	5.0507	0.9857	0.9451	0.8221
	NFLT	3.7867	0.9869	0.9665	0.9787
	NFLT-CI	3.6546	0.9841	0.9689	0.9763
	NFLT-CBD	3.7315	1.0079	0.9600	0.9124
QuickBird (PAN:0.7m 1024 × 1024, MS:2.8m 256 × 256)	AIHS	4.9647	0.2887	0.9269	0.9992
	PCA	5.6553	1.6642	0.9066	0.9976
	GS	5.4083	1.5174	0.9140	0.9971
	AWLP	2.7273	0.2891	0.9802	0.9890
	GLP-CBD	2.6098	0.2821	0.9817	0.9804
	ATWT-SDM	2.8646	0.2823	0.9784	0.9733
	CDWL	2.6873	0.2818	0.9801	0.9100
	NFLT	1.9882	0.2780	0.9885	0.9873
	NFLT-CI	1.8418	0.2777	0.9901	0.9855
	NFLT-CBD	1.8792	0.2819	0.9898	0.9297
Landsat 7 ETM+ (PAN:30m 2048 × 2048, MS:60m 1024 × 1024)	AIHS	19.1055	1.5671	0.7075	0.9993
	PCA	19.9618	4.5272	0.6901	0.9759
	GS	18.8450	4.9423	0.7272	0.9564
	AWLP	10.6155	2.8354	0.9392	0.9348
	GLP-CBD	6.1426	1.5626	0.9720	0.9106
	ATWT-SDM	7.4414	1.5206	0.9647	0.8616
	CDWL	5.1381	1.5275	0.9805	0.8696
	NFLT	4.4209	1.4412	0.9851	0.9688
	NFLT-CI	4.2246	1.4436	0.9865	0.9582
	NFLT-CBD	4.3873	1.4283	0.9858	0.8227

从表 5.2.4 可以看出, 成分替代法的代表算法 AIHS, PCA 以及 GS 普遍取得了较高的 SCC, 这说明三者有效提升了多光谱图像的空间分辨率; 然而在增强图像空间信息的同时, 成分替代法亦造成了较大的光谱误差, 这反映在较高的 ERGAS, SAM 值和较低的 $Q4$ 值. 另一方面, 在基于 MRA 的融合算法之中, 基于 NFLT 的融合算法在保留光谱信息方面具有明显优势, 这反映在较低的 ERGAS, SAM 值和

较高的 $Q4$ 值. 特别是本节提出的 NFLT-CI, 在 ERGAS 和 $Q4$ 上均获得了最佳结果, 而在 SAM 上得到了最优或次优的结果. 注意到基于 MRA 的融合算法在 SAM 上数值非常接近, 但其他光谱评价指标却相差较大, 这也从实验证实了 SAM 的局限性, 即 SAM 计算的是光谱角度误差, 但不能反映幅值误差. 在提升空间分辨率方面, 尽管 NFLT-CI 较 NFLT 略低, 但结合光谱方面的增益及与其他算法对比, NFLT-CI 仍然获得了比较理想的结果.

表 5.2.5 给出了各算法的执行时间.

表 5.2.5　NFLT-CI 与其他全色锐化算法的计算复杂度比较

图像类型 (分辨率及尺寸)		SPOT 6 (PAN:1.5m 2048 × 2048, MS:6m 512 × 512)	QuickBird (PAN:0.7m 1024 × 1024, MS:2.8m 256 × 256)	Landsat 7 ETM+ (PAN:30m 2048 × 2048, MS:60m 1024 × 1024)
算法/运行时间 (s)	AIHS	3.6	0.9	3.7
	PCA	3.7	0.8	4.0
	GS	2.8	0.6	2.7
	AWLP	4.1	1.1	4.7
	GLP-CBD	6.4	1.6	5.7
	ATWT-SDM	5.3	1.2	4.6
	CDWL	7.3	1.8	5.4
	NFLT	13.0	3.0	9.5
	NFLT-CI	14.3	3.7	11.1
	NFLT-CBD	15.1	3.4	10.3

注：程序统一在 Intel Core2 E7400 2.8GHz 及 4GB 内存环境下执行, 软件版本: Matlab R2013a

在主观评价方面, 图 5.2.2— 图 5.2.4 给出了各种算法的局部实验结果. 由于融合图像涉及多个波段, 为了与显示器 sRGB 色彩空间一致, 这里选择了红, 绿, 蓝三个通道作为显示结果. 从图 5.2.2— 图 5.2.4 可以看出, 基于成分替代法的三种方法 AIHS, PCA 与 GS 具有清晰的边缘纹理信息. 但与参考图像, 即重采样的多光谱图像相比, 三者均出现了明显的色差. 这与客观评价指标的结果一致. 而基于 MRA 的融合算法获得了与参考图像一致或相近的色彩表现, 从视觉上来看, 它们主要的差异在于图像的纹理及边缘信息. AWLP, GLP-CBD 与 ATWT-SDM 突出图像的纹理边缘, 显示出对比度过分增强的效果, 而 CDWL 倾向于模糊纹理复杂的区域, 纹理显得不够清晰 (图 5.2.2). 基于 NFLT 的融合结果则比较适度. 注意到 NFLT 与 NFLT-CI 取得了非常相近的结果, 但依然可以通过一些细节观察出区别, 例如图 5.2.2 中 NFLT 的边缘更锐利; 图 5.2.3 中草地区域和建筑阴影以及图 5.2.4 中的河道亦有区别.

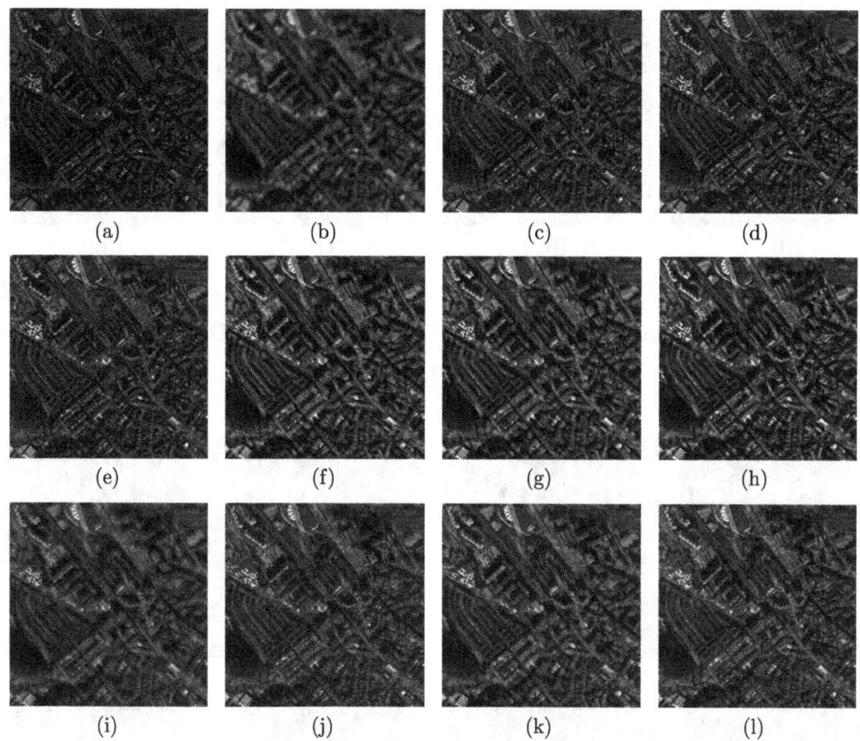

图 5.2.2 SPOT 6 Barcelona 融合结果局部图：(a) 全色图像; (b) 重采样多光谱图像; (c)AIHS; (d)PCA; (e)GS; (f)AWLP; (g)GLP-CBD; (h)ATWT-SDM; (i)CDWL; (j)NFLT; (k)NFLT-CI; (l)NFLT-CBD (文后彩插)

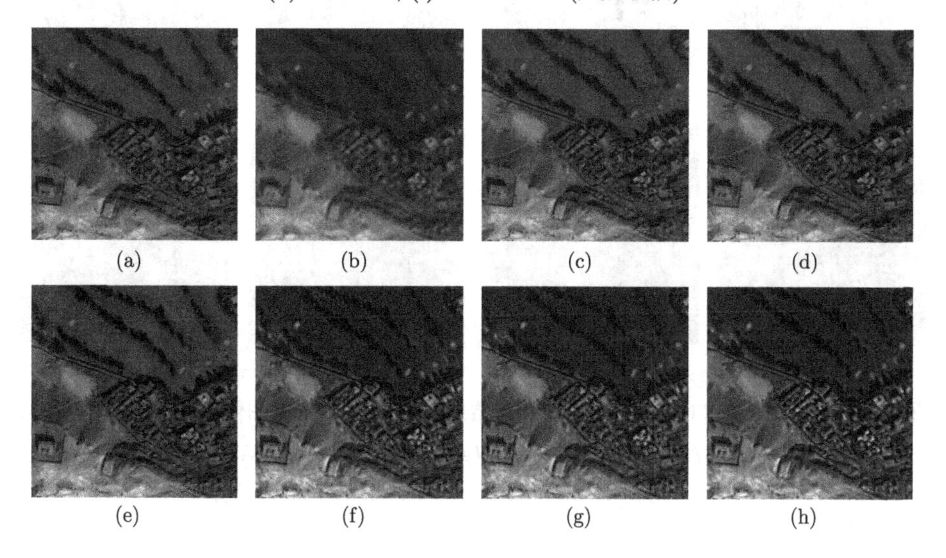

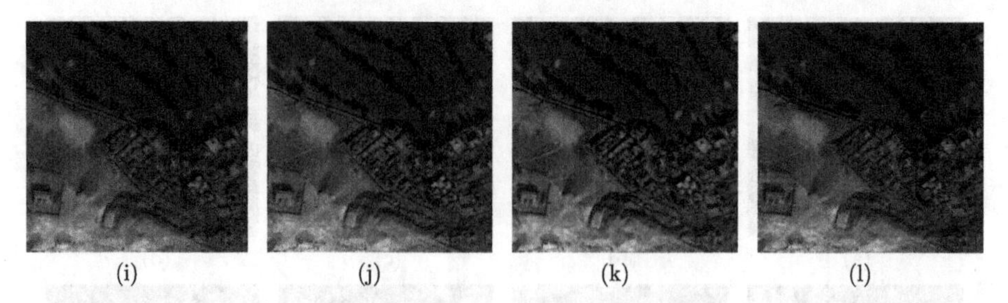

图 5.2.3　QuickBird Pyramids融合结果局部图：(a) 全色图像; (b) 重采样多光谱图像; (c)AIHS; (d)PCA; (e)GS; (f)AWLP; (g)GLP-CBD; (h)ATWT-SDM; (i)CDWL; (j)NFLT; (k)NFLT-CI; (l)NFLT-CBD (文后彩插)

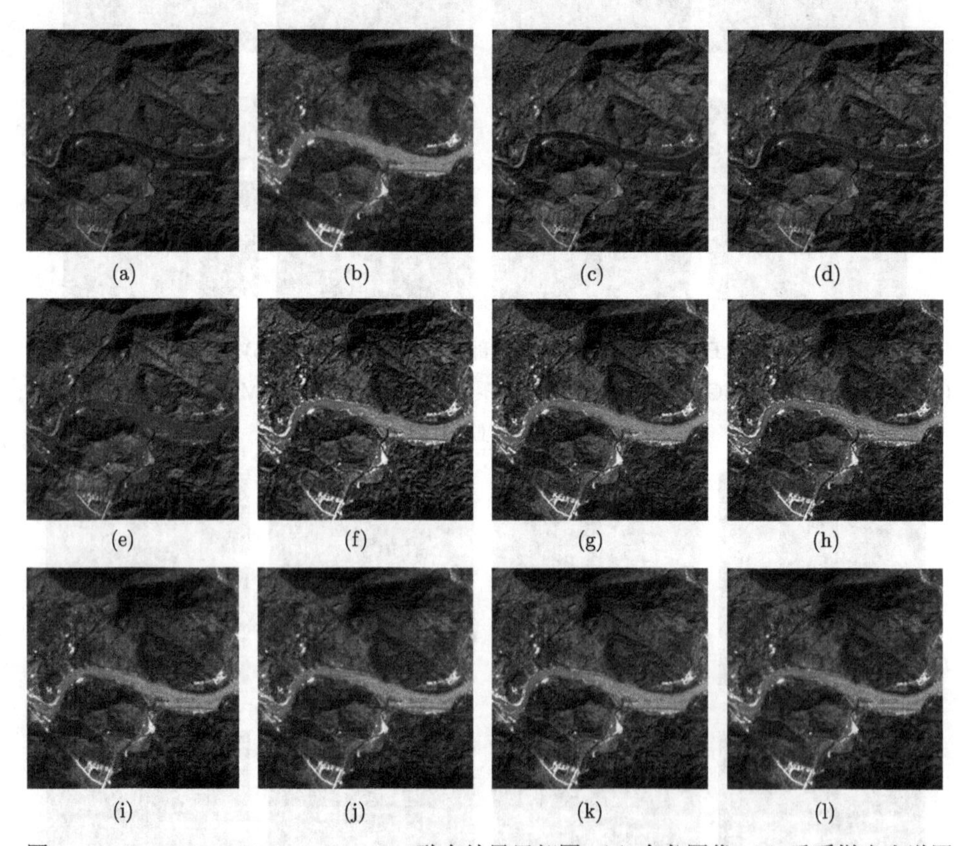

图 5.2.4　Landsat 7 ETM+ Wenzhou融合结果局部图: (a) 全色图像; (b) 重采样多光谱图像; (c)AIHS; (d)PCA; (e)GS; (f)AWLP; (g)GLP-CBD; (h)ATWT-SDM; (i)CDWL; (j)NFLT; (k)NFLT-CI; (l)NFLT-CBD (文后彩插)

5.2.4 AFLT-CI 全色锐化实验

本节讨论基于各向异性框架小波提升变换 (AFLT) 的全色锐化实验结果. 实验数据与上一节完全一致. 具体地, 本节采用 3.4 节提出的各向异性框架提升模型构造具有 4 阶与 6 阶消失矩的对偶小波框架 (AFLT4/6). AFLT 采用预测残差最小化原则, 使表示更稀疏, 因此可以预见的是变换后能够保留更多的光谱信息.

为有效验证融合的效果, 实验选取三种目前流行的各向异性多尺度变换 —— 曲波、轮廓小波与剪切小波. 基于这三者的全色图像锐化方法已经由一些学者进行过研究, 参见 [146,147,150,169,170], 本节将以这些成果作为算法比较对象, 具体包括:

(1) 基于曲波 (CT) 的融合算法[147];

(2) 基于非采样轮廓小波变换 (NSCT) 和空间–光谱相似度的融合算法[169];

(3) 基于剪切小波 (ST) 与脉冲耦合神经网络 (PCNN) 的融合算法[170];

(4) NFLT-CI.

表 5.2.6 给出了各算法的融合指标评价. 可以看到, 与 NFLT-CI 相比, AFLT-CI 进一步降低了光谱误差, 这与预期是一致的. 而在所有算法中, AFLT-CI 的光谱误差也是最低的. 在空间分辨率方面, 对于 SPOT 实验数据Barcelona, 所有算法获得了相近的数值. 对于 Quickbird 实验数据Pyramids, AFLT-CI 得到的空间分辨率略低于其他算法. 而对于 Landsat 实验数据Wenzhou, AFLT-CI 比 NFLT-CI 高, 但不及其他算法. 同时, 本组实验结果证实了降低光谱误差与提升空间分辨率之间存在着无法避免的相互制约的关系. 综合考虑这两方面的结果, 可以认为 AFLT-CI 在权衡空间分辨率与光谱误差两方面达到了良好的平衡.

图 5.2.5—图 5.2.7 展示了融合结果的局部效果. 在 SPOT 6 局部图对比中, 可以看到所有算法均明显提升了空间分辨率. 其中, CT 产生的融合结果对比度更强, 而 ST-PCNN 结果与其他结果对比有较明显的色差. NSCT, NFLT-CI 与 AFLT-CI 三者结果相近. 在 QuickBird 局部图对比中, ST-PCNN 产生了细微的噪点, NFLT-CI, AFLT-CI 与 NSCT 色调基本一致, 而 CT 依然是对比度最强的. 在第三组 Landsat 7 ETM+ 的比较中, 可以看到 NFLT-CI 与 AFLT-CI 两者的色彩忠实还原了原多光谱图像, AFLT-CI 较 NFLT-CI 纹理边缘更明显. CT 产生过分加强的纹理边缘, 而 ST-PCNN 的色彩较原多光谱图像有明显差别. 应当指出的是, 提高对比度能够有效增强图像边缘的显示效果, 然而这可能会破坏光谱信息. 同时, 为了符合人类视觉对色彩的感知, 本实验选取的是 R, G, B 三个通道作为显示结果, 没有包括近红外 (NIR) 波段. 因此主观视觉对色彩的感知不能作为光谱失真的唯一评价.

表 5.2.6　AFLT-CI 与其他全色锐化算法的融合结果比较(方括号中的值为理论最优值)

图像类型(分辨率及尺寸)	融合算法	ERGAS [0]	SAM(°) [0]	Q_4 [1]	SCC [1]
SPOT 6	CT	4.6211	1.0020	0.9504	0.9818
(PAN:1.5m	NSCT	4.2172	1.0139	0.9608	0.9793
2048 × 2048,	ST-PCNN	4.6285	0.9916	0.9496	0.9796
MS:6m	NFLT-CI	3.6546	0.9841	0.9689	0.9763
512 × 512)	AFLT-CI	3.2373	0.9804	0.9753	0.9781
QuickBird	CT	2.2492	0.2802	0.9853	0.9958
(PAN:0.7m	NSCT	2.0527	0.2804	0.9880	0.9944
1024 × 1024,	ST-PCNN	2.2784	0.2794	0.9849	0.9947
MS:2.8m	NFLT-CI	1.8418	0.2777	0.9901	0.9855
256 × 256)	AFLT-CI	1.5112	0.2771	0.9933	0.9831
Landsat 7 ETM+	CT	4.8927	1.4534	0.9818	0.9876
(PAN:30m	NSCT	4.5993	1.4550	0.9843	0.9819
2048 × 2048,	ST-PCNN	5.0543	1.4610	0.9806	0.9825
MS:60m	NFLT-CI	4.2246	1.4436	0.9865	0.9582
1024 × 1024)	AFLT-CI	3.7699	1.4320	0.9891	0.9610

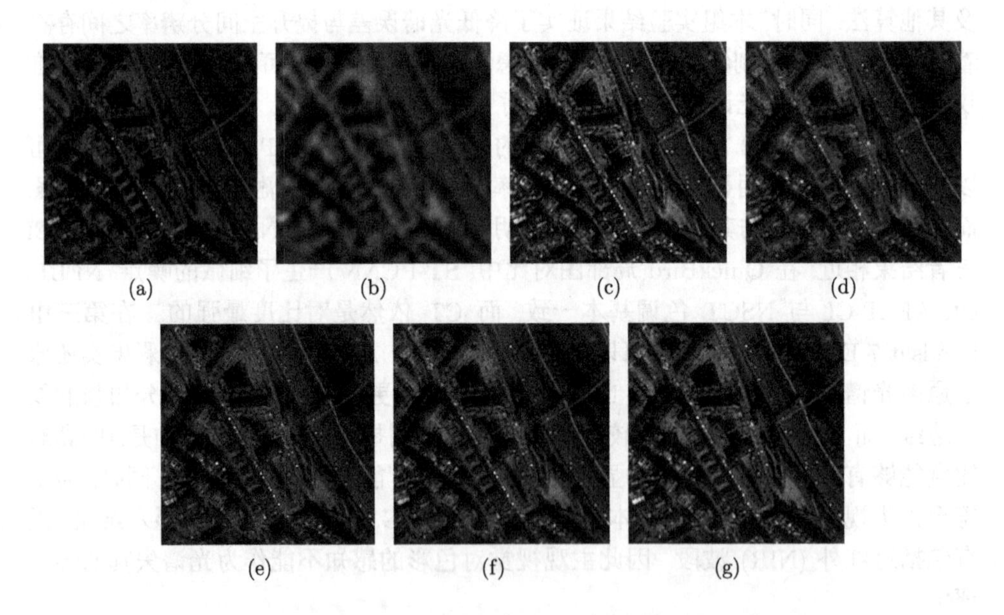

图 5.2.5　SPOT 6 Barcelona融合结果局部图: (a) 全色图像; (b) 重采样多光谱图像; (c)CT; (d)NSCT; (e)ST-PCNN; (f)NFLT-CI; (g)AFLT-CI (文后彩插)

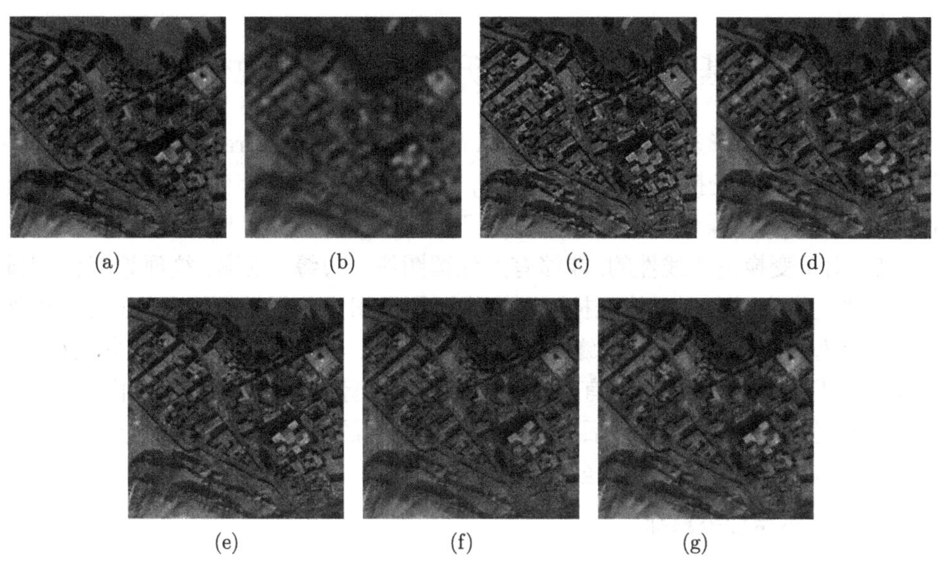

图 5.2.6 QuickBird Pyramids 融合结果局部图: (a) 全色图像; (b) 重采样多光谱图像; (c)CT; (d)NSCT; (e)ST-PCNN; (f)NFLT-CI; (g)AFLT-CI (文后彩插)

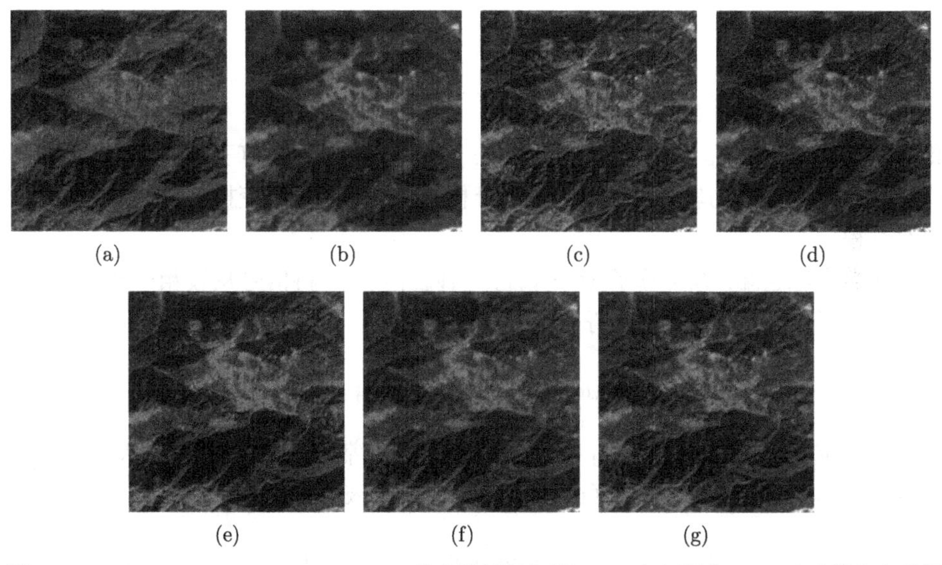

图 5.2.7 Landsat 7 ETM+ Wenzhou 融合结果局部图: (a) 全色图像; (b) 重采样多光谱图像; (c)CT; (d)NSCT; (e)ST-PCNN; (f)NFLT-CI; (g)AFLT-CI (文后彩插)

5.3 基于形态小波提升变换的全色锐化方法

本节介绍基于形态小波提升变换 (morphological lifting transform) 的全色锐化方法[40]. 形态小波变换最初由 H. M. Heijmans 等提出[171], 该变换借鉴了数学形态学中的一些非线性操作, 如膨胀、腐蚀、开和闭等, 同时拥有传统小波变换多尺度的特点. 由于变换是非线性的, 能够有效保留图像的边缘、轮廓、纹理等信息, 因此形态小波变换广泛应用于特征提取、模式识别及图像分析等领域. 由于遥感图像, 特别是全色图像具有丰富的边缘、纹理等高频信息, 因此利用形态小波变换在图像边缘与特征提取方面的优势, 有助于提升多光谱图像的空间分辨率. 下面首先回顾形态小波变换的基本概念, 然后介绍基于提升结构的二维形态小波构造方法, 最后讨论基于形态小波提升变换的全色锐化方法.

5.3.1 形态小波理论概述

形态小波变换与传统小波变换的区别在于将数学形态学中的一些基本运算 (如膨胀、腐蚀等) 引入到滤波过程, 因此变换是非线性的. 考虑信号分析端, 定义信号分析算子与细节分析算子:

$$\begin{aligned}\psi_j^{\uparrow} &: V_j \to V_{j+1},\\ \omega_j^{\uparrow} &: V_j \to W_{j+1},\end{aligned}$$

其中 V_j, W_j 分别为信号空间与细节空间, j 代表尺度. 分析算子的作用是将信号从较细一级尺度分解为较粗一级尺度. 当分析算子是线性的, 变换转化为传统的线性滤波过程.

在信号综合端, 综合算子 $\Psi^{\downarrow} : V_{j+1} \times W_{j+1} \to V_j$ 将信号从较粗一级尺度重建为较细一级尺度. 一种典型的综合算子为

$$\Psi_j^{\downarrow}(a,d) = \psi_j^{\downarrow}(a) + \omega_j^{\downarrow}(d), \quad a \in V_{j+1}, \quad d \in W_{j+1},$$

其中 $\psi_j^{\downarrow} : V_{j+1} \to V_j, \omega_j^{\downarrow} : W_{j+1} \to V_j$, $+$ 可以是通常意义下的加法运算, 也可以单独定义. 上述变换称为非联结（uncoupled）形态小波. 显然, 当

$$\psi_j^{\downarrow}\psi_j^{\uparrow}(x) + \omega_j^{\downarrow}\omega_j^{\uparrow}(x) = x, \quad x \in V_j,$$

变换满足完全重构; 且当

$$\begin{aligned}\psi_j^{\uparrow}(\psi_j^{\downarrow}(a) + \omega_j^{\downarrow}(d)) &= a, \quad a \in V_{j+1}, \quad d \in W_{j+1},\\ \omega_j^{\uparrow}(\psi_j^{\downarrow}(a) + \omega_j^{\downarrow}(d)) &= d, \quad a \in V_{j+1}, \quad d \in W_{j+1},\end{aligned}$$

变换是非冗余的, 即变换系数是唯一的.

然而, 想要构造满足上述条件的分析算子与综合算子并非易事. 幸运的是, 提升结构为构造形态小波提供了非常灵活的方式. 回顾提升结构所包含的重要步骤: 分裂、预测与更新. 首先, 信号 x 被分解为偶、奇序列 $x \to [x_e, x_o]$. 在预测步骤中, 通过其中一个子列预测另一个子列, 如

$$d = x_o - P(x_e),$$

其中为预测算子. 预测残差反映的是信号变化信息, 称为细节. 由于信号普遍具有局部相关性, 因此通常是稀疏的. 在更新步骤中, 通过细节更新, 得到原信号的近似:

$$a = x_e + U(d),$$

其中 U 为更新算子.

无论预测与更新算子如何选取, 提升过程总是可逆的, 这为构造新的变换提供了极大的灵活性. 因此可以通过构造非线性预测与更新算子实现形态小波变换. 下面以 Haar 形态小波变换为例进行说明.

例 5.3.1 (Haar 形态小波变换的提升实现) 分解算法:

$$\begin{aligned} d[n] &= x[2n+1] - x[2n], \\ a[n] &= x[2n] + (d[n] \wedge 0), \end{aligned} \tag{5.3.1}$$

重构算法:

$$\begin{aligned} x[2n] &= a[n] - (d[n] \wedge 0), \\ x[2n+1] &= x[2n] + d[n], \end{aligned} \tag{5.3.2}$$

其中 $\wedge$ 代表腐蚀运算, 亦取局部最小值, 即 $\alpha \wedge \beta = \min(\alpha, \beta)$. 容易看出, 重构算法是分解算法的逆过程, 因此提升结构满足完全重构. 在分解算法 (5.3.1) 中, 预测算子 $P(\cdot) = -1$, 更新算子 $U(\cdot) = \min(\cdot, 0)$, 且

$$a[n] = x[2n] \wedge x[2n+1],$$

因此, 式 (5.3.1) 恰为一维 Haar 形态小波变换 min-Haar[171]. 若将式 (5.3.1) 中 $\wedge$ 替换为 $\vee$, 即膨胀运算, 亦取局部最大值 $\alpha \vee \beta = \max(\alpha, \beta)$, 则

$$a[n] = x[2n] \vee x[2n+1],$$

即一维 Haar 形态小波变换 max-Haar. 若将更新算子改为线性滤波器, 则此时退化为线性 Haar 小波变换:

$$a[n] = (x[2n] + x[2n+1])/2.$$

5.3.2　二维形态小波提升变换

传统二维小波变换可以通过沿水平与竖直方向分别进行一维小波变换来实现，即可分离形式. 然而在图像处理中, 不可分离形式往往更为适合. 一方面, 图像本质是二维信号, 许多信息无法通过一维基函数的张量积来表征, 如可分离小波变换只能提取水平、竖直与对角方向的边缘信息, 但对其他方向的信息相对不敏感. 另一方面, 不可分离形式更接近人类视觉系统对客观事物的感知. 因此本节考虑梅花形采样阵下的二维形态小波, 即

$$\mathbf{M} = \begin{bmatrix} 1 & 1 \\ 1 & -1 \end{bmatrix}.$$

在梅花形采样阵下, 二维图像坐标被分为奇偶子列, 如图 5.3.1(a) 所示.

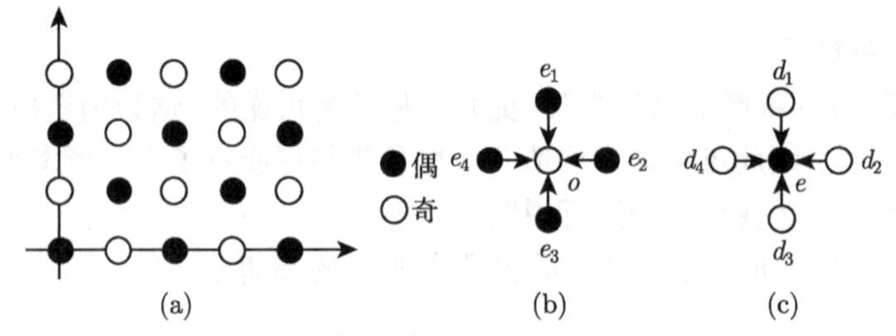

图 5.3.1　梅花形采样示意图: (a) 点列分布; (b) 预测步; (c) 更新步

为构造形态小波, 一种典型的方式是利用局部残差最小化原则进行预测, 再利用局部像素值最大化进行更新, 结合图 5.3.1(b)—(c) 所示, 算法如下:

$$d = o - (e_1 \vee e_2 \vee e_3 \vee e_4),$$

$$a = e + (d_1 \vee d_2 \vee d_3 \vee d_4 \vee 0).$$

然而, 考虑到全色锐化中多尺度变换的作用在于边缘提取, 残差最小化原则不适用. 尽管可以对上式稍作修改, 改用残差最大化原则, 然而注意到这种预测方式本质上是一维的, 即预测残差的结果只取决于当前被预测点与相邻某一方向的预测点 (图 5.3.1(b)), 因此只能够反映这一方向的信号变化. 同时, 残差最大化原则对噪于声极度敏感, 同样不利于边缘检测与提取. 综合以上因素, 下面构造一种新的预测方式, 采用膨胀与腐蚀算子的均值作为预测算子, 即

$$d = o - (e^+ + e^-)/2, \tag{5.3.3}$$

其中

$$e^+ = e_1 \vee e_2 \vee e_3 \vee e_4,$$

$$e^- = e_1 \wedge e_2 \wedge e_3 \wedge e_4.$$

有学者已经证明, 膨胀与腐蚀均值能较好地估计背景亮度, 尤其针对小范围邻域的情况[172].

在更新步中, 采用传统线性更新算子, 即

$$a = e + (d_1 + d_2 + d_3 + d_4)/8.$$

5.3.3 基于二维形态小波提升变换的全色锐化算法

本节利用上一节提出的形态小波提升变换进行多光谱与全色图像融合, 并将算法记为 MLT-CBD. 融合流程如下.

(1) 数据预处理: 利用双立方插值将多光谱图像 $\mathbf{MS}$上采样至与全色图像大小相同, 即 $\widetilde{\mathbf{MS}}$.

(2) 直方图匹配: 将全色图像 $\mathbf{P}$ 与多光谱亮度通道 $\mathbf{I}$ 进行直方图匹配, 保证具有相同的均值和方差:

$$\mathbf{P}' = \frac{\sigma_{\mathbf{I}}}{\sigma_{\mathbf{P}}}(\mathbf{P} - \mu_{\mathbf{P}}) + \mu_{\mathbf{I}},$$

其中 μ, σ 分别代表相应图像的均值和标准差.

(3) 细节提取: 利用二维形态小波提升变换对全色图像 $\mathbf{P}'$ 进行 r 级分解, 得到低频近似与高频细节 $[a, d]$, 其中 r 为变换级数, 通常可由全色图像与多光谱图像的分辨率之比决定. 分别令 a, d 为零, 对余下子带信号进行重构, 得到注入细节 $\mathbf{D}$ 与低分辨率版本 $\mathbf{P}_L$.

(4) 区域分割: 将亮度通道 $\mathbf{I}$ 的灰度值和局部标准差作为特征向量, 利用 k-means 图像分割算法将多光谱图像 $\widetilde{\mathbf{MS}}$ 分割为 K 个区域.

(5) 细节加入: 根据 CBD 模型将细节加入到多光谱图像中,

$$\widehat{\mathbf{MS}}_{l,k} = \widehat{\mathbf{MS}}_{l,k} + g_{l,k}\mathbf{D}, \quad l = 1, \cdots, N; \quad k = 1, \cdots, K,$$

其中增益系数根据分割区域计算:

$$g_{l,k} = \frac{\langle \widetilde{\mathbf{MS}}_{l,k}, \mathbf{P}_{L,k} \rangle}{\langle \mathbf{P}_{L,k}, \mathbf{P}_{L,k} \rangle},$$

最终得到高分辨率多光谱图像.

5.3.4 全色锐化实验结果

实验数据采用 Pléiades 和 Landsat 7 遥感卫星图像. Pléiades 图像采集自法国图卢兹地区, 全色波段空间分辨率为 0.8m, 尺寸为 1024×1024; 多光谱包含多光谱包含蓝、绿、红、近红外四个波段, 空间分辨率为 3.2m, 尺寸为 256×256. Landsat 7 图像采集自中国温州地区, 全色波段空间分辨率为 15m, 尺寸为 1024×1024; 多光谱包含蓝、绿、红、近红外四个波段, 空间分辨率为 30m, 尺寸为 512×512.

为检验所提算法的有效性, 实验选取当前一些主流全色锐化算法进行比较, 包括: PCA [127], NIHS [173], AWLP [158], GLP-CBD [142] 及 MF-HG [172]. 评价指标为 ERGAS, SAM, Q4 及 SCC. 表 5.3.1 [40] 与表 5.3.2 [40] 分别展示了两类数据集的融合结果, 其中最优结果用粗体标记.

表 5.3.1　Pléiades 融合结果数值比较

	ERGAS	SAM	Q4	SCC
理想值	0	0	1	1
PCA	4.3738	2.4633	0.9186	**0.9996**
NIHS	4.1031	2.1034	0.9291	0.9636
AWLP	3.7495	0.9303	0.9412	0.9232
GLP-CBD	1.7492	0.9796	**0.9876**	0.9426
MF-HG	2.8730	1.4246	0.9689	0.9665
MLT-CBD	**1.6183**	**0.8404**	0.9865	0.9564

表 5.3.2　Landsat 融合结果数值比较

	ERGAS	SAM	Q4	SCC
理想值	0	0	1	1
PCA	20.1268	11.4900	0.7217	**0.9897**
NIHS	4.4750	1.7602	0.9220	0.7585
AWLP	5.7818	1.6219	0.9112	0.7663
GLP-CBD	3.0197	1.6032	0.9322	0.7989
MF-HG	6.2467	2.4985	0.9076	0.7623
MLT-CBD	**2.3999**	**1.3324**	**0.9350**	0.8008

从表中可以看出, 基于形态小波的全色锐化方法在控制光谱失真方面取得了较好表现, 反映在光谱评价指标 ERGAS, SAM 及 $Q4$ 等达到了最优或次优的结果. 在空间分辨率提升方面, PCA 取得了最优结果, 反映在 SCC 数值最高. 这是因为 PCA 直接将全色图像作为新的亮度通道, 因此 SCC 理论值等于 1. 然而, PCA 方法会造成较大的光谱误差. 通过实验结果也验证了提升空间分辨率与降低光谱误差两者存在制约关系. 但总体来看, 基于 MRA 的方法如 AWLP 方法和 GLP-CBD 在光谱误差方面要小于成分替代法如 PCA 和 NIHS.

为了视觉评价, 实验选取融合后的 R, G, B 三通道多光谱图像进行展示, 如图 5.3.2 和图 5.3.3 所示. 从图中可以看出, 成分替代法如 PCA, NIHS 产生了较为明显的色彩失真, 而基于 MRA 的方法在色彩还原方面和原始多光谱图像比较接近, 说明光谱失真控制较好. 但是在一些纹理细节方面存在差异. 如 AWLP 与 MF-HG 融合后的图像对比度较大, 边缘有过增强的倾向. 相比较, 本节所提算法 MLT-CBD 与 GLP-CBD 的结果比较接近. 综合来看, MLT-CBD 在控制光谱失真和增强空间分辨率方面取得了比较满意的结果.

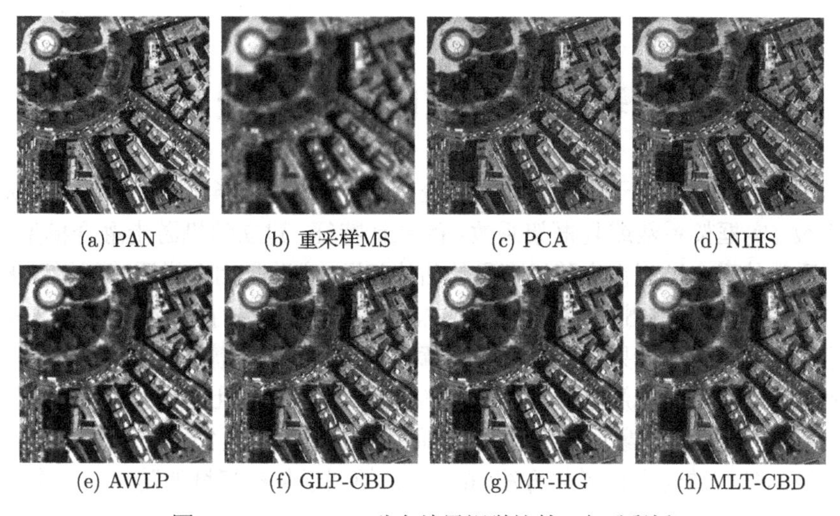

(a) PAN (b) 重采样MS (c) PCA (d) NIHS

(e) AWLP (f) GLP-CBD (g) MF-HG (h) MLT-CBD

图 5.3.2 Pléiades 融合结果视觉比较 (文后彩插)

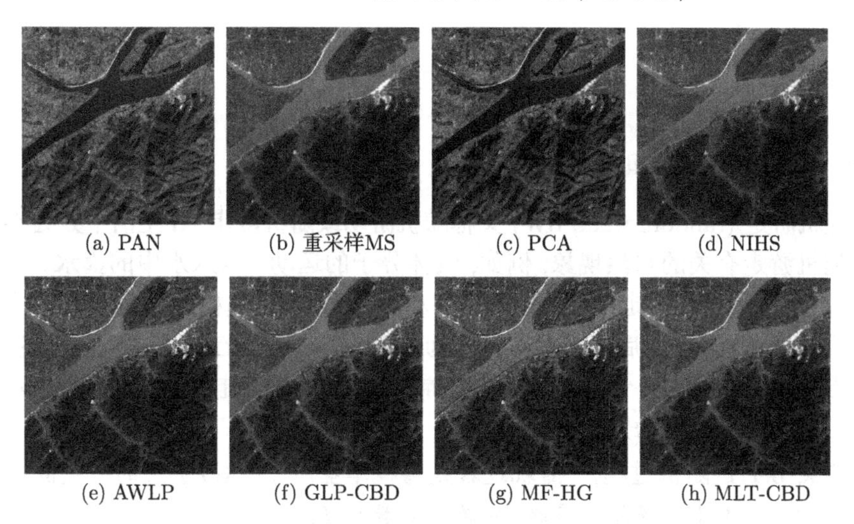

(a) PAN (b) 重采样MS (c) PCA (d) NIHS

(e) AWLP (f) GLP-CBD (g) MF-HG (h) MLT-CBD

图 5.3.3 Landsat 融合结果视觉比较 (文后彩插)

第 6 章　基于框架域的随机游走全色锐化

本章分别研究了基于实框架域和复框架域的随机游走全色锐化方法, 首先根据框架系数 (实框架系数或复框架系数) 的统计特征, 建立随机游走融合模型, 最后将框架系数的融合过程视为随机变量的估计问题. 实验采用多类遥感卫星图像数据进行分析, 并将本章提出的算法与目前主流的融合算法进行比较, 实验结果从客观评价指标与主观融合效果两方面证实本章方法优于一些主流全色锐化算法, 可以在保持光谱信息与空间分辨率提升之间达到较好的平衡, 并且有利于保持边缘轮廓的清晰, 避免光谱扭曲现象. 6.1 节介绍与随机游走相关的预备知识, 6.2 节介绍基于实框架域的随机游走全色锐化方法, 6.3 节介绍基于复框架域的随机游走全色锐化方法.

6.1　预备知识

6.1.1　随机游走基础知识

随机游走 (random walk, RW) 又称随机游动或随机漫步. 在生活中处处都存在着与随机游走有关的自然现象, 例如, 气体分子的运动、滴入水中的墨水、气味的扩散等. 图上的随机游走是指给定一个图和一个出发点, 随机地选择一个邻居节点, 移动到邻居节点上, 然后把当前节点作为出发点, 重复以上过程. 那些被随机选出的节点序列就构成了一个在图上的随机游走过程. 随机游走是随机过程 (stochastic process) 的一个重要组成部分, 首先给出一些关于随机过程的定义和性质.

定义 6.1.1 (随机过程)　随机过程是指概率空间 $(\Omega, \mathfrak{F}, P)$ 上的一族随机变量 $\{X(t), t \in T\}$, 其中 t 是指标参数, 它属于参数集 T.

定义 6.1.2 (Markov 链)　随机过程 $\{X(t), t = 0, 1, 2, \cdots\}$ 称为 Markov 链, 若它只取有限个值或者可列个值 $s_0, s_1, s_2, \cdots$, 我们以它们的下标 $0, 1, 2, \cdots$ 标记它们, 并且称它们为过程状态, 将 $\{0, 1, 2, \cdots\}$ 或其子集记为 $\mathcal{S}$, 并称为过程的状态空间, 那么对任意 $t \geqslant 0$ 以及状态 $i, j, i_0, i_1, i_2, \cdots$, 有

$$P\{X_{t+1} = j | X_0 = i_0, X_1 = i_1, \cdots, X_{t-1} = i_{t-1}, X_t = i\} = P\{X_{t+1} = j | X_t = i\}, \tag{6.1.1}$$

上式刻画了 Markov 链的性质, 称为 Markov 性.

定义 6.1.3 (转移概率) 称公式 (6.1.1) 中的条件概率 $P\{X_{t+1}=j|X_t=i\}$ 为随机过程 $\{X(t), t=0,1,2,\cdots\}$ 的一步转移概率, 简称转移概率. 一般情况下, 转移概率与状态 i,j 和时刻 t 有关.

定义 6.1.4 (首达概率) 状态 i 经 n 步首次到达状态 j 的概率,

$$f_{ij}^{(0)}=0, \quad f_{ij}^{(n)}=P\{X_{m+n}=j, X_{m+v}\neq j, 1\leqslant v\leqslant n-1 \mid X_m=i\}, \quad n\geqslant 1.$$

定义 6.1.5 (时齐 Markov 链) 当 Markov 链转移概率 $P\{X_{t+1}=j|X_t=i\}$ 与时间 t 无关时, 称此时的 Markov 链为时齐的, 并记 $p_{ij}=P\{X_{t+1}=j|X_t=i\}$, 反之, 就称为非时齐的.

定义 6.1.6 (t 步转移概率) 状态 i 经过 t 步转移到状态 j 的概率

$$p_{ij}^t=P\{X_{s+t}=j|X_s=i\}$$

为 Markov 链的 t 步转移概率, 这里 $s>0, t>1$. 相应地, 有 t 步转移矩阵,

$$\mathbf{P}^t=[p_{ij}^t].$$

通常规定, 当 $t=1$ 时, $\mathbf{P}^1=\mathbf{P}$; 当 $t=0$ 时, $\mathbf{P}^0=\mathbf{I}$, 即

$$p_{ij}^0=\begin{cases}1, & i=j,\\ 0, & i\neq j.\end{cases}$$

性质 转移概率 p_{ij} 满足如下性质:

$$\sum_{j\in\mathcal{S}}p_{ij}=1, \quad \forall i\in\mathcal{S},$$

$$0\leqslant p_{ij}\leqslant 1, \quad \forall i,j\in\mathcal{S}.$$

6.1.2 图论基础知识

定义 6.1.7 $V\triangleq\{v_1,v_2,\cdots,v_n\}$ 表示顶点集, 其中元素 v_i 表示第 i 个顶点, n 为顶点个数.

定义 6.1.8 $\varepsilon\triangleq\{e_1,e_2,\cdots,e_k\}$ 表示边集, 其中元素 $e_k=(v_i,v_j)$ 表示连接顶点 v_i 和 v_j 的边, 且有 $\varepsilon\subseteq V\times V$.

定义 6.1.9 $G\triangleq(V,\varepsilon)$ 表示图. 如果对任意 $(v_i,v_j)\in\varepsilon$ 都有任意 $(v_j,v_i)\in\varepsilon$, 那么 G 称为无向图, 反之, G 称为有向图.

定义 6.1.10 给定映射 $w:\varepsilon\mapsto\mathbb{R}^+\cup\{0\}$, 那么称 $G=(V,\varepsilon,w)$ 为加权图. w 为权重函数. 通常 $\mathcal{W}\triangleq w(\varepsilon)$ 为权重集, 所以也记加权图为 $G=(V,\varepsilon,\mathcal{W})$.

定义 6.1.11 (相似度矩阵与邻接矩阵)

$$\mathbf{W} \triangleq [w_{ij}]_{n\times n},\ \text{其中}\ w_{ij} = w(v_i, v_j).$$

$$\text{当}\ w_{ij} = \begin{cases} 1, & v_i \sim v_j, \\ 0, & v_i \nsim v_j \end{cases}\ \text{时, 称}\ \mathbf{W}\ \text{为图}\ G\ \text{的邻接矩阵.}$$

这里矩阵 $\mathbf{W}$ 是与集合 $\mathcal{W}$ 相对应的, 有时也交替使用. 通常不加说明时, 考虑的是无向图, 即有 $w_{ij} = w_{ji}$.

定义 6.1.12 (顶点的度)

$$d(v_i) \triangleq \sum_{v_i \sim v_j} w(v_i, v_j) = \sum_{v_i \in V} w_{ij},$$

其中, $v_i \sim v_j$ 表示顶点 v_i 通过边 (v_i, v_j) 连接到顶点 v_j.

6.1.3　图上的随机游走

定义 6.1.13　基于图 $G = (V, \varepsilon, \mathbf{W})$ 中顶点集 V 上的随机游走的概率转移公式为

$$p_{ij} = \frac{w_{ij}}{\sum\limits_k w_{ik}} = \frac{w_{ij}}{d_{ii}},$$

这里 p_{ij} 表示从顶点 v_i 一步转移到顶点 v_j 的概率, 其转移矩阵表示形式为

$$\mathbf{P} = \mathbf{D}^{-1}\mathbf{W},$$

其中 $\mathbf{D} = \mathrm{diag}\{d_{11}, d_{22}, \cdots, d_{nn}\}$, 并用 $\mathbf{P}^t$ 表示 t 步随机游走转移矩阵.

6.1.4　基于空间域的随机游走融合

本书采用的随机游走思想, 最早由 L. Grady 提出, 应用于图像分割[174, 175]. 它的分割思想是: 以图像的像素为图的顶点, 相邻像素之间的四邻域或八邻域关系为图的边, 并根据像素属性及相邻像素之间特征的相似性定义图中各边的权值, 以此构建网络图, 然后通过用户手动指定前景和背景标记, 即前景物体和背景物体的种子像素, 以边上的权重为转移概率, 未标记像素节点为初始点, 计算每个未标记节点首次到达各种子像素的概率, 根据概率大小, 划分未标记节点, 得到最终分割结果.

R. Shen 等将其推广到多曝光图像融合[176], 提出一种新的概率统计图像融合模型, 此方法将融合问题转化为一个标记问题, 通过随机游走得到每个像素的到达概率来确定融合权重. 此方法充分利用了随机游走在图像分割中的优点, 有助于对

图像边缘轮廓的融合且可以降低图像中噪声的影响. K. L. Hua 等根据多聚焦图像的特点, 重新确定协调函数, 将随机游走应用于多聚焦图像融合[177]. 下面简要介绍基于空间域的随机游走融合模型, 详细内容参考文献 [175—178].

由图论, 图可由顶点集与边集表示: $G = (V, \varepsilon)$. 其中, $V = \{v_i, i = 1, \cdots, K + MN\} = \{I, X\}$, $I = \{I_l, l = 1, \cdots, K\}$ 为标记顶点集, 用来标记 K 个待融合的图像. $X = \{x_i, i = 1, \cdots, MN\}$ 为未标记顶点集, 可看作 MN 个随机变量, 用来代表图像像素. $\varepsilon = \{(e_1)_{ij}, (e_2)_{il}\}, i, j = 1, \cdots, MN, l = 1, \cdots, K$, $(e_1)_{ij}$ 表示未标记顶点之间连接形成的边, 一般采用四邻域的方法进行连接; $(e_2)_{il}$ 表示未标记顶点与标记顶点连接形成的边.

本书采用无向图, 边 $(e_1)_{il}$ 与 $(e_2)_{il}$ 的权值可记为 $(w_1)_{ij}$ 与 $(w_2)_{il}$. 综上, 随机游走的图表示如图 6.1.1 所示[176].

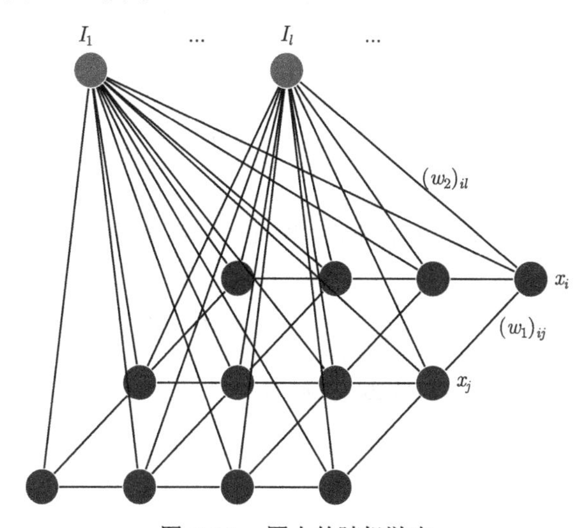

图 6.1.1　图上的随机游走

定义协调函数[176]:

$$w_{mn} \triangleq w(v_m, v_n) = \begin{cases} \alpha(w_1)_{mn}, & v_m \in X, v_n \in I, \\ \beta(w_2)_{mn}, & v_m, v_n \in X, \end{cases} \tag{6.1.2}$$

其中 $m = 1, 2, \cdots, MN, n = 1, 2, \cdots, K$, α 与 β 为调节参数.

由于求解首达概率的计算量很大, 文献 [175] 表明可以将求解首达概率的过程转化为求解相应的 Dirichlet 问题, 即寻找满足给定边界条件的调和函数, 其中调和函数为满足拉普拉斯方程 (式 (6.1.3)) 的函数:

$$\nabla^2 u = \frac{\partial^2 u}{\partial^2 x} + \frac{\partial^2 u}{\partial^2 y} = 0, \tag{6.1.3}$$

边界条件 Γ 的位势函数为

$$u(x,y)|_\Gamma = \begin{cases} 1, & (x,y)=s, \\ 0, & \text{其他}, \end{cases}$$

区域 Ω 上的 Dirichlet 积分定义为

$$D[u] = \frac{1}{2}\int_\Omega |\nabla u|^2 \mathrm{d}\Omega.$$

Dirichlet 问题可以表述为在 Ω 域内寻找一个调和函数 $u(x,y)$, 其边界 Γ 的值为已知边界. 此时拉普拉斯方程为 Dirichlet 积分的 Euler-Lagrange 方程, 从而使得 Dirichlet 问题转换为: 寻找一个满足边界条件的调和函数 $u(x,y)$, 使得 Dirichlet 积分达到最小值.

为了求调和函数 $u(x,y)$, 定义拉普拉斯矩阵[176]:

$$\mathbf{L}_{mn} \triangleq \begin{cases} d_m, & m=n, \\ -w_{mn}, & (v_m,v_n)\in\varepsilon, \\ 0, & \text{其他}, \end{cases} \tag{6.1.4}$$

其中, d_m 表示在点 v_m 邻域处的度.

令 $u(v_m)$ 表示在点 v_m 处的能量, 图 6.1.1 系统的总能量如公式 (6.1.5) 所示[175]:

$$E = \frac{1}{2}\sum_{(v_m,v_n)\in\varepsilon} w_{mn}(u(v_m)-u(v_n))^2. \tag{6.1.5}$$

公式 (6.1.5) 可以转化为矩阵表示, 如下:

$$\begin{aligned} E &= \frac{1}{2}\begin{bmatrix} \boldsymbol{u}_I \\ \boldsymbol{u}_X \end{bmatrix}^{\mathrm{T}} \mathbf{L} \begin{bmatrix} \boldsymbol{u}_I \\ \boldsymbol{u}_X \end{bmatrix} \\ &= \frac{1}{2}\begin{bmatrix} \boldsymbol{u}_I \\ \boldsymbol{u}_X \end{bmatrix}^{\mathrm{T}} \begin{bmatrix} \mathbf{L}_I & \mathbf{B} \\ \mathbf{B}^{\mathrm{T}} & \mathbf{L}_X \end{bmatrix} \begin{bmatrix} \boldsymbol{u}_I \\ \boldsymbol{u}_X \end{bmatrix} \\ &= \frac{1}{2}\left(\boldsymbol{u}_I^{\mathrm{T}}\mathbf{L}_I\boldsymbol{u}_I + 2\boldsymbol{u}_X^{\mathrm{T}}\mathbf{B}^{\mathrm{T}}\boldsymbol{u}_I + \boldsymbol{u}_X^{\mathrm{T}}\mathbf{L}_X\boldsymbol{u}_X\right). \end{aligned} \tag{6.1.6}$$

其中 $\boldsymbol{u}_I$ 表示标记的向量, $\boldsymbol{u}_X$ 表示未标记的向量, $\mathbf{L}_I$ 表示标记顶点间连接的权值矩阵, $\mathbf{L}_X$ 表示未标记顶点间连接的权值矩阵, $\mathbf{B}$ 表示未标记顶点与标记顶点间连接的权值矩阵.

最后通过求导, 将问题转化为下述线性方程组[176]:

$$\mathbf{L}_X\boldsymbol{u}_X = -\mathbf{B}^{\mathrm{T}}\boldsymbol{u}_I. \tag{6.1.7}$$

赋值 $\boldsymbol{u}_I$, 求解公式 (6.1.7) 得到 $\boldsymbol{u}_X$, 然后由 $\boldsymbol{u}_X$ 得到未标记顶点到标记顶点的到达概率.

6.2 基于实框架域的随机游走全色锐化

框架变换相比传统的小波变换具有冗余性且可以实现完全重构, 已经有学者将其应用在图像融合中[178]. 由于传统的框架变换不具备平移不变性, 因此本书采用非下采样的框架变换, 使变换具有平移不变性, 且具备更好的冗余性[33].

本节针对多光谱图像的全色锐化问题, 提出一种基于非下采样框架变换的随机游走全色锐化模型. 首先将多光谱图像从 RGB 空间转化到 IHS 空间并对全色图像进行直方图匹配, 然后利用非下采样框架变换将匹配后的全色图像与多光谱图像的 **I** 通道从空间域变换到框架域, 最后保持 **I** 通道的低频框架系数不变, 由随机游走确定高频框架系数的融合权重. 其中随机游走所需的协调函数根据高频框架系数的统计特性构造得出. 下面简要介绍小波变换的统计特性, 并由此得出框架变换系数的统计特性.

6.2.1 小波变换与框架变换系数的统计特性

在图像处理中, 小波变换作为一种数学工具, 处理的对象主要是图像在小波变换后的小波系数, 记录了图像在不同尺度 (不同分辨率) 下的差异. 区域的边界部分在各个尺度都对应大系数值, 随尺度发生明显变化; 区域的光滑部分则不随尺度显著变化. 下面给出它们的三级统计特性, 对小波变换域尺度间、尺度内以及子带间的系数相关性进行描述.

初级特性

局部性 (locality): 每一个小波系数分别表征图像中某一局部位置的信息.

多分辨性 (multiresolution): 小波变换通过在一组嵌套的尺度内分析图像信息.

边缘检测性 (edge detection): 可将小波函数看作图像局部边缘检测器, 图像中的边缘可通过相应位置的系数加以刻画.

能量紧支性 (energy compaction): 图像在小波变换后往往呈现稀疏性, 即只有当图像中的奇异性特征 (如边缘和脊) 位于小波基的支撑区间内时才会产生较大的系数, 因而这一性质也称为小波变换的压缩性.

去相关性 (decoorelation): 图像在小波变换后系数之间往往近似去相关.

二级特性

非高斯性 (non-Gaussian): 图像的小波系数具有尖峰值、重拖尾的边缘分布形式.

聚集性 (clustering): 如果某一小波系数是大 (小) 的, 那么其相邻的系数很可能也是大 (小) 的.

持续性 (persistence): 在小波分解的各尺度之间, 大 (小) 系数沿着图像分解四叉树结构的各个尺度逐级传递.

三级特性

尺度间的指数衰减性 (exponential decay across scales): 在图像分解的较细尺度之间, 小波系数的延续性更明显.

细尺度间更明显的延续性 (stronger persistence across finer scales): 在图像分解的较细尺度之间, 小波系数的延续性更明显.

根据总结的小波变换特性: 聚集性与持续性. 类似得出框架系数的统计特性: 同一尺度同一子带内的邻域相关性与不同尺度相同子带间的尺度相关性.

邻域相关性: 如果一个框架系数是大 (小) 的, 则其相邻的框架系数也很可能是大 (小) 的.

尺度相关性: 框架系数大 (小) 的属性沿尺度传递.

6.2.2 基于实框架域的随机游走融合

R. Shen 等与 R. L. Hua 等均是在空间域建立随机游走图像融合模型, 针对不同类型图像的特点建立协调函数, 最后根据每个像素点的到达概率确定融合权重. 由于多光谱图像经 IHS 变换后, 其 **I** 通道仍包含了一部分光谱信息, 如果利用随机游走在空间域对多光谱图像的 **I** 通道与直方图匹配后的全色图像 $\mathbf{P}'$ (与 **I** 通道具有相同的均值和标准差) 进行融合, 虽然可以提高融合图像的空间分辨率, 但会产生一定的光谱信息损失. 针对此问题, 将多光谱图像的 **I** 通道与匹配后的全色图像变换到框架域进行融合. **I** 通道的低频框架系数包含了大部分光谱信息, 为保留光谱信息, 保持其不变, 只对 **I** 通道和匹配后的全色图像的高频框架系数进行融合.

本节根据高频框架系数主要包含图像边缘轮廓信息的特点, 建立基于随机游走的统计融合模型. 此模型在构造随机游走协调函数时, 考虑到每个高频框架系数的局部统计特征与相关性, 又在基于图论的随机游走学习中, 考虑到全局的高频框架系数, 因此所得融合权重可以较好地度量高频框架系数包含的空间信息, 有助于在融合过程中保留图像的边缘轮廓信息, 进而提高融合图像的空间分辨率.

6.2.2.1 高频框架系数统计融合模型

本节讨论高频框架系数的融合, 首先给出统计融合模型.

$$I'_{\mathrm{sca},k,i} = P^1_{\mathrm{sca},k,i} A^1_{\mathrm{sca},k,i} + P^2_{\mathrm{sca},k,i} A^2_{\mathrm{sca},k,i}, \tag{6.2.1}$$

其中, $I'_{\mathrm{sca},k,i}$ 表示融合后的 sca 尺度 k 高频子带的第 i 个框架系数; $A^1_{\mathrm{sca},k,i}$ 与 $A^2_{\mathrm{sca},k,i}$ 分别表示 **I** 通道与匹配后的全色图像的 sca 尺度 k 高频子带的第 i 个框架系数; $P^1_{\mathrm{sca},k,i}$ 与 $P^2_{\mathrm{sca},k,i}$ 分别表示 **I** 通道与匹配后的全色图像的 sca 尺度 k 高频子

带的第 i 个框架系数的融合权重; i 表示高频框架系数矩阵 (按行存储) 元素的位置, $i=1,2,\cdots,MN$, MN 表示系数个数; $\mathrm{sca}=1,2,\cdots,\mathrm{SCA}$, SCA 表示最大分解尺度. $k=1,2,\cdots,8$ 表示 8 个高频子带.

模型中融合权重 $P^1_{\mathrm{sca},k,i}$ 与 $P^2_{\mathrm{sca},k,i}$ 未知, 根据空间域的随机游走方法, 将融合权重 $P^1_{\mathrm{sca},k,i}$ 与 $P^2_{\mathrm{sca},k,i}$ 的计算转化为随机游走标记问题的求解. 用标记顶点表示待融合的高频子带, 未标记顶点表示高频子带中的每个框架系数. 首先给出高频框架系数的统计特性, 然后在此基础上重新构造随机游走协调函数, 最后转化为求解线性方程组, 得到每个高频框架系数与所对应高频子带的概率关系, 即每个高频框架系数的融合权重.

6.2.2.2 随机游走协调函数的构造

下面根据高频框架系数的统计特性重新构造基于框架域的随机游走协调函数. 由公式 (6.1.2), 定义 sca 尺度 k 高频子带的协调函数:

$$(\boldsymbol{w}_{\mathrm{sca},k})_{mn} \triangleq (\boldsymbol{w}_{\mathrm{sca},k})(v_m,v_n) = \begin{cases} \alpha(\boldsymbol{w}_{1,\mathrm{sca},k})_{mn}, & v_m \in X_{\mathrm{sca},k}, v_n \in I_{\mathrm{sca},k}, \\ \beta(\boldsymbol{w}_{2,\mathrm{sca},k})_{mn}, & v_m, v_n \in X_{\mathrm{sca},k}, \end{cases} \tag{6.2.2}$$

其中 $m=1,2,\cdots,MN$, $n=1,2,\cdots,K$. K 表示待融合图像个数. $\boldsymbol{w}_{1,\mathrm{sca},k}$ 与 $\boldsymbol{w}_{2,\mathrm{sca},k}$ 表示 sca 尺度 k 高频子带的权重, $\mathrm{sca}=1,2,\cdots,\mathrm{SCA}$, $k=1,2,\cdots,8$. 此外, 令参数 $\beta=1$, $\alpha=k_n$, 可以对融合图像的空间分辨率与光谱误差进行调节.

根据高频框架系数的邻域相关性与尺度相关性构造 $\boldsymbol{w}_{1,\mathrm{sca},k}$, 又 $\boldsymbol{w}_{1,\mathrm{sca},k}$ 如公式 (6.2.3) 和公式 (6.2.4) 所示, 因此只需构造 $\boldsymbol{w}^l_{1,\mathrm{sca},k,i}$ 即可.

$$\boldsymbol{w}_{1,\mathrm{sca},k} = [w^1_{1,\mathrm{sca},k},\cdots,w^l_{1,\mathrm{sca},k},\cdots,w^K_{1,\mathrm{sca},k}]^{\mathrm{T}}, \tag{6.2.3}$$

$$\boldsymbol{w}^l_{1,\mathrm{sca},k} = [w^l_{1,\mathrm{sca},k,1},\cdots,w^l_{1,\mathrm{sca},k,i},\cdots,w^l_{1,\mathrm{sca},k,MN}]. \tag{6.2.4}$$

本节是对两幅图像进行融合, 所以 $K=2$, $l=1,2$, 分别代表 $\mathbf{P}'$ 与 $\mathbf{I}$.

高频框架系数具有邻域相关性, 所以对高频框架系数进行度量时, 需要考虑其邻域信息 (四邻域或者八邻域) 的影响. 首先计算每个高频框架系数与其邻域均值的距离, 然后再与其邻域的标准差做比值运算, 具体计算过程见公式 (6.2.5)—(6.2.7).

$$u^l_{\mathrm{sca},k,\mathrm{iNei}} = \frac{1}{|\mathrm{iNei}|}\sum_{v^l_{\mathrm{sca},k,i}\in \mathrm{iNei}} A^l_{\mathrm{sca},k,i}, \tag{6.2.5}$$

$$s^l_{\mathrm{sca},k,\mathrm{iNei}} = \frac{1}{|\mathrm{iNei}|}\sum_{v^l_{\mathrm{sca},k,i}\in \mathrm{iNei}} (A^l_{\mathrm{sca},k,i} - u^l_{\mathrm{sca},k,\mathrm{iNei}})^2, \tag{6.2.6}$$

$$y^l_{\text{sca},k,i} = \frac{|A^l_{\text{sca},k,i} - u^l_{\text{sca},k,\text{iNei}}|}{\sqrt{s^l_{\text{sca},k,\text{iNei}}}}, \tag{6.2.7}$$

其中, $l=1,2$, $A^1_{\text{sca},k,i}$ 与 $A^2_{\text{sca},k,i}$ 分别表示 $\mathbf{P}'$ 与 $\mathbf{I}$ 的 sca 尺度 k 高频子带的第 i 个框架系数 (系数矩阵按行存储), |iNei| 表示此高频框架系数邻域包含的系数个数, $u^l_{\text{sca},k,\text{iNei}}$ 与 $S^l_{\text{sca},k,\text{iNei}}$ 分别代表此高频框架系数邻域的均值与方差. 显然, $y^l_{\text{sca},k,i}$ 越大, 表明此高频框架系数越显著, 包含空间信息越多.

在公式 (6.2.7) 中, 仅考虑了高频框架系数在同一尺度下同一子带内的邻域相关性. 由于本节采用多尺度框架变换, 所以仍需考虑高频框架系数在不同尺度下的相关性影响.

由于高频框架系数具有尺度相关性, 通过比较 $y^l_{\text{sca},k,i}$ 的大小以及 $\mathbf{P}'$ 与 $\mathbf{I}$ 在不同尺度同一子带间的相关系数对 $y^l_{\text{sca},k,i}$ 进行修正, 具体计算过程见公式 (6.2.8)—(6.2.12).

$$cc^l_{(\text{sca},\text{sca}+1),k} = CC(\mathbf{A}^l_{\text{sca},k}, \mathbf{A}^l_{\text{sca}+1,k}), \tag{6.2.8}$$

$$CC(\mathbf{C},\mathbf{D}) = \frac{\sum_{a=1}^{M}\sum_{b=1}^{N}[\mathbf{C}(a,b)-\bar{\mathbf{C}}][\mathbf{D}(a,b)-\bar{\mathbf{D}}]}{\sqrt{\sum_{a=1}^{M}\sum_{b=1}^{N}[\mathbf{C}(a,b)-\bar{\mathbf{C}}]^2\sum_{a=1}^{M}\sum_{b=1}^{N}[\mathbf{D}(a,b)-\bar{\mathbf{D}}]^2}}, \tag{6.2.9}$$

其中 $l=1,2$, $\mathbf{A}^1_{\text{sca},k}$ 与 $\mathbf{A}^1_{\text{sca}+1,k}$ 分别表示 $\mathbf{P}'$ 的 sca, sca + 1 尺度 k 高频子带矩阵. $\mathbf{A}^2_{\text{sca},k}$ 与 $\mathbf{A}^2_{\text{sca}+1,k}$ 同上所述. $cc^1_{(\text{sca},\text{sca}+1),k}$ 与 $c^2_{(\text{sca},\text{sca}+1),k}$ 分别表示 $\mathbf{P}'$ 与 $\mathbf{I}$ 在不同尺度同一子带间的相关系数. CC 表示计算矩阵 $\mathbf{C}$ 与矩阵 $\mathbf{D}$ 的相关系数.

如果 $y^l_{\text{sca},k,i} < y^l_{\text{sca}+1,k,i}$, 则

$$\begin{aligned} y^l_{\text{sca}+1,k,i} &= y^l_{\text{sca}+1,k,i}, \\ y^l_{\text{sca},k,i} &= |cc^l_{(\text{sca},\text{sca}+1),k}|y^l_{\text{sca},k,i} + (1-|cc^l_{(\text{sca},\text{sca}+1),k}|)y^l_{\text{sca}+1,k,i}. \end{aligned} \tag{6.2.10}$$

反之, 如果 $y^l_{\text{sca},k,i} \geqslant y^l_{\text{sca}+1,k,i}$, 则

$$\begin{aligned} y^l_{\text{sca},k,i} &= y^l_{\text{sca},k,i}, \\ y^l_{\text{sca}+1,k,i} &= |cc^l_{(\text{sca},\text{sca}+1),k}|y^l_{\text{sca},k,i} + (1-|cc^l_{(\text{sca},\text{sca}+1),k}|)y^l_{\text{sca}+1,k,i}. \end{aligned} \tag{6.2.11}$$

最后对 $y^l_{\text{sca},k,i}$ 进行归一化处理, 得到 $w^l_{1,\text{sca},k,i}$,

$$w^l_{1,\text{sca},k,i} = \frac{y^l_{\text{sca},k,i}}{\max(y^l_{\text{sca},k})}. \tag{6.2.12}$$

本节采用高斯函数[175] 构造 $w_{2,\mathrm{sca},k}$.

$$(w_{2,\mathrm{sca},k})_{ij} = \exp\left(-\frac{\|f_{\mathrm{sca},k,i} - f_{\mathrm{sca},k,j}\|}{\lambda}\right). \tag{6.2.13}$$

此处 λ 取 0.01, $i, j = 1, \cdots, MN$, $f_{\mathrm{sca},k,i}$ 和 $f_{\mathrm{sca},k,j}$ 分别表示 sca 尺度, k 高频子带的第 i 和第 j 个框架系数.

文献 [176, 177] 均采用取均值的方法计算 $f_{\mathrm{sca},k,i}$, 但本书是在框架域上进行随机游走, 需要考虑高频框架系数不同子带间的相关性. 因此由 $\mathbf{P}'$ 与 $\mathbf{I}$ 在同一尺度, 相同高频子带间的相关系数计算 $f_{\mathrm{sca},k,i}$, 具体计算过程见公式 (6.2.14) 与公式 (6.2.15), 同理可得 $f_{\mathrm{sca},k,j}$.

$$f_{\mathrm{sca},k,i} = |cc_{\mathrm{sca},k}|A^1_{\mathrm{sca},k,i} + (1 - |cc_{\mathrm{sca},k}|)A^2_{\mathrm{sca},k,i}, \tag{6.2.14}$$

$$cc_{\mathrm{sca},k} = CC(\mathbf{A}^1_{\mathrm{sca},k}, \mathbf{A}^2_{\mathrm{sca},k}), \tag{6.2.15}$$

其中 $cc_{\mathrm{sca},k}$ 表示 $\mathbf{P}'$ 与 $\mathbf{I}$ 在 sca 尺度 k 高频子带间的相关系数, $A^1_{\mathrm{sca},k,i}$ 与 $A^2_{\mathrm{sca},k,i}$ 分别表示 $\mathbf{P}'$ 与 $\mathbf{I}$ 的 sca 尺度 k 高频子带的第 i 个框架系数, $\mathbf{A}^1_{\mathrm{sca},k}$ 与 $\mathbf{A}^2_{\mathrm{sca},k}$ 分别表示 $\mathbf{P}'$ 与 $\mathbf{I}$ 的 sca 尺度 k 高频子带矩阵.

综上分析, 利用公式 (6.2.2)—(6.2.15) 得到基于高频框架系数统计特性的协调函数 $w_{\mathrm{sca},k}$.

6.2.2.3 高频框架系数融合权重的求解

下面计算 $\mathbf{P}'$ 与 $\mathbf{I}$ 的 sca 尺度 k 高频子带的融合权重, $\mathrm{sca} = 1, 2, \cdots, \mathrm{SCA}$, $k = 1, 2, \cdots, 8$.

将 6.2.2.2 节构造的协调函数代入给出的随机游走方法, 得到基于框架域的随机游走, 将问题转化为线性方程组的求解, 如公式 (6.2.16) 所示:

$$\mathbf{L}_{X,\mathrm{sca},k}\boldsymbol{u}_{X,\mathrm{sca},k} = -\mathbf{B}^{\mathrm{T}}_{\mathrm{sca},k}\boldsymbol{u}_{I,\mathrm{sca},k} \tag{6.2.16}$$

首先类比公式 (6.1.2)—(6.1.6), 由协调函数 $w_{\mathrm{sca},k}$ 构造的拉普拉斯矩阵确定 $\mathbf{L}_{X,\mathrm{sca},k}$, $\mathbf{B}^{\mathrm{T}}_{\mathrm{sca},k}$. 然后, 令 $\boldsymbol{u}_{I,\mathrm{sca},k} = [1, 0; 0, 1]^{\mathrm{T}}$, 求解公式 (6.2.16) 得到 $\boldsymbol{u}_{X,\mathrm{sca},k}$, 其中 $\boldsymbol{u}_{X,\mathrm{sca},k}$ 如公式 (6.2.17)—(6.2.19) 所示.

$$\boldsymbol{u}_{X,\mathrm{sca},k} = [\boldsymbol{u}^1_{X,\mathrm{sca},k}, u^2_{X,\mathrm{sca},k}], \tag{6.2.17}$$

$$\boldsymbol{u}^1_{X,\mathrm{sca},k} = [u^1_{X,\mathrm{sca},k,1}, \cdots, u^1_{X,\mathrm{sca},k,i}, \cdots, u^1_{X,\mathrm{sca},k,MN}]^{\mathrm{T}}, \tag{6.2.18}$$

$$\boldsymbol{u}^2_{X,\mathrm{sca},k} = [u^2_{X,\mathrm{sca},k,1}, \cdots, u^2_{X,\mathrm{sca},k,i}, \cdots, u^2_{X,\mathrm{sca},k,MN}]^{\mathrm{T}}. \tag{6.2.19}$$

利用 $\boldsymbol{u}_{X,\text{sca},k}$ 计算 $\mathbf{P}'$ 与 $\mathbf{I}$ 的 sca 尺度 k 高频子带的第 i 个框架系数的融合权重, 如公式 (6.2.20) 所示.

$$\begin{aligned} P^1_{\text{sca},k,i} &= \frac{u^1_{X,\text{sca},k,i}}{u^1_{X,\text{sca},k,i} + u^2_{X,\text{sca},k,i}}, \\ P^2_{\text{sca},k,i} &= 1 - P^1_{\text{sca},k,i}. \end{aligned} \tag{6.2.20}$$

最后将融合权重 $P^1_{\text{sca},k,i}$ 与 $P^2_{\text{sca},k,i}$ 代入公式 (6.2.1), 即可得到融合框架系数.

6.2.2.4　融合算法流程

用 $\mathbf{P}$ 表示全色图像, **MS** 表示多光谱图像.

步骤 1　对 **MS** 进行 IHS 变换, 将 **MS** 的大部分空间信息集中到 $\mathbf{I}$ 通道, 然后对 $\mathbf{P}$ 与 **MS** 的 $\mathbf{I}$ 通道进行直方图匹配, 使全色图像与 $\mathbf{I}$ 通道具有相同的均值和标准差, 得到匹配后的全色图像 $\mathbf{P}'$.

步骤 2　利用非下采样框架变换分别对多光谱图像的 $\mathbf{I}$ 通道和匹配后的全色图像进行多尺度框架分解, 得到低、高频框架系数.

步骤 3　框架系数融合. 低频: 保留多光谱图像的 $\mathbf{I}$ 通道的低频框架系数; 高频: 利用基于随机游走的统计融合模型对多光谱图像的 $\mathbf{I}$ 通道和匹配后的全色图像的高频框架系数进行融合.

步骤 4　对融合后的框架系数进行非下采样逆框变换, 得到融合 $\mathbf{P}'$ 空间信息的 I' 通道.

步骤 5　用 $\mathbf{I}'$ 替换 $\mathbf{I}$, 进行逆 **IHS** 变换, 即可得到具有高空间分辨率的多光谱图像 MS'.

6.2.3　实验结果

6.2.3.1　实验数据与评价指标

本节选取两类常见的遥感卫星拍摄的全色图像与多光谱图像进行图像融合仿真实验: QuickBird 遥感卫星拍摄的 Pyramids 全色图像 (PY-PAN) 与 Pyramids 多光谱图像 (PY-MS) 融合 (图 6.2.1); Landsat 7 ETM+ 遥感卫星拍摄的 Wenzhou 全色图像 (WZ-PAN) 与 Wenzhou 多光谱图像 (WZ-MS) 融合 (图 6.2.2). 选取的图像大小均为 512×512, 利用 MATLAB-2012a 对选取的图像按照 6.2.2.4 节给出的算法流程进行编程实验.

在客观评价中, 从光谱误差与空间分辨率两个角度分析融合效果, 采用全色锐化常用的三个评价指标: 相对平均光谱误差 (RASE)[162]、相对无维全局光谱误差 (ERGAS)[162]、空间相关系数 (SCC)[158]. RASE 与 ERGAS 从光谱误差的角度衡量融合效果, RASE 与 ERGAS 的值越小, 表明光谱误差越小, 它们的理想值为 0.

SCC 用来衡量融合图像的空间分辨率, 利用拉普拉斯算子提取 **P** 与 **I** 的高频信息, 然后计算相关系数, SCC 越大, 表明融合图像的空间分辨率越大, 其理想值为 1.

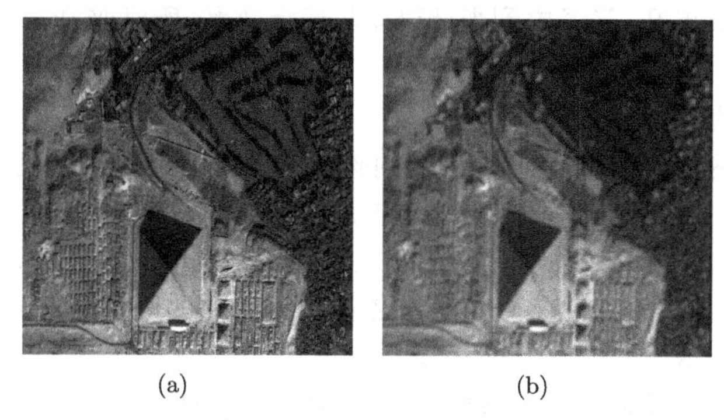

(a) (b)

图 6.2.1 (a) PY-PAN; (b) PY-MS (文后彩插)

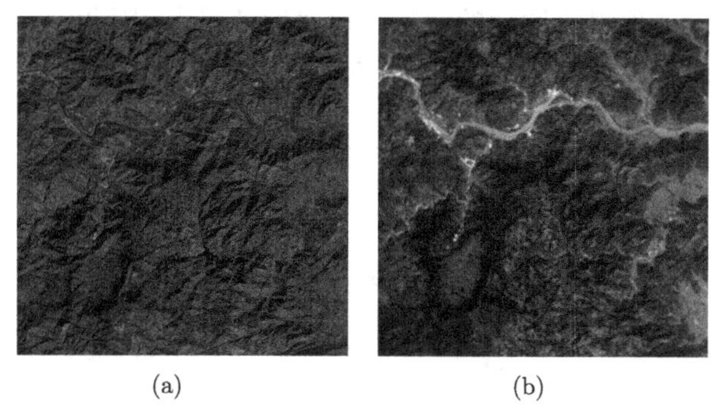

(a) (b)

图 6.2.2 (a) WZ-PAN; (b) WZ-MS (文后彩插)

6.2.3.2 参数分析

分解层数 SCA 的选取

下面讨论分解次数 SCA 的选取, 取 $k_1 = k_2 = 1$ 保持不变, SCA 分别取 $2, 3, 4$ 进行仿真实验, 实验结果见表 6.2.1.

表 6.2.1 不同分解层数的融合结果

图像	SCA	RASE [0]	ERGAS [0]	SCC [1]
PY-PAN	2	3.3842	0.8473	0.9730
+	3	4.3395	1.0849	0.9791
PY-MS	4	5.1763	1.2923	0.9798
WZ-PAN	2	6.2263	3.1172	0.9715
+	3	9.1450	4.5714	0.9770
WZ-MS	4	11.1932	5.5927	0.9777

由表 6.2.1 可知, 随着分解次数 SCA 的增加, 融合图像的空间分辨率提升, 但光谱误差增大. 在 SCA 取 2 时, 融合图像的空间分辨率已经较高, 随着 SCA 的增加并没有明显提升, 又考虑到光谱误差与运行效率, 所以取 SCA 为 2 进行仿真实验.

参数 k_n 的选取

本节仅对两幅图像融合, 所以只需讨论 k_1 与 k_2 变化对融合效果的影响. 为分别看其影响, 分两种情况进行讨论: 固定 $k_2=1$, 令 k_1 从 0.1 到 2 变化, 间隔取 0.05; 固定 $k_1=1$, 令 k_2 从 0.1 到 2 变化, 间隔取 0.05. 按照上述思想, 对两类遥感图像进行融合实验. PY 图像融合与 WZ 图像融合的评价指标随 k_1 与 k_2 变化的折线图, 见图 6.2.3.

由图 6.2.3, 可以发现: k_2 保持不变时, 随着 k_1 的增大, 融合图像的空间分辨率逐渐提高, 但光谱误差逐渐增大; k_1 保持不变时, 随着 k_2 的增大, 融合图像的光谱误差逐渐减小, 但融合图像的空间分辨率逐渐减小. 因此, 只需固定其中一个参数, 令另一个参数变化, 即可得到不同情况下的融合图像. 又观察图 6.2.3, 可以

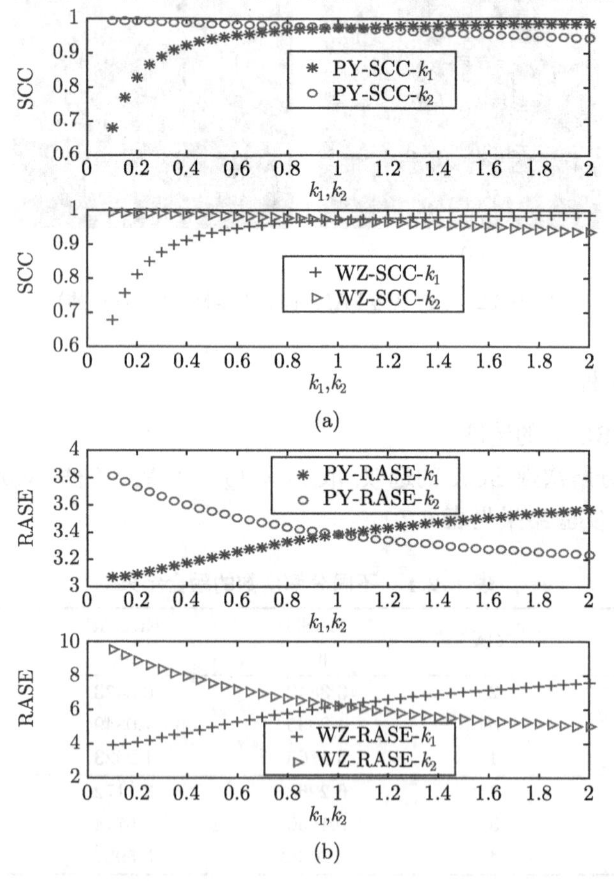

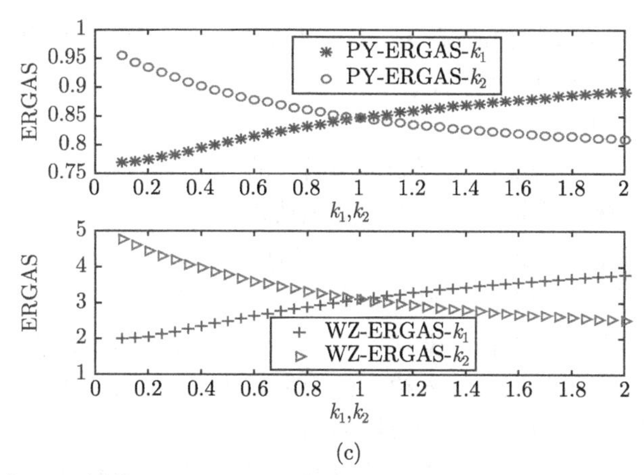

(c)

图 6.2.3 PY 与 WZ 图像 SCC, RASE, ERGAS 随 k_1,k_2 的变化: (a) SCC; (b) RASE; (c) ERGAS

发现: 固定 k_2, k_1 变化时, 评价指标在初始时波动较大, 虽然可以得到较低的光谱误差, 但空间分辨率更低, 不符合实际需求. 所以本节固定 $k_1 = 1$, 令 k_2 从 0.1 到 2 进行变化, 实验结果见表 6.2.2. 由表 6.2.2 可知, 当 k_1 固定为 1, k_2 大于 1 时, 融合图像的空间分辨率变得较低, 不符合实际需求, 因此 k_1 固定为 1, k_2 的范围在 0 与 1 之间时, 可以在空间分辨率与光谱误差之间达到较好的平衡.

表 6.2.2 取不同 k_2 的融合结果

图像	k_2	RASE [0]	ERGAS [0]	SCC [1]
PY-PAN + PY-MS	0.1	3.8176	0.9555	0.9934
	0.5	3.5585	0.8908	0.9860
	0.9	3.4096	0.8536	0.9758
	1.0	3.3842	0.8473	0.9730
	1.1	3.3627	0.8418	0.9702
	1.5	3.2922	0.8243	0.9583
	1.9	3.2403	0.8115	0.9461
	2.0	3.2344	0.8100	0.9430
WZ-PAN + WZ-MS	0.1	9.5386	4.7680	0.9920
	0.5	7.5591	3.7810	0.9856
	0.9	6.4329	3.2200	0.9746
	1.0	6.2263	3.1172	0.9715
	1.1	6.0402	3.0246	0.9681
	1.5	5.4700	2.7411	0.9541
	1.9	0.9392	2.5493	0.9392
	2.0	0.9354	2.5112	0.9354

6.2.3.3 与其他全色锐化方法的比较

本节选取九种主流全色锐化方法与基于实框架域的随机游走全色锐化方法

(NFT+RW, 参数 k_2 取三种情况: $k_2 = 0.1, 0.5, 0.9$) 做比较, 它们分别是:

(1) Gram-Schmidt 正交化法 (GS)[132].

(2) IHS 变换 (IHS)[139].

(3) 基于广义金字塔变换与调制传递函数的方法 (MTF+GLP)[142].

(4) 基于非下采样小波变换的上下文驱动融合模型 (AWT+CDWL)[161].

(5) 光谱误差最小注入模型 (AWT+SDM)[145].

(6) 基于非下采样轮廓波变换图像融合模型 (NSCT)[179].

(7) 基于不可分离框架提升变换的协方差交叉融合模型 (NFLT-CI)[32].

(8) 基于稀疏表示与细节注入模型的全色锐化方法 (SRDIP)[180].

(9) 基于空间域的随机游走融合模型 (RW)[176,177].

本节从客观评价指标和主观融合效果两个角度对比分析. 十种全色锐化方法的客观评价指标见表 6.2.3. PY-PAN 与 PY-MS 用上述十种全色锐化方法进行融合所得的融合图像见图 6.2.4. WZ-PAN 与 WZ-MS 用上述十种全色锐化方法进行融合所得的融合图像见图 6.2.5.

表 6.2.3 不同融合方法的融合结果

图像	融合方法	RASE [0]	ERGAS [0]	SCC [1]
PY-PAN + PY-MS	GS	14.4536	3.6260	0.9988
	IHS	13.1930	3.2728	0.9996
	MTF+GLP	3.9503	0.9907	0.9661
	AWT+CDWL	4.9648	1.2373	0.9039
	AWT+SDM	6.7931	1.6950	0.9939
	NSCT	7.8632	1.9959	0.9990
	NFLT-CI	3.9597	0.9907	0.9600
	SRDIP	3.7428	0.9353	0.9480
	RW	9.4859	2.3550	0.9865
	NFT+RW(0.1)	3.8167	0.9555	0.9934
	NFT+RW(0.5)	3.5585	0.8908	0.9860
	NFT+RW(0.9)	3.4096	0.8536	0.9758
WZ-PAN + WZ-MS	GS	32.3638	16.2313	0.9901
	IHS	33.6782	16.8228	0.9995
	MTF+GLP	6.4400	3.2323	0.8689
	AWT+CDWL	13.2567	6.6143	0.9319
	AWT+SDM	18.8709	9.4198	0.9498
	NSCT	16.1733	8.1025	0.9966
	NFLT-CI	6.4374	3.2238	0.9563
	SRDIP	7.7923	3.8916	0.9439
	RW	21.3634	10.6728	0.9824
	NFT+RW(0.1)	9.5386	4.7680	0.9920
	NFT+RW(0.5)	7.5586	3.7810	0.9856
	NFT+RW(0.9)	6.4329	3.2200	0.9746

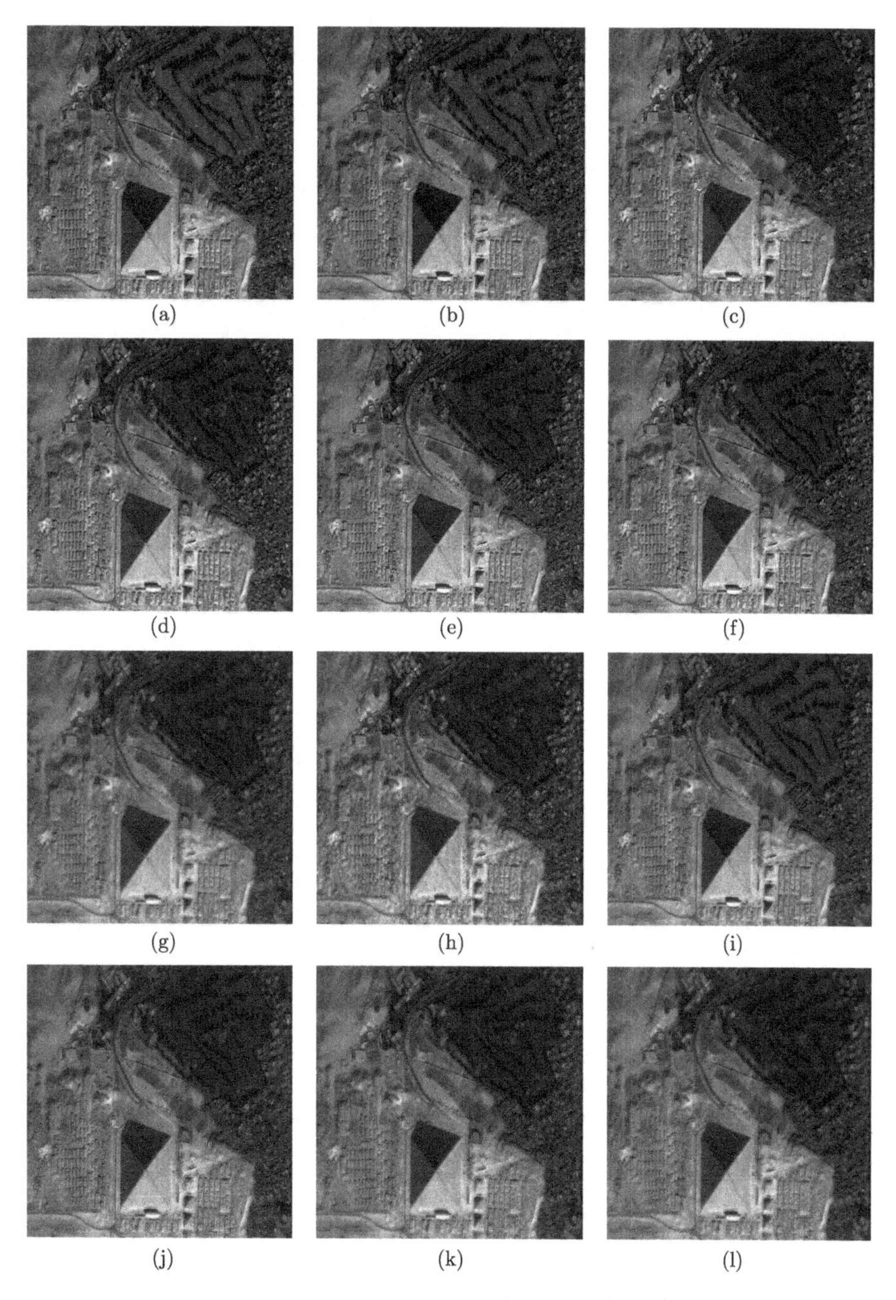

图 6.2.4 PY-PAN 与 PY-MS 融合结果图: (a) GS; (b) IHS; (c) MTF+GLP; (d) AWT+CDWL; (e) AWT+SDM; (f) NSCT; (g) NFLT-CI; (h) SRDIP; (i) RW; (j) NFT+RW(0.1); (k) NFT+RW(0.5); (l) NFT+RW(0.9) (文后彩插)

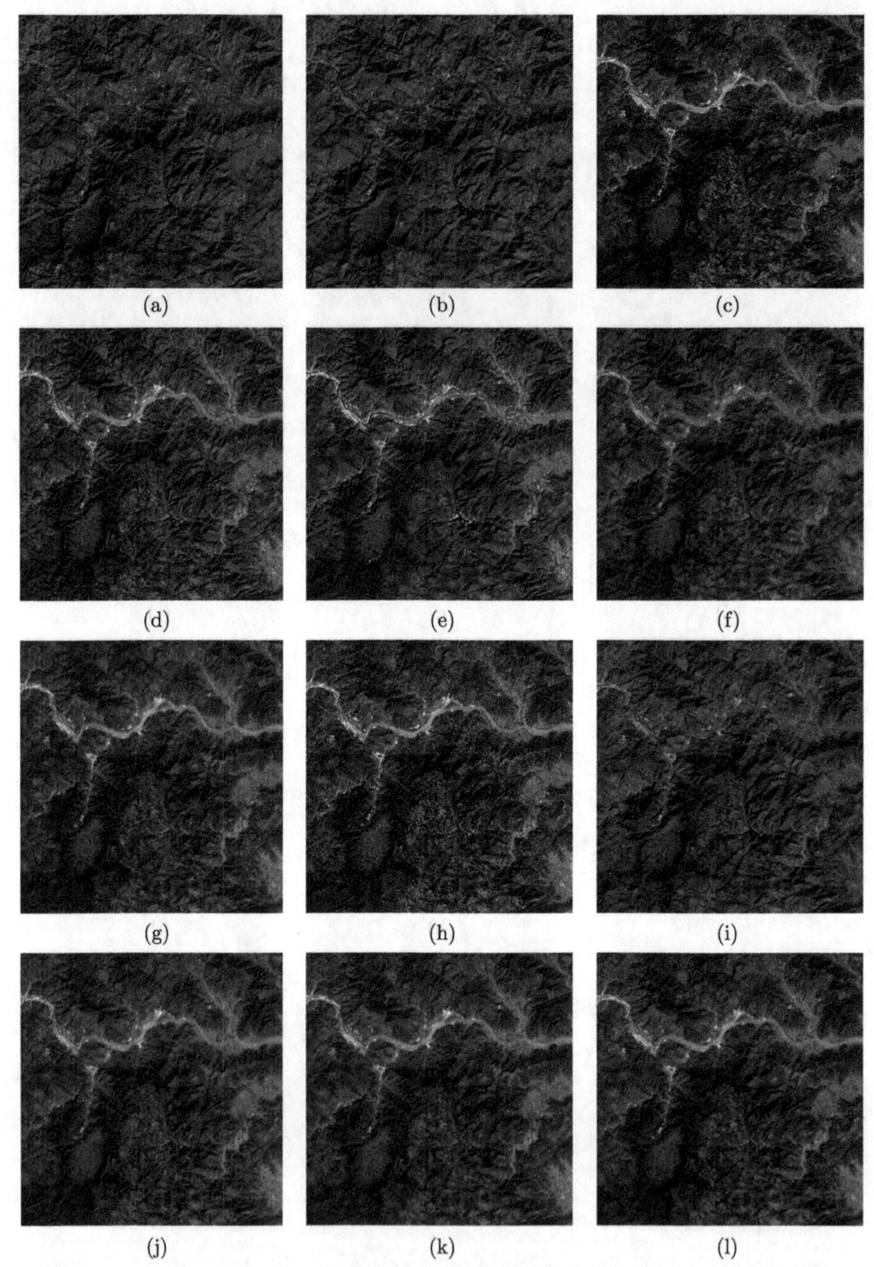

图 6.2.5 WZ-PAN 与 WZ-MS 融合结果图: (a) GS; (b) IHS; (c) MTF+GLP; (d) AWT+CDWL; (e) AWT+SDM; (f) NSCT; (g) NFLT-CI; (h) SRDIP; (i) RW; (j) NFT+RW(0.1); (k) NFT+RW(0.5); (l) NFT+RW(0.9) (文后彩插)

由表 6.2.3, 从客观评价指标分析. 首先, 在两类图像融合中, NFT+RW 方法均可得到比传统的 RW 方法更优的评价指标值. 其次, GS 与 IHS 方法虽然可以得到较高的 SCC 值, 但其 RASE 与 ERGAS 值过大. 这表明, 成分替代法虽然可以大幅提高融合图像的空间分辨率, 但会造成较大的光谱误差. 在基于多尺度变换的方法中, 分析 PY 图像融合: NFT+RW 方法的评价指标值优于 MTF+GLP, AWT+CDWL 和 NFLT-CI 方法. 虽然 NSCT 与 AWT+SDM 方法的 SCC 值略高于 NFT+RW 方法, 但其 RASE, ERGAS 值远大于 NFT+RW 方法; 分析 WZ 图像融合: NFT+RW 方法的评价指标值优于 MTF+GLP, AWT+SDM, AWT+CDWL 和 NFLT-CI 方法. 虽然 NSCT 方法的 SCC 值略高于 NFT+RW 方法, 但其 RASE, ERGAS 值是 NFT+RW 方法的两倍左右, 即光谱误差远大于 NFT+RW 方法. 此外, NFT+RW 方法在两类图像融合中的评价指标值均优于 SRDIP 方法. 综上, 权衡空间分辨率与光谱误差的评价指标值, NFT+RW 方法可以在保持光谱误差较低的情况下, 使融合图像空间分辨率提高, 优于传统的 RW 方法和其他全色锐化方法.

由图 6.2.4 与图 6.2.5, 从主观融合效果分析. 首先, 可以发现在两类图像融合中, 成分替代法 GS 与 IHS 以及传统的 RW 方法都会产生光谱扭曲现象. 然后, 观察基于多尺度变换的融合图像: 在 PY 图像融合中, 本书方法所得融合图像的边缘轮廓比 MTF+GLP, AWT+CDWL, NFLT-CI 方法清晰且光谱特性保持得更好. 虽然 NSCT 与 AWT+SDM 方法所得融合图像的边缘轮廓的清晰度略优于 NFT+RW 方法, 但其融合图像在草地区域发生较大的光谱扭曲; 在 WZ 图像融合中, 与 NFT+RW 方法相比, AWT+CDWL, AWT+SDM, NSCT 方法仍有较明显的光谱扭曲现象. 虽然 MTF+GLP, NFLT-CI 和 SRDIP 方法在光谱特性保持方面与 NFT+RW 方法接近, 但其边缘轮廓不如 NFT+RW 方法清晰. 综上, 权衡融合图像的光谱特性与空间分辨率, NFT+RW 方法在主观融合效果上也优于传统的 RW 方法和其他全色锐化方法.

6.2.3.4 计算复杂度分析

假设图像的像素个数为 MN, 框架变换的分解次数为 J, 则算法中 IHS 变换的计算复杂度为 $O(MN)$, 直方图匹配的计算复杂度为 $O(MN)$, 非下采样框架变换的计算复杂度为 $O(J*MN)$, 协调函数构造的计算复杂度为 $O(J*MN)$, 稀疏线性方程组求解采用共轭梯度平方法, 其计算复杂度与稀疏矩阵非零元的个数与以及迭代次数 Iter 有关, 为 $O(\text{Iter}*J*MN)$. 综上, 本节方法的计算复杂度与图像大小、分解次数以及迭代次数有关. 为与其他方法进行比较, 统一利用 MATLAB 在 3.4GHz 主频与 8GB 内存的电脑环境下运行不同全色锐化方法的程序, 得到运行时间见表 6.2.4. 由表 6.2.4 可知, 本节方法的运行时间为 7 秒左右, 优于 MTF+GLP 与 SRDIP 方法. 又因为本节方法基于框架域进行分析, 并在框架系数融合中考虑到每个框架系数的局部统计特征, 在得到较好结果的同时, 增加了一定的计算复杂度, 与 GS, IHS, AWT 等方法相比, 运行时间相对较长, 可以用并行计算进行加速. 综上, 本节全色锐化算法的计算复杂度适中, 相比计算简单的方法, 其融合结果更好.

表 6.2.4 算法运行时间 (单位: s)

融合方法	PY 图像融合	WZ 图像融合
GS	0.1956	0.2326
IHS	0.1143	0.1176
MTF+GLP	73.7185	72.5311
AWT+CDWL	0.8355	0.8774
AWT+SDM	0.7185	0.7795
NSCT	4.8544	4.8736
NFLT-CI	0.5570	0.3948
SRDIP	1243.1256	1306.8966
RW	1.6520	1.6665
NFT+RW(0.1)	7.5135	7.2322
NFT+RW(0.5)	7.5109	7.2542
NFT+RW(0.9)	7.5301	7.3754

6.3 基于复框架域的随机游走全色锐化

由于复紧框架具有冗余性、多方向性、灵活性等优点, 有助于对图像空间细节的提取, 已被应用在图像去噪和图像增强中[181, 182], 取得了较好的效果. 本节提出了一种基于复紧框架域的随机游走全色锐化方法. 首先根据复高频框架系数的统计特征, 建立隐 Markov 树模型, 接着利用其包含图像边缘轮廓信息的特点, 建立随机游走融合模型. 此模型在构造随机游走协调函数时, 引入隐 Markov 模型训练得到的先验概率, 即考虑到每个复高频框架系数的局部统计特征与相关性, 又在基于图论的随机游走学习中, 考虑到全局的复高频框架系数, 所以所得融合权重可以较好地度量高频框架系数包含的空间信息, 有助于在融合过程中保留图像的边缘轮廓信息, 进而提高融合图像的空间分辨率.

6.3.1 基于复框架域的隐 Markov 树模型

本节首先通过张量积, 得到一个二维复紧框架滤波器组 $\text{TP-CTF}_3 := \text{CTF}_3 \otimes \text{CTF}_3 = \{a; b^p, b^n\} \otimes \{a; b^p, b^n\}$. 下面给出一种由文献 [72] 构造的一组滤波器:

$$a(z) = z^2(1+z)^4/16,$$

$$b^p(z) = (-0.00557089416719 + 0.0731736018309i)z^{-2}$$

$$
\begin{aligned}
&+(-0.0222835766688+0.292694407324i)z^{-1}\\
&-(0.318357701145+0.258767723882i)\\
&+(0.307215912811-0.0833775092464i)z\\
&+(0.0389962591703-0.0237227760259i)z^{2},
\end{aligned}
$$

$$
b^{n}(z)=\overline{b^{p}}(z).
$$

利用上述滤波器, 对图像进行复紧框架变换, 可以得到一个实低频子带, 八个复高频子带 (包含八个实高频子带和八个虚高频子带). 其中高频子带具有四个方向: +90°, −90°, +45°, −45°. 其灰度方向如图 6.3.1 所示.

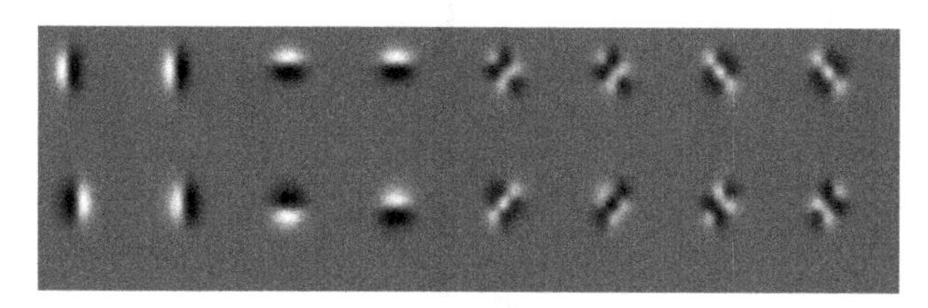

图 6.3.1 灰度方向图

假设图像的大小为 $N\times N$, 经复紧框架变换后 (图 6.3.2), 得到其系数为

$$
f_{s,k,r,c}=f_{1,s,k,r,c}+\sqrt{-1}f_{2,s,k,r,c}. \tag{6.3.1}
$$

式中, $f_{1,s,k,r,c}$ 和 $f_{2,s,k,r,c}$ 分别为复紧框架系数 $f_{s,k,r,c}$ 的实部和虚部, 其中, s 表示分解尺度, $s=1,2,\cdots,J$, J 为最大分解尺度; k 表示分解子带, $k=1,2,\cdots,9$, 当 $k=1$ 时表示低频子带, 此时虚部为 0; 当 $k=2,3, k=4,5, k=6,7$ 和 $k=8,9$ 时, 分别表示 $+90°$,$-90°$,$+45°$ 和 $-45°$ 方向的高频子带, (r,c) 表示复紧框架系数在 s 尺度 k 子带处的位置, $r,c=N/(2^{s})$.

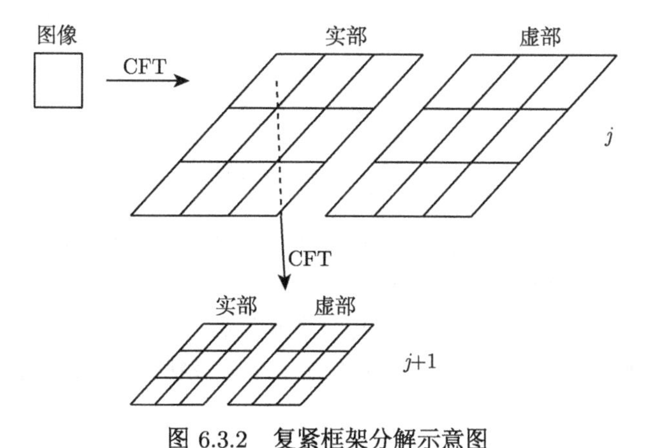

图 6.3.2 复紧框架分解示意图

本节在双树复小波隐 Markov 树模型的基础上, 设计基于复紧框架域的隐 Markov 树模型. 由于遥感图像的边缘轮廓信息和噪声都存在于高频信息中, 对于变换后得到的复高频框架系数建立隐 Markov 树模型可有效地降低噪声, 突出遥感图像的空间细节信息, 有利于对遥感图像进行融合.

经过复紧框架分解后, 不同尺度的复高频框架系数具有非高斯性、聚集性、传递性等特点. 首先复高频框架系数实部和虚部的直方图分别如图 6.3.3 和图 6.3.4 所示, 这表明复高频框架子带中含有大量值较小的系数和少量值较大的系数, 满足非高斯性, 可以通过混合高斯模型来逼近.

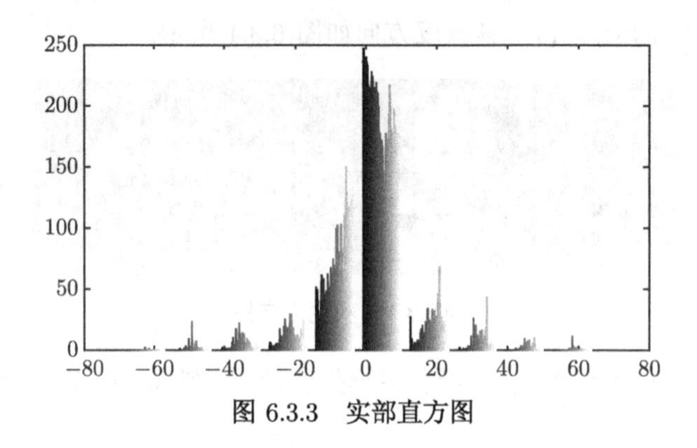

图 6.3.3　实部直方图

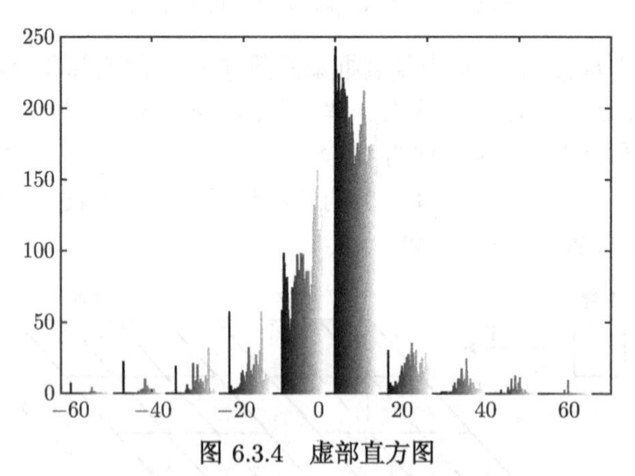

图 6.3.4　虚部直方图

由于复高频框架系数的实部和虚部满足相同的分布规律, 故可以对它们建立相同的模型. 本节针对复高频框架系数的实部进行讨论, 虚部的讨论和实部类似. 每个复高频框架系数的实部 $f_{1,s,k,r,c}$ 都与一个隐状态 $S_{1,s,k,r,c} \in \{0,1\}$ 相关联, 其中状态 0 表示幅值较小的系数, 对应于图像的平缓区域状; 状态 1 表示幅值较大的系数, 对应于图像的边缘区域.

首先给出高斯概率密度函数：

$$g(x,u,\delta)=\frac{1}{\sqrt{2\pi}}\exp\left(-\frac{(x-u)^2}{2\delta^2}\right), \tag{6.3.2}$$

其中, u 为均值, δ 为标准差. 则 $f_{1,s,k,r,c}$ 的隐状态 $S_{1,s,k,r,c}$ 分别取状态 0 和 1 时的条件概率密度函数为

$$\begin{aligned}h(f_{1,s,k,r,c}|S_{1,s,k,r,c}=0)=g(f_{1,s,k,r,c},u^0_{1,s,k,r,c},\delta^0_{1,s,k,r,c}),\\h(f_{1,s,k,r,c}|S_{1,s,k,r,c}=1)=g(f_{1,s,k,r,c},u^1_{1,s,k,r,c},\delta^1_{1,s,k,r,c}),\end{aligned} \tag{6.3.3}$$

其中, 均值 $u^0_{1,s,k,r,c}=u^1_{1,s,k,r,c}=0$, 标准差 $\delta^0_{1,s,k,r,c}<\delta^1_{1,s,k,r,c}$.

由此得到 $f_{1,s,k,r,c}$ 的概率密度函数为

$$h(f_{1,s,k,r,c})=P^0_{1,s,k,r,c}h(f_{1,s,k,r,c}|S_{1,s,k,r,c}=0)+P^1_{1,s,k,r,c}h(f_{1,s,k,r,c}|S_{1,s,k,r,c}=1), \tag{6.3.4}$$

其中 $P^0_{1,s,k,r,c}$ 和 $P^1_{1,s,k,r,c}$ 分别表示系数属于状态 0 和 1 的概率, 且满足 $P^0_{1,s,k,r,c}+P^1_{1,s,k,r,c}=1$.

复高频框架系数在尺度间具有传递性, 其实部和虚部的幅值与其父节点具有相关性, 即不同尺度的复高频框架系数之间的隐状态相互关联, 可以用转移概率矩阵来描述这种特性. 用四叉树的结构将不同尺度的复高频框架系数联系起来, 在相邻尺度 $s+1$ 和 s 中, 将尺度 s 的系数作为尺度 $s+1$ 相应系数的子系数, 每 4 个子系数对应一个父系数. 每个复高频框架系数都有实部和虚部, 故对其实部和虚部分别建立四叉树结构, 如图 6.3.5 所示.

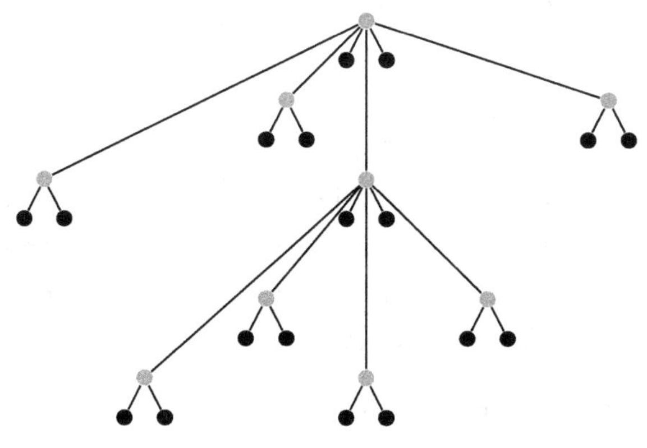

图 6.3.5 四叉树结构

以实部为例, 实部的每一对父子的隐状态关联关系可由如下状态转移概率矩阵

表示:

$$\mathbf{T}_{1,j,s,m,n}=\begin{bmatrix}p_{1,j,s,m,n}^{0\to0} & p_{1,j,s,m,n}^{0\to1}\\ p_{1,j,s,m,n}^{1\to0} & p_{1,j,s,m,n}^{1\to1}\end{bmatrix},\tag{6.3.5}$$

其中, $p_{1,j,s,m,n}^{0\to0}$ 和 $p_{1,j,s,m,n}^{1\to1}$ 为保持概率; $p_{1,j,s,m,n}^{0\to1}$ 和 $p_{1,j,s,m,n}^{1\to0}$ 为变化概率. 它们满足

$$p_{1,j,s,m,n}^{0\to0}+p_{1,j,s,m,n}^{0\to1}=1,\quad p_{1,j,s,m,n}^{1\to0}+p_{1,j,s,m,n}^{1\to1}=1.$$

由上述分析可知复高频框架系数实部的隐 Markov 树模型的参数为

$$\theta_1=\{\sigma_{1,j,s,m,n}^{0},\sigma_{1,j,s,m,n}^{1},p_{1,j,s,m,n}^{0},p_{1,j,s,m,n}^{1},\mathbf{T}_{1,j,s,m,n}\}.$$

期望值最大 (EM) 算法可用于估计不完整数据的参数, 因此, EM 算法是获得隐 Markov 树模型参数的一种有效方法. 由 EM 算法分别估计复高频框架系数实部和虚部的模型参数 θ_1 和 θ_2 及其隐状态的概率分布后, 就可以得到复高频框架系数实部和虚部的先验概率.

6.3.2　基于复框架域的随机游走融合

本节给出一种成分替代法与多分辨分析方法结合的遥感图像融合方法, 首先利用主成分分析对多波段的光谱图像进行变换, 提取强度分量 I, 然后对全色图像与强度分量进行直方图匹配, 得到直方图匹配后的全色图像. 接着, 利用复紧框架, 对匹配后的全色图像和强度分量进行分解, 得到低频和复高频框架系数. 由于低频主要代表图像的近似信息, 为保留光谱信息, 保持强度分量的低频框架系数不变. 在基于多分辨分析的融合方法之中, 复高频框架系数的融合规则会直接影响到最终的融合效果. 一方面全色图像的复高频框架系数会增加融合后的空间分辨率, 而另一方面也会引入光谱误差, 本节权衡这两方面对融合效果的影响, 建立一种基于复高频框架系数统计特征的随机游走融合模型.

本节根据不同方向的复高频子带建立随机游走融合模型. 以 +90° 方向为例进行建模, 其余三个方向同理可得. 具体过程为: 首先建立基于复高频框架系数的随机游走的图表示; 然后根据复高频框架系数的统计特性和先验概率, 构造随机游走协调函数; 接着基于图表示和协调函数, 建立并求解随机游走融合模型; 最后给出融合规则, 得到融合后的复高频框架系数.

6.3.2.1　基于复框架域随机游走的图表示

本节根据同一方向复高频框架系数的统计特性建立加权无向图, 如图 6.3.6 所示.

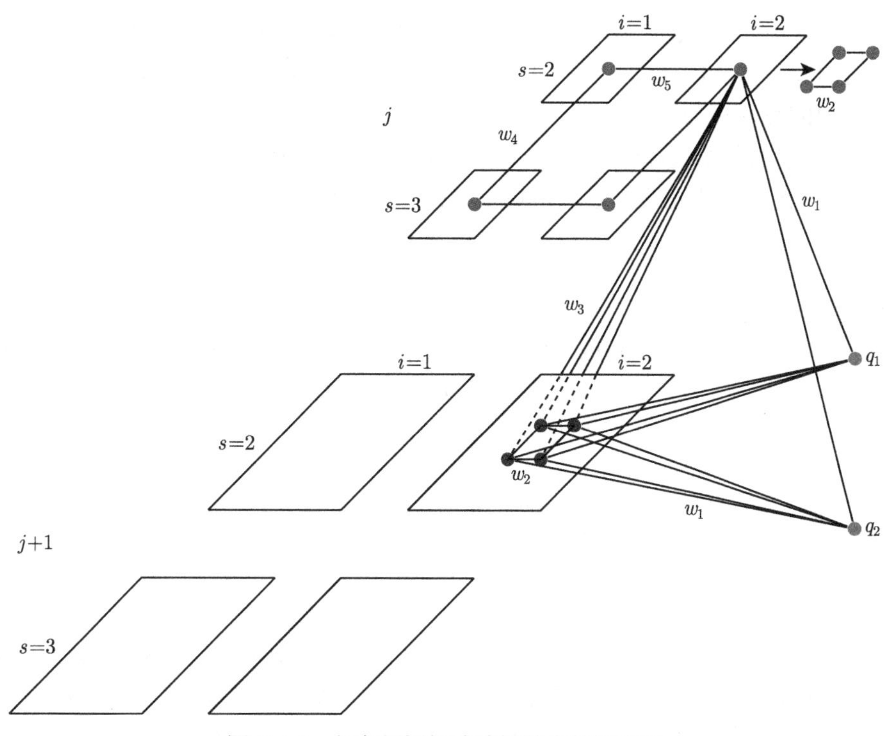

图 6.3.6 复高频框架域随机游走的图表示

本节用 $I=\{I^1,I^2\}$ 表示一组输入图像, 分别代表多光谱图像和全色图像. $V_Y=\{y_1,y_2\}$ 表示一组标记点, 其中标记点 $y_l\in V_Y$ 对应第 l 个输入图像 $I^l\in I$, $l=1,2$.

针对复紧框架 $+90^\circ$ 方向的高频子带, 本节用 $V_{X_{i,s,k}}=\{x_{i,s,k,r,c}\}$ 表示复紧框架位于第 s 尺度 k 子带 (r,c) 处的未标记点, 其中 $i=1,2$ 分别表示实部和虚部, $k=2,3$ 表示 $+90^\circ$ 方向的高频子带.

定义未标记点集:

$$V_X=\bigcup_{i=1}^{2}\bigcup_{s=1}^{J}\bigcup_{k=2}^{3}V_{X_{i,s,k}}=\left\{x_j,j=1,2,\cdots,\frac{16}{3}N^2\left(1-\frac{1}{4^{J+1}}\right)\right\},$$

其中, j 表示复高频框架系数在 $+90^\circ$ 方向高频子带的位置.

由此得到加权无向图 $G=(V,E)$, 其中, $V=V_Y\cup V_X$ 为点集, V 可以表示为

$$V=\Big\{v_1=y_1,v_2=y_2,v_3=x_1,\cdots,v_{j+2}=x_j,\cdots,v_{(2+\frac{16}{3}N^2(1-\frac{1}{4^{J+1}}))}=x_{\frac{16}{3}N^2(1-\frac{1}{4^{J+1}})}\Big\}.$$

此外, $E=E_1\cup E_2\cup E_3\cup E_4\cup E_5$ 为边的集合, 其中 E_1 中的边由 V_X 和 V_Y 中的点连接而成; E_2 中的边是由 $V_{X_{i,s,k}},i=1,2$ 中的点以四邻域连接而成; E_3 中

的边由 $V_{X_{i,s_1,k}}$ 和 $V_{X_{i,s_2,k}}, i=1,2$ 中的点连接而成, s_1 和 s_2 表示相邻的尺度; E_4 中的边由 $V_{X_{i,s,2}}$ 和 $V_{X_{i,s,3}}, i=1,2$ 中的点连接而成; 最后, E_5 中的边由 $V_{X_{1,s,k}}$ 和 $V_{X_{2,s,k}}$ 中的点连接而成.

对 E 中的每个边都被赋予一个权重来度量 V 中相邻节点之间的协调性. 由此, 可以定义复高频框架系数的协调函数, 如公式 (6.3.6) 所示.

$$w_{m,n}=w(v_m,v_n)=\begin{cases} w_{1,m,n}, & (v_m,v_n)\in E_1, \\ w_{2,m,n}, & (v_m,v_n)\in E_2, \\ w_{3,m,n}, & (v_m,v_n)\in E_3, \\ w_{4,m,n}, & (v_m,v_n)\in E_4, \\ w_{5,m,n}, & (v_m,v_n)\in E_5, \end{cases} \tag{6.3.6}$$

其中, $w_{1,m,n}$, $w_{2,m,n}$, $w_{3,m,n}$, $w_{4,m,n}$ 和 $w_{5,m,n}$ 是分别定义在 E_1, E_2, E_3, E_4 和 E_5 上的权重函数. 6.3.2.2 节给出详细分析.

6.3.2.2 随机游走协调函数的构造

在本节中, 函数 $w_{1,m,n}$ 用来度量第 m 个复高频框架系数与第 n 个输入图像的协调性. 复高频框架系数具有聚集性, 所以对复高频框架系数进行度量时, 需要考虑其邻域信息 (四邻域或者八邻域) 的影响. 首先计算每个复高频框架系数与其邻域均值的距离, 然后再与其邻域的标准差做比值运算, 具体计算过程见公式 (6.3.7).

$$\begin{aligned} M_{i,s,k,r,c}^{n} &= \frac{|f_{i,s,k,r,c}^{n}-\mu_{i,s,k,r,c}^{n}|}{\sqrt{S_{i,s,k,r,c}^{n}}}, \\ \mu_{i,s,k,r,c}^{n} &= \frac{1}{|\aleph|}\sum_{(r,c)\in\aleph} L_{i,s,k,r,c}^{n}, \\ S_{i,s,k,r,c}^{n} &= \frac{1}{|\aleph|}\sum_{(r,c)\in\aleph}(L_{i,s,k,r,c}^{n}-\mu_{i,s,k,r,c}^{n})^2, \end{aligned} \tag{6.3.7}$$

其中, $\mu_{i,s,k,r,c}^{n}$ 表示在邻域 $\aleph$ 中的均值, $S_{i,s,k,r,c}^{n}$ 表示在邻域 $\aleph$ 中的方差, $n=1,2$ 分别代表待融合的两幅图像, $i=1,2$ 分别表示实部和虚部.

下面结合复高频框架系数实部和虚部的先验概率, 对复高频框架系数的显著性进行估计, 如下所示:

$$H_{i,s,k,r,c}^{n}=P_{i,s,k,r,c}^{n,1}M_{i,s,k,r,c}^{n}, \tag{6.3.8}$$

其中, $P_{i,s,k,r,c}^{n,1}$ 表示第 n 幅图像位于 (i,s,k,r,c) 处的复高频框架系数取状态 1 的概率.

为方便处理, 将每幅图像的 $\boldsymbol{H}^n=[H^n_{i,s,k,r,c}]$ 拉伸成一行表示:

$$H^n_m=H^n_{i,s,k,r,c},\quad m=1,2,\cdots,\frac{16}{3}N^2\left(1-\frac{1}{4^{J+1}}\right). \tag{6.3.9}$$

对其进行归一化处理后, 可以得到 $w_{1,m,n}$:

$$w_{1,m,n}=\frac{|H^n_m|-\min(|\boldsymbol{H}^n|)}{\max(|\boldsymbol{H}^n|)-\min(|\boldsymbol{H}^n|)}, \tag{6.3.10}$$

其中, $\boldsymbol{H}^n$ 表示向量, 每个向量元素为 H^n_m.

另一方面, 本节用函数 $w_{2,m,n}$, $w_{3,m,n}$, $w_{4,m,n}$ 和 $w_{5,m,n}$ 来度量相连复高频框架系数的协调性. 在基于空间域的随机游走方法中[175-177,185], 高斯权重函数被用来度量两个相邻像素点的协调性. 但是该函数由于具有各向同性, 不能很好地捕捉图像的几何特性, 在提取图像的边缘和轮廓时存在缺陷, 因此本书给出一种基于复紧框架域的高斯权重函数. 它不仅可以有效度量两个相邻复高频框架系数的协调性, 还可以克服在空间域的弊端.

首先定义位于 (i,s,k,r,c) 处复高频框架系数在所有输入图像中的平均值:

$$\overline{f}_{i,s,k,r,c}=\frac{\sum\limits_{l=1}^{K}f^l_{i,s,k,r,c}}{K}. \tag{6.3.11}$$

$w_{2,m,n}$ 用来度量同一子带内相邻复高频框架系数的协调性, 可通过公式 (6.3.12) 得到

$$\begin{aligned}w_{2,m,n}&=\prod_{l}^{K}\exp\left(-\frac{\|f^l_m-f^l_n\|^2}{\delta}\right)+\varepsilon.\\&\approx\exp\left(-\frac{\|\overline{f}_m-\overline{f}_n\|^2}{\overline{\delta}}\right)+\varepsilon,\\\overline{f}_m&=\overline{f}_{i,s,k,r_1,c_1},\quad \overline{f}_n=\overline{f}_{i,s,k,r_2,c_2},\quad \overline{\delta}=\frac{\delta}{K},\end{aligned} \tag{6.3.12}$$

其中, m,n 分别为 $\overline{f}_{i,s,k,r_1,c_1}$ 和 $\overline{f}_{i,s,k,r_2,c_2}$ 拉伸后的位置. (r_1,c_1) 和 (r_2,c_2) 以四邻域相连. $\exp(\cdot)$ 表示指数函数, $\|\cdot\|^2$ 表示欧几里得距离. $\overline{\delta}$ 是一个控制参数, ε 是一个很小的常数, 通常设置为 10^{-6}.

$w_{3,m,n}$ 用来度量不同尺度间父子复高频框架系数的协调性, 由公式 (6.3.13) 得到

$$w_{3,m,n}=\exp\left(-\frac{\|\overline{f}_m-\overline{f}_n\|^2}{\overline{\delta}}\right)+\varepsilon,$$

$$\overline{f}_m = \overline{f}_{i,s_1,k,r,c}, \quad \overline{f}_n = \overline{f}_{i,s_2,k,r',c'}, \tag{6.3.13}$$

其中, m,n 的含义与公式 (6.3.12) 中的类似. (r,c) 与 (r',c') 以四叉树形式连接.

不同于文献 [176,177], 本节将不同子带间的相关性引入高斯权重函数, 使其度量不同高频子带间相连系数的协调性. 首先给出不同高频子带间的相关系数定义.

令 $\mathbf{A}=[a_{r,c}]$ 和 $\mathbf{B}=[b_{r,c}]$ 表示两个矩阵 (代表高频子带), 则 $\mathbf{A}$ 和 $\mathbf{B}$ 之间的相关系数可由公式 (6.3.14) 得到

$$R(\mathbf{A},\mathbf{B}) = \frac{\sum_{r=1}^{M}\sum_{c=1}^{M}[a_{r,c}-\overline{\mathbf{A}}][b_{r,c}-\overline{\mathbf{B}}]}{\sqrt{\sum_{r=1}^{M}\sum_{c=1}^{M}[a_{r,c}-\overline{\mathbf{A}}]^2\sum_{r=1}^{M}\sum_{c=1}^{M}[b_{r,c}-\overline{\mathbf{B}}]^2}}, \tag{6.3.14}$$

其中, $\overline{\mathbf{A}}=\frac{1}{M^2}\sum_{r=1}^{M}\sum_{c=1}^{M}a_{r,c}$, $\overline{\mathbf{B}}=\frac{1}{M^2}\sum_{r=1}^{M}\sum_{c=1}^{M}b_{r,c}$.

协调函数 $w_{4,m,n}$ 和 $w_{5,m,n}$ 可分别由 (6.3.15) 和 (6.3.16) 得出

$$\begin{aligned} &w_{4,m,n} = \exp\left(-\frac{C_{i,s,(2,3)}\|\overline{f}_m-\overline{f}_n\|^2}{\overline{\delta}}\right)+\varepsilon,\\ &\overline{f}_m=\overline{f}_{i,s,2,r,c}, \quad \overline{H}_n=\overline{f}_{i,s,3,r,c},\\ &C_{i,s,(2,3)}=R(\overline{\mathbf{f}}_{i,s,2},\overline{\mathbf{f}}_{i,s,3}), \end{aligned} \tag{6.3.15}$$

$$\begin{aligned} &w_{5,m,n} = \exp\left(-\frac{C_{(1,2),s,k}\|\overline{f}_m-\overline{f}_n\|^2}{\overline{\delta}}\right)+\varepsilon,\\ &\overline{f}_m=\overline{f}_{1,s,k,r,c}, \quad \overline{f}_n=\overline{f}_{2,s,k,r,c},\\ &C_{(1,2),s,k}=R(\overline{\mathbf{f}}_{1,s,k},\overline{\mathbf{f}}_{2,s,k}), \end{aligned} \tag{6.3.16}$$

其中, m,n 的含义与公式 (6.3.12) 中的类似. $\overline{\mathbf{f}}_{i,s,2}$, $\overline{\mathbf{f}}_{i,s,3}$, $\overline{\mathbf{f}}_{1,s,k}$ 和 $\overline{\mathbf{f}}_{2,s,k}$ 为四个矩阵, 它们的矩阵元素分别为 $\overline{f}_{i,s,2,r,c}$, $\overline{f}_{i,s,3,r,c}$, $\overline{f}_{1,s,k,r,c}$ 和 $\overline{f}_{2,s,k,r,c}$. $C_{i,s,(2,3)}$ 表示 $\overline{\mathbf{f}}_{i,s,2}$ 和 $\overline{\mathbf{f}}_{i,s,3}$ 之间的相关系数. $C_{(1,2),s,k}$ 与 $C_{i,s,(2,3)}$ 类似.

6.3.2.3 随机游走融合模型的建立与求解

每个未标记点 (复高频框架系数) 首次到达标记点 (输入图像) 的概率可以通过求解相应的 Dirichlet 问题得到[175]. 在本节中, 用 $u(v)$ 表示与点 v 相关联的能量, 则 $+90^\circ$ 方向复高频子带系统的总能量如下:

$$\mathrm{TE} = \frac{1}{2}\sum_{(v_m,v_n)\in E} w_{m,n}(u(v_m)-u(v_n))^2. \tag{6.3.17}$$

本节的目标是寻找一个函数 $u(\cdot)$ 使总能量 TE 最小. 如果 $u(\cdot)$ 满足 $\nabla^2 u = 0$, 则可使 TE 达到最小[175]. 函数 $u(\cdot)$ 可通过一系列的矩阵变换得到有效计算. 首先定义拉普拉斯矩阵如下:

$$\mathbf{L}_{m,n} = \begin{cases} d_m, & m = n, \\ -w_{m,n}, & (v_m, v_n) \in E, \\ 0, & \text{其他}, \end{cases} \tag{6.3.18}$$

其中, d_m 表示 v_m 处的度. 然后, 公式 (6.3.17) 可以用矩阵形式改写为

$$\begin{aligned} \mathrm{TE} &= \frac{1}{2}\begin{bmatrix} \boldsymbol{U}_Y \\ \boldsymbol{U}_X \end{bmatrix}^{\mathrm{T}} \mathbf{L} \begin{bmatrix} \boldsymbol{U}_Y \\ \boldsymbol{U}_X \end{bmatrix} \\ &= \frac{1}{2}\begin{bmatrix} \boldsymbol{U}_Y \\ \boldsymbol{U}_X \end{bmatrix}^{\mathrm{T}} \begin{bmatrix} \mathbf{L}_Y & \mathbf{L}_{XY} \\ (\mathbf{L}_{XY})^{\mathrm{T}} & \mathbf{L}_X \end{bmatrix} \begin{bmatrix} \boldsymbol{U}_Y \\ \boldsymbol{U}_X \end{bmatrix} \\ &= \frac{1}{2}((\boldsymbol{U}_Y)^{\mathrm{T}} \mathbf{L}_Y \boldsymbol{U}_Y + 2(\boldsymbol{U}_X)^{\mathrm{T}} (\mathbf{L}_{XY})^{\mathrm{T}} \boldsymbol{U}_Y + (\boldsymbol{U}_X)^{\mathrm{T}} \mathbf{L}_X \boldsymbol{U}_X^H), \end{aligned} \tag{6.3.19}$$

其中, $\boldsymbol{U}_X$ 是一个向量, 每个元素表示 V_X 中点的能量; $\boldsymbol{U}_Y$ 是一个向量, 每个元素表示 V_Y 中点的能量; $\mathbf{L}_Y$ 是 $\mathbf{L}^H$ 的子矩阵, 表示 V_Y 中的点的联系; 同样, $\mathbf{L}_X^H$ 是子矩阵, 表示 V_X 中点的联系; $\mathbf{L}_{XY}^H$ 也是子矩阵, 表示未标记点 (复紧框架系数) 和标记点 (输入图像) 间的联系.

因此, 最小总能量函数可以通过令 $\nabla(\mathrm{TE}^H) = 0$ 得到, 关于 $\boldsymbol{U}_X^H$ 求导, 得到线性方程组如下:

$$\mathbf{L}_X^H \boldsymbol{U}_X^H = -(\mathbf{L}_{XY}^H)^{\mathrm{T}} \boldsymbol{U}_Y^H. \tag{6.3.20}$$

在上述线性方程组求解过程中, 令标记点所对应的输入图像的能量置为 1, 其他标记点置为 0. 最后求解得到的 $\boldsymbol{U}_X^H$ 可以提供每个随机游走者从未标记点 (复高频框架系数) 首次到达标记点 (输入图像) 的概率.

6.3.2.4 复高频框架系数的融合准则

本节通过比较首次到达概率, 得到融合后的复高频框架系数:

$$f_{i,s,k,r,c}^F = \begin{cases} f_{i,s,k,r,c}^1, & fP_{i,s,k,r,c}^1 > fP_{i,s,k,r,c}^2, \\ f_{i,s,k,r,c}^2, & fP_{i,s,k,r,c}^2 > fP_{i,s,k,r,c}^1, \end{cases} \tag{6.3.21}$$

其中, $f_{i,s,k,r,c}^F$ 表示融合后的复高频框架系数; $fP_{i,s,k,r,c}^l$ 表示每个复高频框架系数 $f_{i,s,k,r,c}^l$ 属于第 l 个输入图像的概率. 它可以通过求解 $\mathbf{U}_X$ 得到.

需要注意的是, 本节是以 $+90°$ 方向的复高频框架系数融合为例, 其余三个方向融合后的复高频框架系数同理可得, 不再赘述.

最后, 本节基于随机游走和复紧框架变换, 给出多光谱图像和全色图像的融合算法, 见算法 6.3.1. 它的流程图如图 6.3.7 所示.

算法 6.3.1　基于复框架域随机游走的全色锐化算法

输入: 原始图像 $\{\mathbf{LMS}, \mathbf{P}\}$

步骤 1　应用 23-tap 多项式插值滤波器, 使 **LMS** 与 **P** 具有相同的尺寸, 得到 **MS**.

步骤 2　利用 PCA 变换提取 **MS** 的第一主成分, 记为 **I**.

步骤 3　对 **P** 和 **I** 进行直方图匹配, 使 **P** 与 **I** 具有相同的均值和方差, 如下,

$$\mathbf{P}' = \frac{\sigma_{\mathrm{I}}}{\sigma_{\mathrm{P}}}(\mathbf{P} - \mu_{\mathrm{P}}) + \mu_{\mathrm{I}}, \tag{6.3.22}$$

其中 σ 和 μ 分别表示标准差和均值. 下标 P 和 I 分别表示 P 图像和第一主成分.

步骤 4　利用复紧框架对 $\mathbf{P}'$ 和 **I** 进行多尺度分解, 可以得到低通子带 $A_{\mathrm{P}'}, A_{\mathrm{I}}$ 和复高通子带 $D_{\mathrm{P}'}, D_{\mathrm{I}}$.

步骤 5　通过融合准则对框架系数进行融合. 为了保持光谱信息, 融合后的低通子带为 A_{I}, 即: $A_{\mathrm{F}} = A_{\mathrm{I}}$; 融合后的复高通子带 D_{F} 可以通过随机融合方法得到, 具体见算法 6.3.2.

步骤 6　对 A_{F} 和 D_{F} 进行逆复紧框架变换得到重构后的第一主成分 $\mathbf{I}'$.

步骤 7　通过逆 PCA 变换得到具有高空间分辨率的多光谱图像 (**HMS**).

输出: 融合后的图像: **HMS**

算法 6.3.2　随机游走融合算法

输入: 复高通子带 $\{D_{\mathrm{P}'}, D_{\mathrm{I}}\}$

步骤 1　计算协调函数, 具体细节见 6.3.2.2 节.

步骤 2　利用公式 (6.3.18) 构造拉普拉斯矩阵.

步骤 3　通过公式 (6.3.20) 计算到达概率.

步骤 4　利用公式 (6.3.21) 融合复高频框架系数.

输出: 融合后的高通子带: D_{F}

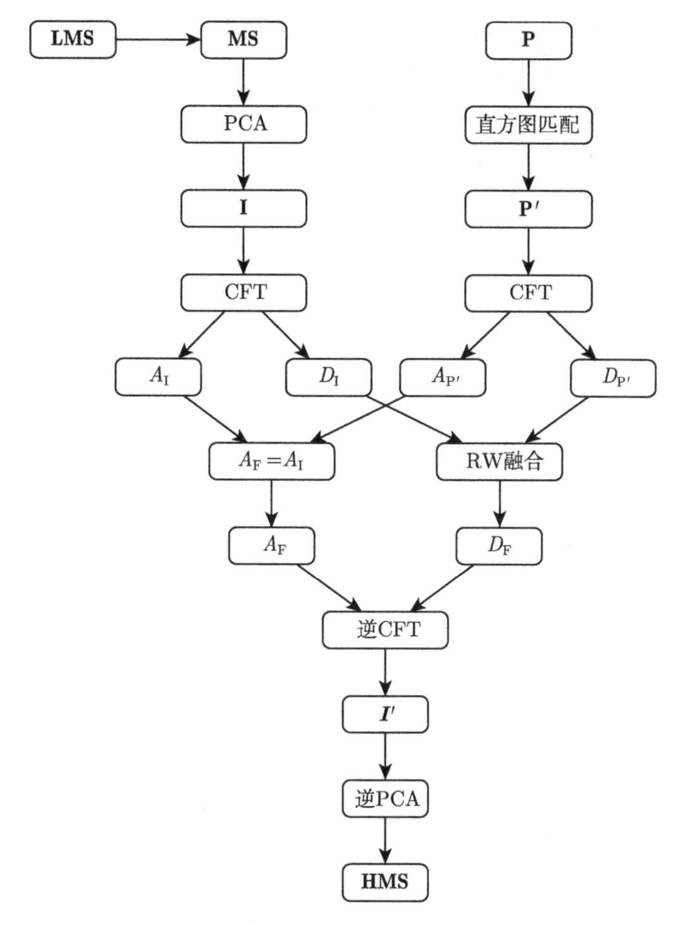

图 6.3.7 融合流程图

6.3.3 实验结果

6.3.3.1 实验数据和评价指标

本书对四类遥感图像集按照 6.3.2.4 节给出的融合算法流程进行融合验证. 第一类遥感图像由 GeoEye-1 卫星拍摄得到, 见图 6.3.10(a) 和 (b). 其中, MS 传感器由四个波段 (蓝, 绿, 红, 近红外) 构成. 第二个数据集由 WorldView-3 卫星得到, 其由 8 个 MS 波段 (红, 绿, 蓝, 近红外 1, 海岸, 黄, 红色边缘, 近红外 2) 构成, 见图 6.3.11(a) 和 (b). 这两个数据集是在降低分辨率的情况下评估融合结果. 它们有参考图像, 分别见图 6.3.10(c) 和图 6.3.11(c). 第三个数据集由 GeoEye-1 卫星得到, MS 图像具有四个波段, 见图 6.3.12(a) 和 b); 第四个数据集由 WorldView-2 卫星得到, 其 MS 图像具有 8 个波段, 见图 6.3.13(a) 和 (b). 这两个没有参考图像的数据集是在全分辨率下评估融合结果. 此外, 这四个数据集都具有 512 × 512 像素的大小. 它们的辐射分辨率为 11 位, 分辨率为 4.

本节采用的评价指标为有参考图像评价指标: ERGAS, SAM, Q_4(或 Q_8); 无参考图像评价指标: QNR, D_R, D_S.

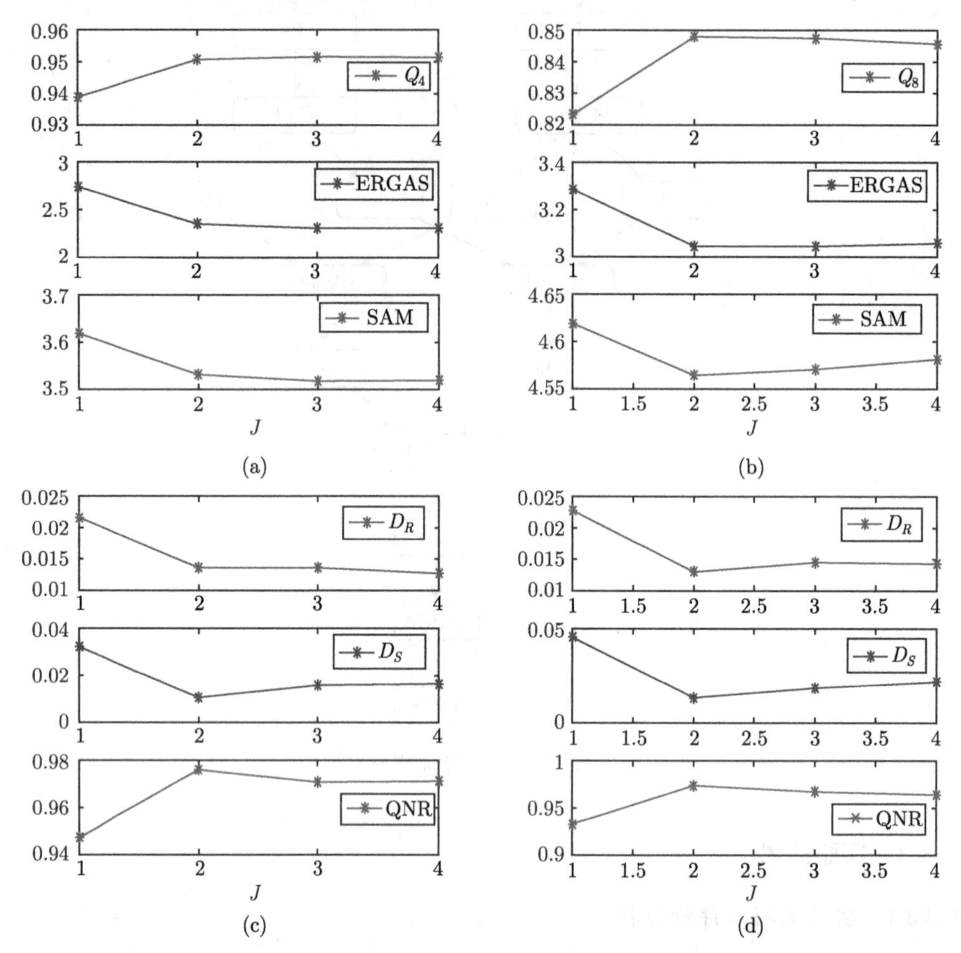

图 6.3.8　分析参数 J: (a) 降低分辨率: GeoEye-1; (b) 降低分辨率: WorldView-3; (c) 全分辨率: GeoGye-1; (d) 全分辨率: WorldView-2

6.3.3.2　参数分析

本节主要讨论不同参数对融合效果的影响, 利用评价指标来评估融合效果. 在本节提出的融合模型中, 有 2 个参数 J 和 $\overline{\delta}$. 首先设置两个参数的初始值 $(J,\overline{\delta}) = (1,1)$. 当分析其中一个参数时, 另一个参数保持不变.

首先分析参数 J, 如图 6.3.8 所示. 当 $J = 3$ 时, 降低分辨率 GeoEye-1 的三个评价指标得到最佳值. 此外, 当 $J=2$ 时, 降低分辨率 WorldView-3、全分辨率 GeoEye-1、全分辨率 WorldView-2 的多数评估指标都获得了最佳值. 因此, 参数 J 在降低分辨率 GeoEye-1 图像集中设置为 3. 在其他三种情况下, 参数 J 设置为 2.

然后, 保持 J 不变, 分析参数 $\bar{\delta}$. 如图 6.3.9(a) 所示, 当 $\bar{\delta}=100$ 时, SAM 和 ERGAS 的值最优, Q_4 的值次优. 此外, 由图 6.3.9(b) 可以发现, 当 $\bar{\delta}=10$ 时, WorldView-3 的三个指标值均取得最优. 当 $\bar{\delta}=1$ 时, Q_R, Q_S 和 QNR 的值全为最优. 最后, 随着 $\bar{\delta}$ 的降低, QNR 和 Q_S 的值变大, Q_R 的值变小. 当 $\bar{\delta} \leqslant 0.01$ 时, 变化趋于稳定, 如图 6.3.9(d) 所示. 因此, 参数 $\bar{\delta}$ 在降低分辨率 GeoEye-1 图像集中设置为 100, 在降低分辨率 WorldView-3 图像集中设置为 10, 在全分辨率 GeoEye-1 图像集中设置为 1, 在全分辨率 WorldView-2 图像集中设置为 0.01.

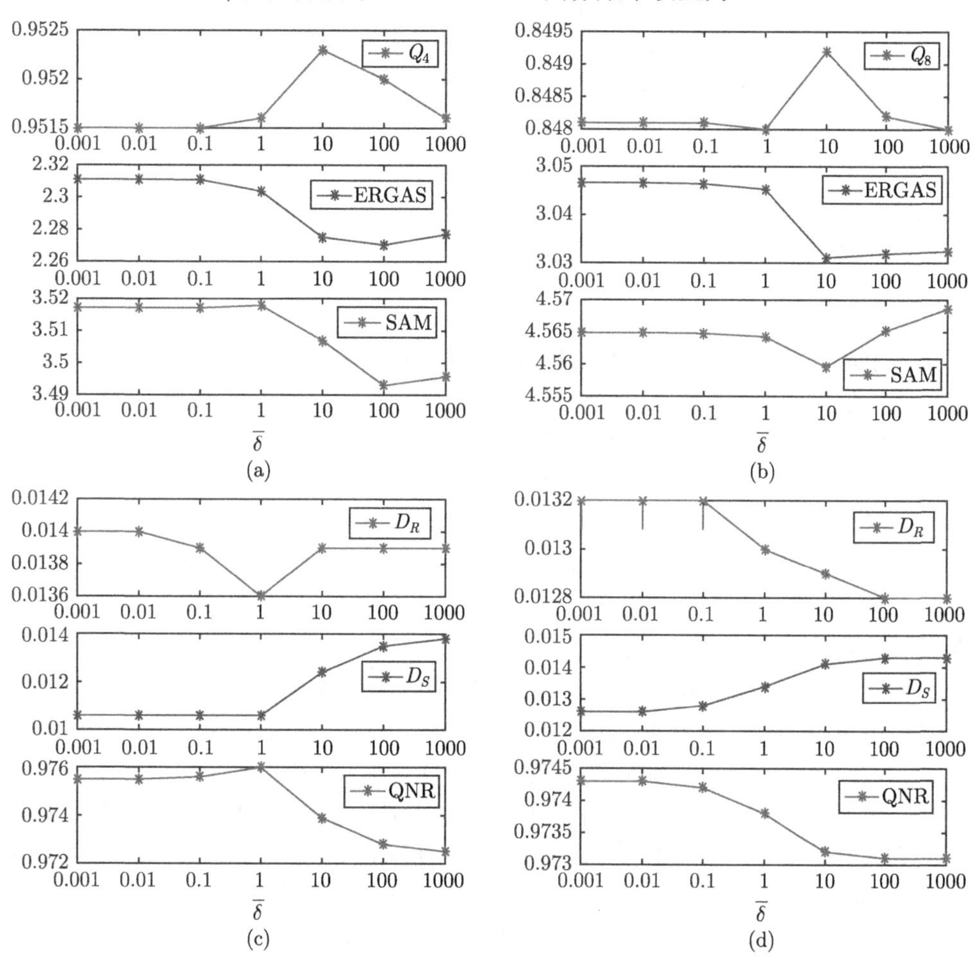

图 6.3.9 分析参数 $\bar{\delta}$: (a) 降低分辨率: GeoEye-1; (b) 降低分辨率: WorldView-3; (c) 全分辨率: GeoEye-1; (d) 全分辨率: WorldView-2

6.3.3.3 比较方法

本节主要与十三种主流的全色锐化方法进行比较, 此外, 使用 23-tap 多项式滤波器对 MS 图像进行插值 (EXP)[142] 也是比较重要的一个尺度. 比较方法如下:

(1) 广义 IHS 变换方法 (GIHS)[139].

(2) 一种新的自适应的成分替代方法 (PRACS)[184].

(3) 自适应 Gram-Schmidt 算法 (GSA)[185].

(4) 带相关的空间细节融合算法 (BDSD)[134].

(5) 加性小波亮度比例方法 (AWLP)[158].

(6) 基于多孔小波变换与细节注入模型的方法 (ATWT)[144].

(7) 基于广义金字塔变换与增强上下文模型的方法 (ECB)[142].

(8) 基于广义金字塔变换与上下文决策的方法 (CBD)[142].

(9) 基于广义金字塔变换与乘法注入模型 (HPM)[159].

(10) 非线性 IHS 变换方法 (NIHS)[173].

(11) 基于不可分离框架提升变换的协方差交叉融合方法 (NFLT)[32].

(12) 基于稀疏表示与细节注入模型的全色锐化方法 (SR)[180].

(13) 基于形态运算符的融合方法 (MF)[172].

6.3.3.4 主观评价

本节选取融合图像的右上角进行放大, 便于从主观视觉效果进行分析. 图 6.3.10 (d)—(r) 为不同方法的全色锐化结果. 与参考图像相比, ECB 与 CBD 方法产生较为严重的光谱失真, 如图 6.3.10(k) 和 (l). GIHS, PCA, BDSD, ATWT, HPM 和 MF 方法有一定程度的光谱失真, 如图 6.3.10(d), (e), (h), (j), (m) 和 (q) 所示. NFLT 和 SR 方法会产生一定程度的空间失真，如图 6.3.10 (o) 和 (p) 所示. PRACS, AWLP 和 NIHS 方法可以较好地保持光谱信息, 但会产生模糊的边缘, 如图 6.3.10 (f), (i) 和 (n) 所示. GSA 和本节方法可以产生较好的总体效果, 但是本节方法在边缘轮廓处的锐化效果更好, 如图 6.3.10(g) 和 (r) 所示.

图 6.3.11(d)—(r) 为 WorldView-3 遥感图像集的融合结果. 与参考图像相比, GIHS, PCA, BDSD, ECB 和 CBD 方法有较严重的光谱扭曲现象, 如图 6.3.11(d), (e), (h), (k) 和 (l) 所示. 此外, 观察图 6.3.11(f), (n), (o) 和 (p) 可以发现, PRACS, NIHS, NFLT 和 SR 方法会产生不够清晰的空间细节. MF 方法会产生一定程度的空间失真 (图 6.3.11(q)). 此外，图 6.3.11(i), (j) 和 (m) 表明 AWLP, ATWT 和 HPM 方法可以较好地保持光谱信息, 但其空间信息不如本节方法 (图 6.3.11(r)).

图 6.3.12 为 GeoEye-1 遥感图像集的视觉效果比较. 首先, 由图 6.3.12(m), (n) 和 (o) 可以发现, 虽然 NIHS, NFLT 和 SR 方法可以较好保持光谱信息, 但其在空间细节上会产生模糊. 其次, BDSD 和 CBD 方法会产生较明显的光谱失真, 如图

6.3.12(g) 和 (k) 所示. GIHS，PCA，PRACS，AWLP，HPM 和 MF 方法会产生一定程度的光谱失真 (图 6.3.12(c), (d), (e), (h), (l) 和 (p)). 最后, GSA, ATWT，ECB 和本节方法具有良好的视觉效果, 但 GSA，ATWT 方法的光谱信息和 ECB 方法的空间信息不如本节方法, 如图 6.3.12(f), (i), (j) 和 (q) 所示.

WorldView-2 遥感图像的全色锐化结果如图 6.3.13 所示. 首先, 经观察发现 PRACS, BDSD, CBD, HPM, SR 和 MF 方法 (图 6.3.13(e), (g), (k), (l), (o) 和 (p)) 会丢失一些光谱信息. 其次, PCA, NIHS 和 NFLT 方法在保持光谱信息的同时, 会产生一定的模糊边缘, 如图 6.3.13(d), (m) 和 (n) 所示. 最后, GIHS, GSA, AWLP, ATWT, ECB 方法以及本节方法 (图 6.3.13(c), (f), (h), (i), (j) 和 (q)) 均可得到较好的融合结果. 但 GIHS, GSA, AWLP, ATWT 和 ECB 方法在一些空间局部细节上锐化效果不如本节方法. 综上所述, 本节方法可以在减少光谱失真的同时, 对多光谱图像的空间分辨率有较大提升, 优于一些主流的全色锐化方法.

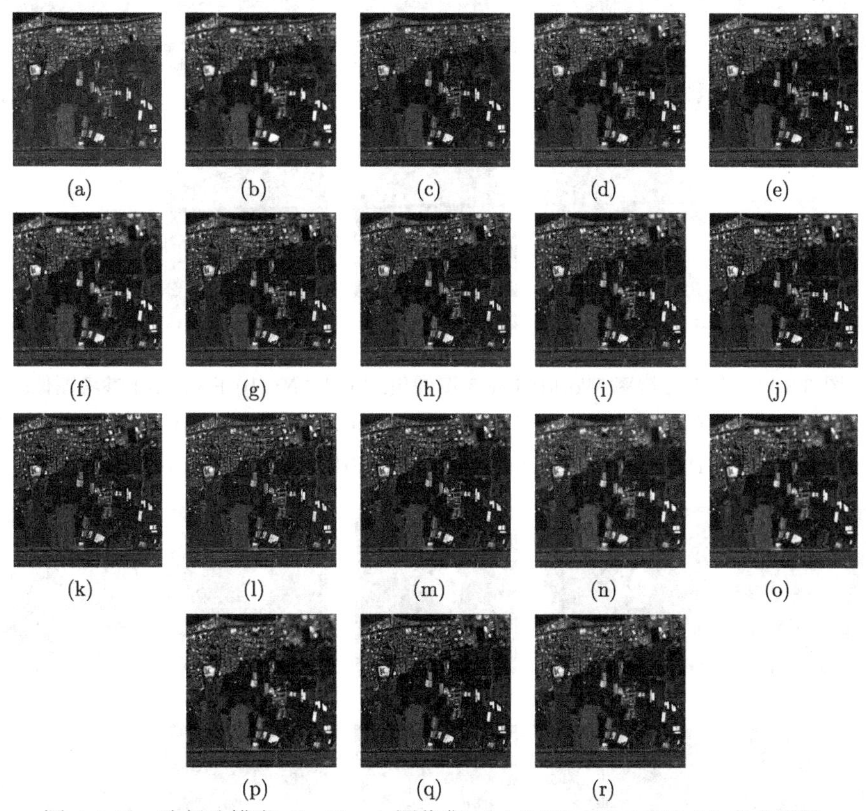

图 6.3.10 降低分辨率 GeoEye-1 图像集: (a) PAN; (b) EXP; (c) 参考图像; (d) GIHS; (e) PCA; (f) PRACS; (g) GSA; (h) BDSD; (i) AWLP; (j) ATWT; (k) ECB; (l) CBD; (m) HPM; (n) NIHS; (o) NFLT; (p) SR; (q) MF; (r) CFT (文后彩插)

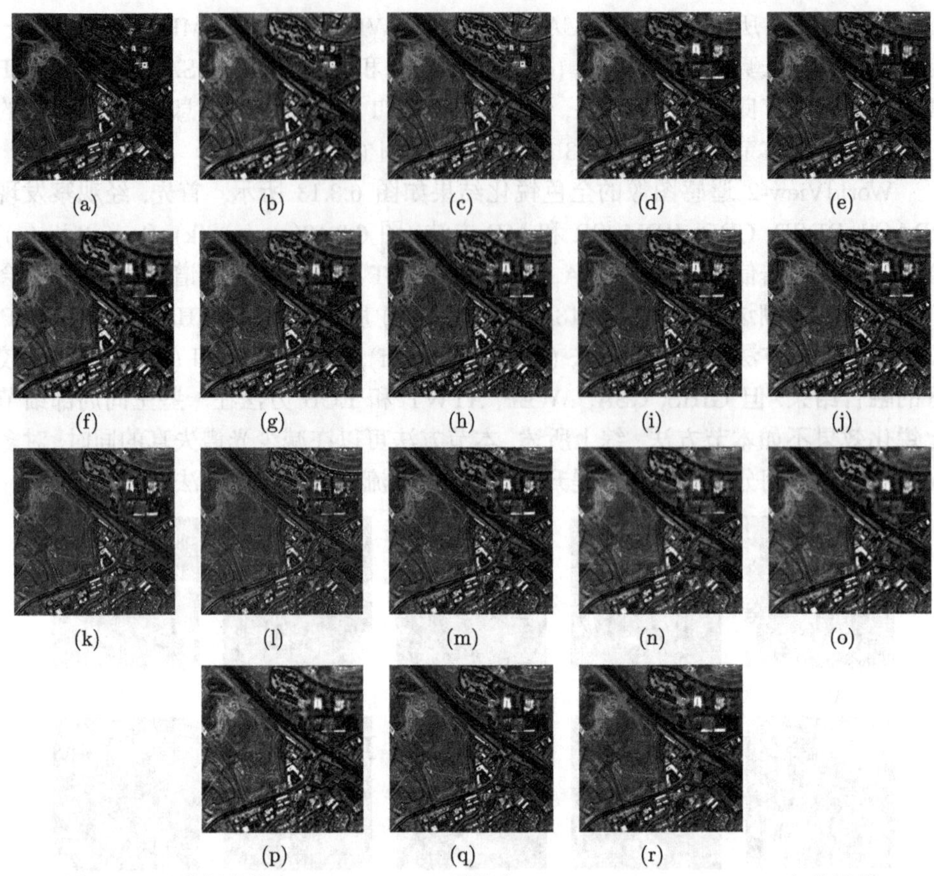

图 6.3.11　降低分辨率 WorldView-3 图像集: (a) PAN; (b) EXP; (c) 参考图像; (d) GIHS; (e) PCA; (f) PRACS; (g) GSA; (h) BDSD; (i) AWLP; (j) ATWT; (k) ECB; (l) CBD; (m) HPM; (n) NIHS; (o) NFLT; (p) SR; (q) MF; (r) CFT (文后彩插)

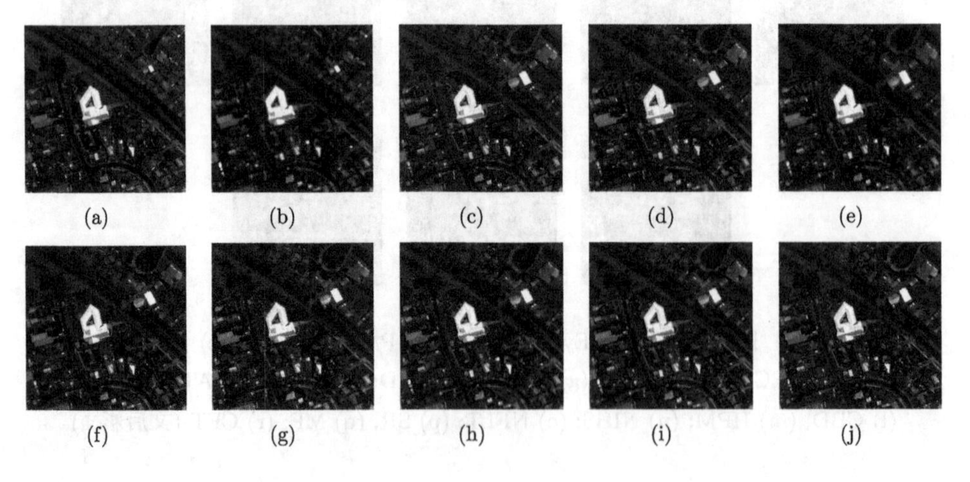

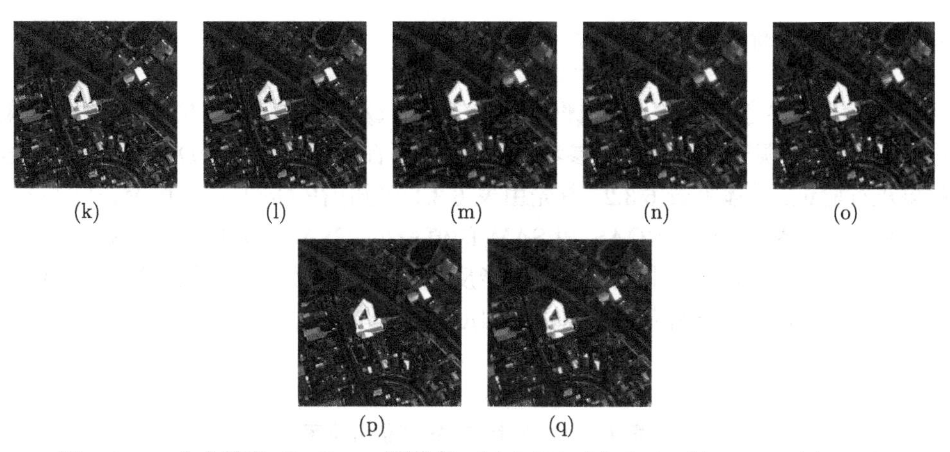

图 6.3.12 全分辨率 GeoEye-1 图像集: (a) PAN; (b) EXP; (c) GIHS; (d) PCA; (e) PRACS; (f) GSA; (g) BDSD; (h) AWLP; (i) ATWT; (j) ECB; (k) CBD; (l) HPM; (m) NIHS; (n) NFLT; (o) SR; (p) MF; (q) CFT (文后彩插)

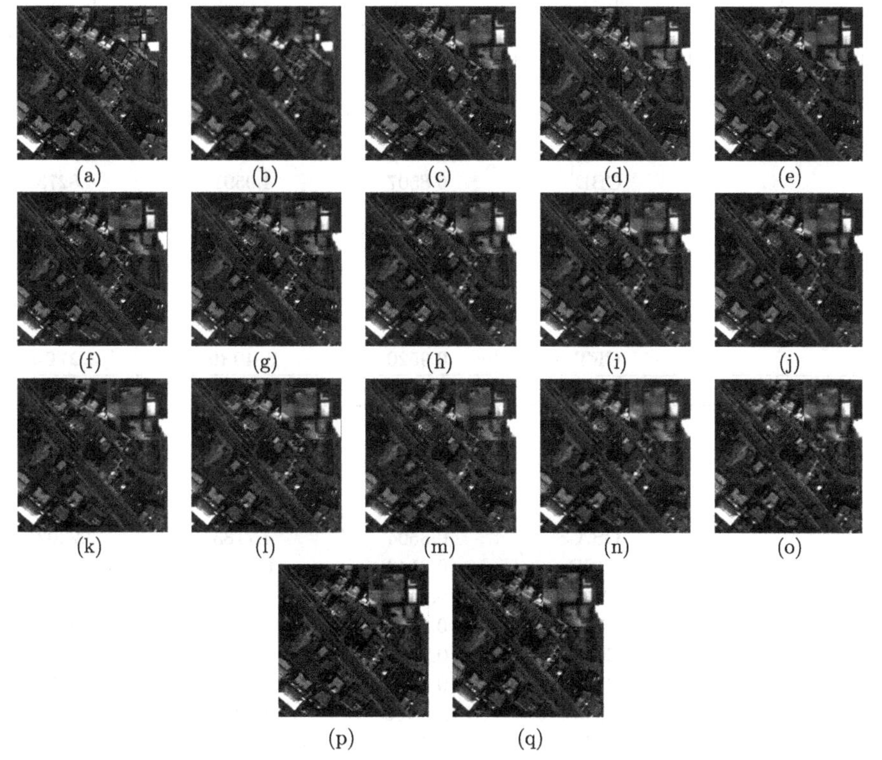

图 6.3.13 全分辨率 WorldView-2 图像集: (a) PAN; (b) EXP; (c) GIHS; (d) PCA; (e) PRACS; (f) GSA; (g) BDSD; (h) AWLP; (i) ATWT; (j) ECB; (k) CBD; (l) HPM; (m) NIHS; (n) NFLT; (o) SR; (p) MF; (q) CFT (文后彩插)

6.3.3.5　客观评价

本节在有参考图像下, 利用评价指标 Q_4 (或 Q_8), ERGAS 和 SAM 对融合效果进行验证, 具体见表 6.3.1. 在无参考图像下, 利用评价指标 QNR, D_R 和 D_S 对融合效果进行验证, 具体见表 6.3.2. 首先由表 6.3.1 可知, 在 GeoEye-1 和 WorldView-3 图像集中, 本节方法的 ERGAS 和 SAM 的值最小, GSA 方法的 Q_4 值和 HPM 方法的 Q_8 值最大. 但单个指标的优劣不能反映综合融合效果, 本节方法在与其他方法的比较中, 有两个指标值 (SAM，ERGAS) 优于其他方法并且 Q_4 和 Q_8 值也优于大部分方法.

表 6.3.1　定量结果: 降低分辨率

图像	融合方法	Q_4	SAM	ERGAS
GeoEye-1	EXP	0.8844	3.8444	4.0113
	GIHS	0.9440	3.6647	2.5091
	PCA	0.9449	3.6589	2.4775
	PRACS	0.9449	3.5652	2.5087
	GSA	**0.9554**	3.5792	2.3496
	BDSD	0.9473	4.1265	2.5238
	AWLP	0.9334	4.1292	2.8192
	ATWT	0.9465	3.6945	2.5440
	ECB	0.8789	5.1124	4.1850
	CBD	0.8507	4.9591	4.8273
	HPM	0.9442	3.6705	2.6236
	NIHS	0.9315	3.7294	2.8990
	NFLT	0.9330	3.6615	2.8970
	SR	0.9274	3.8444	3.1308
	MF	0.9377	3.6899	2.8247
	CFT	0.9520	**3.4930**	**2.2704**
图像	融合方法	Q_8	SAM	ERGAS
WorldView-3	EXP	0.6687	4.8228	4.3565
	GIHS	0.7865	4.9040	3.3823
	PCA	0.7996	4.8242	3.3969
	PRACS	0.8347	4.6580	3.1446
	GSA	0.8504	4.7183	3.2302
	BDSD	0.8143	6.6669	4.2648
	AWLP	0.8483	4.7047	3.3269
	ATWT	0.8513	4.7027	3.2593
	ECB	0.7886	5.8951	4.6854
	CBD	0.7615	6.7609	5.9679
	HPM	**0.8568**	4.6073	3.2638
	NIHS	0.7991	4.6961	3.3915
	NFLT	0.8090	4.7989	3.4254
	SR	0.8139	4.8227	3.3757
	MF	0.8433	4.6661	3.5246
	CFT	0.8492	**4.5596**	**3.0311**

表 6.3.2 定量结果: 全分辨率

图像	融合方法	QNR	D_R	D_S
GeoEye-1	EXP	0.8400	0	0.1600
	GIHS	0.9657	0.0156	0.0190
	PCA	0.9612	0.0175	0.0216
	PRACS	0.9316	0.0395	0.0300
	GSA	0.9163	0.0548	0.0306
	BDSD	0.8305	0.1034	0.0738
	AWLP	0.9268	0.0561	0.0181
	ATWT	0.9329	0.0504	0.0176
	ECB	0.9398	0.0256	0.0355
	CBD	0.8852	0.0805	0.0373
	HPM	0.9228	0.0577	0.0206
	NIHS	0.8943	0.0509	0.0578
	NFLT	0.9333	0.0366	0.0312
	SR	0.9551	0.0193	0.0260
	MF	0.9103	0.0647	0.0268
	CFT	**0.9760**	**0.0136**	**0.0106**
WorldView-2	EXP	0.8519	0	0.1481
	GIHS	0.9429	0.0252	0.0327
	PCA	0.9447	0.0134	0.0425
	PRACS	0.9656	0.0227	0.0120
	GSA	0.9451	0.0232	0.0324
	BDSD	0.8972	0.0580	0.0476
	AWLP	0.9654	0.0212	0.0137
	ATWT	0.9676	0.0177	0.0149
	ECB	0.9741	0.0149	**0.0111**
	CBD	0.9709	0.0176	0.0117
	HPM	0.9691	0.0179	0.0133
	NIHS	0.9470	0.0163	0.0373
	NFLT	0.9507	0.0149	0.0349
	SR	0.9120	0.0307	0.0532
	MF	0.9430	0.0281	0.0297
	CFT	**0.9743**	**0.0132**	0.0126

其次由表 6.3.2 可知, 在 GeoEye-1 图像集中, 本节方法的评价指标值均优于其他方法. 在 WorldView-2 图像集中, 本节方法的 QNR 和 D_R 值优于其他方法. ECB 方法的 D_S 值最小, 但其 D_R 值过大, 产生较为严重的空间失真. 此外, 本节方法的 D_R 和 D_S 值均相对较小, 这表明本节方法在光谱信息保持和空间分辨率提升两方面可以达到较好的平衡. 综上所述, 本节方法在有参考或无参考图像下, 均可达到较好的综合融合效果, 优于目前主流的遥感图像融合方法.

6.3.3.6 计算复杂度分析

假设图像的像素个数为 N^2, 复框架变换的分解次数为 J, 则算法中 PCA 变换的计算复杂度为 $O(N^2)$, 直方图匹配的计算复杂度为 $O(N^2)$, 复紧框架变换的计算复杂度为 $O(2*J*N^2)$, 协调函数构造的计算复杂度为 $O(J*N^2)$, 稀疏线性方程组求解采用共轭梯度平方法, 其计算复杂度与稀疏矩阵非零元的个数与以及迭代次数 Iter 有关, 为 $O(\text{Iter}*J*N^2)$. 综上, 本节方法的计算复杂度与图像大小、分解次数以及迭代次数有关. 为与其他方法进行比较, 本节统一利用 MATLAB 在 2.6GHz 主频与 4GB 内存的电脑环境下运行不同全色锐化方法的程序, 得到运行时间见表 6.3.3. 由表 6.3.3 可知, 本节方法的运行时间为 50 秒左右, 优于 ECB,CBD 与 SR 方法. 又因为本节方法基于复紧框架域进行分析, 并在复高频框架系数融合中考虑到每个框架系数的局部统计特征, 在得到较好结果的同时, 增加了一定的计算复杂度, 与 GIHS, PCA, AWLP 和 ATWT 等方法相比, 运行时间相对较长, 可以用并行计算进行加速. 综上, 本节算法的计算复杂度适中, 相比计算简单的方法, 其融合效果更好.

表 6.3.3 算法运行时间 (单位: s)

融合方法	1-GE1	WV3	2-GE1	WV2
GIHS	0.0233	0.0339	0.0107	0.0140
PCA	0.1599	0.2768	0.1105	0.1426
PRACS	0.4171	1.0846	0.3435	0.8742
GSA	0.2624	0.4189	0.3084	0.3042
BDSD	0.2288	0.5814	0.1477	0.2364
AWLP	0.5075	1.1296	0.5198	0.9411
ATWT	0.5749	1.1163	0.5754	0.9418
ECB	121.4881	181.5980	68.6516	141.2066
CBD	121.3862	181.7385	93.8399	128.0513
HPM	0.3936	0.6986	0.3142	0.5818
NIHS	2.9954	5.9456	4.2641	6.7261
NFLT	0.6912	0.7492	0.7433	0.6122
SR	400.9935	398.6242	390.2641	372.3896
MF	0.6398	0.7318	0.5503	0.3467
CFT	57.5730	60.2132	62.4685	44.7181

第 7 章　基于框架域的随机游走 SAR 图像融合

本章针对合成孔径雷达 (SAR) 图像融合提出了一种新的基于框架域的随机游走 (RW) 融合方法, 包括 SAR 图像与可见光图像融合, SAR 图像与红外图像融合以及多波段 SAR 图像融合. 在该方法中, 基于框架系数的统计特性建立一种新的随机游走模型, 以融合高频和低频框架系数. 该模型将融合问题转化为估计每个框架系数到输入图像的概率. 实验结果表明, 该方法在保持边缘的同时提高了对比度, 在定性和定量分析方面均优于传统和最先进的图像融合技术. 7.1 节介绍有关 SAR 图像融合的研究现状, 7.2 节介绍基于框架域的随机游走 SAR 图像融合算法, 7.3 节给出实验结果分析.

7.1　SAR 图像融合概述

随着传感器技术的发展, 多传感器图像融合已经吸引了越来越多学者的研究兴趣. 多传感器图像融合的目的是通过融合来自同一场景的多个传感器的图像信息来获得综合图像[186]. SAR 是一种有源微波远程传感器系统, 可以全天工作, 并提供高分辨率的雷达图像. 它已广泛应用于军事和民用领域. 可见光 (VIS) 图像包含丰富的高频细节, 可以反映空间细节和整个场景的信息. 红外 (IR) 图像可以通过物体的热辐射强度来显示物体的形状轮廓信息. 此外, 高频 SAR 图像主要显示场景的外观, 接近光学成像. 同时, 低频 SAR 图像具有更强的穿透性, 因此可以对隐藏的地面目标进行成像. 由此可以提供完整图像场景的 SAR 图像融合 (SAR-VIS, SAR-IR 和多波段 SAR) 技术, 已成为 SAR 图像分类、检测、土地利用制图和城区提取的基础[192-199].

20 世纪 90 年代以来, 相关学者已经提出了许多 SAR 图像融合方法[191,200-213]. 最简单的方法是计算所有原始图像的平均值[195], 但这种方法降低了融合图像的对比度和清晰度. 为了解决这个问题, 已经提出了许多基于多尺度变换 (MST) 的方法, 例如低通金字塔 (RLP)[196]、梯度金字塔 (GP)[195]、拉普拉斯金字塔 (LAP)[195]、离散小波变换 (DWT)[186, 197]、多孔小波变换 (AWT)[198, 199]、曲波变换 (CVT)[147, 200]、双树复小波变换 (DTCWT)[201]、非下采样轮廓波变换 (NSCT)[202, 203] 和非下采样剪切变换 (NSST)[204]. 此外, 还有学者提出其他的图像融合技术. 例如, 文献 [205] 给出了一种卡尔曼滤波融合方法, 用于滤波和展开干涉合成孔径雷达图像的相位. 文献 [206] 提出了一种局部非负矩阵分解方法来融合 SAR 图像和可见光图像.

最近, Li 等[207] 提出了一种基于引导滤波 (GF) 的简单有效的图像融合方法. 但是, 它可能会降低对比度并且容易使某些边缘光滑. Xu 等[208] 应用反馈稀疏成分分析 (FSCA) 方法进行遥感图像融合, 可以通过 FSCA 方法提取图像的稀疏分量, 并且可以忽略噪声的影响. 虽然它对融合过程有好处, 但这种方法需要更复杂的计算. Kumar[209] 提出了一种基于交叉双边滤波器 (CBF) 的新型图像融合方法. 他使用 CBF 从输入图像中提取细节图像来计算融合权重, 这有助于提高融合性能. 但是, 该方法可能会产生融合伪影. Liu 等[210] 使用 MST 和稀疏表示 (SR) 来构建新的图像融合框架. 在所提出的融合框架中, SR 融合方法用于融合低通子带, 融合图像中的对比度得到改善. 但是这种方法没有考虑高通子带的全局或局部统计信息.

7.2 基于框架域的随机游走融合

文献 [176] 提出了一种用于多曝光图像融合的随机游走融合方法. 然后, 文献 [177] 提出了一种基于随机游走融合框架[176] 的新型多聚焦图像融合方法. 在这些方法中, 对所有输入图像进行标记, 通过求解标记问题, 以估计每个输入图像像素被分配给每个标记输入图像的概率, 并且可以通过这些概率来计算用于图像融合的融合权重. 但文献 [176] 和 [177] 是空间域方法. 它们可能过度平滑融合的权重, 这对于图像融合是不利的. 为了解决这个问题, 我们通过非下采样框架变换 (NFT) 将输入图像变换到多尺度框架域.

作为正交基的推广, 框架放松了正交性和线性独立性的要求, 从而带来了冗余[211]. 因此, 框架在提取空间信息方面比小波更精确. 此外, 平移不变性是图像处理中的理想特性[33]. 它可以通过框架分解中的非下采样来实现. 框架变换还可以对包含丰富纹理的图像进行有效稀疏表示. 更重要的是, 这种变换还具有快速分解和完美重构的特性[46]. 近年来, 它已被广泛应用于图像处理, 如图像修复[212]、图像去模糊[211]、图像去噪[33,218]、全色锐化[32,178] 和高光谱图像的稀疏分解[214].

在本章提出的方法中, 首先对输入图像进行 NFT 变换, 以获得它们的框架系数. SAR 图像的固有斑点噪声会影响进一步的处理. 因此, 本章提出了一种对高频框架系数进行硬阈值处理的去噪方法. 然后, 在预去噪的框架域中建立了一种新的随机游走融合模型. 在该模型中, 可以通过找到全局最优解来获得分配到每个输入图像的框架系数的概率. 然后, 分别通过这些概率估计高频和低频框架系数的融合权重. 最后, 通过对融合后的框架系数采用相应的逆 NFT 变换来重建融合图像.

图像融合流程图如图 7.2.1 所示. 本节重点介绍框架系数的 RW 融合方法. 首先分析框架系数的统计特征. 然后, 基于这些特征建立新的随机游走模型. 在此基础上, 给出框架系数融合规则. 最后, 讨论 SAR 图像中噪声的影响.

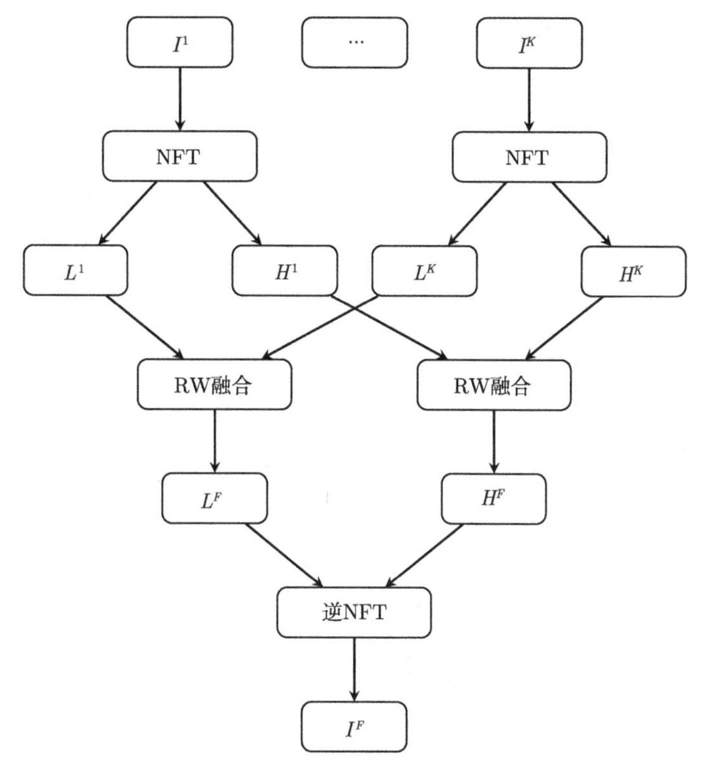

图 7.2.1 图像融合流程图

7.2.1 框架系数的统计特征

本节中令 h_0 表示低通滤波器, h_1 和 h_2 表示高通滤波器. 如图 7.2.2(a) 所示, 给出一个二尺度框架分解过程的示例. 其中, $\{L_s, s=1,2\}$ 表示低通子带, $\{H_{s,k}, s=1,2, k=1,2,\cdots,8\}$ 表示高通子带. s 和 k 分别表示 s 尺度和第 k 个高通子带. 由于在分解过程中非下采样, 所以这些子带的大小与输入图像的大小一致. 分解结果如图 7.2.2(b) 所示.

本节用 $\{I_{r,c}, r,c=1,2,\cdots,M\}$ 表示源图像, 其中 r 和 c 分别表示行和列. M 为行和列的大小. 利用滤波器 (h_0,h_1,h_2) 对图像进行 J 尺度框架分解. 用 $H_{s,k,r,c}$ 表示在 s 尺度 k 高频子带的 (r,c) 位置处的高频框架系数. $L_{s,r,c}$ 表示在 s 尺度 (r,c) 位置处的低频框架系数, 其中, $s=1,2,\cdots,J, k=1,2,\cdots,8$. J 表示分解的最大尺度.

如文献 [213,215] 中所述, 框架系数具有如下的统计特性. 相邻的框架系数通常具有相关性: 如果某个框架系数大或小, 那么它的相邻框架系数很可能大或小[215].

换句话说, 每个框架系数 (黑色节点) 与其邻域 (蓝色节点) 相关, 如图 7.2.3(a) 所示.

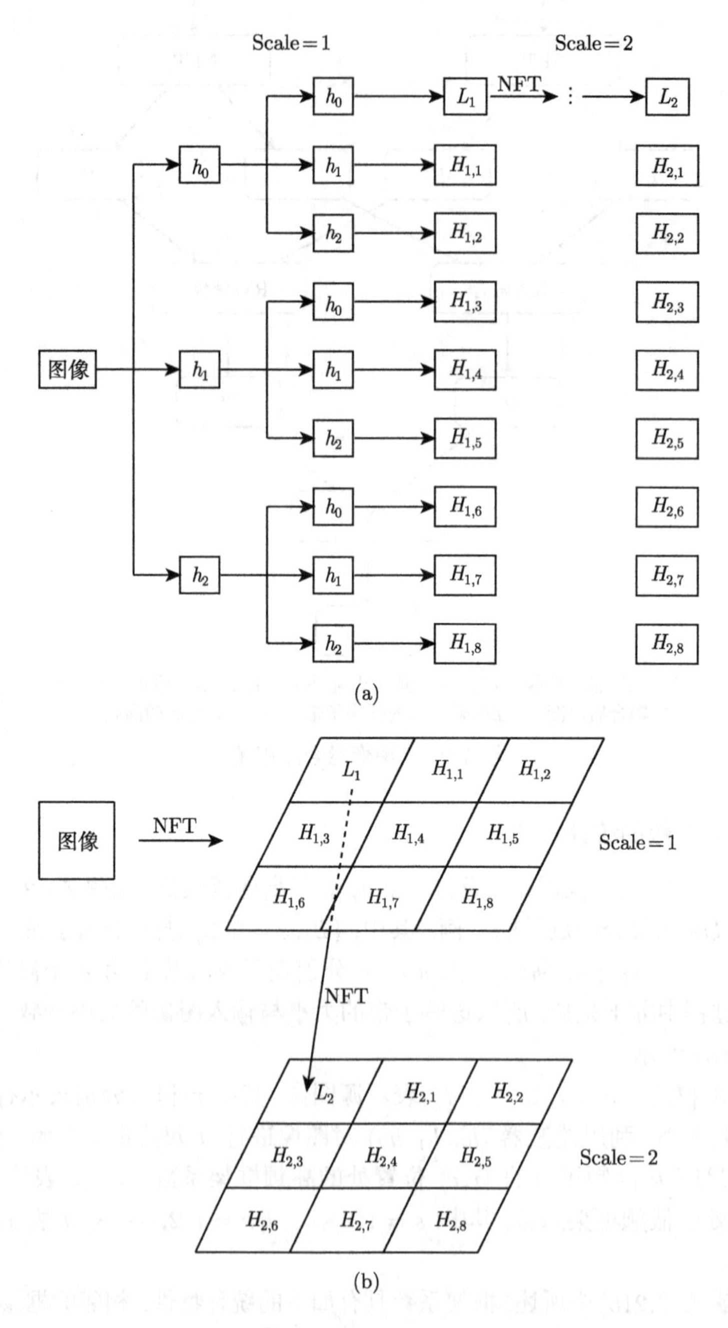

图 7.2.2　具有三个滤波器的框架分解示例

根据 [213], 大或小的框架系数倾向于跨尺度传播. 也就是说, 每个父系数 (红色节点) 与其子系数 (蓝色节点) 具有相关性, 如图 7.2.3(b) 所示. 在本节中, 给出了变换子带之间相关系数的定义. 它可以表示相邻尺度的相同子带中的相连系数之间的相关性.

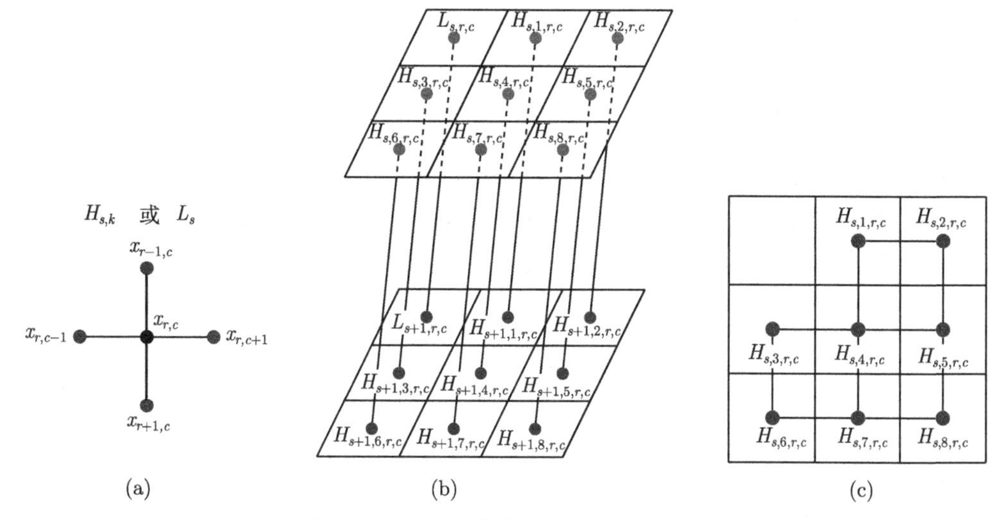

图 7.2.3 框架系数的相关性 (文后彩插)

令 $\mathbf{A}=\{a_{r,c}\}$ 和 $\mathbf{B}=\{b_{r,c}\}$ 表示矩阵 (变换后的子带). $\mathbf{A}$ 和 $\mathbf{B}$ 的相关系数可以定义为

$$R(\mathbf{A},\mathbf{B})=\frac{\sum_{r=1}^{M}\sum_{c=1}^{M}[a_{r,c}-\overline{\mathbf{A}}][b_{r,c}-\overline{\mathbf{B}}]}{\sqrt{\sum_{r=1}^{M}\sum_{c=1}^{M}[a_{r,c}-\overline{\mathbf{A}}]^2\sum_{r=1}^{M}\sum_{c=1}^{M}[b_{r,c}-\overline{\mathbf{B}}]^2}}, \tag{7.2.1}$$

其中, $\overline{\mathbf{A}}=\dfrac{1}{M^2}\sum_{r=1}^{M}\sum_{c=1}^{M}a_{r,c}$, $\overline{\mathbf{B}}=\dfrac{1}{M^2}\sum_{r=1}^{M}\sum_{c=1}^{M}b_{r,c}$

高通子带之间的相关性对于框架域中的随机游走也是有用的. 由此, 我们使用公式 (7.2.1) 得到相邻高通子带中相同位置的相连高频系数 (蓝色节点) 之间的相关性, 如图 7.2.3(c) 所示.

7.2.2 框架域的随机游走模型

7.2.2.1 框架域上的加权无向图

加权无向图将在随机游走模型中发挥重要作用.

在此模型中, 令 $I=\{I^1,I^2,\cdots,I^K\}$ 为输入图像集和 $V_Y=\{y_1,y_2,\cdots,y_K\}$ 为

标记点集, 其中标记点 $y_l \in V_Y$ 与第 l 个输入图像对应 $I^l \in I, l = 1, 2, \cdots, K$.

针对高通子带, 令 $V^H_{X_{s,k}} = \{x^H_{s,k,r,c}\}$ 定义为 k 子带 s 尺度上的未标记点集. 需要注意的是, 在本章中, 上标 H 表示高通子带.

然后, 我们定义未标记点集:

$$\begin{aligned} V^H_X &= \bigcup_{s=1}^{J} \bigcup_{k=1}^{8} V^H_{X_{s,k}} \\ &= \{x^H_i = x^H_{s,k,r,c}, i = 8M^2(s-1) + M^2(k-1) + (c-1)M + r\}, \end{aligned} \quad (7.2.2)$$

其中, i 表示所有高通子带中高频系数的空间位置.

如图 7.2.4(a) 所示, 根据高频系数的相关性定义加权无向图 $G^H = (V^H, E^H)$, 其中 $V^H = V_Y \cup V^H_X$ 是点集. 让 V^H 以下列方式排列:

$$\begin{aligned} V^H = \{\, & v^H_1 = y_1, v^H_2 = y_2, \cdots, v^H_K = y_K, \\ & v^H_{K+1} = x^H_1, \cdots, v^H_{K+i} = x^H_i, \cdots, v^H_{K+8JM^2} = x^H_{8JM^2}\}. \end{aligned} \quad (7.2.3)$$

此外, $E^H = E^H_1 \cup E^H_2 \cup E^H_3 \cup E^H_4$ 为边集, 其中 E^H_1 中的边由 V^H_X 和 V_Y 中的点连接而成, E^H_2 中的边由 $V^H_{X_{s,k}}$ 中的点连接而成, E^H_3 中的边由 $V^H_{X_{s_1,k}}$ 和 $V^H_{X_{s_2,k}}$ 中的点连接而成, s_1 和 s_2 表示相邻的尺度. 此外, E^H_4 中的边由 $V^H_{X_{s,k_1}}$ 和 $V^H_{X_{s,k_2}}$ 中的点连接而成, k_1 和 k_2 表示相邻的高通子带.

E^H 中的每个边都被赋予权重以度量 V^H 中相邻节点之间的协调性.

因此, 可以定义高通子带的协调函数, 如下所示:

$$w^H_{m,n} = w^H(v^H_m, v^H_n) = \begin{cases} w^H_{1,m,n}, & (v^H_m, v^H_n) \in E^H_1, \\ w^H_{2,m,n}, & (v^H_m, v^H_n) \in E^H_2, \\ \alpha w^H_{3,m,n}, & (v^H_m, v^H_n) \in E^H_3 \\ \beta w^H_{4,m,n}, & (v^H_m, v^H_n) \in E^H_4, \end{cases} \quad (7.2.4)$$

其中, $w^H_{1,m,n}$, $w^H_{2,m,n}$, $w^H_{3,m,n}$ 和 $w^H_{4,m,n}$ 分别为定义在 E^H_1, E^H_2, E^H_3 和 E^H_4 上的权重函数, α 和 β 用来平衡权重 $w^H_{3,m,n}$ 和 $w^H_{4,m,n}$.

类似地, 可以用 $V^L_{X_s} = \{x^L_{s,r,c}\}$ 定义 s 尺度上的未标记点集. 需要注意的是上标 L 在本章中表示低通子带.

然后, 我们定义未标记点集:

$$V^L_X = \bigcup_{s=1}^{J} V^L_{X_s} = \{x^L_i = x^L_{s,r,c}, i = M^2(s-1) + (c-1)M + r\}, \quad (7.2.5)$$

其中, i 表示所有低通子带中低频系数的空间位置.

如图 7.2.4(b) 所示, 我们定义一个关于低通子带的加权无向图 $G^L = (V^L, E^L)$, 其中 $V^L = V_Y \cup V_X^L$ 表示点集. 让 V^L 以下列方式排列:

$$
\begin{aligned}
V^L = \{\, & v_1^L = y_1, v_2^L = y_2, \cdots, v_K^L = y_K, \\
& v_{K+1}^L = x_1^L, \cdots, v_{K+i}^L = x_i^L, \cdots, v_{K+JM^2}^L = x_{JM^2}^L \}.
\end{aligned} \tag{7.2.6}
$$

此外, $E^L = E_1^L \cup E_2^L \cup E_3^L$ 是点集, 其中 E_1^L 中的边可以由 V_X^L 和 V_Y 中的点连接而成, E_2^L 中的边可以由 $V_{X_s}^L$ 中的点连接而成, E_3^L 中的边可以由 $V_{X_{s_1}}^L$ 和 $V_{X_{s_2}}^L$ 的点连接而成.

同样, 可以定义低通子带的协调函数, 如下所示:

$$
w_{m,n}^L = w^L(v_m^L, v_n^L) = \begin{cases} w_{1,m,n}^L, & (v_m^L, v_n^L) \in E_1^L, \\ w_{2,m,n}^L, & (v_m^L, v_n^L) \in E_2^L, \\ \lambda w_{3,m,n}^L, & (v_m^L, v_n^L) \in E_3^L, \end{cases} \tag{7.2.7}
$$

其中, $w_{1,m,n}^L$, $w_{2,m,n}^L$ 和 $w_{3,m,n}^L$ 为分别定义在 E_1^L, E_2^L 和 E_3^L 上的协调函数. 参数 λ 用来平衡 $w_{3,m,n}^L$.

本章将在 7.2.2.2 节中详细分析如何构造高通子带与低通子带的协调函数.

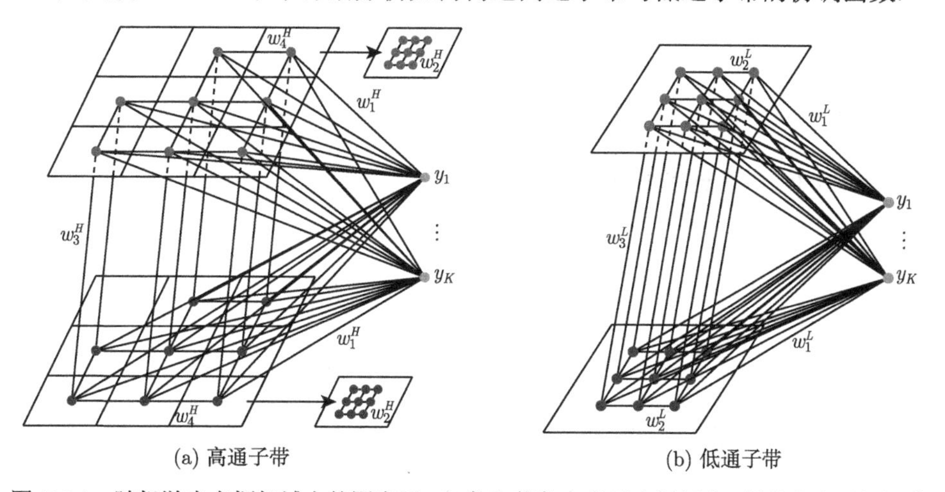

(a) 高通子带　　(b) 低通子带

图 7.2.4 随机游走在框架域上的图表示: 红色和蓝色点表示未标记点, 绿色点表示标记点 (文后彩插)

7.2.2.2 随机游走协调函数的构造

在本节中, 函数 $w_{1,m,n}^H$ 用来度量第 m 个高频系数与第 n 个输入图像之间的协调性. 高通子带中高频系数的绝对值对应于原始图像中的显著特征, 例如边缘和轮廓. 因此, 本书利用高频系数的绝对值来构造 $w_{1,m,n}^H$.

另外, 本书将这些值标准化到 $[0,1]$ 范围内. 最后, $w^H_{1,m,n}$ 可以通过以下方式计算:

$$w^H_{1,m,n} = \frac{|H^n_m| - \min(|\boldsymbol{H}^n|)}{\max(|\boldsymbol{H}^n|) - \min(|\boldsymbol{H}^n|)}, \tag{7.2.8}$$

其中, $H^n_m = H^n_{s,k,r,c}, m = 2+8M^2(s-1)+M^2(k-1)+M(c-1)+r, n = 1,2,\cdots,K$, $H^n_{s,k,r,c}$ 表示第 n 个输入图像的高频框架系数 $H_{s,k,r,c}$, $\boldsymbol{H}^n$ 表示向量, 每个向量元素为 H^n_m.

另一方面, 函数 $w^H_{2,m,n}$, $w^H_{3,m,n}$ 和 $w^H_{4,m,n}$ 用于评估相邻高频框架系数之间的协调性. 根据已有的随机游走方法[174-177,185,216], 由欧几里得距离定义的高斯加权函数可以度量两个相邻像素之间的协调性. 但是由于其具有各向同性, 该函数不能有效地捕获输入图像的几何特性. 而且, 它在边缘和轮廓的处理方面具有缺陷. 因此本节在框架域中应用高斯加权函数. 它不仅可以度量两个相邻的框架系数之间的协调性, 还可以克服空间域中存在的缺点. 此外, 该函数还可以抑制相邻框架系数的值相差较大的协调性.

首先, 在所有输入图像的 s 尺度 k 子带中定义 (r,c) 位置的平均高频系数值:

$$\overline{H}_{s,k,r,c} = \frac{\sum_{l=1}^{K} H^l_{s,k,r,c}}{K}. \tag{7.2.9}$$

然后, $w^H_{2,m,n}$ 通过以下等式计算:

$$\begin{aligned} w^H_{2,m,n} &= \prod_{l}^{K} \exp\left(-\frac{\|H^l_m - H^l_n\|^2}{\delta}\right) + \varepsilon \\ &\approx \exp\left(-\frac{\|\overline{H}_m - \overline{H}_n\|^2}{\overline{\delta}}\right) + \varepsilon, \\ \overline{H}_m &= \overline{H}_{s,k,r_1,c_1}, \quad \overline{H}_n = \overline{H}_{s,k,r_2,c_2}, \quad \overline{\delta} = \frac{\delta}{K}, \end{aligned} \tag{7.2.10}$$

其中 $m = 2+8M^2(s-1)+M^2(k-1)+M(c_1-1)+r_1$, $n = 2+8M^2(s-1)+M^2(k-1)+M(c_2-1)+r_2$. (r_1,c_1) 和 (r_2,c_2) 表示相邻位置通过 4 邻域连接. $\exp(\cdot)$ 表示指数函数. $\|\cdot\|^2$ 表示为欧几里得距离. δ 为一个控制参数; ε 为一个小常数, 设置为 10^{-6}.

与 [176,177] 不同, 本节考虑了不同高通子带的相关性. 然后, 利用改进的高斯加权函数来评估不同高通子带中连通系数的协调性. 协调函数 $w^H_{3,m,n}$ 和 $w^H_{4,m,n}$ 由公式 (7.2.11) 和 (7.2.12) 计算.

$$
\begin{aligned}
&w_{3,m,n}^{H}=\exp\left(-\frac{C_{(s_1,s_2),k}\|\overline{H}_m-\overline{H}_n\|^2}{\bar{\delta}}\right)+\varepsilon,\\
&\overline{H}_m=\overline{H}_{s_1,k,r,c},\quad \overline{H}_n=\overline{H}_{s_2,k,r,c},\\
&C_{(s_1,s_2),k}=R(\overline{\mathbf{H}}_{s_1,k},\overline{\mathbf{H}}_{s_2,k}),
\end{aligned}
\tag{7.2.11}
$$

$$
\begin{aligned}
&w_{4,m,n}^{H}=\exp\left(-\frac{C_{s,(k_1,k_2)}\|\overline{H}_m-\overline{H}_n\|^2}{\bar{\delta}}\right)+\varepsilon,\\
&\overline{H}_m=\overline{H}_{s,k_1,r,c},\quad \overline{H}_n=\overline{H}_{s,k_2,r,c},\\
&C_{s,(k_1,k_2)}=R(\overline{\mathbf{H}}_{s,k_1},\overline{\mathbf{H}}_{s,k_2}),
\end{aligned}
\tag{7.2.12}
$$

其中, m 和 n 的计算与公式 (7.2.10) 类似; $\overline{\mathbf{H}}_{s_1,k}$, $\overline{\mathbf{H}}_{s_2,k}$, $\overline{\mathbf{H}}_{s,k_1}$ 和 $\overline{\mathbf{H}}_{s,k_2}$ 为矩阵, 它们的元素分别为 $\overline{H}_{s_1,k,r,c}$, $\overline{H}_{s_2,k,r,c}$, $\overline{H}_{s,k_1,r,c}$ 和 $\overline{H}_{s,k_2,r,c}$; $C_{(s_1,s_2),k}$ 和 $C_{s,(k_1,k_2)}$ 分别为 $(\overline{\mathbf{H}}_{s_1,k},\overline{\mathbf{H}}_{s_2,k})$ 和 $(\overline{\mathbf{H}}_{s,k_1};\overline{\mathbf{H}}_{s,k_2})$ 的相关系数.

在本节中, 函数 $w_{1,m,n}^{L}$ 用来评估低频框架系数与输入图像之间的协调性. 众所周知, 低通子带代表图像的近似信息. 此外, 用于评估局部图像特征的低频系数的统计量在自适应图像融合中起着至关重要的作用. 局部方差是低频系数的常用统计量之一, 因为它易于计算并且在评估图像平滑度方面是有效的. 因此, 本节使用邻域 $\aleph$ 中的低频系数的方差来估计 $w_{1,m,n}^{L}$.

首先, 定义第 n 个输入图像的 s 尺度 (r,c) 位置的局部方差 $S_{s,r,c}^{n}$:

$$
S_{s,r,c}^{n}=\frac{1}{|\aleph|}\sum_{(r,c)\in\aleph}(L_{s,r,c}^{n}-\mu_{s,r,c}^{n})^2,
\tag{7.2.13}
$$

其中, $L_{s,r,c}^{n}$ 表示属于第 n 个输入图像的低频系数 $L_{s,r,c}$; $\mu_{s,r,c}^{n}$ 表示 $L_{s,r,c}^{n}$ 在邻域 $\aleph$ 的均值, 为

$$
\mu_{s,r,c}^{n}=\frac{1}{|\aleph|}\sum_{(r,c)\in\aleph}L_{s,r,c}^{n}.
\tag{7.2.14}
$$

然后, 通过归一化 $S_{s,r,c}^{n}$ 构造函数 $w_{1,m,n}^{L}$:

$$
w_{1,m,n}^{L}=\frac{S_m^n-\min(\boldsymbol{S}^n)}{\max(\boldsymbol{S}^n)-\min(\boldsymbol{S}^n)+\mathrm{eps}},
\tag{7.2.15}
$$

其中, $S_m^n=S_{s,r,c}^n, m=2+M^2(s-1)+M(c-1)+r, n=1,2,\cdots,K$, $\boldsymbol{S}^n$ 为向量, 每个元素为 S_m^n, eps 为正则化项, 设置为 10^{-6}.

类似公式 (7.2.9), 低频框架系数在 s 尺度 (r,c) 位置处的所有输入图像的平均

值, 可以由公式 (7.2.16) 计算得到

$$\overline{L}_{s,r,c}=\frac{\sum\limits_{l=1}^{K}L_{s,k,c}^{l}}{K}. \tag{7.2.16}$$

最后, 函数 $w_{2,m,n}^{L}$ 和 $w_{3,m,n}^{L}$ 被用来估计相邻低频框架系数的协调性. 与高频框架系数类似, 也可以利用改进的高斯权重函数估计 $w_{2,m,n}^{L}$ 和 $w_{3,m,n}^{L}$, 如公式 (7.2.17) 和 (7.2.18) 所示.

$$\begin{gathered}w_{2,m,n}^{L}=\exp\left(-\frac{\|\overline{L}_m-\overline{L}_n\|^2}{\overline{\delta}}\right)+\varepsilon,\\ \overline{L}_m=\overline{L}_{s,r_1,c_1},\quad \overline{L}_n=\overline{L}_{s,r_2,c_2},\end{gathered} \tag{7.2.17}$$

其中 $m=2+M^2(s-1)+M(c_1-1)+r_1, n=2+M^2(s-1)+M(c_2-1)+r_2$.

$$\begin{gathered}w_{3,m,n}^{L}=\exp\left(-\frac{C_{s_1,s_2}\|\overline{L}_m-\overline{L}_n\|^2}{\overline{\delta}}\right)+\varepsilon,\\ \overline{L}_m=\overline{L}_{s_1,r,c},\quad \overline{L}_n=\overline{L}_{s_2,r,c},\quad C_{s_1,s_2}=R(\overline{\mathbf{L}}_{s_1},\overline{\mathbf{L}}_{s_2}),\end{gathered} \tag{7.2.18}$$

其中 m 和 n 的计算与公式 (7.2.17) 类似; $\overline{\mathbf{L}}_{s_1}$ 和 $\overline{\mathbf{L}}_{s_2}$ 为矩阵, 它们的元素为 $\overline{L}_{s_1,r,c}$ 和 $\overline{L}_{s_2,r,c}$; C_{s_1,s_2} 表示 $\overline{\mathbf{L}}_{s_1}$ 和 $\overline{\mathbf{L}}_{s_2}$ 之间的相关系数.

7.2.2.3 随机游走模型的建立和求解

每个未标记节点 (框架系数) 首次到达标记节点 (输入图像) 的概率可以通过求解适当的组合 Dirichlet 问题来计算. 令 $u(v)$ 表示节点 v 处的能量. 高频子带系统的总能量为

$$\mathrm{TE}^H=\frac{1}{2}\sum_{(v_m^H,v_n^H)\in E^H}w_{m,n}^H(u(v_m^H)-u(v_n^H))^2. \tag{7.2.19}$$

以同样的方式, 可以获得 TE^L (低频子带系统的总能量):

$$\mathrm{TE}^L=\frac{1}{2}\sum_{(v_m^L,v_n^L)\in E^L}w_{m,n}^L(u(v_m^L)-u(v_n^L))^2. \tag{7.2.20}$$

本节的目标是找到一个函数 $u(\cdot)$, 使得 TE^H (或 TE^L) 最小化. 如果 $u(\cdot)$ 满足 $\nabla^2u=0$, 则可以保证总能量 TE^H (或 TE^L) 最小化[175]. 函数 $u(\cdot)$ 可以利用矩阵形式进行有效计算. 在这里, 将高通子带 (或低通子带) 的拉普拉斯矩阵定义为

$$\mathbf{L}_{m,n}^H=\begin{cases}d_m^H, & m=n,\\ -w_{m,n}^H, & (v_m^H,v_n^H)\in E^H,\\ 0, & \text{其他},\end{cases}$$

$$
\text{或} \quad \mathbf{L}_{m,n}^{L} = \begin{cases} d_m^L, & m = n, \\ -w_{m,n}^L, & (v_m^L, v_n^L) \in E^L, \\ 0, & \text{其他}, \end{cases} \tag{7.2.21}
$$

其中, d_m^H(或 d_m^L) 为节点 v_m^H (或 v_m^L) 的度. 然后, 公式 (7.2.19) 可以用矩阵形式重写:

$$
\begin{aligned}
\mathrm{TE}^H &= \frac{1}{2}\begin{bmatrix} \boldsymbol{U}_Y^H \\ \boldsymbol{U}_X^H \end{bmatrix}^{\mathrm{T}} \mathbf{L}^H \begin{bmatrix} \boldsymbol{U}_Y^H \\ \boldsymbol{U}_X^H \end{bmatrix} \\
&= \frac{1}{2}\begin{bmatrix} \boldsymbol{U}_Y^H \\ \boldsymbol{U}_X^H \end{bmatrix}^{\mathrm{T}} \begin{bmatrix} \mathbf{L}_Y^H & \mathbf{L}_{XY}^H \\ (\mathbf{L}_{XY}^H)^T & \mathbf{L}_X^H \end{bmatrix} \begin{bmatrix} \boldsymbol{U}_Y^H \\ \boldsymbol{U}_X^H \end{bmatrix} \\
&= \frac{1}{2}\left((\boldsymbol{U}_Y^H)^{\mathrm{T}}\mathbf{L}_Y^H\boldsymbol{U}_Y^H + 2(\boldsymbol{U}_X^H)^{\mathrm{T}}(\mathbf{L}_{XY}^H)^{\mathrm{T}}\boldsymbol{U}_Y^H + (\boldsymbol{U}_X^H)^{\mathrm{T}}\mathbf{L}_X^H\boldsymbol{U}_X^H\right),
\end{aligned} \tag{7.2.22}
$$

其中, $\boldsymbol{U}_X^H$ 为向量, 每个元素为 V_X^H 中节点的能量; $\boldsymbol{U}_Y^H$ 为向量, 每个元素为 V_Y^H 中节点的能量; $\mathbf{L}_Y^H$ 为 $\mathbf{L}^H$ 的子矩阵, 表示 V_Y^H 内节点的相关性; $\mathbf{L}_X^H$ 为子矩阵, 表示 V_X^H 内节点的相关性; $\mathbf{L}_{XY}^H$ 为子矩阵, 表示未标记节点 (框架系数) 和标记节点 (输入图像) 之间的相关性.

利用相同的方式对 TE^L 以矩阵形式重写:

$$
\mathrm{TE}^L = \frac{1}{2}\left((\boldsymbol{U}_Y^L)^{\mathrm{T}}\mathbf{L}_Y^L\boldsymbol{U}_Y^L + 2(\boldsymbol{U}_X^L)^{\mathrm{T}}(\mathbf{L}_{XY}^L)^{\mathrm{T}}\boldsymbol{U}_Y^L + (\boldsymbol{U}_X^L)^{\mathrm{T}}\mathbf{L}_X^L\boldsymbol{U}_X^L\right). \tag{7.2.23}
$$

因此, 通过设置 $\nabla(\mathrm{TE}^H) = 0$ 或 $\nabla(\mathrm{TE}^L) = 0$ 相对于 $\boldsymbol{U}_X^H$(或 $\boldsymbol{U}_X^L$), 可以获得求解最小总能量的方法, 即求解以下等式:

$$
\mathbf{L}_X^H\boldsymbol{U}_X^H = -(\mathbf{L}_{XY}^H)^{\mathrm{T}}\boldsymbol{U}_Y^H \quad \text{或} \quad \mathbf{L}_X^L\boldsymbol{U}_X^L = -(\mathbf{L}_{XY}^L)^{\mathrm{T}}\boldsymbol{U}_Y^L. \tag{7.2.24}
$$

在上面的等式中, 本节将与相应输入图像连接的标记节点的能量分配为 1, 并将其他标记节点的能量分配为 0. 解 $\boldsymbol{U}_X^H$(或 $\boldsymbol{U}_X^L$) 可以提供从每个未标记节点 (框架系数) 到达标记节点 (输入图像) 的概率.

7.2.3 框架系数融合准则

一方面, 通过选择最大度量的方法融合高频框架系数. 选择最大度量的方法可以表述为

$$H_{s,k,r,c}^{F}=\begin{cases}H_{s,k,r,c}^{1}, & M_{s,k,r,c}^{1}>\max\{M_{s,k,r,c}^{l},l=2,\cdots,K\},\\ H_{s,k,r,c}^{2}, & M_{s,k,r,c}^{2}>\max\{M_{s,k,r,c}^{l},l=1,3,\cdots,K\},\\ \vdots & \vdots\\ H_{s,k,r,c}^{K}, & M_{s,k,r,c}^{K}>\max\{M_{s,k,r,c}^{l},l=1,\cdots,K-1\},\\ \dfrac{1}{K}\sum_{l=1}^{K}H_{s,k,r,c}^{l}, & \text{其他},\end{cases}\tag{7.2.25}$$

其中, $H_{s,k,r,c}^{F}$ 表示融合后的在 s 尺度 k 子带 (r,c) 位置处的高频框架系数值. $M_{s,k,r,c}^{l}$ 是分配给第 l 个输入图像的高频框架系数 $H_{s,k,r,c}^{l}$ 的选择度量.

在本节的方法中, 选择度量 $M_{s,k,r,c}^{l}$ 可由概率 $HP_{s,k,r,c}^{l}$ 得到

$$M_{s,k,r,c}^{l}=HP_{s,k,r,c}^{l},\quad l=1,2,\cdots,K,\tag{7.2.26}$$

其中, $HP_{s,k,r,c}^{l}$ 表示高频框架系数 $H_{s,k,r,c}^{l}$ 分配到第 l 幅输入图像的概率. 它可以通过求解 $\boldsymbol{U}_X^H$ 得到.

另一方面, 低频框架系数融合利用加权方式得到. 根据框架变换的重构原理, 只需要计算 J 尺度的融合低频框架系数. 它们可以通过以下方式计算:

$$L_{J,r,c}^{F}=\sum_{l=1}^{K}W_{J,r,c}^{l}L_{J,r,c}^{l},\tag{7.2.27}$$

其中, $L_{J,r,c}^{F}$ 表示 J 尺度 (r,c) 位置处的融合后的低频框架系数值, $W_{J,r,c}^{l}$ 是分配给第 l 个原始图像的低频框架系数 $L_{J,r,c}^{l}$ 的权重.

在本节中, 权重 $W_{J,r,c}^{l}$ 可以由概率 $LP_{J,r,c}^{l}$ 得到

$$W_{J,r,c}^{l}=\frac{LP_{J,r,c}^{l}}{\sum_{l=1}^{K}LP_{J,r,c}^{l}},\quad l=1,2,\cdots,K,\tag{7.2.28}$$

其中, $LP_{J,r,c}^{l}$ 表示分配给第 l 幅原始图像的低频框架系数 $L_{J,r,c}^{l}$ 的概率. 它可以通过求解 $\boldsymbol{U}_X^L$ 得到.

7.2.4 SAR 图像中噪声的影响

SAR 图像会产生相干斑点噪声. 通常, 噪声集中在高通子带中. 在本章提出的算法中, 协调函数由对噪声敏感的高频框架系数的绝对值确定. 为了克服这个问题, 本节增加一个预降噪步骤来降低 SAR 图像中噪声的影响, 在所有高频框架系数中利用硬阈值方法进行处理.

$$H_{s,k,r,c}^{D}=\begin{cases}H_{s,k,r,c}, & |H_{s,k,r,c}|>T_{s,k},\\ 0, & \text{其他},\end{cases} \tag{7.2.29}$$

其中, $H_{s,k,r,c}^{D}$ 表示去噪后的 SAR 图像的高频框架系数, $T_{s,k}$ 表示不同高频子带的阈值.

在本节中, 根据不同的高频子带的特性自适应调整阈值 $T_{s,k}$ 的计算方法.

$$T_{s,k}=\frac{\sigma_{s,k}\sqrt{2\ln N}}{\ln(\sqrt{N})}=\frac{2\sqrt{2}\sigma_{s,k}}{\sqrt{\ln N}}, \tag{7.2.30}$$

其中, N 表示高频框架系数的个数.

噪声 $\sigma_{s,k}$ 的方差在框架域中是未知的, 它可以由中值函数估计.

$$\sigma_{s,k}=\frac{\mathrm{median}(|\mathbf{H}_{s,k}|)}{0.6745}. \tag{7.2.31}$$

基于以上讨论, 在算法 7.2.1 中总结了所提出的图像融合方法.

算法 7.2.1 基于框架域的随机游走 SAR 图像融合算法

输入: 原始图像 $\{I^1,I^2,\cdots,I^K\}$

步骤 1 分解

利用非下采样框架变换对原始图像进行分解得到低通子带 $\{L^1,L^2,\cdots,L^K\}$ 和高通子带 $\{H^1,H^2,\cdots,H^K\}$.

步骤 2 预去噪

利用 (7.2.29) 得到去噪后的 SAR 图像的高频框架系数.

步骤 3 框架系数融合

1: 利用 7.2.2.2 节计算协调函数;
2: 通过公式 (7.2.4) 和 (7.2.7) 计算 $w_{m,n}^{H}$ 和 $w_{m,n}^{L}$;
3: 由公式 (7.2.21) 构造拉普拉斯矩阵 $\mathbf{L}^H$ 和 $\mathbf{L}^L$;
4: 通过求解公式 (7.2.24) 得到达概率;
5: 利用公式 (7.2.26) 和 (7.2.28) 求出度量和权重;
6: 通过公式 (7.2.25) 融合高频框架系数;
7: 通过公式 (7.2.27) 融合低频框架系数.

步骤 4 重构

利用逆非下采样框架变换对 L^F 和 H^F 进行重构, 得到融合图像 I^F.

输出: 融合后的图像 I^F

7.3 实验结果

7.3.1 实验数据

在本节中, 假设只有两个输入图像 I^1 和 I^2. 如图 7.3.1 所示, 将六组原始图像分为三类, 验证了所提出的图像融合方法的有效性. 其中, 有两组 SAR-可见光 (S-V) 图像 (图 7.3.1(a)—(d)), 两组 SAR-红外 (S-I) 图像 (图 7.3.1(e)—(h)) 和两组不同子带 SAR(M-S) 图像 (图 7.3.1(i)—(l)). 此外, 假设每组中的两个原始图像已经配准.

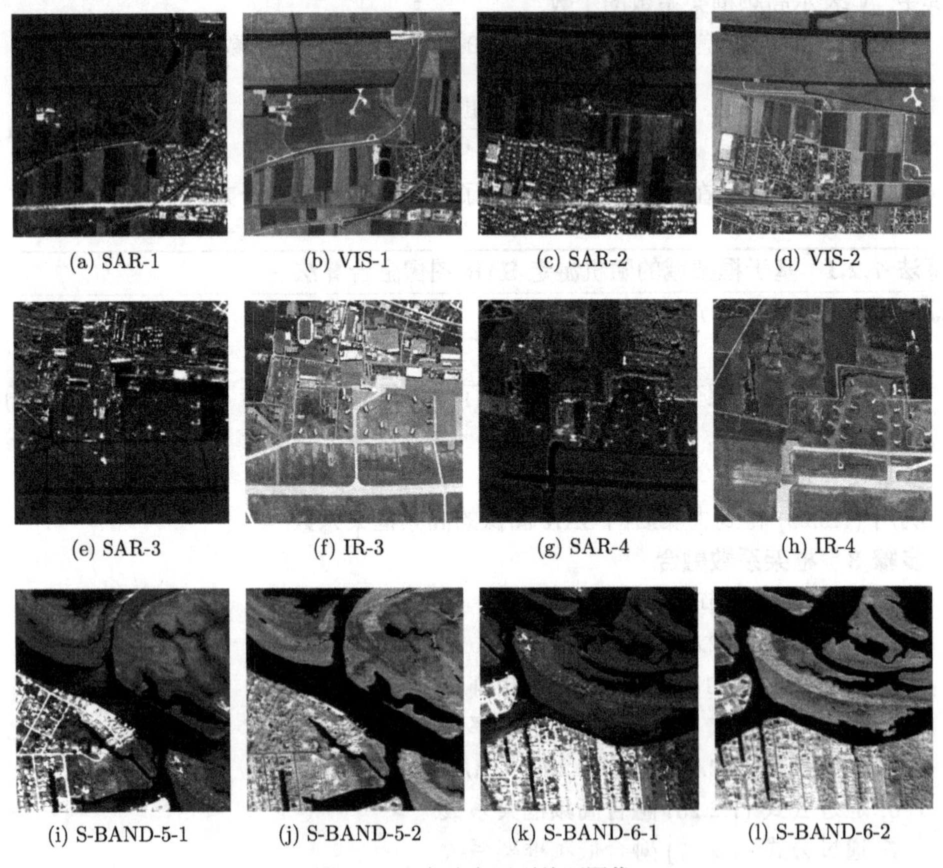

(a) SAR-1 (b) VIS-1 (c) SAR-2 (d) VIS-2

(e) SAR-3 (f) IR-3 (g) SAR-4 (h) IR-4

(i) S-BAND-5-1 (j) S-BAND-5-2 (k) S-BAND-6-1 (l) S-BAND-6-2

图 7.3.1 实验中用到的源图像

7.3.2 评价指标

为了客观地评估不同图像融合方法的性能, 近年来提出了许多融合评价指标[118,164,217-221]. 众所周知, 在定量分析中只有一个评价指标不能反映图像融合质量. 因此, 为了对融合图像进行综合评价, 本章采用了五种流行的融合评价指标, 简要介绍如下. 为简单起见, 将用 A 和 B 表示两个原始图像, 用 F 表示融合图像.

融合评价指标 Q_W 和 Q_E 是由 Piella 和 Heijmans[217] 利用通用图像质量指数 (UIQI)[118,163] 提出的. 评价指标 Q_W 的定义为

$$Q_W = \sum_{w \in W} c(w)(\lambda(w)Q_0(A, F|w) + (1 - \lambda(w))Q_0(B, F|w)), \tag{7.3.1}$$

其中, 权重 $c(w)$ 是所有局部滑动窗口中 w 的标准化显著性. $Q_0(A, F|w)$ 和 $Q_0(B, F|w)$ 由 [163] 中的方法在局部滑动窗口 w 中计算. 局部权重 $\lambda(w)$ 可由 (7.3.2) 计算:

$$\lambda(w) = \frac{s(A|w)}{s(A|w) + s(B|w)}, \tag{7.3.2}$$

其中, 显著性度量 $s(A|w)$ 和 $s(B|w)$ 分别在局部滑动窗口 w 中以 A 和 B 的方差计算.

评价指标 Q_E 的定义如下[217]:

$$Q_E = Q_W(A, B, F)Q_W(A', B', F')^{\tau}, \tag{7.3.3}$$

其中, A', B' 和 F' 分别是 A, B 和 F 对应的边缘图像, τ 表示边缘图像与源图像相比的贡献参数.

基于梯度的评价指标 Q_G 可以评估从原始图像传输到融合图像边缘信息的性能[218]. 它可以通过公式 (7.3.4) 计算.

$$Q_G = \frac{\sum_{i,j}(Q^{AF}(i,j)w^A(i,j) + Q^{BF}(i,j)w^B(i,j))}{\sum_{i,j}(w^A(i,j) + w^B(i,j))}, \tag{7.3.4}$$

其中, $Q^{AF}(i,j) = Q_g^{AF}(i,j)Q_\alpha^{AF}(i,j)$, $Q_g^{AF}(i,j)$ 和 $Q_\alpha^{AF}(i,j)$ 分别来自 A 在 (i,j) 上的边缘强度保持和边缘方向保存. $Q^{BF}(i,j)$ 的定义与 $Q^{AF}(i,j)$ 的定义类似. $w^A(i,j)$ 是基于 A 中 (i,j) 的边缘强度. $w^B(i,j)$ 与 $w^A(i,j)$ 类似.

基于相位一致性的评价指标 Q_P 可以用来评估融合图像的显著特征, 如轮廓和边缘, 它可由公式 (7.3.5) 计算.

$$Q_P = (P_p)^a(P_M)^b(P_m)^c, \tag{7.3.5}$$

其中, a, b 和 c 为指数参数, p, M 和 m 分别表示相位一致性、最大和最小力矩. 有关 Q_P 的更多详细信息, 请参阅文献 [219].

基于结构相似性指数度量 (SSIM) 的评价指标 Q_Y 定义为[220]

$$Q_Y = \begin{cases} \lambda(w)\mathrm{SSIM}(A,F|w) + (1-\lambda(w))\mathrm{SSIM}(B,F|w), \\ \mathrm{SSIM}(A,B|w) \geqslant 0.75, \\ \max\{\mathrm{SSIM}(A,F|w), \mathrm{SSIM}(B,F|w)\}, \\ \mathrm{SSIM}(A,B|w) < 0.75. \end{cases} \tag{7.3.6}$$

局部权重 $\lambda(w)$ 在 (7.3.2) 中已被定义. 关于 SSIM 更多的信息可以在文献 [220] 中获取.

在上述五个评价指标中, 评价指标的值越高, 融合效果越好. 此外, 评价指标的所有参数都设置为参考文献中给出的默认值.

7.3.3　滤波器设置

本章采用文献 [44] 中提到的分段线性 B 样条作为尺度函数 ϕ. 函数 ϕ 的加细面具为 $\widehat{h}_0 = (1+\mathrm{e}^{-iw})^2/4$, 相对应的低通滤波器为 $h_0 = \frac{1}{4}[1,2,1]$.

两个框架函数 ψ_1 和 ψ_2 可以通过框架面具 $\widehat{h}_1 = -\frac{\sqrt{2}}{4}(1-\mathrm{e}^{-i2w})$ 和 $\widehat{h}_2 = -\frac{1}{4}(1-\mathrm{e}^{-iw})^2$ 得到, 其对应的高通滤波器为 $h_1 = \frac{\sqrt{2}}{4}[-1,0,1]$ 和 $h_2 = \frac{1}{4}[-1,2,-1]$.

7.3.4　参数分析

本节讨论不同参数对融合性能的影响. 利用五个评价指标的平均值来评估融合性能. 在我们的模型中, 有五个参数 J, $\bar{\delta}$, α, β 和 λ. 首先设置这些参数的初始值 $(J,\bar{\delta},\alpha,\beta,\lambda) = (3, 10.0, 1.0, 1.0, 1.0)$. 当分析其中一个参数时, 其余四个参数的值保持不变.

如图 7.3.2 所示, 当 J 变大时, Q_G, Q_P 和 Q_Y 增加, 而 Q_W 减少. 此外, Q_E 先变大, 然后随着 J 的增加而减少. 为了平衡评价指标, 我们建议使用 $J=3$.

在 $\bar{\delta}$ 的分析中, 我们固定 $J=3$, $\alpha,\beta,\lambda=1.0$. 如图 7.3.3 所示, 当 $\bar{\delta}$ 增加时, Q_W 变小, 而 Q_G, Q_P 和 Q_Y 变大. 此外, Q_E 先增加, 然后随着 $\bar{\delta}$ 的增加而减少. 当 $\bar{\delta} \geqslant 10.0$ 时, 指标的值会缓慢变化. 因此, 本章中 $\bar{\delta}$ 设置为 10.0.

参数 α, β 和 λ 的分析如图 7.3.4 所示. 当 α 增加时, Q_W 和 Q_E 变小, 而 Q_G, Q_P 和 Q_Y 变大. 为了平衡评价指标, 我们建议使用 $\alpha=0.6$. 接下来, 以相同的方式分析 β, 在本章中设置为 0.8. 最后, 当 λ 增加时, 所有评价指标几乎没有变化. 因此, 我们建议使用 $\lambda=1.0$.

7.3.5　与其他图像融合方法比较

在本节中, 基于框架变换的随机游走融合方法与 11 种图像融合方法进行了比较:

(1) 比率低通金字塔 (RLP)[196].

(2) 拉普拉斯金字塔 (LAP)[195].

(3) 离散小波变换 (DWT)[186].

(4) 曲波变换 (CVT)[147].

(5) 双树复小波变换 (DTCWT)[201].

(6) 非下采样轮廓波变换与脉冲耦合神经网络 (NSCT-P)[203].

(7) 基于稀疏表示的非下采样轮廓波变换 (NSCT-S)[210].

(8) 基于非下采样剪切变换的多尺度顶帽变换 (NSST-M)[204].

(9) 引导滤波 (GF)[207].

(10) 广义随机游走 (GRW)[176].

(11) 非下采样框架变换 (NFT).

比较结果如图 7.3.2—图 7.3.10 和表 7.3.1—表 7.3.3 所示. 需要注意的是, 本节中每个融合评价指标的最佳值在每个表中以粗体标记.

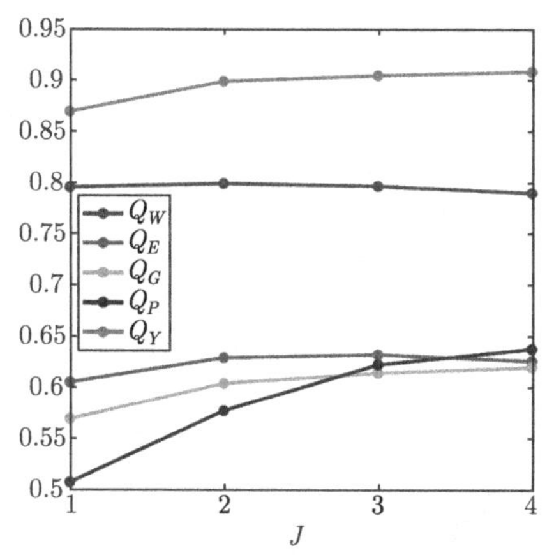

图 7.3.2 分析参数 J (文后彩插)

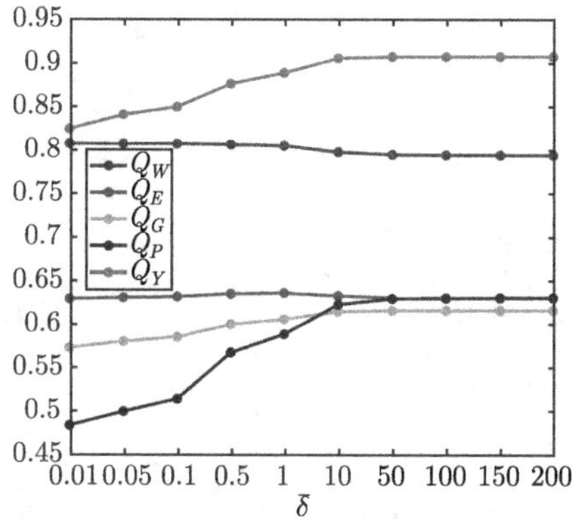

图 7.3.3 分析参数 $\bar{\delta}$ (文后彩插)

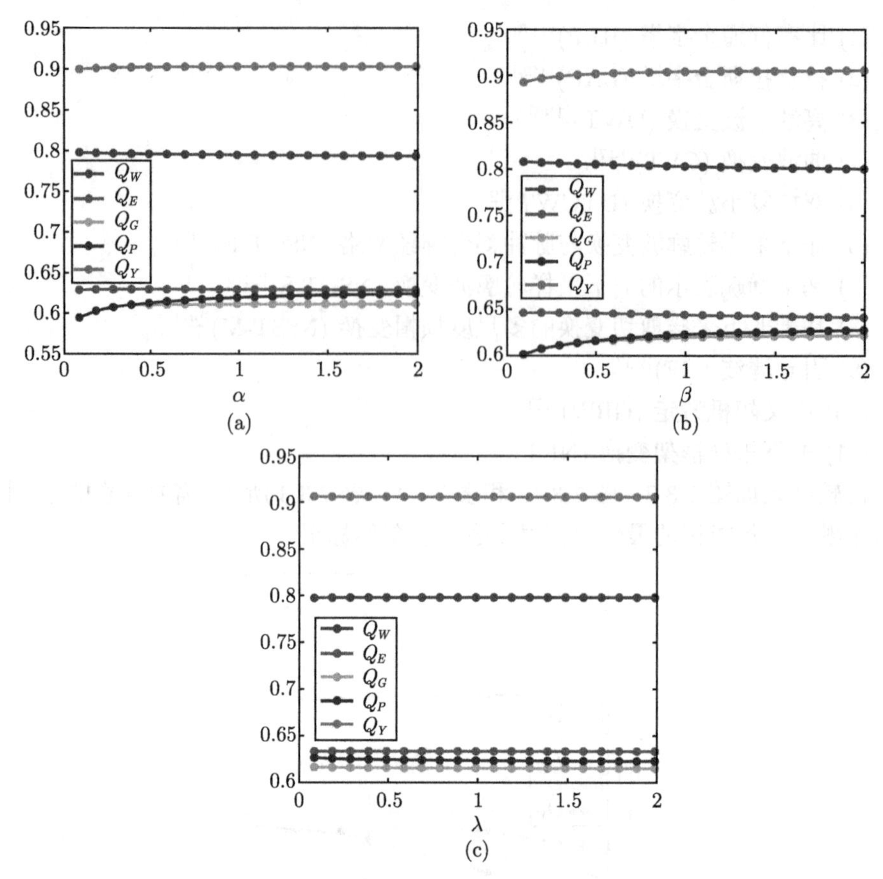

图 7.3.4　分析参数 α, β, λ (文后彩插)

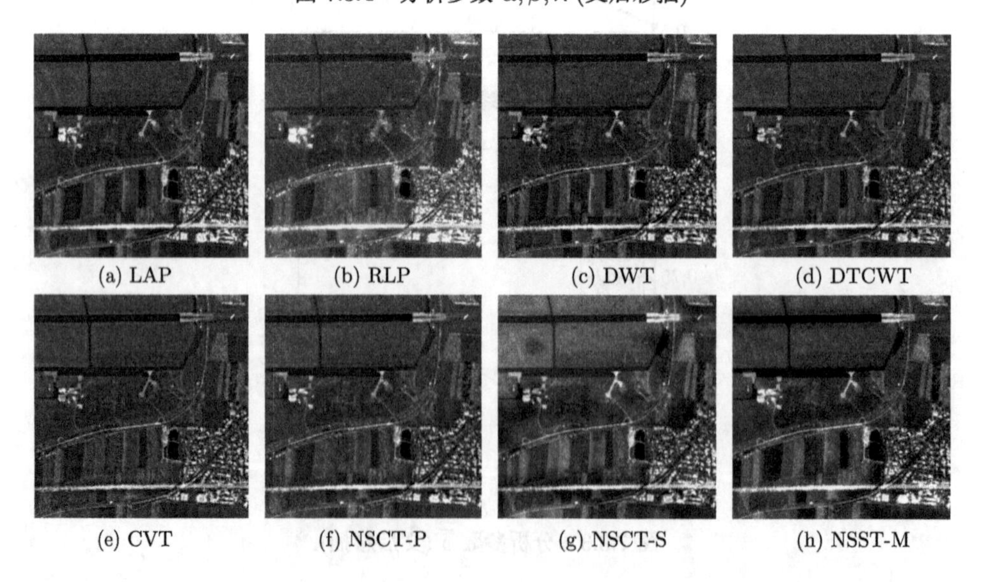

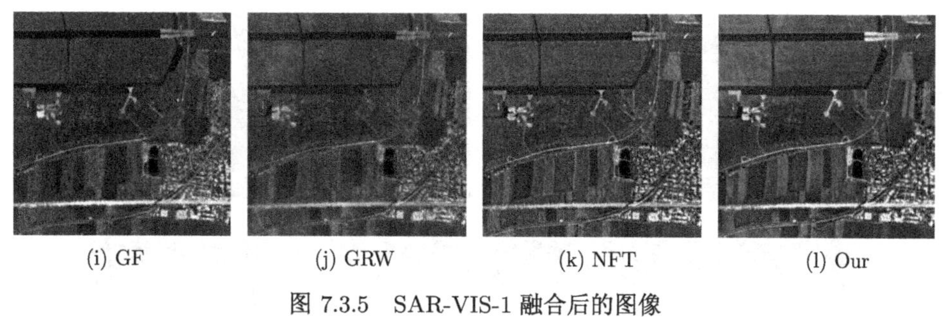
(i) GF (j) GRW (k) NFT (l) Our

图 7.3.5 SAR-VIS-1 融合后的图像

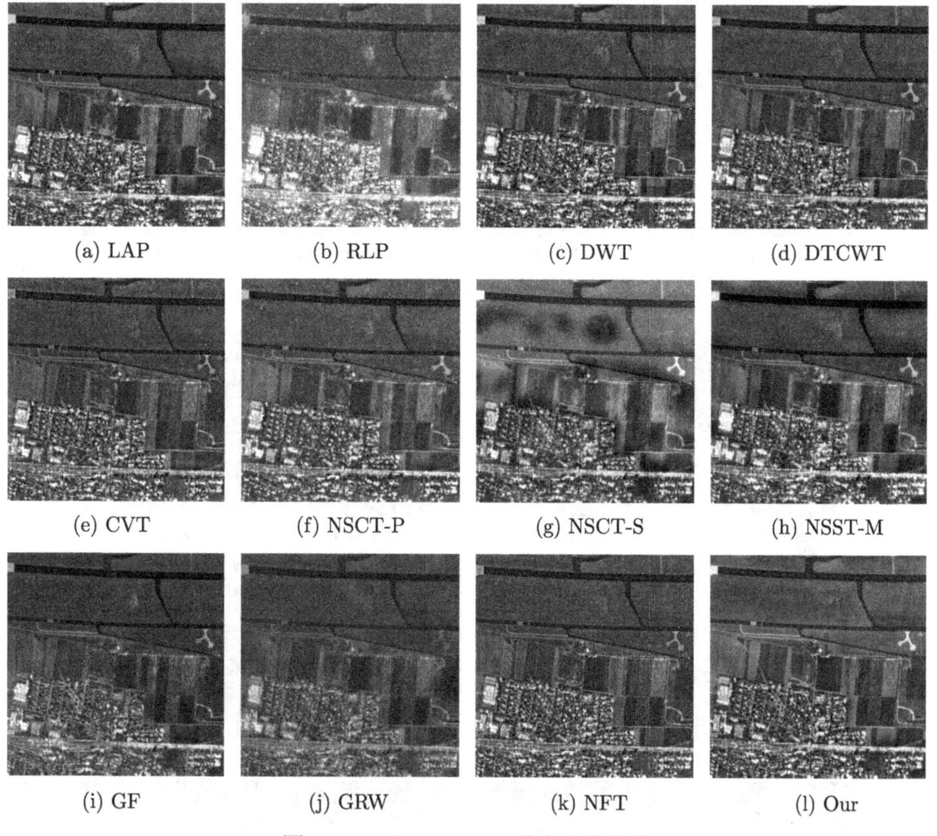
(a) LAP (b) RLP (c) DWT (d) DTCWT

(e) CVT (f) NSCT-P (g) NSCT-S (h) NSST-M

(i) GF (j) GRW (k) NFT (l) Our

图 7.3.6 SAR-VIS-2 融合后的图像

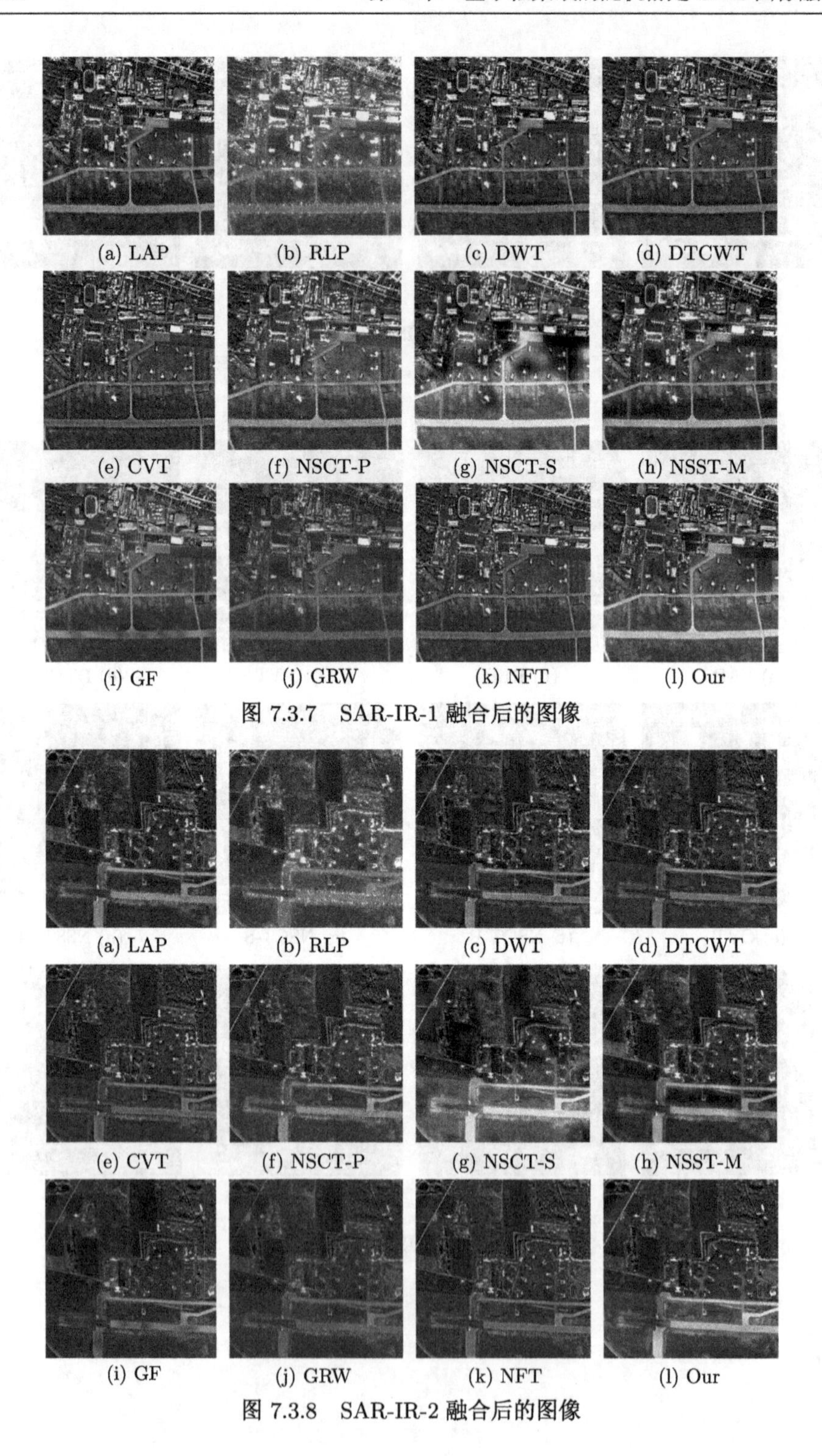

(a) LAP　(b) RLP　(c) DWT　(d) DTCWT

(e) CVT　(f) NSCT-P　(g) NSCT-S　(h) NSST-M

(i) GF　(j) GRW　(k) NFT　(l) Our

图 7.3.7　SAR-IR-1 融合后的图像

(a) LAP　(b) RLP　(c) DWT　(d) DTCWT

(e) CVT　(f) NSCT-P　(g) NSCT-S　(h) NSST-M

(i) GF　(j) GRW　(k) NFT　(l) Our

图 7.3.8　SAR-IR-2 融合后的图像

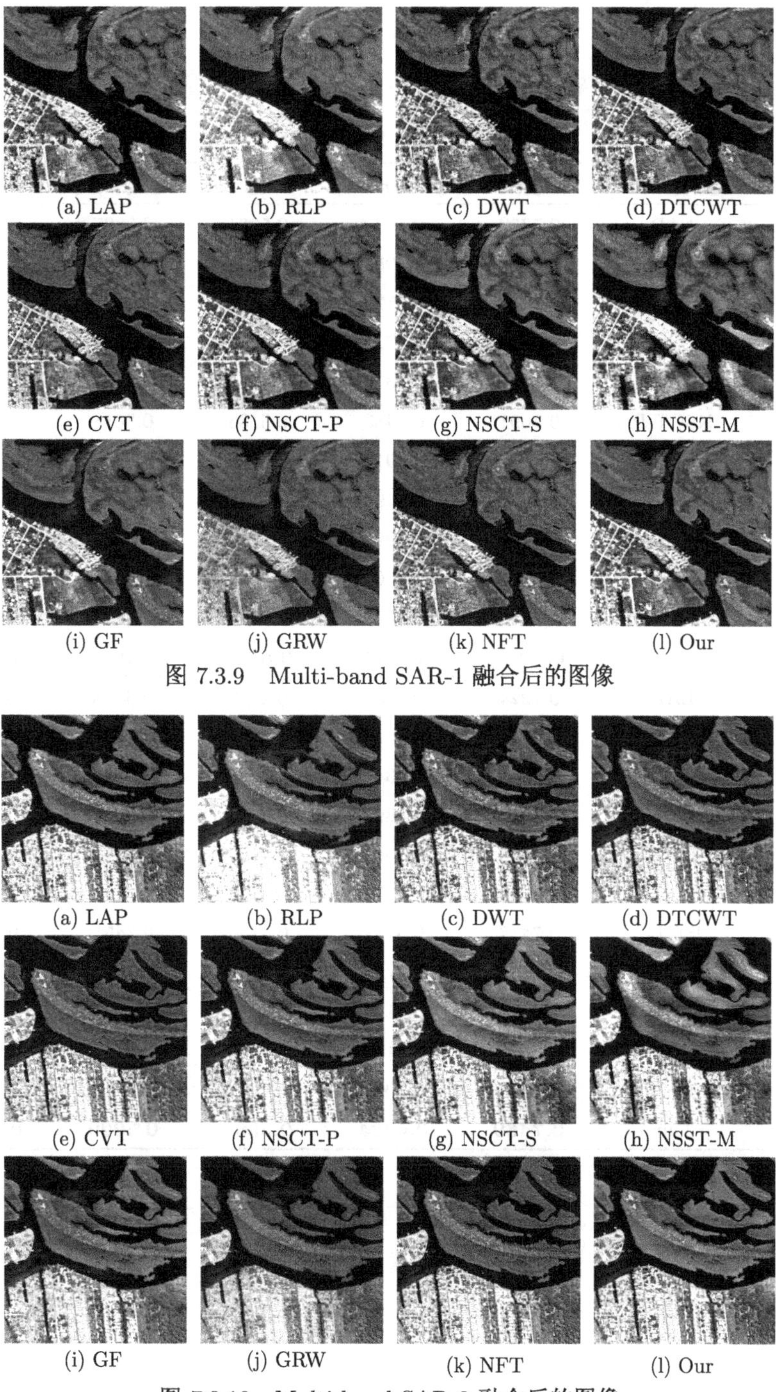

图 7.3.9 Multi-band SAR-1 融合后的图像

图 7.3.10 Multi-band SAR-2 融合后的图像

表 7.3.1　SAR-VIS

图像	融合方法	Q_W	Q_E	Q_G	Q_P	Q_Y
S-V-1	LAP	0.7758	0.5639	0.5064	0.3887	0.8183
	RLP	0.6902	0.3959	0.4268	0.2520	0.7234
	DWT	0.7451	0.5112	0.4599	0.3351	0.7747
	DTCWT	0.7810	0.5724	0.4912	0.3679	0.8254
	CVT	0.7702	0.5312	0.4544	0.3567	0.7947
	NSCT-P	0.7691	0.5483	0.5133	0.3618	0.8347
	NSCT-S	0.7900	0.5919	0.5178	0.3766	0.8236
	NSST-M	0.7646	0.5498	0.4820	0.3730	0.7965
	GF	0.7412	0.4992	0.5532	0.4286	**0.9045**
	GRW	0.6816	0.3505	0.3537	0.2980	0.6874
	NFT	0.7838	0.5729	0.5134	0.4198	0.8309
	Our	**0.7921**	**0.6108**	**0.5716**	**0.5572**	0.9031
S-V-2	LAP	0.7224	0.4783	0.4579	0.3548	0.7809
	RLP	0.6449	0.3520	0.3981	0.2736	0.6930
	DWT	0.6981	0.4341	0.4213	0.3118	0.7477
	DTCWT	0.7346	0.4898	0.4494	0.3441	0.7930
	CVT	0.7306	0.4589	0.4130	0.3216	0.7666
	NSCT-P	0.7200	0.4778	0.4733	0.4188	0.8047
	NSCT-S	0.7417	0.5111	0.4746	0.3455	0.7747
	NSST-M	0.7259	0.4776	0.4387	0.3426	0.7667
	GF	0.6785	0.4125	0.5014	0.4995	0.8545
	GRW	0.6566	0.3130	0.3090	0.3000	0.6463
	NFT	0.7438	0.5021	0.4701	0.3843	0.7991
	Our	**0.7469**	**0.5324**	**0.5361**	**0.5090**	**0.8935**

表 7.3.2 SAR-IR

图像	融合方法	Q_W	Q_E	Q_G	Q_P	Q_Y
S-I-1	LAP	0.7180	0.4990	0.4829	0.3866	0.7704
	RLP	0.5398	0.2540	0.3577	0.1976	0.6086
	DWT	0.6883	0.4421	0.4312	0.3224	0.7183
	DTCWT	0.7243	0.5053	0.4686	0.3717	0.7731
	CVT	0.7155	0.4625	0.4222	0.3430	0.7320
	NSCT-P	0.6985	0.4476	0.4303	0.3285	0.7384
	NSCT-S	0.7416	0.5274	0.5091	0.3867	0.8110
	NSST-M	0.7261	0.4961	0.4570	0.3821	0.7742
	GF	0.6799	0.4415	0.5164	0.5184	0.8225
	GRW	0.6111	0.2744	0.2876	0.3195	0.6246
	NFT	0.7306	0.5096	0.4846	0.4192	0.7737
	Our	**0.7498**	**0.5596**	**0.5966**	**0.5789**	**0.9173**
S-I-2	LAP	0.7408	0.5272	0.4849	0.3302	0.7893
	RLP	0.6022	0.3072	0.3803	0.1797	0.6705
	DWT	0.7080	0.4765	0.4402	0.2886	0.7412
	DTCWT	0.7448	0.5435	0.4785	0.3279	0.7955
	CVT	0.7328	0.4956	0.4329	0.3119	0.7628
	NSCT-P	0.7208	0.4890	0.4765	0.2985	0.7946
	NSCT-S	0.7576	0.5650	0.5101	0.3176	0.8114
	NSST-M	0.7480	0.5347	0.4678	0.3231	0.7948
	GF	0.7078	0.4727	0.5275	0.4065	0.8464
	GRW	0.6222	0.2792	0.2943	0.2417	0.6174
	NFT	0.7479	0.5412	0.4919	0.3808	0.7967
	Our	**0.7639**	**0.5923**	**0.5932**	**0.5515**	**0.9198**

表 7.3.3 Multi-band SAR

图像	融合方法	Q_W	Q_E	Q_G	Q_P	Q_Y
M-S-1	LAP	0.8441	0.6990	0.6155	0.5445	0.8104
	RLP	0.8016	0.6187	0.5722	0.4868	0.8394
	DWT	0.8266	0.6529	0.5634	0.4908	0.8233
	DTCWT	0.8523	0.7130	0.6168	0.5540	0.8548
	CVT	0.8518	0.6938	0.5850	0.5217	0.8473
	NSCT-P	0.8545	0.7198	0.6377	0.5801	0.8691
	NSCT-S	0.8585	0.7303	0.6452	0.5740	0.8731
	NSST-M	0.7641	0.6295	0.5954	0.5223	0.7142
	GF	0.8501	0.7202	**0.6854**	0.6751	**0.9384**
	GRW	0.7890	0.5547	0.5194	0.4715	0.7465
	NFT	**0.8640**	0.7244	0.6339	0.5728	0.8821
	Our	0.8631	**0.7456**	0.6838	**0.7209**	0.8883

续表

图像	融合方法	Q_W	Q_E	Q_G	Q_P	Q_Y
M-S-2	LAP	0.8344	0.6964	0.6204	0.6003	0.7526
	RLP	0.8027	0.6026	0.5527	0.5094	0.8144
	DWT	0.8284	0.6577	0.5661	0.5408	0.8076
	DTCWT	0.8487	0.7115	0.6124	0.5992	0.8264
	CVT	0.8565	0.7015	0.5780	0.5724	0.8303
	NSCT-P	0.8565	0.7188	0.6221	0.6504	0.8513
	NSCT-S	0.8703	0.7386	0.6415	0.6173	0.8874
	NSST-M	0.7585	0.6286	0.5916	0.5636	0.6744
	GF	0.8542	0.7116	0.6628	0.7079	**0.9169**
	GRW	0.8268	0.6262	0.5524	0.5526	0.7601
	NFT	0.8685	0.7289	0.6309	0.6188	0.8749
	Our	**0.8722**	**0.7513**	**0.6722**	**0.7470**	0.8859

7.3.5.1　定性分析

在这一部分, 将与 11 种融合方法进行视觉比较. 首先, 图 7.3.5 和图 7.3.6 显示通过不同方法获得的融合 SAR-可见光图像. 如图 7.3.5(b) 和图 7.3.6(b) 所示, RLP 方法产生具有高亮度的融合图像. 然而, LAP, DWT, DTCWT, CVT, NSCT-P, NSST-M, GF 和 NFT 方法降低了融合图像的对比度, 从而使一些细节不可见 (图 7.3.5(a), (c), (d), (e), (f), (h), (i), (k) 和图 7.3.6(a), (c), (d), (e), (f), (h), (i), (k)). NSCT-S 方法在融合图像中产生伪影 (图 7.3.5(g) 和图 7.3.6(g)). GRW 方法产生过平滑的融合图像 (图 7.3.5(j) 和图 7.3.6(j)). 因此, 本章所提出的方法可以保留空间细节信息而不会产生伪影和亮度失真.

然后, 图 7.3.7 和图 7.3.8 给出了两个 SAR 和红外图像融合的例子. 从融合图像可以看出, 本章所提方法可以提高对比度并保留细节, 而其他方法可能会过度提高亮度 (图 7.3.7(b) 和图 7.3.8(b)), 降低对比度 (参见图 7.3.7(a), (c), (d), (e), (f), (h), (i), (k) 和图 7.3.8(a), (c), (d), (e), (f), (h), (k), (i)), 产生伪影 (图 7.3.7(g) 和图 7.3.8(g)) 或降低锐度 (图 7.3.7(j) 和图 7.3.8(j)). 因此, 本章提出的方法所产生的融合图像具有更好的视觉效果.

最后, 融合的多频带 SAR 图像如图 7.3.9 和 7.3.10 所示. 从视觉角度来看, LAP, DWT, DTCWT, CVT, NSCT-P, NSCT-S, GF 和 NFT 方法产生的融合结果, 边缘和纹理并不明显 (图 7.3.9(a), (c), (d), (e), (f), (g), (i), (k) 和图 7.3.10(a), (c), (d), (e), (f), (g), (i), (k)). 此外, RLP, NSST-M 和 GRW 方法产生具有空间失真和模糊边缘的融合图像 (图 7.3.8(b), (h), (j) 和图 7.3.10(b), (h), (j)). 相对地, 我们给出的融合图像具有更高的对比度和清晰度, 同时可以保留边缘轮廓信息 (图 7.3.9(l) 和图 7.3.10(l)).

总之, 与其他融合方法相比, 主观评价的结果证明了所提出图像融合方法的优越性.

7.3.5.2 定量分析

本节使用五个评价指标 (Q_W, Q_E, Q_G, Q_P, Q_Y) 定量评估融合结果, 这些指标已在 7.3.2 节详细介绍. SAR-可见光图像、SAR-红外图像和多波段 SAR 图像的不同融合方法的定量结果显示在表 7.3.1—表 7.3.3 中. 根据表 7.3.1, 本章提出的方法在处理 "SAR-VIS-1" 原始图像时, Q_Y 的值略差于 GF 方法. 在 "多波段 SAR-1" 图像中, NFT 方法的 Q_W 值最优, GF 方法的 Q_G 和 Q_Y 值最大. 此外, 在处理 "多波段 SAR-2" 图像时, Q_Y 的值略小于 NFT 方法. 然而, 由于仅有一个或两个具有最大值的评价指标, 因此不能反映定量分析中的融合效果. 本章提出的方法在超过一半的评价指标中具有最佳性能. 此外, 表 7.3.2 表明本章所提方法具有所有融合评价指标中的最大值. 由此验证本章提出的融合方法可以获得更好的融合结果.

7.3.5.3 计算复杂度分析

在本节中, 分析所提方法的计算复杂性. 首先, 将原始图像转换到框架域. 该步骤的计算复杂度是 $O(M^2*J*9*2)$. 其次, 融合后的框架系数是由给定的随机游走融合规则得到的. 在此步骤中, 构造协调函数的计算复杂度是 $O(M^2*J*9*2)$. 然后, 采用共轭梯度平方法 (CGS)[222] 来求解稀疏线性方程组 (7.2.24). 求解的计算复杂度与迭代次数 (Iter) 和稀疏矩阵中非零项的数量成正比, 它是 $O(M^2*J*9*2*\text{Iter})$. 计算融合的复框架系数的计算复杂度是 $O(M^2*J*9)$. 最后, 重构得到融合图像的计算复杂度是 $O(M^2*J*9)$. 因此, 本章所提方法的总计算复杂度是 $O(M^2*J*9*2*\text{Iter})$.

本节中, 所有融合方法都在同一台计算机上 (具有 2.5GHz 主频和 4GB 内存) 的 MATLAB 中运行. 表 7.3.4 中列出了每种方法的运行时间. 从表 7.3.4 可以看

表 7.3.4 算法运行时间 (单位: s)

融合方法	S-V-1	S-V-2	S-I-1	S-I-2	M-S-1	M-S-2
LAP	0.0145	0.0140	0.0176	0.0136	0.0166	0.0146
RLP	0.1423	0.1458	0.1435	0.1413	0.1526	0.1561
DWT	0.3109	0.3122	0.3611	0.3079	0.3185	0.3188
DTCWT	0.3252	0.3062	0.3335	0.3197	0.6150	0.3424
CVT	1.3048	1.3474	1.4418	1.3088	1.4343	1.4075
NSCT-P	71.739	71.537	71.010	72.007	71.207	71.699
NSCT-S	58.943	54.370	59.391	52.574	71.439	70.807
NSST-M	72.742	73.181	74.061	73.225	73.202	72.731
GF	0.7589	0.7689	0.7656	0.7596	0.7614	0.7693
GRW	0.7872	0.8093	0.7963	0.7902	0.7991	0.7787
NFT	0.6389	0.6346	0.6228	0.6233	0.6406	0.6263
Our	11.2647	11.2353	11.4489	11.4234	12.3946	12.3744

出, LAP 方法比其他融合方法运行得更快, 因为它不考虑全局或局部统计信息. 与传统的融合方法 (LAP, RLP, DWT 等) 相比, 本章方法运行的时间较长. 因为本章方法在随机游走中使用了框架系数的局部统计特征. 但是, 并行处理技术可用于加速所提出的方法. 此外, 本章方法的运行时间比 NSCT-P, NSCT-S 和 NSST-M 方法快. 因此, 本章所提出的融合方法是有效的 SAR 图像融合方法之一.

参 考 文 献

[1] Daubechies I. The wavelet transform, time-frequency localization and signal analysis. IEEE Trans. Inf. Theory, 1990, vol. 36, no. 5, pp. 961–1005.

[2] Haar A. Zur theorie der orthogonalen funktionensysteme. Mathematische Annalen, 1910, vol. 69, no. 3, pp. 331–371.

[3] Goupillaud P, Grossmann A, Morlet J. Cycle-octave and related transforms in seismic signal analysis. Geoexploration, 1984, vol. 23, no. 1, pp. 85–102.

[4] Grossmann A, Holschneider M, Kronland-Martinet R, Morlet J. Detection of abrupt changes in sound signals with the help of wavelet transforms//Inverse Problems: an Interdisciplinary Study. Adv. Electron. Electron Phys., Suppl. 19. Cambridge: Academic Press, 1987, pp. 298–306.

[5] Grossmann A. Wavelet transforms and edge detection//Stochastic Processes in Physics and Engineering. Math. Appl., vol. 42. Dordrecht: Springer, 1988, pp. 149–157.

[6] Morlet J, Arens G, Fourgeau E, Giard D. Wave propagation and sampling theory: Part I, complex signal and scattering in multilayered media and part II, sampling theory and complex waves. Geophysics, 1982, vol. 47, no. 2, pp. 203–221,222–236.

[7] Meyer Y. Ondelettes et opérateurs: Ondelettes. Paris: Hermann, 1990.

[8] Meyer Y. Ondelettes et fonctions splines//Séminaire sur les équations aux dérivées partielles, vol. 6. Palaiseau: Ecole Polytechnique, 1986–1987, pp. 1–18.

[9] Mallat S. A theory for multiresolution signal decomposition: The wavelet representation. IEEE Trans. Pattern Anal. Mach. Intell., 1989, vol. 11, no. 7, pp. 674–693.

[10] Mallat S. Multiresolution approximations and wavelet orthonormal bases of $L^2(R)$. Trans. Amer. Math. Soc., 1989, vol. 315, no. 1, pp. 69–87.

[11] Daubechies I. Ten Lectures on Wavelets. CBMS-NSF Regional Conference Series in Applied Mathematics. Philadelphia: SIAM, 1992.

[12] Chui C K. An Introduction to Wavelets. San Diego: Academic Press, 1992.

[13] Mallat S. A Wavelet Tour of Signal Processing: The Sparse Way. Cambridge: Academic Press, 2008.

[14] 成礼智, 王红霞, 罗永. 小波的理论与应用. 北京: 科学出版社, 2004.

[15] 孙延奎. 小波分析及其应用. 北京: 机械工业出版社, 2005.

[16] Duffin R J, Schaeffer A C. A class of nonharmonic Fourier series. Trans. Amer. Math. Soc., 1952, vol. 72, no. 2, pp. 341–366.

[17] Donoho D L, Vetterli M, DeVore R A, Daubechies I. Data compression and harmonic analysis. IEEE Trans. Inf. Theory, 1998, vol. 44, no. 6, pp. 2435–2476.

[18] Do M N, Vetterli M. The contourlet transform: An efficient directional multiresolution image representation. IEEE Trans. Image Process., 2005, vol. 14, no. 12, pp. 2091–2106.

[19] Daubechies I, Sweldens W. Factoring wavelet transforms into lifting steps. J. Fourier Anal. Appl., 1998, vol. 4, no. 3, pp. 247–269.

[20] Sweldens W. The lifting scheme: A new philosophy in biorthogonal wavelet constructions//Wavelet Applications in Signal and Image Processing III. Proc. SPIE 2569, 1998, pp. 68–79.

[21] Sweldens W. The lifting scheme: A custom-design construction of biorthogonal wavelets. Appl. Comput. Harmon. Anal., 1996, vol. 3, no. 2, pp. 186–200.

[22] Sweldens W. The lifting scheme: A construction of second generation wavelets. SIAM J. Math. Anal., 1998, vol. 29, no. 2, pp. 511–546.

[23] Taubman D, Marcellin M. JPEG2000: 图像压缩基础、标准和实践. 魏江力, 柏正尧, 译. 北京: 电子工业出版社, 2004.

[24] Yang X, Ren H, Li B. Embedded zerotree wavelets coding based on adaptive fuzzy clustering for image compression. Image and Vision Computing, 2008, vol. 26, no. 6, pp. 812–819.

[25] Yang X, Zhu Z, Guo Y, Quan Z. Lifting construction based on bernstein bases and application in image compression. IET Image Processing, 2010, vol. 4, no. 5, pp. 385–402.

[26] Yang X, Shi Y, Chen L, Quan Z. The lifting scheme for wavelet bi-frames: Theory, structure, and algorithm. IEEE Trans. Image Process., 2010, vol. 19, no. 3, pp. 612–624.

[27] Shi Y, Yang X. The lifting factorization and construction of wavelet bi-frames with arbitrary generators and scaling. IEEE Trans. Image Process., 2011, vol. 20, no. 9, pp. 2439–2449.

[28] Shi Y, Yang X. The lifting factorization of wavelet bi-frames with arbitrary generators. Math. Comput. Simulat., 2011, vol. 82, no. 4, pp. 570–589.

[29] Yang X, Shi Y, Zhou W. Construction of parameterizations of masks for tight wavelet frames with two symmetric/antisymmetric generators and application in image compression and denosing. Journal of Computational and Applied Mathematics, 2011, vol. 235, no. 8, pp. 2112–2136.

[30] Yang X, Shi Y, Yang B. General framework of the construction of biorthogonal wavelets based on bernstein bases: Theory analysis and application in image compression. IET Computer Vision, 2011, vol. 5, no. 1, pp. 50–67.

[31] Yang X, Min J, Shi Y. Parametrization construction frame of lifting scheme. IET

Singal Processing, 2011, vol. 5, no. 1, pp. 1–15.

[32] Shi Y, Yang X, Cheng T. Pansharpening of multispectral images using the nonseparable framelet lifting transform with high vanishing moments. Inf. Fus., 2014, vol. 20, pp. 213–224.

[33] Shi Y, Yang X, Guo Y. Translation invariant directional framelet transform combined with gabor filters for image denoising. IEEE Trans. Image Process., 2014, vol. 23, no. 1, pp. 44–55.

[34] Dan J, Yang X, Shi Y, Guo Y. Random error modeling and analysis of airborne Lidar systems. IEEE Trans. Geosci. Remote Sens., 2014, vol. 52, no. 7, pp. 3885–3894.

[35] Cheng T, Yang X. Compactly supported tight and sibling frames based on generalized Bernstein polynomials. Mathematical Problems in Engineering, 2016, vol. 2016, pp. 1–13.

[36] Cheng T, Yang X. Analysis and construction of a family of refinable functions based on generalized Bernstein polynomials. Journal of Inequalities and Applications, 2016, vol. 2016, no. 166, pp. 1–29.

[37] Cheng T, Yang X. Nonstationary refinable functions based on generalized Bernstein polynomials. Journal of Computational Analysis and Applications, 2016, vol. 21, no. 5, pp. 980–993.

[38] 王敬凯, 杨小远. 基于框架域的随机游走全色锐化方法. 北京航空航天大学学报, 2017, vol. 43, no. 4, pp. 709–719.

[39] 朱日东, 杨小远, 王敬凯. 基于傅里叶域卷积表示的目标跟踪算法. 北京航空航天大学学报, 2018, vol. 44, no. 1, pp. 151–159.

[40] Shi Y. A new pansharpening algorithm using morphological lifting transform. 2018 IEEE 3rd International Conference on Signal and Image Processing (ICSIP), 2018, pp. 250–254.

[41] Yang X, Wang J, Zhu R. Random walks for synthetic aperture radar image fusion in framelet domain. IEEE Trans. Image Process., 2018, vol. 27, no. 2, pp. 851–865.

[42] Yang X, Zhu R, Wang J, Li Z. Real-time object tracking via least squares transformation in spatial domain and fourier domain for unmanned aerial vehicle. Chinese Journal of Aeronautics, https://doi.org/10.1016/j.cja.2019.01.020.

[43] Daubechies I, Grossmann A, Meyer Y. Painless nonorthogonal expansions. J. Math. Phys., 1986, vol. 27, pp. 1271–1283.

[44] Ron A, Shen Z. Affine systems in $L_2(\mathbb{R}^d)$: The analysis of the analysis operator. J. Funct. Anal., 1997, vol. 148, no. 2, pp. 408–447.

[45] Ron A, Shen Z. Affine systems in $L_2(\mathbb{R}^d)$ II: Dual systems. J. Fourier Anal. Appl., 1997, vol. 3, no. 5, pp. 617–637.

[46] Daubechies I, Han B, Ron A, Shen Z. Framelets: MRA-based constructions of wavelet frames. Appl. Comput. Harmon. Anal., 2003, vol. 14, no. 1, pp. 1–46.

[47] Ron A, Shen Z. Compactly supported tight affine spline frames in $L_2(\mathbb{R}^d)$. Math. Comput., 1998, vol. 67, no. 221, pp. 191–207.

[48] Ron A, Shen Z. Construction of compactly supported affine frames in $L_2(\mathbb{R}^d)$//Advances in Wavelets. Dordrecht: Springer, 1998, pp. 27–49.

[49] Selesnick I W. Smooth wavelet tight frames with zero moments. Appl. Comput. Harmon. Anal., 2001, vol. 10, no. 2, pp. 163–181.

[50] Kingsbury N G. Image processing with complex wavelets. Phil. Trans. R. Soc. Lond. A, 1999, vol. 357, no. 1760, pp. 2543–2560.

[51] Kingsbury N G. Complex wavelets for shift invariant analysis and filtering of signals. Appl. Comput. Harmon. Anal., 2001, vol. 10, no. 3, pp. 234–253.

[52] Selesnick I W, Baraniuk R G, Kingsbury N G. The dual-tree complex wavelet transform. IEEE Trans. Signal Process. Mag., 2005, vol. 22, no. 6, pp. 123–151.

[53] Han B. Properties of discrete framelet transforms. Math. Model. Nat. Phenom., 2013, vol. 8, no. 1, pp. 18–47.

[54] Han B, Zhao Z. Tensor product complex tight framelets with increasing directionality. SIAM J. Imaging Sci., 2014, vol. 7, no. 2, pp. 997–1034.

[55] Chui C K, He W, Stöckler J. Compactly supported tight and sibling frames with maximum vanishing moments. Appl. Comput. Harmon. Anal., 2002, vol. 13, no. 3, pp. 224–262.

[56] Chui C K, He W, Stöckler J, Sun Q. Compactly supported tight affine frames with integer dilations and maximum vanishing moments. Adv. Comput. Math., 2003, vol. 18, pp. 159–187.

[57] Averbuch A Z, Zheludev V A, Cohen T. Tight and sibling frames originated from discrete splines. Signal Process., 2006, vol. 86, no. 7, pp. 1632–1647.

[58] Han B, Mo Q. Symmetric MRA tight wavelet frames with three generators and high vanishing moments. Appl. Comput. Harmon. Anal., 2005, vol. 18, no. 1, pp. 67–93.

[59] Han B, Mo Q. Splitting a matrix of laurent polynomials with symmetry and its application to symmetric framelet filter banks. SIAM J. Matrix Anal. Appl., 2004, vol. 26, no. 1, pp. 97–124.

[60] Chui C K, Shi X L, Stöckler J. Affine frames, quasi-affine frames, and their duals. Adv. Comput. Math., 1998, vol. 8, pp. 1–17.

[61] Daubechies I, Han B. Pairs of dual wavelet frames from any two refinable functions. Constr. Approx., 2004, vol. 20, pp. 325–352.

[62] Daubechies I, Han B. The canonical dual frame of a wavelet frame. Appl. Comput. Harmon. Anal., 2002, vol. 12, no. 3, pp. 269–285.

[63] Bownik M, Lemvig J. The canonical and alternate duals of a wavelet frame. Appl. Comput. Harmon. Anal., 2007, vol. 23, no. 2, pp. 263–272.

[64] Han B. Dual multiwavelet frames with high balancing order and compact fast frame

transform. Appl. Comput. Harmon. Anal., 2009, vol. 26, no. 1, pp. 14–42.

[65] Lai M J, Stöckler J. Construction of multivariate compactly supported tight wavelet frames. Appl. Comput. Harmon. Anal., 2006, vol. 21, no. 3, pp. 324–348.

[66] Ehler M. On multivariate compactly supported bi-frames. J. Fourier Anal. Appl., 2007, vol. 13, no. 5, pp. 511–532.

[67] Ehler M, Han B. Wavelet bi-frames with few generators from multivariate refinable functions. Appl. Comput. Harmon. Anal., 2008, vol. 25, no. 3, pp. 407–414.

[68] Ehler M. Nonlinear approximation schemes associated with nonseparable wavelet bi-frames. J. Approx. Theory, 2009, vol. 161, no. 1, pp. 292–313.

[69] Skopina M. On construction of multivariate wavelet frames. Appl. Comput. Harmon. Anal., 2009, vol. 27, no. 1, pp. 55–72.

[70] Li Y, Yang S. Construction of nonseparable dual Ω-wavelet frames in $L^2(\mathbb{R}^s)$. Appl. Math. Comput., 2009, vol. 215, no. 6, pp. 2082–2094.

[71] Jia R Q. Approximation properties of multivariate wavelets. Math. Comput., 1998, vol. 67, no. 22, pp. 647–665.

[72] Han B, Mo Q, Zhao Z. Compactly supported tensor product complex tight framelets with directionality. SIAM J. Marh. Anal., 2015, vol. 47, no. 3, pp. 997–1034.

[73] Han B, Zhao Z, Zhuang X. Directional tensor product complex tight framelets with low redundancy. Appl. Comput. Harmon. Anal., 2016, vol. 41, no. 2, pp. 603–637.

[74] Calderbank A R, Daubechies I, Sweldens W, Yeo B L. Wavelet transforms that map integers to integers. Appl. Comput. Harmon. Anal., 2009, vol. 5, no. 3, pp. 332–369.

[75] Schröder P, Sweldens W. Spherical wavelets: Efficiently representing functions on the sphere. Proceedings of the 22nd annual conference on computer graphics and interactive techniques, 1995, pp. 161–172.

[76] Jiang Q. Parameterizations of masks for tight affine frames with two symmetric/antisymmetric generators. Adv. Comput. Math., 2003, vol. 18, no. 2–4, pp. 247–268.

[77] Bernstein S N. Démonstration du théorème de Weierstrass fondée sur le calcul des probabilities. Comm. Soc. Math. Kharkov, 1912, vol. 13, no. 1–2.

[78] Li H, Wang Q, Wu L. A novel design of lifting scheme from general wavelet. IEEE Trans. Signal Process., 2001, vol. 49, no. 8, pp. 1714–1717.

[79] Kovačević J, Vetterli M. Nonseparable multidimensional perfect reconstruction filter banks and wavelet bases for $\mathscr{R}^n$. IEEE Trans. Inf. Theory, 1992, vol. 38, no. 2, pp. 533–555.

[80] Viscito E, Allebach J P. The analysis and design of multidimensional FIR perfect reconstruction filter banks for arbitrary sampling lattices. IEEE Trans. Circuits Syst., 1991, vol. 38, no. 1, pp. 29–41.

[81] Vetterli M. A theory of multirate filter banks. IEEE Trans. Acoust., Speech, Signal

Process., 1987, vol. 35, no. 3, pp. 356–372.

[82] Smith M J T, Barnwell T P. A new filter bank theory for time-frequency representation. IEEE Trans. Acoust., Speech, Signal Process., 1987, vol. 35, no. 3, pp. 314–327.

[83] Kovačević J, Sweldens W. Wavelet families of increasing order in arbitrary dimensions. IEEE Trans. Image Process., 2000, vol. 9, no. 3, pp. 480–496.

[84] Stoer J, Bulirsch R. Introduction to Numerical Analysis. New York: Springer-Verlag, 2002.

[85] de Boor C, Ron A. On multivariate polynomial interpolation. Constr. Approx., 1990, vol. 6, no. 3, pp. 287–302.

[86] Deslauriers G, Dubuc S. Interpolation dyadique//Fractals, Dimensions Non Entières et Applications. Paris: Masson, 1987, pp. 44–55.

[87] Gonzalez R C, Woods R E. 数字图像处理 (英文版). 3 版. 2010, 北京: 电子工业出版社.

[88] Donoho D L, Johnstone I M. Ideal spatial adaptation by wavelet shrinkage. Biometrika, 1994, vol. 81, no. 3, pp. 425–455.

[89] Donoho D L. De-noising by soft-thresholding. IEEE Trans. Inf. Theory, 2002, vol. 41, no. 3, pp. 613–627.

[90] Donoho D L, Johnstone I M. Adaptivng to unknown smoothness via wavelet shrinkage. Journal of the American Statistical Assoc., 1995, vol. 90, no. 432, pp. 1200–1224.

[91] Chang S G, Yu B, Vetterli M. Adaptive wavelet thresholding for image denoising and compression. IEEE Trans. Image Process., 2000, vol. 9, no. 9, pp. 1532–1546.

[92] Şendur L, Selesnick I W. Bivariate shrinkage functions for wavelet-based denoising exploiting interscale dependency. IEEE Trans. Signal Process., 2002, vol. 50, no. 11, pp. 2744–2756.

[93] Sendur L, Selesnick I W. Bivariate shrinkage with local variance estimation. IEEE Signal Process. Lett., 2002, vol. 9, no. 12, pp. 438–441.

[94] Wainwright M J, Simoncelli E P, Willsky A S. Random cascades on wavelet trees and their use in analyzing and modeling natural images. Appl. Comput. Harmon. Anal., 2001, vol. 11, no.1, pp. 89–123.

[95] Portilla J, Strela V, Wainwright M J, Simoncelli E P. Image denoising using scale mixtures of Gaussians in the wavelet domain. IEEE Trans. Image Process., 2003, vol. 12, no. 11, pp. 1338–1351.

[96] Selesnick I W. The estimation of Laplace random vectors in additive white Gaussian noise. IEEE Trans. Signal Process., 2008, vol. 56, no. 8, pp. 3482–3496.

[97] Shi F, Selesnick I W. An elliptically contoured exponential mixture model for wavelet based image denoising. Appl. Comput. Harmon. Anal., 2007, vol. 23, no. 1, pp. 131–151.

[98] Dabov K, Foi A, Katkovnik V, Egiazarian K. Image denoising by sparse 3-D transform-

domain collaborative filtering. IEEE Trans. Image Process., 2007, vol. 16, no. 8, pp. 2080–2095.

[99] Danielyan A, Maggioni M, Dabov K, Foi A. Image and video denoising by sparse 3D transform-domain collaborative filtering. [Online]. Available: www.cs.tut.fi/~foi/GCF-BM3D/

[100] Coifman R R, Donoho D L. Translation-invariant de-noising//Wavelets and Statistics. New York: Springer-Verlag, 1995, pp. 125–150.

[101] Wang X, Shi G, Liang L. Image denoising based on translation invariant directional lifting. IEEE International Conference on Acoustics Speech and Signal Processing (ICASSP), 2010, pp. 1446–1449.

[102] Eslami R, Radha H. Translation-invariant contourlet transform and its application to image denoising. IEEE Trans. Image Process., 2006, vol. 15, no. 11, pp. 3362–3374.

[103] Shim M, Laine A. Overcomplete lifted wavelet representations for multiscale feature analysis. International Conference on Image Processing, 1998, pp. 242–246.

[104] Holschneider M, Kronland-Martinet R, Morlet J, Ph. Tchamitchian P. A real-time algorithm for signal analysis with the help of the wavelet transform//Wavelets. Time-Frequency Methods and Phase Space. Berlin, Heidelberg: Springer-Verlag, 1990, pp. 286–297.

[105] Ding W, Wu X, Li S, Li H. Adaptive directional lifting-based wavelet transform for image coding. IEEE Trans. Image Process., 2007, vol. 16, no. 2, pp. 416–427.

[106] Chang C L, Girod B. Direction-adaptive discrete wavelet transform for image compression. IEEE Trans. Image Process., 2007, vol.5, pp. 1289–1302.

[107] Mallat S, Hwang W L. Singularity detection and processing with wavelets. IEEE Trans. Inf. Theory, 1992, vol. 38, no. 2, pp. 617–643.

[108] Daugman J G. Uncertainty relation for resolution in space, spatial frequency, and orientation optimized by two-dimensional visual cortical filters. J. Opt. Soc. Am. A, 1985, vol. 2, no. 7, pp. 1160–1169.

[109] Jones J P, Palmer L A. An evaluation of the two-dimensional Gabor filter model of simple receptive fields in cat striate cortex. J. Neurophysiol., 1987, vol. 58, no. 6, pp. 1233–1258.

[110] Bovik A C, Clark M, Geisler W S. Multichannel texture analysis using localized spatial filters. IEEE Trans. Pattern Anal. Mach. Intell., 1990, vol. 12, no. 1, pp. 55–73.

[111] Jain A K, Farrokhnia F. Unsupervised texture segmentation using Gabor filters. Pattern Recognition, 1991, vol. 24, no. 12, pp. 1167–1186.

[112] Lee T S. Image representation using 2d gabor wavelets. IEEE Trans. Pattern Anal. Mach. Intell., 1996, vol. 18, no. 10, pp. 959–971.

[113] Kamarainen J K, Kyrki V, Kälviäinen H. Robustness of Gabor feature parameter selection. IAPR Workshop on Machine Vision Applications, Nara, Japan, 2002, pp.

132–135.

[114] Kamarainen J K, Kyrki V, Kälviäinen H. Invariance properties of Gabor filter-based features-overview and applications. IEEE Trans. Image Process., 2006, vol. 15, no. 5, pp. 1088–1099.

[115] Wang X, Shi G, Niu Y, Zhang L. Robust adaptive directional lifting wavelet transform for image denoising. IET Image Processing, 2011, vol. 5, no. 3, pp. 249–260.

[116] da Cunha A L, Zhou J, Do M N. The nonsubsampled contourlet transform: Theory, design, and applications. IEEE Trans. Image Process., 2006, vol. 15, no. 10, pp. 3089–3101.

[117] Lim W Q. The discrete shearlet transform: A new directional transform and compactly supported shearlet frames. IEEE Trans. Image Process., 2010, vol. 19, no. 5, pp. 1166–1180.

[118] Wang Z, Bovik A C, Sheikh H R, Simoncelli E P. Image quality assessment: From error visibility to structural similarity. IEEE Trans. Image Process., 2004, vol. 13, no. 4, pp. 600–612.

[119] Freeman W T, Adelson E H. The design and use of steerable filters. IEEE Trans. Pattern Anal. Mach. Intell., 1991, vol. 13, no. 9, pp. 891–906.

[120] Goshtasby A A, Nikolov S. Image fusion: Advances in the state of the art. Inf. Fus., 2007, vol. 8, no. 2, pp. 114–118.

[121] Pohl C, Genderen J L V. Multisensor image fusion in remote sensing: Concepts, methods and applications. Int. J. Remote Sens., 1998, vol. 19, no. 5, pp. 823–854.

[122] Hall D L, Llinas J. An introduction to multisensor data fusion. Proc. IEEE, 1997, vol. 85, no. 1, pp. 6–23.

[123] Khaleghi B, Khamis A, Karray F O, Razavi S N. Multisensor data fusion: A review of the state-of-the-art. Inf. Fus., 2013, vol. 14, no. 1, pp. 28–44.

[124] 敬忠良, 肖刚, 李振华. 图像融合: 理论与应用. 2007, 北京: 高等教育出版社.

[125] Simone G, Farina A, Morabito F, Serpico S, Bruzzone L. Image fusion techniques for remote sensing applications. Inf. Fus., 2002, vol. 3, no. 1, pp. 3–15.

[126] Park J H, Kang M G. Spatially adaptive multi-resolution multispectral image fusion. Int. J. Remote Sens., 2004, vol. 25, no. 23, pp. 5491–5508.

[127] Chavez P S, Sides S C, Anderson J A. Comparison of three different methods to merge multiresolution and multispectral data: Landsat TM and SPOT panchromatic. Photogramm. Eng. Remote Sens., 1991, vol. 57, no. 3, pp. 265–303.

[128] Alparone L, Wald L, Chanussot J, Thomas C, Gamba P, Bruce L M. Comparison of pansharpening algorithms: Outcome of the 2006 GRS-S aata-fusion contest. IEEE Trans. Geosci. Remote Sens., 2007, vol. 45, no. 10, pp. 3012–3021.

[129] Vivone G, Alparone L, Chanussot J, Mura M D, Garzelli A, Licciardi G A, Restaino R, Wald L. A critical comparison among pansharpening algorithms. IEEE Trans. Geosci.

Remote Sens., 2014, vol. 53, no. 5, pp. 2565–2586.

[130] Wald L, Ranchin T, Mangolini M. Fusion of satellite images of different spatial resolutions: Assessing the quality of resulting images. Photogramm. Eng. Remote Sens., 1997, vol. 63, no. 6, pp. 691–699.

[131] Carper W J, Lillesand T M, Kiefer R W. The use of intensity-hue-saturation transformations for merging SPOT panchromatic and multispectral image data. Photogramm. Eng. Remote Sens., 1990. vol. 56, no. 4, pp. 459–467.

[132] Brower B, Laben C. Process for enhancing the spatial resolution of multispectral imagery using pan-sharpening. U.S., 2000, Patent 6011875.

[133] Choi M. A new intensity-hue-saturation fusion approach to image fusion with a trade-off parameter. IEEE Trans. Geosci. Remote Sens., 2006, vol. 44, no. 6, pp. 1672–1682.

[134] Garzelli A, Nencini F, Capobianco L L. Optimal MMSE pan sharpening of very high resolution multispectral images. IEEE Trans. Geosci. Remote Sens., 2008, vol. 46, no. 1, pp. 228–236.

[135] Shettigara V K. A generalized component substitution technique for spatial enhancement of multispectral images using a higher resolution data set. Photogramm. Eng. Remote Sens., 1992, vol. 58, no. 5, pp. 561–567.

[136] Aiazzi B, Baronti S, Lotti F, Selva M. A comparison between global and context-adaptive pansharpening of multispectral images. IEEE Geosci. Remote Sens. Lett., 2009, vol. 6, no. 2, pp. 302–306.

[137] Rahmani S, Strait M, Merkurjev D, Moeller M, Wittman T. An adaptive IHS pan-sharpening method. IEEE J. GRSL, 2010, vol. 7, no. 4, pp. 746–750.

[138] Tu T M, Huang P S, Hung C L, Chang C P. A fast intensity-hue-saturation fusion technique with spectral adjustment for IKONOS imagery. IEEE Geosci. Remote Sens. Lett., 2004, vol. 1, no. 4, pp. 309–312.

[139] Tu T M, Su S C, Shyu H C, Huang P S. A new look at IHS-like image fusion methods. Inf. Fus., 2001, vol. 2, no. 3, pp. 177–186.

[140] Otazu X, González-Audícana M, Fors O, Alvarez-Mozos J. A low computational-cost method to fuse IKONOS images using the spectral response function of its sensors. IEEE Trans. Geosci. Remote Sens., 2006, vol. 44, no. 6, pp. 1683–1691.

[141] Garzelli A, Nencini F. Fusion of panchromatic and multispectral images by genetic algorithms. IEEE Int. Geosci. Remote Sens. Symp. (IGARSS), 2006, pp. 3793–3796.

[142] Aiazzi B, Alparone L, Baronti S, Garzelli A. Context-driven fusion of high spatial and spectral resolution images based on oversampled multiresolution analysis. IEEE Trans. Geosci. Remote Sens., 2002, vol. 40, no. 10, pp. 2300–2312.

[143] Piella G. A general framework for multiresolution image fusion: From pixels to regions. Inf. Fus., 2003, vol. 4, no. 4, pp. 259–280.

[144] Wald L, Ranchin T. Fusion of high spatial and spectral resolution images: The ARSIS

concept and its implementation. Photogramm. Eng. Remote Sens., 2000, vol. 66, no. 1, pp. 49–61.

[145] Garzelli A, Nencini F. Interband structure modeling for pan-sharpening of very high-resolution multispectral images. Inf. Fus., 2005, vol. 6, no. 3, pp. 213–224.

[146] Choi M, Kim R Y, Nam M R, Kim H O. Fusion of multispectral and panchromatic satellite images using the curvelet transform. IEEE Trans. Geosci. Remote Sens. Lett., 2005, vol. 2, no. 2, pp. 136–140.

[147] Nencini F, Garzelli A, Baronti S, Alparone L. Remote sensing image fusion using the curvelet transform. Inf. Fus., 2007, vol. 8, no. 2, pp. 143–156.

[148] Yang S, Wang M, Jiao L, Wu R, Wang Z. Image fusion based on a new contourlet packet. Inf. Fus., 2010, vol. 11, no. 2, pp. 78–84.

[149] Zhang Q, Guo B. Multifocus image fusion using the nonsubsampled contourlet transform. Signal Process., 2009, vol. 89, no. 7, pp. 1334–1346.

[150] Shah V P, Younan N H, King R L. An efficient pan-sharpening method via a combined adaptive PCA approach and contourlets. IEEE Trans. Geosci. Remote Sens., 2008, vol. 46, no. 5, pp. 1323–1335.

[151] Zhang D, Gao Q, Wu X, Lu Y. Fusion of multi-polarimetric SAR images using directionlets transform. Int. Conf. Multimedia Technology, 2011, pp. 6374–6377.

[152] Li S, Yang B, Hu J. Performance comparison of different multi-resolution transforms for image fusion. Inf. Fus., 2011, vol. 12, no. 2, pp. 74–84.

[153] Thomas C, Ranchin T, Wald L, Chanussot J. Synthesis of multispectral images to high spatial resolution: A critical review of fusion methods based on remote sensing physics. IEEE Trans. Geosci. Remote Sens., 2008, vol. 46, no. 5, pp. 1301–1312.

[154] Aiazzi B, Alparone L, Baronti S, Garzelli A, Selva M. MTF-tailored multiscale fusion of high-resolution MS and pan imagery. Photogramm. Eng. Remote Sens., 2006, vol. 72, no. 5, pp. 591–596.

[155] González-Audícana M, Otazu X, Fors O, Seco A. Comparison between mallat's and the 'à trous' discrete wavelet transform based algorithms for the fusion of multispectral and panchromatic images. Int. J. Remote Sens., 2005, vol. 26, no. 3, pp. 595–614.

[156] Starck J L, Murtagh F, Fadili J M. Sparse Image and Signal Processing: Wavelets, Curvelets, Morphological Diversity. Cambridge: Cambridge University Press, 2010.

[157] Núñez J, Otazu X, Fors O, Prades A, Palà V, Arbiol R. Multiresolution-based image fusion with additive wavelet decomposition. IEEE Trans. Geosci. Remote Sens., 1999, vol. 37, no. 3, pp. 1204–1211.

[158] Otazu X, González-Audícana M, Fors O, Núñez J. Introduction of sensor spectral response into image fusion methods. Application to wavelet-based methods. IEEE Trans. Geosci. Remote Sens., 2005, vol. 43, no. 10, pp. 2376–2385.

[159] Aiazzi B, Alparone L, Baronti S, Garzelli A, Selva M. An MTF-based spectral distor-

tion minimizing model for pan-sharpening of very high resolution multispectral images of urban areas. Proc. 2nd GRSS/ISPRS Joint Workshop on Remote Sensing and Data Fusion over Urban Areas, 2003, pp. 90–94.

[160] Lee J, Lee C. Fast and efficient panchromatic sharpening. IEEE Trans. Geosci. Remote Sens., 2010, vol. 48, no. 1, pp. 155–163.

[161] Garzelli A, Benelli G, Barni M, Magini C. Improving wavelet-based merging of panchromatic and multispectral images by contextual information. Proc. SPIE 4170, Image and Signal Processing for Remote Sensing VI, 2001, vol. 82, pp. 82–91.

[162] Wald L. Data Fusion: Definitions and Architectures: Fusion of Images of Different Spatial Resolutions. Paris, France: Presses de l'Ecole, Ecole des Mines de Paris, 2002.

[163] Wang Z, Bovik A C. A universal image quality index. IEEE Signal Process. Lett., 2002, vol. 9, no. 3, pp. 81–84.

[164] Garzelli A, Nencini F. Hypercomplex quality assessment of multi/hyperspectral images. IEEE Geosci. Remote Sens. Lett., 2009, vol. 6, no. 4, pp. 662–665.

[165] Alparone L, Aiazzi B, Baronti S, Garzelli A, Nencini F, Selva M. Multispectral and panchromatic data fusion assessment without reference. Photogramm. Eng. Remote Sens., 2008, vol. 74, no. 2, pp. 193–200.

[166] Jazwinski A H. Stochastic Processes and Filtering Theory. Pittsburgh: Academic Press, 1970.

[167] Julier S J, Uhlmann J K. A non-divergent estimation algorithm in the presence of unknown correlations. Amer. Control Conf., 1997, vol. 4, Jun. pp. 2369–2373.

[168] Niehsen W. Information fusion based on fast covariance intersection filtering. Conf. Information Fusion, 2002. vol. 2, Jul. pp. 901–904.

[169] Mahyari A, Yazdi M. Panchromatic and multispectral image fusion based on maximization of both spectral and spatial similarities. IEEE Trans. Geosci. Remote Sens., 2011, vol. 49, no. 6, pp. 1976–1985.

[170] Cheng S, Qiguang M, Pengfei X. A novel algorithm of remote sensing image fusion based on shearlets and PCNN. Neurocomputing, 2013, vol. 117, no. 6, pp. 47–53.

[171] Heijmans H M, Goutsias J. Nonlinear multiresolution signal decomposition schemes. II. morphological wavelets. IEEE Trans. on Image Process., 2000, vol. 9, no. 11, pp. 1897–1913.

[172] Restaino R, Vivone G, Mura M D, Chanussot J. Fusion of multispectral and panchromatic images based on morphological operators. IEEE Trans. on Image Process., 2016, vol. 25, no. 6, pp. 2882–2895.

[173] Ghahremani M, Ghassemian H. Nonlinear IHS: A promising method for pansharpening. IEEE Geosci. and Remote Sens. Lett., 2016, vol. 13, no. 11, pp. 1606–1610.

[174] Grady L. Multilabel random walker image segmentation using prior models. CVPR, 2005, vol. 1, pp. 763–770.

[175] Grady L. Random walks for image segmentation. IEEE Trans. Pattern Anal. Mach., 2006, vol. 28, no. 11, pp. 1768–1783.

[176] Shen R, Cheng I, Shi J, Basu A. Generalized random walks for fusion of multi-exposure images. IEEE Trans. Image Process., 2011, vol. 20, no. 12, pp. 3634–3646.

[177] Hua K L, Wang H C, Rusdi A H, Jiang S Y. A novel multi-focus image fusion algorithm based on random walks. J. Vis. Commun. Image Represent., 2014, vol. 25, no. 5, pp. 951–962.

[178] Fang F M, Zhang G X, Li F, Shen C M. Framelet based pan-sharpening via a variational method. Neurocomputing., 2014, vol. 129, pp. 362–377.

[179] 贾建, 焦李成, 孙强. 基于非下采样 Contourlet 变换的多传感器图像融合. 电子学报, 2007, vol. 35, no. 10, pp. 1934–1938.

[180] Yin H. Sparse representation based pansharpening with details injection model. Signal Process., 2015, vol. 113, pp. 218–227.

[181] Shen Y, Han B, Braverman E. Removal of mixed gaussian and impulse noise using directional tensor product complex tight framelets. J. Math. Imaging Vis., 2016, vol. 54, no. 1, pp. 64–77.

[182] Shen Y, Han B, Braverman E. Image inpainting from partial noisy data by directional complex tight framelets. ANZIAM, 2017, vol. 58, no. 1, pp. 247–255.

[183] Gopalakrishnan V, Hu Y Q, Rajan D. Random walks on graphs for salient object detection in images. IEEE Trans. Image Process., 2010, vol. 19, no. 12, pp. 3232–3242.

[184] Choi J, Yu K, Kim Y. A new adaptive component-substitution-cased satellite image fusion by using partial replacement. IEEE Trans. Geosci. Remote Sens., 2011, vol. 49, no. 1, pp. 295–309.

[185] Aiazzi B, Baronti S, Selva M. Improving component substitution pansharpening through multivariate regression of MS+Pan data. IEEE Trans. Geosci. Remote Sens., 2007, vol. 45, no. 10, pp. 3230–3239.

[186] Li H, Manjunath B S, Mitra S K. Multisensor image fusion using the wavelet transform. Graphical Models Image Process., 1995, vol. 57, no. 3, pp. 235–245.

[187] Solaiman B, Pierce L E, Ulaby F T. Multisensor data fusion using fuzzy concepts: Application to land-cover classification using ERS-1/JERS-1 SAR composites. IEEE Trans. Geosci. Remote Sens., 1999, vol. 37, no. 3, pp. 1316–1326.

[188] Chanussot J, Mauris G, Lambert P. Fuzzy fusion techniques for linear features detection in multitemporal SAR images. IEEE Trans. Geosci. Remote Sens., 1999, vol. 37, no. 3, pp. 1292–1305.

[189] Jouan A, Allard Y. Land use mapping with evidential fusion of features extracted from polarimetric synthetic aperture radar and hyperspectral imagery. Inf. Fus., 2004, vol. 5, no. 4, pp. 251–267.

[190] Tison C, Tupin F, Maitre H. A fusion scheme for joint retrieval of urban height map and classification from high-resolution interferometric SAR images. IEEE Trans. Geosci. Remote Sens., 2007, vol. 45, no. 2, pp. 496–505.

[191] Waske B, Linden S V D. Classifying multilevel imagery from SAR and optical sensors by decision fusion. IEEE Trans. Geosci. Remote Sens., 2008, vol. 46, no. 5, pp. 1457–1466.

[192] Poulain V, Inglada J, Spigai M, Tourneret J Y, Marthon P. High-resolution optical and SAR image fusion for building database updating. IEEE Trans. Geosci. Remote Sens., 2010, vol. 49, no. 8, pp. 2900–2910.

[193] Xu Y, Zhang Z, Spigai M. Change detection in synthetic aperture radar images based on image fusion and fuzzy clustering. IEEE Trans. Image Process., 2012, vol. 21, no. 4, pp. 2141–2151.

[194] Salentinig A, Gamba P. A general framework for urban area extraction exploiting multiresolution SAR data fusion. IEEE J. Sel. Topics Applied Earth Observat. Remote Sens., 2016, vol. 9, no. 5, pp. 1–10.

[195] Wei X, Xu H, Li J, Wang P. Comparison of diverse approaches for synthetic aperture radar images pixel fusion under different precision registration. IET Image Process., 2011, vol. 5, no. 8, pp. 661–670.

[196] Toet A. Image fusion by a ratio of low-pass pyramid. Pattern Recogn. Lett., 1989, vol. 9, no. 4, pp. 245–253.

[197] Yue J, Yang R, Huan R, Song X H. Pixel level fusion for multiple SAR images using PCA and wavelet transform. 2006. CIE Int. Conf. Radar (ICR), 2006, pp. 1–4.

[198] Alparone L, Baronti S, Garzelli A, Nencini F. Landsat ETM+ and SAR image fusion based on generalized intensity modulation. IEEE Trans. Geosci. Remote Sens., 2004, vol. 42, no. 12, pp. 2832–2839.

[199] Byun Y, Choi J, Han Y. An area-based image fusion scheme for the integration of SAR and optical satellite imagery. IEEE J. Sel. Topics Applied Earth Observat. Remote Sens., 2013, vol. 6, no. 5, pp. 2212–2220.

[200] Ji X, Zhang G. Image fusion method of SAR and infrared image based on curvelet transform with adaptive weighting. Multimed. Tools and Appl., 2017, vol.76,no.17, pp. 17633–17649.

[201] Lewis J J, O' Callaghan R J, Nikolov S, Bull D R, Canagarajah N. Pixel- and region-based image fusion with complex wavelets. Inf. Fus., 2007, vol. 8, no. 2, pp. 119–130.

[202] Zheng Y A, Zhu C, Song J, Song X H. Fusion of multi-band SAR images based on contourlet transform. 2006. IEEE Int. Conf. Inf. Acq. (ICIA), 2006, pp. 420–424.

[203] Yang S, Wang M, Lu Y X, Qi W D, Jiao L C. Fusion of multiparametric SAR images based on SW-nonsubsampled contourlet and PCNN. Signal Process., 2009, vol. 89, no. 12, pp. 2596–2608.

[204] Wang Z, Yang F, Peng Z, Lei C, Li J. Multi-sensor image enhanced fusion algorithm based on NSST and top-hat transformation. Optik., 2015, vol. 126, no. 23, pp. 4184–4190.

[205] Loffeld O, Nies H, Knedlik S, Wang Y. Phase unwrapping for SAR interferometrya—A data fusion approach by kalman filtering. IEEE Trans. Geosci. Remote Sens., 2008, vol. 46, no. 1, pp. 47–58.

[206] Ye Y, Zhao B, Tang L. SAR and visible image fusion based on local non-negative matrix factorization. 2009. 9th Int. Conf. Electron. Meas. Instrum. (ICEMI), 2009, pp. 263–266.

[207] Li S T, Kang X D, Hu J W. Image fusion with guided filtering. IEEE Trans. Image Process., 2013, vol. 22, no. 7, pp. 2864–2875.

[208] Xu J, Yu X, Pei W, Hu D, Zhang L B. A remote sensing image fusion method based on feedback sparse component analysis. Comput. Geosci., 2015, vol. 85, pp. 115–123.

[209] Kumar B K S. Image fusion based on pixel significance using cross bilateral filter. Signal Image Video Process., 2015, vol. 9, no. 5, pp. 1193–1204.

[210] Liu Y, Liu S, Wang Z. A general framework for image fusion based on multiscale transform and sparse representation. Inf. Fus., 2015, vol. 24, pp. 147–164.

[211] Cai J F, Ji H, Liu C, Shen Z. Framelet-based blind motion deblurring from a single image. IEEE Trans. Image Process., 2012, vol. 21, no. 2, pp. 562–572.

[212] Cai J F, Chan R H, Shen Z. A framelet-based image inpainting algorithm. Appl. Comput. Harmon. Anal., 2008, vol. 24, no. 2, pp. 131–149.

[213] Yang X Y, Zhang X D, Zhu Z P. Frame-based image denoising using hidden markov model. Int. J. Wavelets Multiresolut. Inf. Process., 2008, vol. 6, no. 3, pp. 419–432.

[214] Zhang G X, Xu Y Y, Fang F M. Framelet-based sparse unmixing of hyperspectral images. IEEE Trans. Image Process., 2016, vol. 25, no. 4, pp. 1516–1529.

[215] Crouse M S, Nowak R D, Baraniuk R G. Wavelet-based statistical signal processing using hidden markov models. IEEE Trans. Signal Process., 1998, vol. 46, no. 4, pp. 886–902.

[216] Grady L, Funka-Lea G. Multi-label image segmentation for medical applications based on graph-theoretic electrical potentials. Proc.ECCV Workshops CVAMIA MMBIA, 2004, pp. 230–245.

[217] Piella G, Heijmans H. A new quality metric for image fusion. Proc. 2003 Int. Conf. Image Process. (ICIP), 2003, pp. 173–176.

[218] Xydeas C S, Petrovic V. Objective image fusion performance measure. Electron. Lett., 2000, vol. 36, no. 4, pp. 308–309.

[219] Zhao J, Laganiere R, Liu Z. Performance assessment of combinative pixel-level image fusion based on an absolute feature measurement. Int. J. Innovative Computing, Inf. Control, 2007, vol. 3, no. 6(A), pp. 1433–1447.

[220] Yang C, Zhang J Q, Wang X R, Liu X. A novel similarity based quality metric for image fusion. Inf. Fus., 2008, vol. 9, no. 2, pp. 156–160.

[221] Liu Z, Blasch E, Xue Z Y, Zhao J Y, Langaniere R, Wu W. Objective assessment of multiresolution image fusion algorithms for context enhancement in night vision: A comparative study. IEEE Trans. Pattern Anal. Mach. Intell., 2012, vol. 34, no. 1, pp. 94–109.

[222] Sonneveld P. CGS, a fast lanczos-type solver for nonsymmetric linear systems. SIAM J. Sci. Stas. Comput., 1989, vol. 10, no. 1, pp. 36–52.

《现代数学基础丛书》已出版书目

(按出版时间排序)

1 数理逻辑基础(上册) 1981.1 胡世华 陆钟万 著
2 紧黎曼曲面引论 1981.3 伍鸿熙 吕以辇 陈志华 著
3 组合论(上册) 1981.10 柯 召 魏万迪 著
4 数理统计引论 1981.11 陈希孺 著
5 多元统计分析引论 1982.6 张尧庭 方开泰 著
6 概率论基础 1982.8 严士健 王隽骧 刘秀芳 著
7 数理逻辑基础(下册) 1982. 8 胡世华 陆钟万 著
8 有限群构造(上册) 1982.11 张远达 著
9 有限群构造(下册) 1982.12 张远达 著
10 环与代数 1983.3 刘绍学 著
11 测度论基础 1983.9 朱成熹 著
12 分析概率论 1984.4 胡迪鹤 著
13 巴拿赫空间引论 1984.8 定光桂 著
14 微分方程定性理论 1985.5 张芷芬 丁同仁 黄文灶 董镇喜 著
15 傅里叶积分算子理论及其应用 1985.9 仇庆久等 编
16 辛几何引论 1986.3 J.柯歇尔 邹异明 著
17 概率论基础和随机过程 1986.6 王寿仁 著
18 算子代数 1986.6 李炳仁 著
19 线性偏微分算子引论(上册) 1986.8 齐民友 著
20 实用微分几何引论 1986.11 苏步青等 著
21 微分动力系统原理 1987.2 张筑生 著
22 线性代数群表示导论(上册) 1987.2 曹锡华等 著
23 模型论基础 1987.8 王世强 著
24 递归论 1987.11 莫绍揆 著
25 有限群导引(上册) 1987.12 徐明曜 著
26 组合论(下册) 1987.12 柯 召 魏万迪 著
27 拟共形映射及其在黎曼曲面论中的应用 1988.1 李 忠 著
28 代数体函数与常微分方程 1988.2 何育赞 著
29 同调代数 1988.2 周伯壎 著

30 近代调和分析方法及其应用 1988.6 韩永生 著
31 带有时滞的动力系统的稳定性 1989.10 秦元勋等 编著
32 代数拓扑与示性类 1989.11 马德森著 吴英青 段海鲍译
33 非线性发展方程 1989.12 李大潜 陈韵梅 著
34 反应扩散方程引论 1990.2 叶其孝等 著
35 仿微分算子引论 1990.2 陈恕行等 编
36 公理集合论导引 1991.1 张锦文 著
37 解析数论基础 1991.2 潘承洞等 著
38 拓扑群引论 1991.3 黎景辉 冯绪宁 著
39 二阶椭圆型方程与椭圆型方程组 1991.4 陈亚浙 吴兰成 著
40 黎曼曲面 1991.4 吕以辇 张学莲 著
41 线性偏微分算子引论(下册) 1992.1 齐民友 许超江 编著
42 复变函数逼近论 1992.3 沈燮昌 著
43 Banach 代数 1992.11 李炳仁 著
44 随机点过程及其应用 1992.12 邓永录等 著
45 丢番图逼近引论 1993.4 朱尧辰等 著
46 线性微分方程的非线性扰动 1994.2 徐登洲 马如云 著
47 广义哈密顿系统理论及其应用 1994.12 李继彬 赵晓华 刘正荣 著
48 线性整数规划的数学基础 1995.2 马仲蕃 著
49 单复变函数论中的几个论题 1995.8 庄圻泰 著
50 复解析动力系统 1995.10 吕以辇 著
51 组合矩阵论 1996.3 柳柏濂 著
52 Banach 空间中的非线性逼近理论 1997.5 徐士英 李 冲 杨文善 著
53 有限典型群子空间轨道生成的格 1997.6 万哲先 霍元极 著
54 实分析导论 1998.2 丁传松等 著
55 对称性分岔理论基础 1998.3 唐 云 著
56 Gel'fond-Baker 方法在丢番图方程中的应用 1998.10 乐茂华 著
57 半群的 S-系理论 1999.2 刘仲奎 著
58 有限群导引(下册) 1999.5 徐明曜等 著
59 随机模型的密度演化方法 1999.6 史定华 著
60 非线性偏微分复方程 1999.6 闻国椿 著
61 复合算子理论 1999.8 徐宪民 著
62 离散鞅及其应用 1999.9 史及民 编著
63 调和分析及其在偏微分方程中的应用 1999.10 苗长兴 著

64 惯性流形与近似惯性流形 2000.1 戴正德 郭柏灵 著
65 数学规划导论 2000.6 徐增堃 著
66 拓扑空间中的反例 2000.6 汪 林 杨富春 编著
67 拓扑空间论 2000.7 高国士 著
68 非经典数理逻辑与近似推理 2000.9 王国俊 著
69 序半群引论 2001.1 谢祥云 著
70 动力系统的定性与分支理论 2001.2 罗定军 张 祥 董梅芳 编著
71 随机分析学基础(第二版) 2001.3 黄志远 著
72 非线性动力系统分析引论 2001.9 盛昭瀚 马军海 著
73 高斯过程的样本轨道性质 2001.11 林正炎 陆传荣 张立新 著
74 数组合地图论 2001.11 刘彦佩 著
75 光滑映射的奇点理论 2002.1 李养成 著
76 动力系统的周期解与分支理论 2002.4 韩茂安 著
77 神经动力学模型方法和应用 2002.4 阮炯 顾凡及 蔡志杰 编著
78 同调论——代数拓扑之一 2002.7 沈信耀 著
79 金兹堡-朗道方程 2002.8 郭柏灵等 著
80 排队论基础 2002.10 孙荣恒 李建平 著
81 算子代数上线性映射引论 2002.12 侯晋川 崔建莲 著
82 微分方法中的变分方法 2003.2 陆文端 著
83 周期小波及其应用 2003.3 彭思龙 李登峰 谌秋辉 著
84 集值分析 2003.8 李 雷 吴从炘 著
85 数理逻辑引论与归结原理 2003.8 王国俊 著
86 强偏差定理与分析方法 2003.8 刘 文 著
87 椭圆与抛物型方程引论 2003.9 伍卓群 尹景学 王春朋 著
88 有限典型群子空间轨道生成的格(第二版) 2003.10 万哲先 霍元极 著
89 调和分析及其在偏微分方程中的应用(第二版) 2004.3 苗长兴 著
90 稳定性和单纯性理论 2004.6 史念东 著
91 发展方程数值计算方法 2004.6 黄明游 编著
92 传染病动力学的数学建模与研究 2004.8 马知恩 周义仓 王稳地 靳 祯 著
93 模李超代数 2004.9 张永正 刘文德 著
94 巴拿赫空间中算子广义逆理论及其应用 2005.1 王玉文 著
95 巴拿赫空间结构和算子理想 2005.3 钟怀杰 著
96 脉冲微分系统引论 2005.3 傅希林 闫宝强 刘衍胜 著
97 代数学中的Frobenius结构 2005.7 汪明义 著

98　生存数据统计分析　2005.12　王启华　著
99　数理逻辑引论与归结原理(第二版)　2006.3　王国俊　著
100　数据包络分析　2006.3　魏权龄　著
101　代数群引论　2006.9　黎景辉　陈志杰　赵春来　著
102　矩阵结合方案　2006.9　王仰贤　霍元极　麻常利　著
103　椭圆曲线公钥密码导引　2006.10　祝跃飞　张亚娟　著
104　椭圆与超椭圆曲线公钥密码的理论与实现　2006.12　王学理　裴定一　著
105　散乱数据拟合的模型方法和理论　2007.1　吴宗敏　著
106　非线性演化方程的稳定性与分歧　2007.4　马　天　汪守宏　著
107　正规族理论及其应用　2007.4　顾永兴　庞学诚　方明亮　著
108　组合网络理论　2007.5　徐俊明　著
109　矩阵的半张量积:理论与应用　2007.5　程代展　齐洪胜　著
110　鞅与 Banach 空间几何学　2007.5　刘培德　著
111　非线性常微分方程边值问题　2007.6　葛渭高　著
112　戴维-斯特瓦尔松方程　2007.5　戴正德　蒋慕蓉　李栋龙　著
113　广义哈密顿系统理论及其应用　2007.7　李继彬　赵晓华　刘正荣　著
114　Adams 谱序列和球面稳定同伦群　2007.7　林金坤　著
115　矩阵理论及其应用　2007.8　陈公宁　著
116　集值随机过程引论　2007.8　张文修　李寿梅　汪振鹏　高　勇　著
117　偏微分方程的调和分析方法　2008.1　苗长兴　张　波　著
118　拓扑动力系统概论　2008.1　叶向东　黄　文　邵　松　著
119　线性微分方程的非线性扰动(第二版)　2008.3　徐登洲　马如云　著
120　数组合地图论(第二版)　2008.3　刘彦佩　著
121　半群的 S-系理论(第二版)　2008.3　刘仲奎　乔虎生　著
122　巴拿赫空间引论(第二版)　2008.4　定光桂　著
123　拓扑空间论(第二版)　2008.4　高国士　著
124　非经典数理逻辑与近似推理(第二版)　2008.5　王国俊　著
125　非参数蒙特卡罗检验及其应用　2008.8　朱力行　许王莉　著
126　Camassa-Holm 方程　2008.8　郭柏灵　田立新　杨灵娥　殷朝阳　著
127　环与代数(第二版)　2009.1　刘绍学　郭晋云　朱　彬　韩　阳　著
128　泛函微分方程的相空间理论及应用　2009.4　王　克　范　猛　著
129　概率论基础(第二版)　2009.8　严士健　王隽骧　刘秀芳　著
130　自相似集的结构　2010.1　周作领　瞿成勤　朱智伟　著
131　现代统计研究基础　2010.3　王启华　史宁中　耿　直　主编

132　图的可嵌入性理论(第二版)　2010.3　刘彦佩　著
133　非线性波动方程的现代方法(第二版)　2010.4　苗长兴　著
134　算子代数与非交换 L_p 空间引论　2010.5　许全华　吐尔德别克　陈泽乾　著
135　非线性椭圆型方程　2010.7　王明新　著
136　流形拓扑学　2010.8　马　天　著
137　局部域上的调和分析与分形分析及其应用　2011.6　苏维宜　著
138　Zakharov 方程及其孤立波解　2011.6　郭柏灵　甘在会　张景军　著
139　反应扩散方程引论(第二版)　2011.9　叶其孝　李正元　王明新　吴雅萍　著
140　代数模型论引论　2011.10　史念东　著
141　拓扑动力系统——从拓扑方法到遍历理论方法　2011.12　周作领　尹建东　许绍元　著
142　Littlewood-Paley 理论及其在流体动力学方程中的应用　2012.3　苗长兴　吴家宏　章志飞　著
143　有约束条件的统计推断及其应用　2012.3　王金德　著
144　混沌、Mel'nikov 方法及新发展　2012.6　李继彬　陈凤娟　著
145　现代统计模型　2012.6　薛留根　著
146　金融数学引论　2012.7　严加安　著
147　零过多数据的统计分析及其应用　2013.1　解锋昌　韦博成　林金官　编著
148　分形分析引论　2013.6　胡家信　著
149　索伯列夫空间导论　2013.8　陈国旺　编著
150　广义估计方程估计方法　2013.8　周　勇　著
151　统计质量控制图理论与方法　2013.8　王兆军　邹长亮　李忠华　著
152　有限群初步　2014.1　徐明曜　著
153　拓扑群引论(第二版)　2014.3　黎景辉　冯绪宁　著
154　现代非参数统计　2015.1　薛留根　著
155　三角范畴与导出范畴　2015.5　章　璞　著
156　线性算子的谱分析(第二版)　2015.6　孙　炯　王　忠　王万义　编著
157　双周期弹性断裂理论　2015.6　李　星　路见可　著
158　电磁流体动力学方程与奇异摄动理论　2015.8　王　术　冯跃红　著
159　算法数论(第二版)　2015.9　裴定一　祝跃飞　编著
160　偏微分方程现代理论引论　2016.1　崔尚斌　著
161　有限集上的映射与动态过程——矩阵半张量积方法　2015.11　程代展　齐洪胜　贺风华　著
162　现代测量误差模型　2016.3　李高荣　张　君　冯三营　著
163　偏微分方程引论　2016. 3　韩丕功　刘朝霞　著
164　半导体偏微分方程引论　2016.4　张凯军　胡海丰　著
165　散乱数据拟合的模型、方法和理论(第二版)　2016.6　吴宗敏　著

166 交换代数与同调代数(第二版) 2016.12 李克正 著

167 Lipschitz 边界上的奇异积分与 Fourier 理论 2017.3 钱 涛 李澎涛 著

168 有限 p 群构造(上册) 2017.5 张勤海 安立坚 著

169 有限 p 群构造(下册) 2017.5 张勤海 安立坚 著

170 自然边界积分方法及其应用 2017.6 余德浩 著

171 非线性高阶发展方程 2017.6 陈国旺 陈翔英 著

172 数理逻辑导引 2017.9 冯 琦 编著

173 简明李群 2017.12 孟道骥 史毅茜 著

174 代数 K 理论 2018.6 黎景辉 著

175 线性代数导引 2018.9 冯 琦 编著

176 基于框架理论的图像融合 2019.6 杨小远 石 岩 王敬凯 著

彩　图

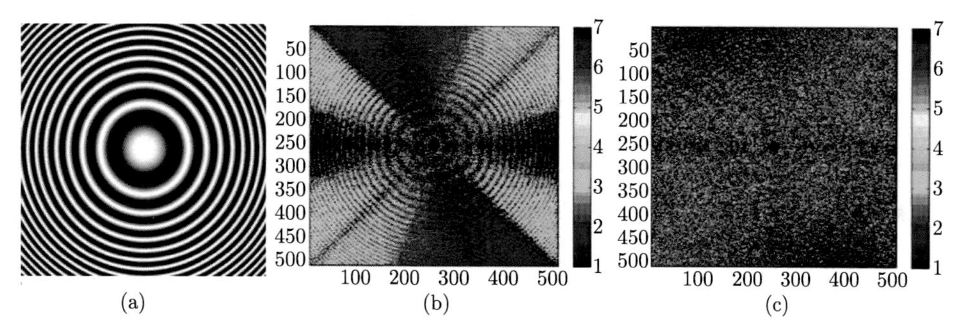

图 3.4.2　方向 Neville 滤波器预测方向结果: (a) zoneplate; (b)$N = 2$; (c)$N = 4$

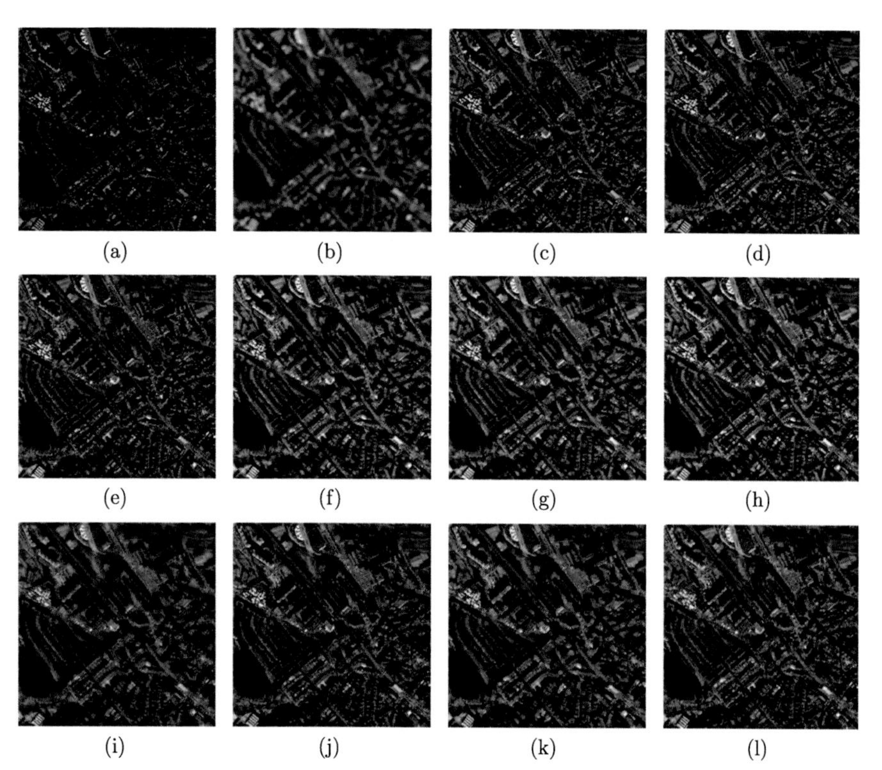

图 5.2.2　SPOT 6 Barcelona 融合结果局部图：(a) 全色图像; (b) 重采样多光谱图像; (c)AIHS; (d)PCA; (e)GS; (f)AWLP; (g)GLP-CBD; (h)ATWT-SDM; (i)CDWL; (j)NFLT; (k)NFLT-CI; (l)NFLT-CBD

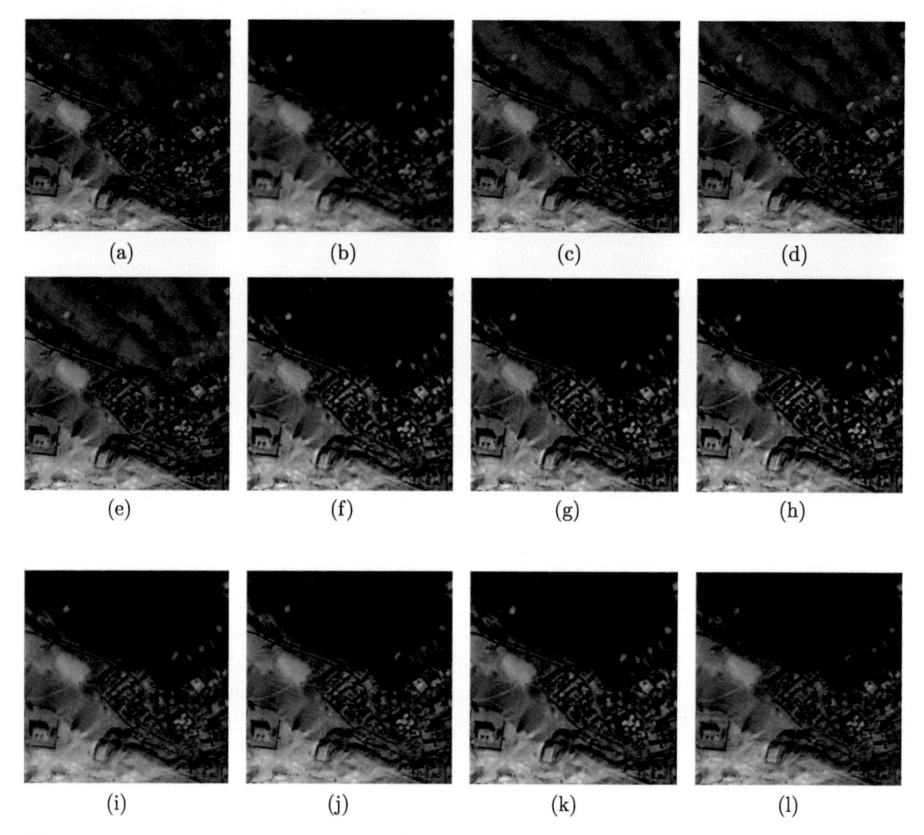

图 5.2.3 QuickBird Pyramids融合结果局部图：(a) 全色图像; (b) 重采样多光谱图像; (c)AIHS; (d)PCA; (e)GS; (f)AWLP; (g)GLP-CBD; (h)ATWT-SDM; (i)CDWL; (j)NFLT; (k)NFLT-CI; (l)NFLT-CBD

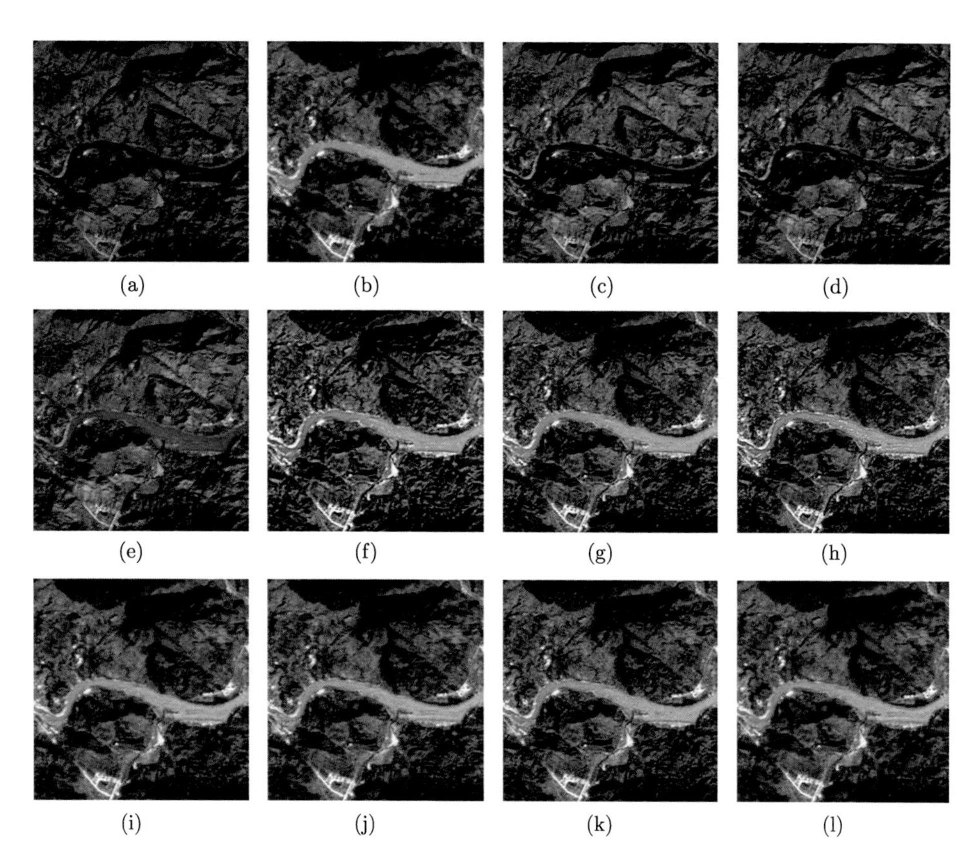

图 5.2.4　Landsat 7 ETM+ Wenzhou融合结果局部图: (a) 全色图像; (b) 重采样多光谱图像; (c)AIHS; (d)PCA; (e)GS; (f)AWLP; (g)GLP-CBD; (h)ATWT-SDM; (i)CDWL; (j)NFLT; (k)NFLT-CI; (l)NFLT-CBD

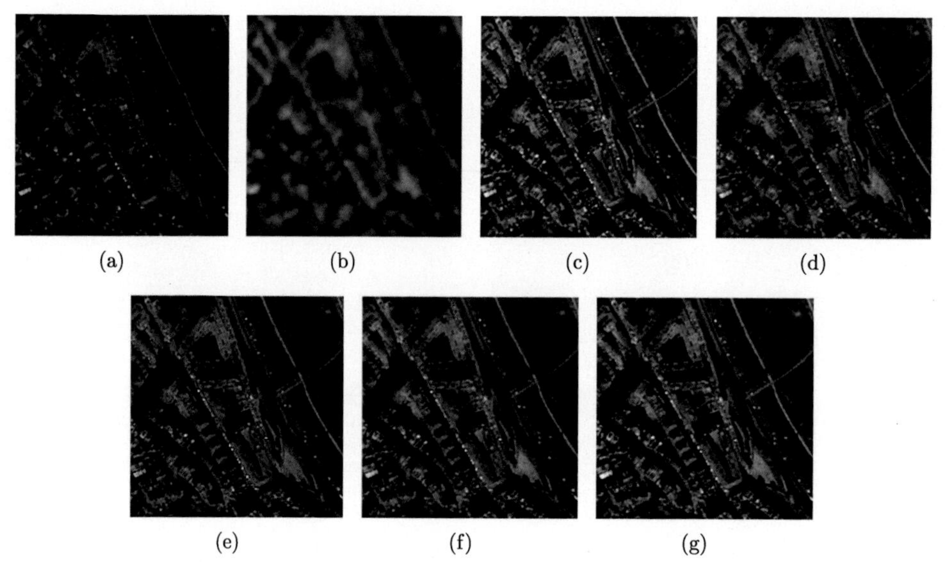

图 5.2.5　SPOT 6 Barcelona融合结果局部图: (a) 全色图像; (b) 重采样多光谱图像; (c)CT; (d)NSCT; (e)ST-PCNN; (f)NFLT-CI; (g)AFLT-CI

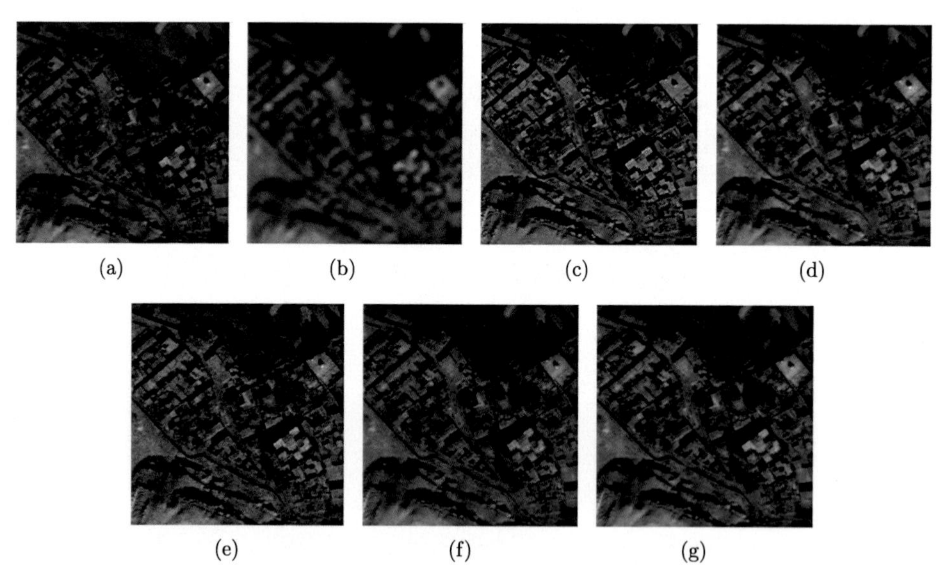

图 5.2.6　QuickBird Pyramids 融合结果局部图: (a) 全色图像; (b) 重采样多光谱图像; (c)CT; (d)NSCT; (e)ST-PCNN; (f)NFLT-CI; (g)AFLT-CI

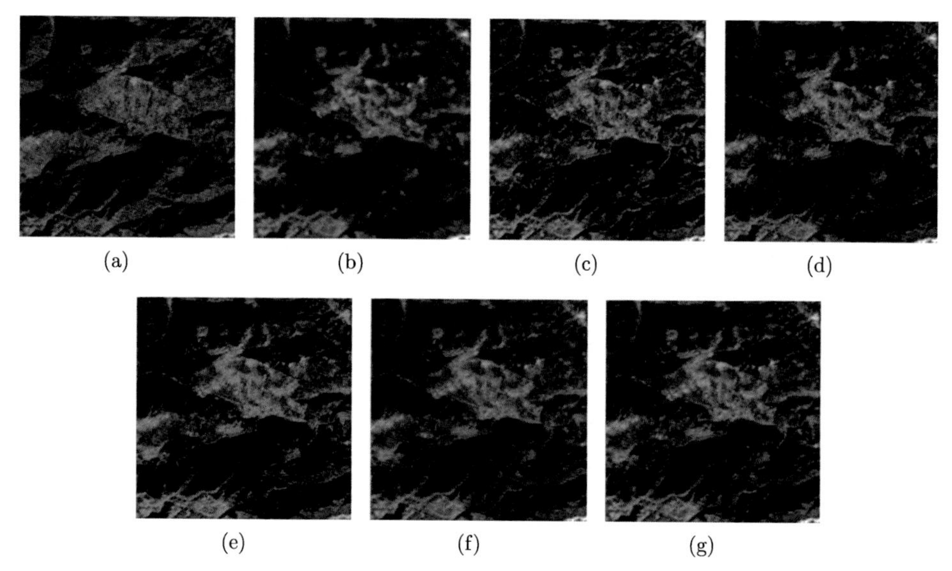

图 5.2.7　Landsat 7 ETM+ Wenzhou 融合结果局部图: (a) 全色图像; (b) 重采样多光谱图像; (c)CT; (d)NSCT; (e)ST-PCNN; (f)NFLT-CI; (g)AFLT-CI

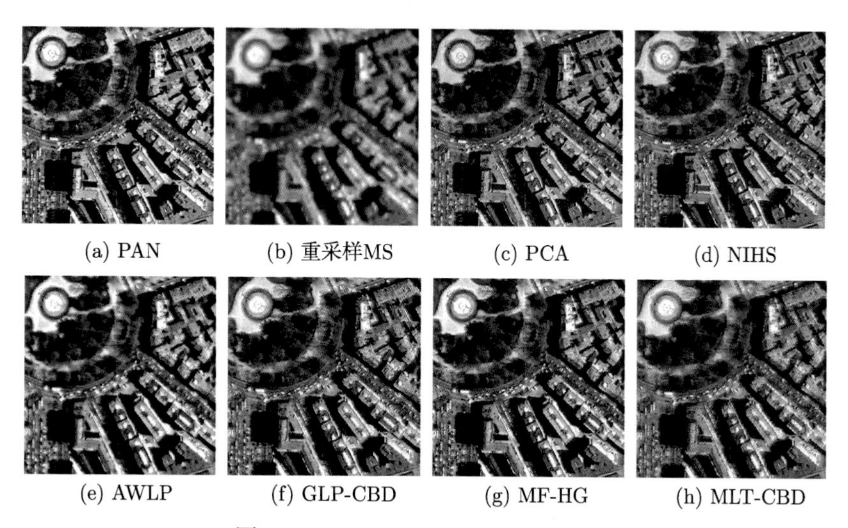

图 5.3.2　Pléiades 融合结果视觉比较

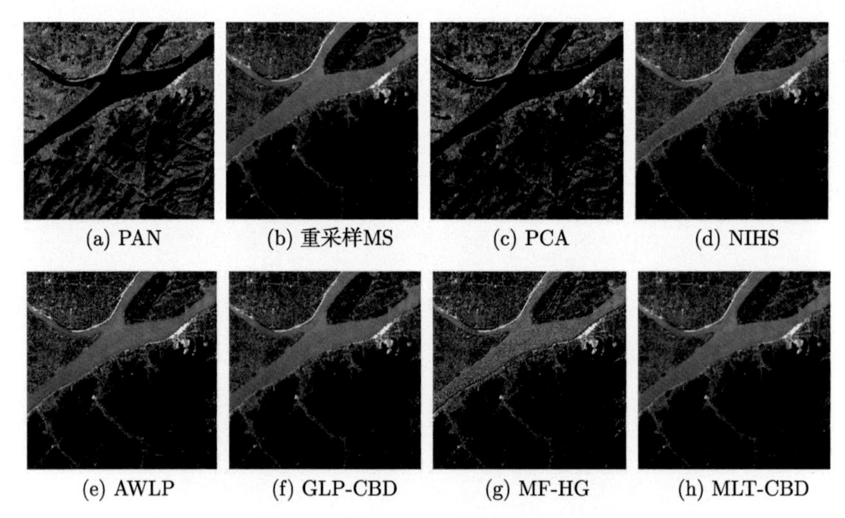

(a) PAN (b) 重采样MS (c) PCA (d) NIHS

(e) AWLP (f) GLP-CBD (g) MF-HG (h) MLT-CBD

图 5.3.3 Landsat 融合结果视觉比较

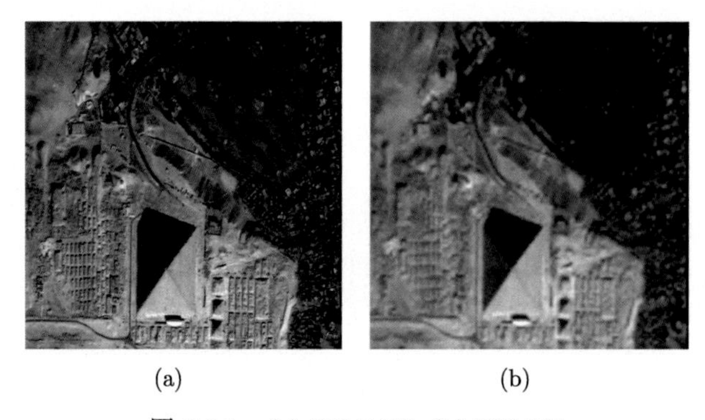

(a) (b)

图 6.2.1 (a) PY-PAN; (b) PY-MS

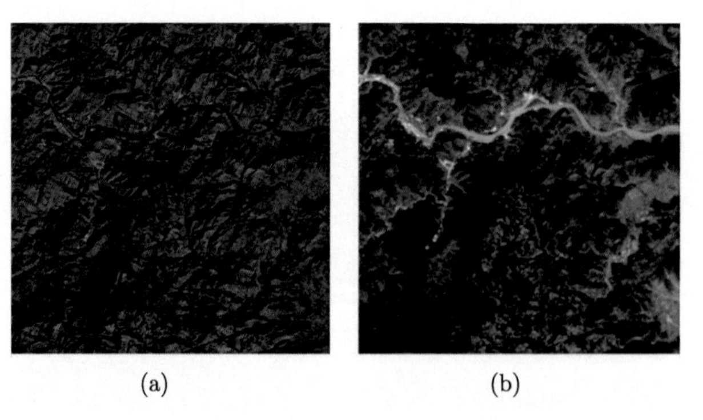

(a) (b)

图 6.2.2 (a) WZ-PAN; (b) WZ-MS

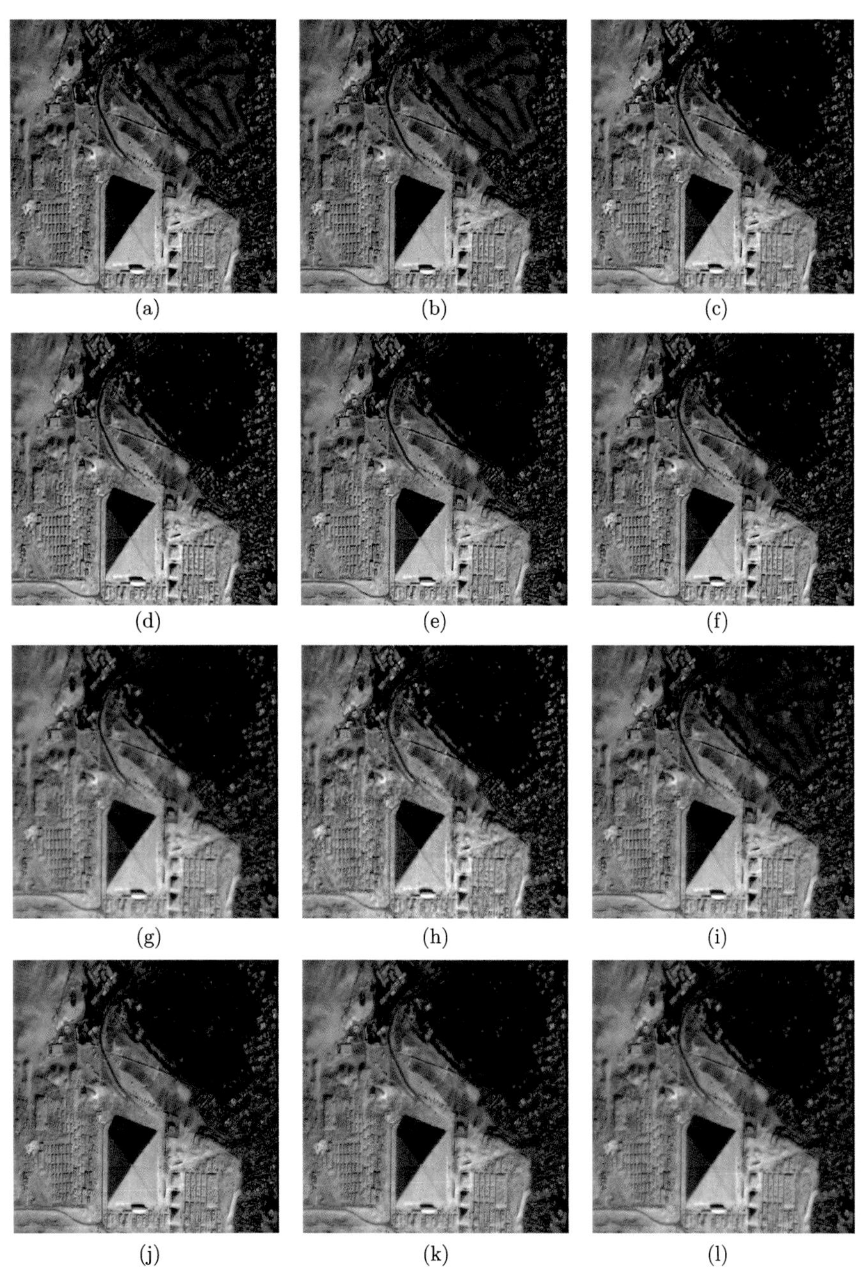

图 6.2.4 PY-PAN 与 PY-MS 融合结果图: (a) GS; (b) IHS; (c) MTF+GLP; (d) AWT+CDWL; (e) AWT+SDM; (f) NSCT; (g) NFLT-CI; (h) SRDIP; (i) RW; (j) NFT+RW(0.1); (k) NFT+RW(0.5); (l) NFT+RW(0.9)

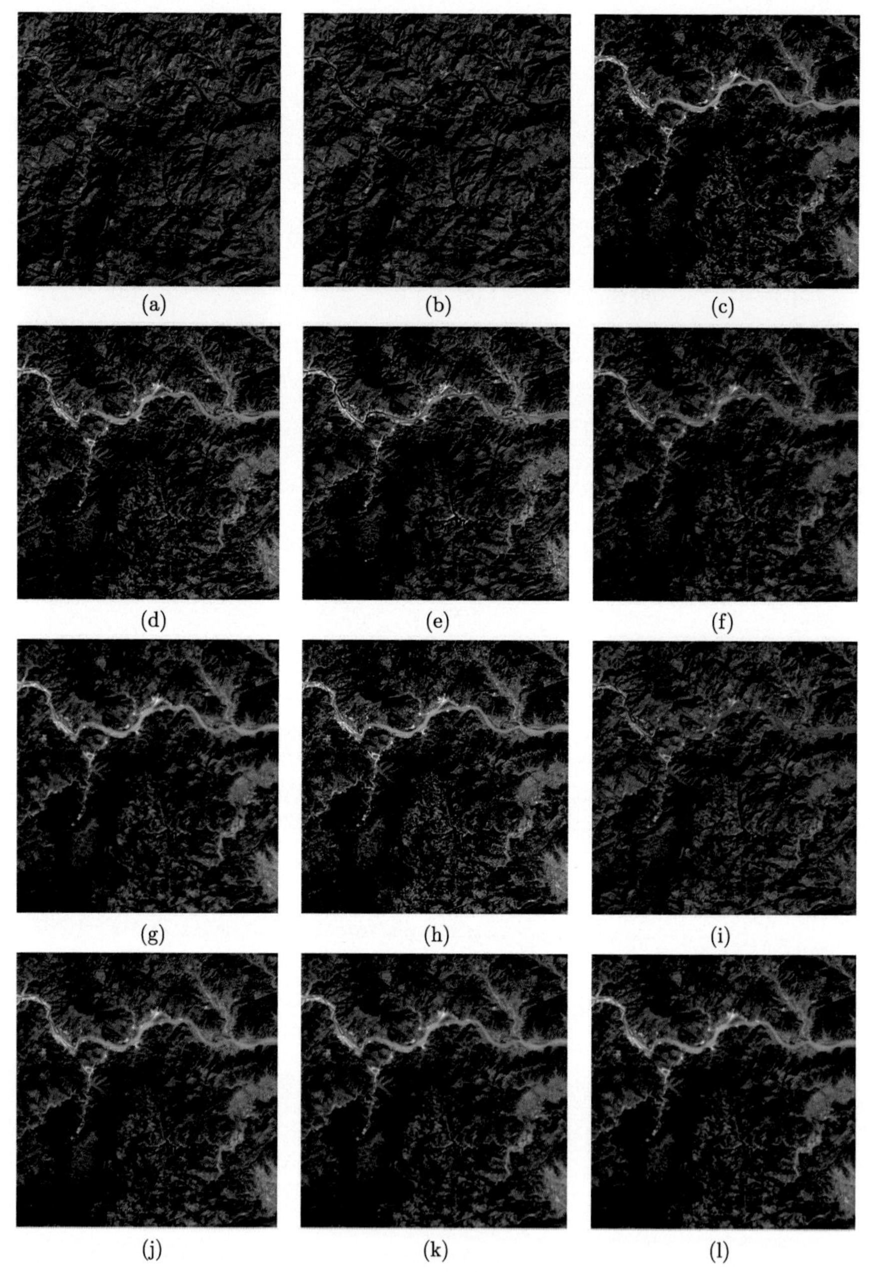

图 6.2.5　WZ-PAN 与 WZ-MS 融合结果图: (a) GS; (b) IHS; (c) MTF+GLP; (d) AWT+CDWL; (e) AWT+SDM; (f) NSCT; (g) NFLT-CI; (h) SRDIP; (i) RW; (j) NFT+RW(0.1); (k) NFT+RW(0.5); (l) NFT+RW(0.9)

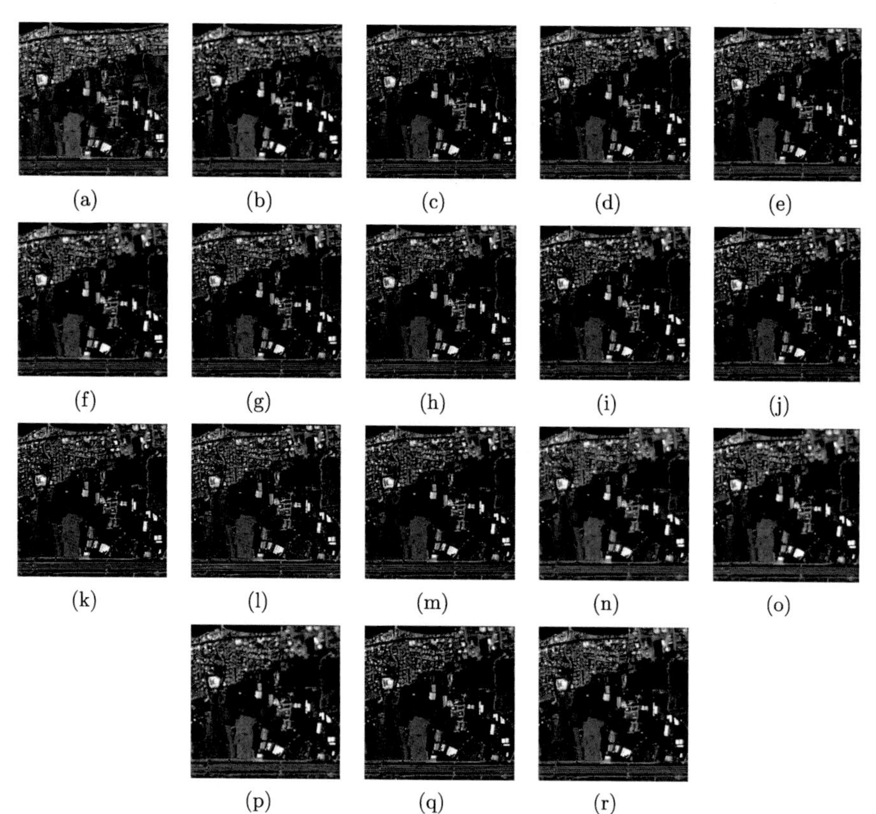

图 6.3.10　降低分辨率 GeoEye-1 图像集: (a) PAN; (b) EXP; (c) 参考图像; (d) GIHS; (e) PCA; (f) PRACS; (g) GSA; (h) BDSD; (i) AWLP; (j) ATWT; (k) ECB; (l) CBD; (m) HPM; (n) NIHS; (o) NFLT; (p) SR; (q) MF; (r) CFT

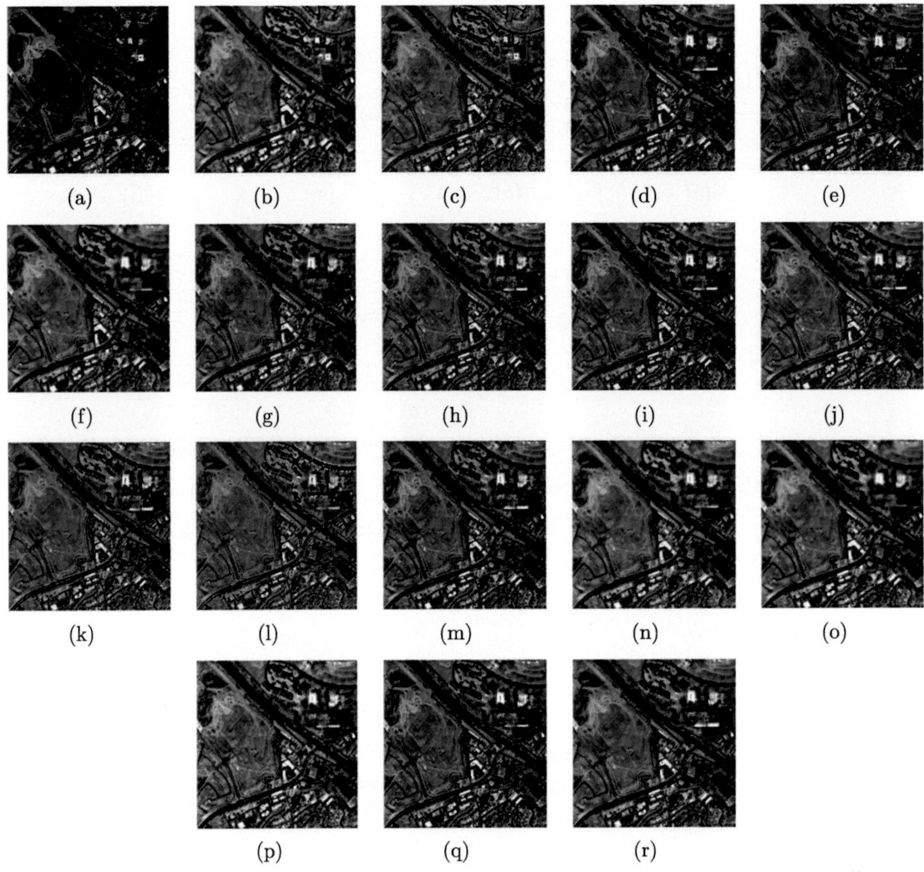

图 6.3.11　降低分辨率 WorldView-3 图像集: (a) PAN; (b) EXP; (c) 参考图像; (d) GIHS; (e) PCA; (f) PRACS; (g) GSA; (h) BDSD; (i) AWLP; (j) ATWT; (k) ECB; (l) CBD; (m) HPM; (n) NIHS; (o) NFLT; (p) SR; (q) MF; (r) CFT

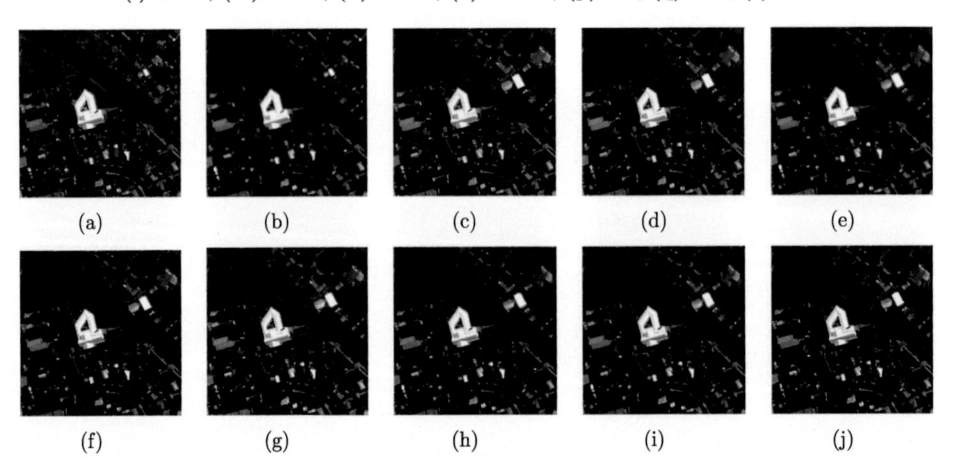

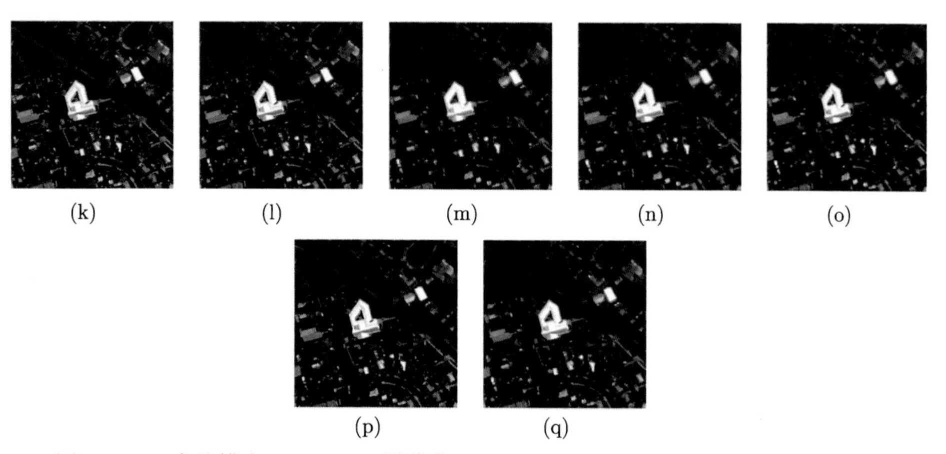

图 6.3.12　全分辨率 GeoEye-1 图像集: (a) PAN; (b) EXP; (c) GIHS; (d) PCA; (e) PRACS; (f) GSA; (g) BDSD; (h) AWLP; (i) ATWT; (j) ECB; (k) CBD; (l) HPM; (m) NIHS; (n) NFLT; (o) SR; (p) MF; (q) CFT

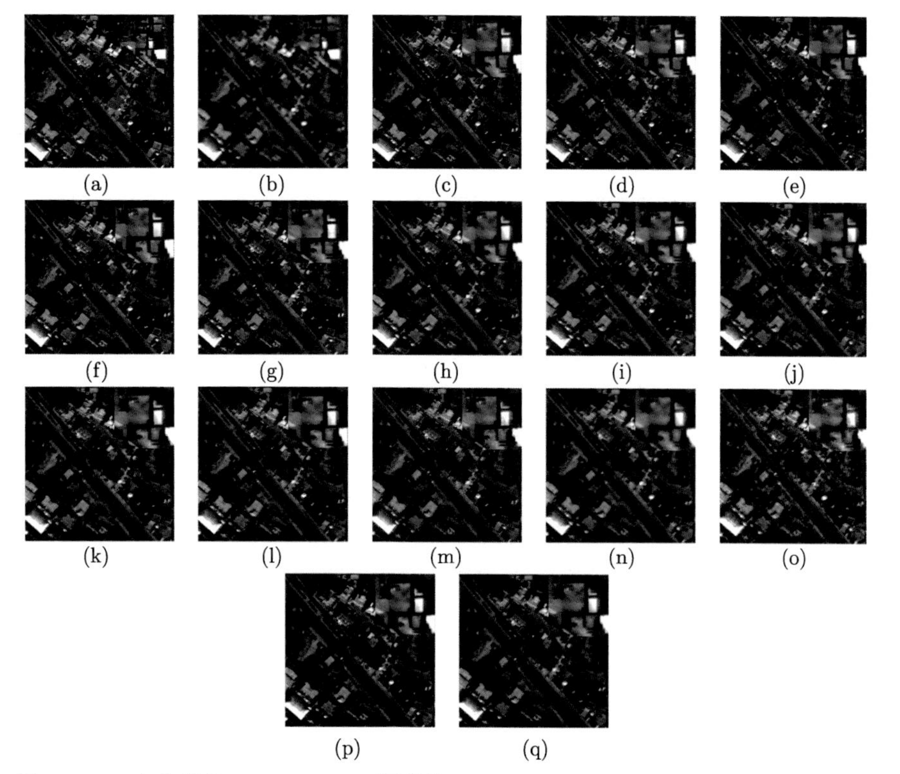

图 6.3.13　全分辨率 WorldView-2 图像集: (a) PAN; (b) EXP; (c) GIHS; (d) PCA; (e) PRACS; (f) GSA; (g) BDSD; (h) AWLP; (i) ATWT; (j) ECB; (k) CBD; (l) HPM; (m) NIHS; (n) NFLT; (o) SR; (p) MF; (q) CFT

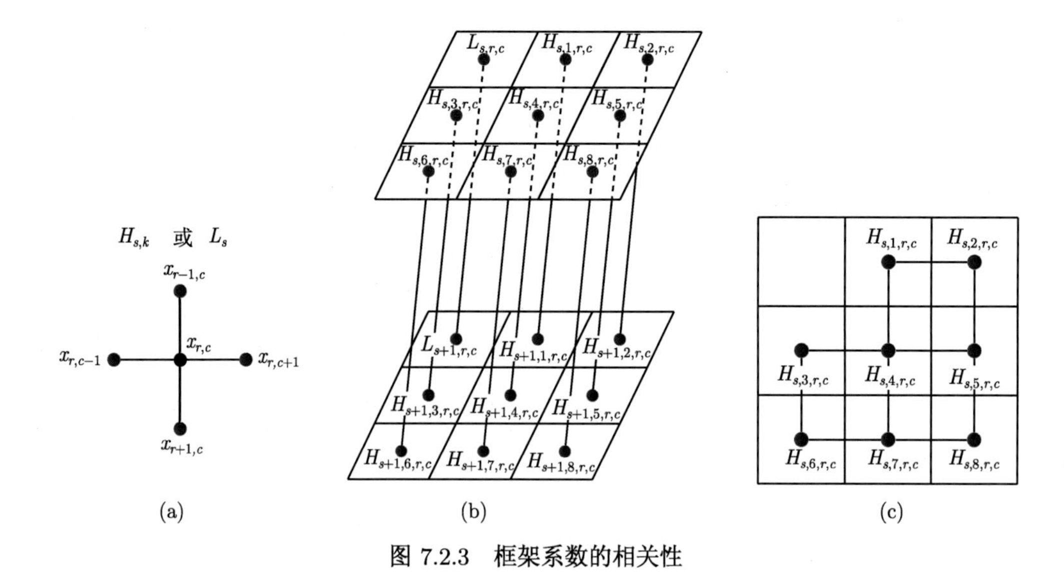

图 7.2.3　框架系数的相关性

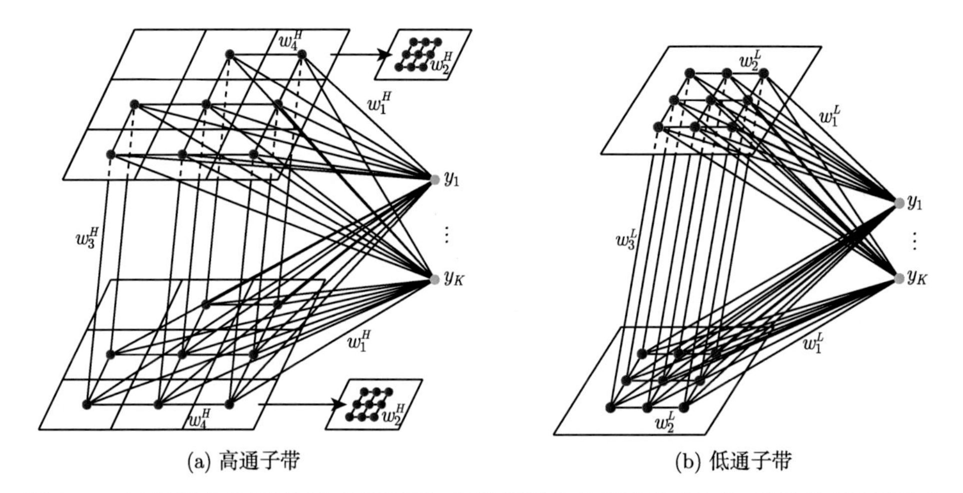

图 7.2.4　随机游走在框架域上的图表示: 红色和蓝色点表示未标记点, 绿色点表示标记点

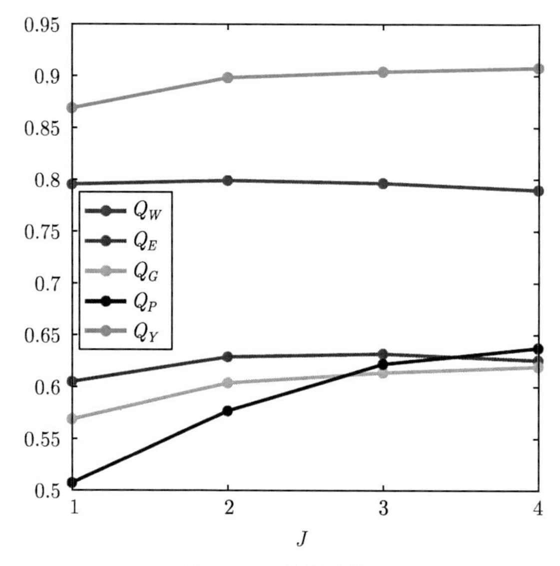

图 7.3.2　分析参数 J

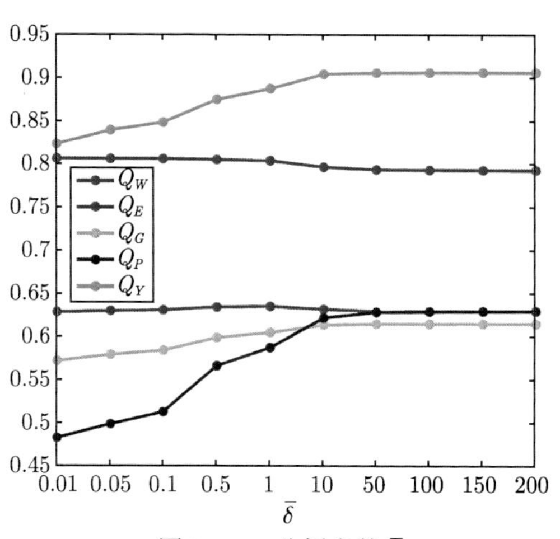

图 7.3.3　分析参数 $\bar{\delta}$

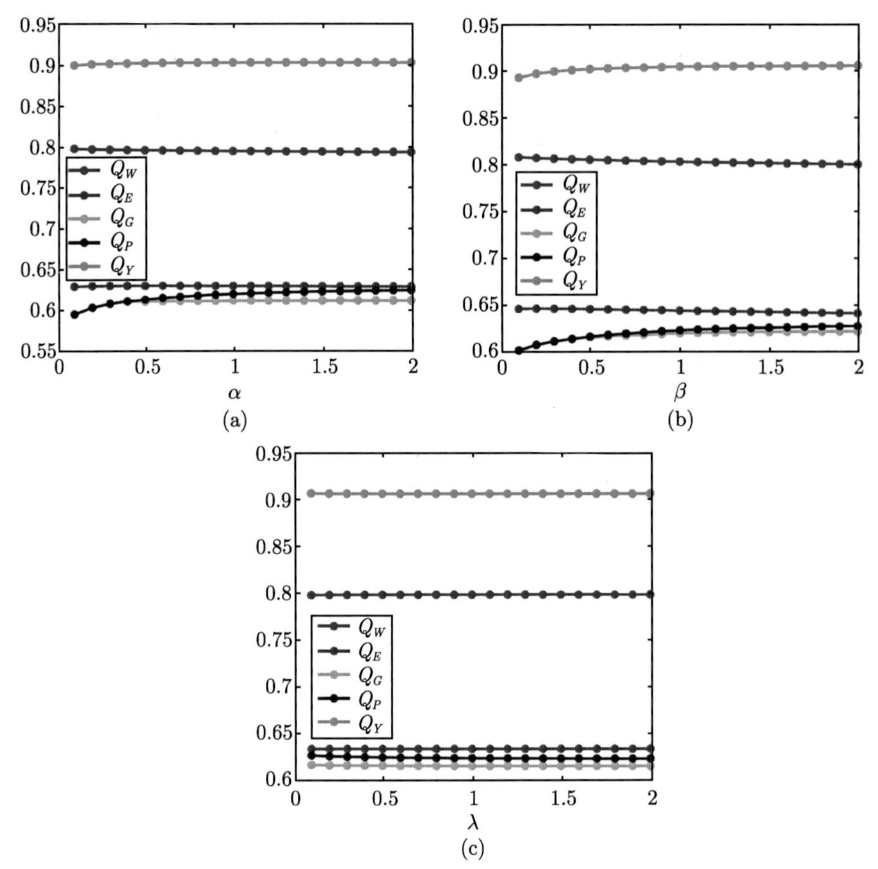

图 7.3.4 分析参数 α, β, λ